国家出版基金项目
NATIONAL PUBLICATION FOUNDATION

"十四五"国家重点图书出版规划项目
核能与核技术出版工程

先进核反应堆技术丛书（第二期）
主编 于俊崇

数字反应堆技术

Digital Reactor Technology

王丛林 刘承敏 曾 未 朱 力 著

上海交通大学出版社
SHANGHAI JIAO TONG UNIVERSITY PRESS

内容提要

本书为"先进核反应堆技术丛书"之一。本书主要介绍了数字反应堆的研发背景、技术内涵和应用场景,以及国内外数字反应堆技术的研究现状和发展趋势。主要内容包括数字反应堆的科学定义、总体框架,以及数字技术在反应堆总体设计、多专业协同设计、先进建模与仿真、智能化运行维护、数字化退役等方面的应用。通过上述内容呈现了数字反应堆的概貌、特点、作用及意义,便于读者了解和认识数字反应堆技术。本书不仅是国内首部系统介绍数字反应堆技术的专著,而且为核反应堆领域的科研人员和工程技术人员提供了宝贵的参考资料,同时,也适合高校相关专业的研究生学习使用。

图书在版编目(CIP)数据

数字反应堆技术/ 王丛林等著. -- 上海:上海交通大学出版社,2025.1 --(先进核反应堆技术丛书).
ISBN 978-7-313-31396-6

I. TL4

中国国家版本馆 CIP 数据核字第 2024RB7941 号

数字反应堆技术

SHUZI FANYINGDUI JISHU

著　　者:王丛林　刘承敏　曾　未　朱　力

出版发行:上海交通大学出版社　　　　　　地　　址:上海市番禺路 951 号

邮政编码:200030　　　　　　　　　　　　电　　话:021-64071208

印　　制:苏州市越洋印刷有限公司　　　　经　　销:全国新华书店

开　　本:710 mm×1000 mm　1/16　　　　印　　张:28

字　　数:471 千字

版　　次:2025 年 1 月第 1 版　　　　　　印　　次:2025 年 1 月第 1 次印刷

书　　号:ISBN 978-7-313-31396-6

定　　价:238.00 元

先进核反应堆技术丛书

编 委 会

主 编

于俊崇（中国核动力研究设计院，研究员，中国工程院院士）

编 委（按姓氏笔画排序）

土丛林（中国核动力研究设计院，研究员级高级工程师）

刘　永（核工业西南物理研究院，研究员）

刘天才（中国原子能科学研究院，研究员）

刘汉刚（中国工程物理研究院，研究员）

孙寿华（中国核动力研究设计院，研究员）

杨红义（中国原子能科学研究院，研究员级高级工程师）

李　庆（中国核动力研究设计院，研究员级高级工程师）

李建刚（中国科学院等离子体物理研究所，研究员，中国工程院院士）

余红星（中国核动力研究设计院，研究员级高级工程师）

张东辉（中核霞浦核电有限公司，研究员）

张作义（清华大学，教授）

陈　智（中国核动力研究设计院，研究员级高级工程师）

罗　英（中国核动力研究设计院，研究员级高级工程师）

胡石林（中国原子能科学研究院，研究员，中国工程院院士）

柯国土（中国原子能科学研究院，研究员）

姚维华（中国原子能科学研究院，研究员级高级工程师）

顾　龙（中国科学院近代物理研究所，研究员）

柴晓明（中国核动力研究设计院，研究员级高级工程师）

徐洪杰（中国科学院上海应用物理研究所，研究员）

霍小东（中国核电工程有限公司，研究员级高级工程师）

总　　序

　　人类利用核能的历史可以追溯到 20 世纪 40 年代,而核反应堆这一实现核能利用的主要装置,即于 1942 年诞生。意大利著名物理学家恩里科·费米领导的研究小组在美国芝加哥大学体育场取得了重大突破,他们使用石墨和金属铀构建起了世界上第一座用于试验可控链式反应的"堆砌体",即"芝加哥一号堆"。1942 年 12 月 2 日,该装置成功地实现了人类历史上首个可控的铀核裂变链式反应,这一里程碑式的成就为核反应堆的发展奠定了坚实基础。后来,人们将能够实现核裂变链式反应的装置统称为核反应堆。

　　核反应堆的应用范围甚广,主要可分为两大类:一类是核能的利用,另一类是裂变中子的应用。核能的利用进一步分为军用和民用两种。在军事领域,核能主要用于制造原子武器和提供推进动力;而在民用领域,核能主要用于发电,同时在居民供暖、海水淡化、石油开采、钢铁冶炼等方面也展现出广阔的应用前景。此外,通过核裂变产生的中子参与核反应,还可以生产钚-239、聚变材料氚以及多种放射性同位素,这些同位素在工业、农业、医疗、卫生、国防等许多领域有着广泛的应用。另外,核反应堆产生的中子在多个领域也得到广泛应用,如中子照相、活化分析、材料改性、性能测试和中子治癌等。

　　人类发现核裂变反应能够释放巨大能量的现象以后,首先研究将其应用于军事领域。1945 年,美国成功研制出原子弹;1952 年,又成功研制出核动力潜艇。鉴于原子弹和核动力潜艇所展现出的巨大威力,世界各国竞相开展相关研发工作,导致核军备竞赛一直持续至今。

　　另外,由于核裂变能具备极高的能量密度且几乎零碳排放,这一显著优势使其成为人类解决能源问题以及应对环境污染的重要手段,因此核能的和平利用也同步展开。1954 年,苏联建成了世界上第一座向工业电网送电的核电站。随后,各国纷纷建立自己的核电站,装机容量不断提升,从最初的 5 000 千瓦发展到如今最大的 175 万千瓦。截至 2023 年底,全球在运行的核电机组总数达到了 437 台,总装机容量约为 3.93 亿千瓦。

核能在我国的研究与应用已有 60 多年的历史,取得了举世瞩目的成就。

1958 年,我国建成了第一座重水型实验反应堆,功率为 1 万千瓦,这标志着我国核能利用时代的开启。随后,在 1964 年、1967 年与 1971 年,我国分别成功研制出了原子弹、氢弹和核动力潜艇。1991 年,我国第一座自主研制的核电站——功率为 30 万千瓦的秦山核电站首次并网发电。进入 21 世纪,我国在研发先进核能系统方面不断取得突破性成果。例如,我国成功研发出具有完整自主知识产权的压水堆核电机组,包括 ACP1000、ACPR1000 和 ACP1400。其中,由 ACP1000 和 ACPR1000 技术融合而成的"华龙一号"全球首堆,已于 2020 年 11 月 27 日成功实现首次并网,其先进性、经济性、成熟性和可靠性均已达到世界第三代核电技术的先进水平。这一成就标志着我国已跻身掌握先进核能技术的国家行列。

截至 2024 年 6 月,我国投入运行的核电机组已达 58 台,总装机容量达到 6 080 万千瓦。同时,还有 26 台机组在建,装机容量达 30 300 兆瓦,这使得我国在核电装机容量上位居世界第一。

2002 年,第四代核能系统国际论坛(Generation Ⅳ International Forum, GIF)确立了 6 种待开发的经济性和安全性更高、更环保、更安保的第四代先进核反应堆系统,它们分别是气冷快堆、铅合金液态金属冷却快堆、液态钠冷却快堆、熔盐反应堆、超高温气冷堆和超临界水冷堆。目前,我国在第四代核能系统关键技术方面也取得了引领世界的进展。2021 年 12 月,全球首座具有第四代核反应堆某些特征的球床模块式高温气冷堆核电站——华能石岛湾核电高温气冷堆示范工程成功送电。

此外,在聚变能这一被誉为人类终极能源的领域,我国也取得了显著成果。2021 年 12 月,中国"人造太阳"——全超导托卡马克核聚变实验装置(Experimental and Advanced Superconducting Tokamak, EAST)实现了 1 056 秒的长脉冲高参数等离子体运行,再次刷新了世界纪录。

经过 60 多年的发展,我国已经建立起涵盖科研、设计、实(试)验、制造等领域的完整核工业体系,涉及核工业的各个专业领域。科研设施完备且门类齐全,为满足试验研究需要,我国先后建成了各类反应堆,包括重水研究堆、小型压水堆、微型中子源堆、快中子反应堆、低温供热实验堆、高温气冷实验堆、高通量工程试验堆、铀-氢化锆脉冲堆，以及先进游泳池式轻水研究堆等。近年来，为了适应国民经济发展的需求，我国在多种新型核反应堆技术的科研攻关方面也取得了显著的成果，这些技术包括小型反应堆技术、先进快中子堆技术、新型嬗变反应堆技术、热管反应堆技术、钍基熔盐反应堆技术、铅铋反应堆技术、数字反应堆技术以及聚变堆技术等。

在我国，核能技术不仅得到全面发展，而且为国民经济的发展做出了重要贡献，并将继续发挥更加重要的作用。以核电为例，根据中国核能行业协会提供的数据，2023 年 1—12 月，全国运行核电机组累计发电量达 4 333.71 亿千瓦·时，这相当于减少燃烧标准煤 12 339.56 万吨，同时减少排放二氧化碳 32 329.64 万吨、二氧化硫 104.89 万吨、氮氧化物 91.31 万吨。在未来实现"碳达峰、碳中和"国家重大战略目标和推动国民经济高质量发展的进程中，核能发电作为以清洁能源为基础的新型电力系统的稳定电源和节能减排的重要保障，将发挥不可替代的作用。可以说，研发先进核反应堆是我国实现能源自给、保障能源安全以及贯彻"碳达峰、碳中和"国家重大战略部署的重要保障。

随着核动力与核技术应用的日益广泛，我国已在核领域积累了丰富的科研成果与宝贵的实践经验。为了更好地指导实践、推动技术进步并促进可持续发展，系统总结并出版这些成果显得尤为必要。为此，上海交通大学出版社与国内核动力领域的多位专家经过多次深入沟通和研讨，共同拟定了简明扼要的目录大纲，并成功组织包括中国原子能科学研究院、中国核动力研究设计院、中国科学院上海应用物理研究所、中国科学院近代物理研究所、中国科学院等离子体物理研究所、清华大学、中国工程物理研究院以及核工业西南物理研究院等在内的国内相关单位的知名核动力和核技术应用专家共同编写了这套"先进核反应堆技术丛书"。丛书内容包括铅合金液态金属冷却快堆、液态钠冷却快堆、重水反应堆、熔盐反应堆、新型嬗变反应堆、多用途研究堆、低温供热堆、海上浮动核能动力装置和数字反应堆、高通量工程试验堆、同位素生产试验堆、核动力设备相关技术、核动力安全相关技术、"华龙一号"优化改进技术，以及核聚变反应堆的设计原理与实践等。

本丛书涵盖的重大研究成果充分展现了我国在核反应堆研制领域的先进水平。整体来看，本丛书内容全面而深入，为读者提供了先进核反应堆技术的系统知识和最新研究成果。本丛书不仅可作为核能工作者进行科研与设计的宝贵参考文献，也可作为高校核专业教学的辅助材料，对于促进核能和核技术应用的进一步发展以及人才培养具有重要支撑作用。我深信,本丛书的出版,将有力推动我国从核能大国向核能强国的迈进,为我国核科技事业的蓬勃发展做出积极贡献。

于俊崇

2024 年 6 月

前　　言

　　核反应堆是一个复杂巨系统,通过控制反应堆内中子与核燃料反应过程,实现能量的持续稳定输出,并通过能量传输和转换系统提供多样化的能源形式。核反应堆不仅包含复杂的核反应现象,涉及流动、传热、燃料及材料性能演变等复杂的耦合物理过程,而且需要在数十年的漫长使用过程中,应对各种复杂环境和条件的变化,这导致对其行为特性的深度认知变得十分困难。

　　相比于核反应堆概念,数字反应堆还未有严格的定义和标准,结合我国及欧美各国数字反应堆技术研发及应用情况来看,数字反应堆主要是利用高精度数值模拟、多专业数据/模型协同、大数据分析和人工智能等数字技术,在数字空间中开展反应堆研发设计、验证、制造、建造、运维、退役等全生命周期活动。其核心要素包括精细化模型、高精度软件、海量数据以及高效算法,通常部署于高性能计算机上运行,这些技术和方法为核工程领域的相关技术人员提供了准确认知和掌控反应堆行为特性的有效手段和工具。

　　总体来看,数字反应堆技术主要可实现以下功能。

　　一是在研发设计阶段,数字反应堆技术能够实现多专业之间的精细化协同设计,从而显著提高设计研发的效率和质量。

　　二是在设计验证阶段,数字反应堆技术能够对反应堆运行过程中的多物理行为进行精确模拟,进而验证设计的性能。

　　三是在制造建造阶段,数字反应堆技术能够模拟设备制造和装置安装等工艺过程,预先发现并释放潜在的制造和建造风险。

　　四是在运行维护阶段,数字反应堆技术能够实现基于数据和算法驱动的智能监测、诊断、预测及辅助决策,为反应堆的安全稳定运行提供有力保障。

　　本书对数字反应堆的技术特征、当前技术状态以及未来发展趋势进行了详细介绍,旨在为读者提供全面而深入的技术参考。

本书各章节撰写人员如下:

第1章,王丛林、刘承敏、曾未、朱力;第2章,王丛林、刘承敏、曾未、朱力;第3章,王丛林、刘承敏、曾未、朱力、宫兆虎、刘佳、郝江涛、李松蔚、戴旭东;第4章,曾未、朱力、郝江涛、刘佳、李松蔚、王杰、袁鹏、张锐;第5章,李松蔚、方浩宇、张爽、刘琨、马超、袁鹏、唐松乾、齐欢欢、莫锦涛、刘立志、罗庭芳、吕勇波、蒲卓;第6章,曾未、宫兆虎、陈长、张宏博、胡甜、刘立志、田野、罗庭芳、辛勇、刘振海、邱志方、刘卢果、吕焕文、温兴坚、景福庭、冯志鹏、齐欢欢、强胜龙、潘俊杰、崔显涛、王杰;第7章,方浩宇、徐少峰、陈锐、杨彪、苏晓峰、何戈宁、陈朗;第8章,刘佳、黄擎宇、肖聪、罗英、徐春、张倬、曹立彦、赖建永、刘诗文、包超、张洧川、朱大欢、程坤、唐松乾、田超、刘晓波;第9章,张中亮、张永领、陈戏三、朱伟;第10章,方浩宇、何腾蛟、曾辉、赵文博、颜达鹏、黄捷、肖凯、骆攀、周毅、李聪、徐浩然;第11章,王丛林、刘承敏、曾未、朱力。

由于作者水平有限、写作时间仓促,本书可能还存在很多不足之处,恳请读者批评指正。

目　　录

第 1 章

概　述

1946 年，美国成功研制出世界上第一台电子计算机 ENIAC，其首次应用即参与了洛斯阿拉莫斯国家实验室进行的原子弹爆炸试验计算。20 世纪 70 年代以来，计算机硬件技术和软件技术不断升级换代，促进计算机向小型化和智能化（微机）方向发展。与此同时，芯片性能的不断提高促进计算机运算及数据处理能力快速提升，为高性能计算、人工智能、大数据等技术的发展奠定了重要基础。另外，计算机网络由独立的体系向统一的网络体系结构转变，网络光纤的快速通信逐步发展形成全球快速的互联互通；而虚拟化技术的发展与应用则催生了云计算技术等。简而言之，计算机软硬件的不断进步为数字化技术在各工业领域的广泛应用提供了强有力的支撑。

随着计算机软硬件、网络及通信等信息化技术的不断进步，数字化技术在近几年的发展十分迅猛，现已成为驱动第四次工业革命的核心技术之一，是工业领域提升生产和管理效能、构建全新竞争优势的重要推动力。习近平总书记在党的二十大报告中指出，加快发展数字经济，促进实体经济和数字经济深度融合。党中央、国务院印发《数字中国建设整体布局规划》，指出：培育壮大数字经济核心产业，研究制定推动数字产业高质量发展的措施，打造具有国际竞争力的数字产业集群。推动数字技术和实体经济深度融合，在农业、工业、金融、教育、医疗、交通、能源等重点领域，加快数字技术创新应用。在工业数字化技术迅猛发展的趋势下，各种先进的工业仿真技术、协同设计技术、虚拟现实技术以及运维支持技术相继成熟，并正在核能、航空、航天、船舶、汽车等工业领域得到越来越广泛的应用。这些技术的应用不仅大大提升了产品研发效率和质量，还加快了工业技术的发展速度。

在航空航天领域，自 20 世纪 90 年代以来，以波音、空客、洛克希德·马丁为代表的国外航空产业制造商，已经开始不同程度地研究和应用数字化协同设计技术。例如,在空客的 A787 客机研制过程中,通过全球 180 多家供应商的协同设计,该客机的研制周期比前一代机型缩短了约 1/3,研制成本下降了近 50%。同时,借助高性能数值计算仿真手段指导设计改进,风洞实验的规模变小,数量也大幅减少[1]。同样地,我国航天科技集团在长征七号的研制过程中,通过数字化技术的广泛应用,装配问题减少了约 70%,设计变更减少了约 30%。这些事实充分体现了数字化技术在提升研发效率和降低成本方面的显著优势。

在汽车领域,大众、丰田等行业巨头将目标定位于标准化的零件复用和通用建造平台的研发上,构建了人们熟知的 MQB、TNGA 等平台和构架,形成了快速反馈市场审美需求和高通用性的零件供应环境,也因此在市场竞争中取得了巨大的成功。特斯拉、宝马等汽车厂商则更加注重人车交互过程的数字化体验和应用,他们推出的驾驶辅助系统、超大屏幕以及远程无线升级技术(DTA)无限更新等功能,大大提升了驾驶和乘坐的舒适度和便捷性。正是凭借这些创新技术,这些厂商迅速占据并维持了豪华车领域的市场份额,同时也获得了相当可观的经济利润。

如上所述,不同行业领域都在根据自身的技术特点和发展规律积极探索并实践数字化技术的应用。有的行业通过引领技术发展前沿来降低成本,有的则借助数字化技术占据市场主导地位,提升工业产品的附加值。还有一些行业企业通过快速反馈迭代,从性能上超过其他国家竞争对手,从而维持自身的技术优势。总的来说,各行业都在利用数字化技术,不断提升工业产品的核心竞争力。

在这样的背景下,将先进的数字化技术引入核反应堆工程领域,开展相关研究已成为近年来该领域日益关注的新兴技术方向。这不仅是反应堆工程技术发展的重要趋势,也是提高核反应堆自主创新能力、加速新型反应堆研发、提升在运反应堆运行性能、提高反应堆经济性的重要途径。因此,该领域的研究具有重要的战略意义和工程应用价值。

1.1 背景

以先进建模与仿真、大数据技术、人工智能、云计算、数字孪生等为代表的数字化技术正蓬勃发展,深刻地影响着全球工业发展的格局,是未来先进技术竞争的核心领域。各领域引领者均在持续推进数字化转型并规划长远布局。

数字化技术作为改变生产力的一种重要手段和方法,是企业利用新技术、新方法推动创新的最主要方向之一。那些忽略或者轻视数字化技术的厂商在市场竞争中正在被迅速淘汰。数字化技术将加速企业生产力、生产方式和生产关系的变革。以数字化技术为驱动的生产力革命正在推动各行各业实现数字化转型,以进一步优化组织架构和管理模式,改进生产方式,提升企业效率,增加企业活力和竞争力。

在我国,数字化技术的高速发展也催生了新的产业升级需求,为此,我国提出了一系列战略规划及措施,鼓励各领域进行深刻的数字化转型。

1)"中国制造 2025"战略

2015 年 5 月 8 日,国务院印发《中国制造 2025》(国发〔2015〕28 号文),这是我国实施制造强国战略第一个十年的行动纲领。该纲领对我国制造业的数字化发展进行了全面部署:

到 2020 年,我国将基本实现工业化,制造业大国地位进一步巩固,制造业信息化水平大幅提升。在此期间,掌握一批重点领域关键核心技术,优势领域竞争力进一步增强,产品质量有较大提高。制造业数字化、网络化、智能化将取得明显进展。制造业重点领域智能化水平显著提升,试点示范项目运营成本降低 30%,产品生产周期缩短 30%,不良品率降低 30%,数字化研发设计工具的普及率达到 72%。

到 2025 年,我国制造业的整体素质将大幅提升,创新能力显著增强,全员劳动生产率将明显提高。同时,"两化"(工业化和信息化)融合将迈上新台阶,数字化研发设计工具的普及率将达到 84%。制造业重点领域全面实现智能化,试点示范项目运营成本预计降低 50%,产品生产周期缩短 50%,不良品率也将降低 50%。

而到 2035 年,我国制造业整体将达到世界制造强国阵营的中等水平。届时,创新能力大幅提升,重点领域发展取得重大突破,整体竞争力明显增强,优势行业形成全球创新引领能力,全面实现工业化。

2)"大数据"战略

2015 年 10 月,党的十八届五中全会通过了《中共中央关于制定国民经济和社会发展第十三个五年规划的建议》,提出"实施国家大数据战略,推进数据资源开放共享",将大数据视为战略资源并上升为国家战略。

2017 年 12 月 8 日,中共中央政治局就实施国家大数据战略进行第二次集体学习。中共中央总书记习近平在主持学习时强调,大数据发展日新月异,我们应该审时度势、精心谋划、超前布局、力争主动,深入了解大数据发展现状和趋势及其对经济社会发展的影响,分析我国大数据发展取得的成绩和存在的问题,推动实施国家大数据战略,加快完善数字基础设施,推进数据资源整合和开放共享,保障数据安全,加快建设数字中国,更好服务我国经济社会发展和人民生活改善。习近平强调,要推动大数据技术产业创新发展。我国网络购物、移动支付、共享经济等数字经济新业态新模式蓬勃发展,走在了世界前列。我们要瞄准世界科技前沿,集中优势资源突破大数据核心技术,加快构建自主可控的大数据产业链、价值链和生态系统。要加快构建高速、移动、安全、泛在的新一代信息基础设施,统筹规划政务数据资源和社会数据资源,完善基础信息资源和重要领域信息资源建设,形成万物互联、人机交互、天地一体的网络空间。要发挥我国制度优势和市场优势,面向国家重大需求,面向国民经济发展主战场,全面实施促进大数据发展行动,完善大数据发展政策环境。要坚持数据开放、市场主导,以数据为纽带促进产学研深度融合,形成数据驱动型创新体系和发展模式,培育造就一批大数据领军企业,打造多层次、多类型的大数据人才队伍。

2018年5月26日,2018中国国际大数据产业博览会开幕,国家主席习近平向博览会致贺信。他强调,中国高度重视大数据发展。我们秉持创新、协调、绿色、开放、共享的发展理念,围绕建设网络强国、数字中国、智慧社会,全面实施国家大数据战略,助力中国经济从高速增长转向高质量发展。

3)推进"上云用数赋智"行动

2020年4月7日,国家发改委、中央网信办联合发布了《关于推进"上云用数赋智"行动 培育新经济发展实施方案》,提出加快数字产业化和产业数字化进程,培育新经济发展动能,扎实推进国家数字经济创新发展试验区建设,构建新动能主导经济发展的新格局,助力构建现代化产业体系,实现经济高质量发展。其主要发展目标包括:打造数字化企业、构建数字化产业链、培育数字化生态。为了实现这些目标,方案明确了以下主要发展方向:筑基础,夯实数字化转型技术支撑;搭平台,构建多层联动的产业互联网平台;促转型,加快企业"上云用数赋智";建生态,建立跨界融合的数字化生态;兴业态,拓展经济发展新空间;强服务,加大数字化转型支撑保障。具体工作举措如下。

一是服务赋能:推进数字化转型伙伴活动。发布数字化转型伙伴倡议,开展数字化转型促进中心建设工作,支持创建数字化转型开源社区。

二是示范赋能:组织数字化转型示范工程。树立一批数字化转型企业标杆和典型应用场景,推动产业链协同试点建设,支持产业生态融合发展示范。

三是业态赋能:开展数字经济新业态培育行动。组织数字经济新业态发展政策试点,开展新业态成长计划,实施灵活就业激励计划。

四是创新赋能:突破数字化转型关键核心技术。组织关键技术揭榜挂帅,征集优秀解决方案,开展数字孪生创新计划。

五是机制赋能:强化数字化转型金融供给。推行普惠性"上云用数赋智"服务,探索"云量贷"服务,鼓励发展供应链金融。

4)加快推进国有企业数字化转型

2020 年 8 月 21 日,国务院国资委办公厅发布了《关于加快推进国有企业数字化转型工作的通知》(以下简称"通知"),通知就加快推进国有企业数字化转型工作进行了以下部署。

一是提高认识,深刻理解数字化转型的重要意义。要深入学习领会习近平总书记关于推动数字经济和实体经济融合发展的重要指示精神,研究落实党中央、国务院有关政策,将数字化转型作为改造提升传统动能、培育发展新动能的重要手段,不断深化对数字化转型艰巨性、长期性和系统性的认识。发挥国有企业在新一轮科技革命和产业变革浪潮中的引领作用,进一步强化数据驱动、集成创新、合作共赢等数字化转型理念。

二是加强对标,着力夯实数字化转型基础。要建设基础数字技术平台、建立系统化管理体系、构建数据治理体系、提升安全防护水平。

三是把握方向,加快推进产业数字化创新。要推进产品创新数字化、生产运营数字化、用户服务敏捷化、产业体系生态化。

四是技术赋能,全面推进数字产业化发展。要加快新型基础设施建设、加快关键核心技术把关、加快发展数字产业。

五是突出重点,打造行业数字化转型示范样板。其中,能源类企业要着力提高集成调度、远程操作、智能运维水平,强化能源资产资源规划、建设和运营全周期管控能力,实现能源企业全业务链的协同创新、高效运营和价值提升。

核能作为一种清洁的基负荷能源,是我国工业领域中的重要一环。党的二十大报告指出,积极安全有序发展核电。核电已成为我国实现"双碳"目标的重要抓手之一。

根据国际原子能机构(IAEA)的报告,截至 2022 年 12 月 31 日,全球共有 32 个国家在运行核电机组,总数达 411 台,装机容量总计为 371.0 吉瓦。其中,中国在运行的核电机组有 57 台,装机容量为 55.04 吉瓦(包含台湾地区的 3 台机组)。2022 年,全球核发电量占总发电量的比例为 9.2%,而中国的核发电量占总发电量的比例仅为 4.72%,这一比例约为全球平均水平的一半。

根据中国核电发展中心和国网能源研究院于 2019 年联合发布的《我国核电发展规划研究》报告,我国核电发展容量已被分阶段详细规划。预计到 2030 年,我国核电机组规模将达到 1.3 亿千瓦,占全国电力总装机的 4.5%;到 2035 年,规模将进一步扩大至 1.7 亿千瓦,占全国电力总装机的 5.1%;而到 2050 年,核电机组规模有望达到 3.4 亿千瓦,占全国电力总装机的 6.7%。在发电量方面,预计到 2030 年、2035 年和 2050 年,核电发电量将分别达到 0.9 万亿千瓦·时、1.3 万亿千瓦·时和 2.6 万亿千瓦·时,占全国总发电量的比例分别为 10%、13.5% 和 22.1%。为实现这一发展规模,预计 2030 年之前,每年须保持大约 6 台核电机组的开工规模;而在 2031 年至 2050 年,每年则须保持大约 8 台核电机组的开工规模。由此可见,未来我国核电装机容量和发电量将呈现显著的增长态势。

从核电技术来看,三代先进压水堆技术已成为世界核电产业发展的主要技术,并开始批量建造。未来核电技术的发展还将朝着安全性、经济性和可持续性更高的第四代核电技术方向发展。

在国家大力推动数字化技术发展的战略背景下,数字化技术与核能技术的融合已成为技术进步的必然趋势,同时也满足了核能行业发展的迫切需求。数字反应堆技术的研发是加快建设制造强国、数字中国的关键行动之一,亦是推动核能行业高质量发展的重要手段之一。通过深入研究数字反应堆技术,我们能够将先进的建模与仿真技术、大数据技术、人工智能、云计算以及数字孪生等数字化手段广泛应用于反应堆的研究设计、生产制造、安装调试、运行维护以及退役处置等全生命周期的各个环节,从而全面提升核能技术的水平和效率。

近年来,随着算力提升、算法进步和数据积累,各种以精细化模型和高性能算法为支撑的反应堆数值计算分析软件发展迅速,数字化设计、工艺仿真、虚拟现实、智能监测及诊断等技术也相继得到应用。

1.2 国外发展概况

自 21 世纪以来,欧美等发达国家在反应堆技术领域投入了大量的人力、物力和财力,积极采用数字化技术以提升反应堆在研发设计、制造建造、运维退役等全生命周期的效能。这种技术应用主要体现在以下三个方面。

首先,在超大规模高性能计算机上,利用先进的计算软件和各种数据库资源,数值仿真模拟反应堆在不同尺度下的各种特性(这种数值反应堆技术,以美国的 CASL、NEAMS 和欧洲的 NUR 系列计划为代表)。

其次,基于模型驱动的设计理念,实现对反应堆的多专业协同研发和分析(这种数字化设计方法,以西门子、达索等工业化公司为代表)。

最后,基于数据驱动的轻量化代理计算模型、设备或系统特性的快速预测和异常诊断技术也得以广泛应用(这种智能运维方式,以美国电力研究院的 FW-PHM 系统和美国 LWRS 项目为代表)。

1.2.1　基于超算的高精度数值计算技术

为了加强在数字化技术与核能技术结合领域的研究工作,各国政府纷纷推出了一系列支持项目。其中,最具代表性的项目包括美国的 CASL/NEAMS 项目和欧洲的 NUR 系列项目。

1.2.1.1　轻水反应堆先进仿真联盟计划

1) CASL 计划概述

为了重塑美国在核能研发领域的领先地位,美国能源部于 2010 年 7 月成立了首个能源创新中心——轻水反应堆先进仿真联盟(Consortium for Advanced Simulations of Light Water Reactors,CASL)。该中心的主要目标是提升现有轻水反应堆的性能[2],以期通过广泛应用的、基于多学科的建模和仿真技术,研发出更为安全和高效的商业核电产品。CASL 的第一阶段工作为期 5 年,获得了 1.22 亿美元的经费支持,旨在推动美国核能工业的技术创新和升级。

CASL 由美国橡树岭国家实验室主导,汇集了学术界、企业和政府等多方力量,形成了一个强大的合作团队。其核心成员包括四个国家实验室——橡树岭国家实验室(ORNL)、爱达荷国家实验室(INL)、洛斯阿拉莫斯国家实验室(LANL)和桑迪亚国家实验室(SNL),以及三所知名大学——北卡罗来纳州立大学(NCSU)、密歇根大学(UM)和麻省理工学院(MIT)。此外,美国电力研究院(EPRI)、西屋电气公司(WEC)和田纳西河流域管理局(TVA)也参与其中,共同推动 CASL 的发展。

CASL 计划以堆芯为重点,通过综合的、科学的建模和仿真技术建立先进的虚拟反应堆,实现新建、在运核电站的功率提升、寿期延长及燃耗加深,并逐步将建模与仿真能力从堆芯扩展至反应堆系统,同时关注虚拟反应堆技术在第四代反应堆中的应用。

2) CASL 计划重点研究领域

从基础科学、模型发展和软件工程到应用阶段,CASL 计划的研究内容主要关注六大领域:先进建模应用(AMA)、辐射输运方法(RTM)、热工水力方法(THM)、材料性能优化(MPO)、验证与不确定性量化(VUQ)、虚拟反应堆集成(VRI)。

先进建模应用(AMA)提供 CASL 和外界的主要接口,包括 CASL 虚拟反应堆与现有运行反应堆的接口、CASL 与产业界关心的问题的接口和 CASL 进行全面验证的接口。此外,AMA 将模型和方法纳入反应堆虚拟仿真环境(virtual environment for reactor applications,VERA),包括提供功能要求、建模需求,确定优先次序和执行评估能力等。

辐射输运方法(RTM)聚焦中子物理计算,其执行的工作是开发 VERA 下的下一代中子输运模拟工具,包括三条发展路径,即主要发展路径、传统发展路径、先进发展路径。主要发展路径包括 3D 全堆芯离散纵标输运方法、3D 全堆芯特征线输运方法。传统发展路径包括 2D 全堆芯特征线法输运方法、全堆芯扩散或输运方法。先进发展路径包括混合蒙特卡罗(MC)方法。

热工水力方法(THM)的主要研究工作是将现有的和新开发的反应堆热工水力学分析程序进行整合,集成到大规模并行计算机上,以满足 VERA 热工水力高保真物理模型和高精度数值算法的要求,并与 RTM、MPO 等研发的程序应用进行耦合,实现反应堆中子物理-热工水力-燃料材料等多物理场耦合计算,以模拟反应堆系统正常、异常和事故工况行为。

材料性能优化(MPO)的主要研究工作是开发和改进燃料及材料性能分析计算模型,包括核燃料、核燃料棒包壳和反应堆结构材料,并将这些模型进行整合和集成,构建形成燃料及反应堆结构材料性能预测模型,以提供更好的反应堆燃料和结构失效的预测能力。MPO 将通过大量分析计算和试验,改变传统材料分析过分依赖经验公式的状况,从而进一步扩展燃料及材料分析程序的应用范围,以适用于不同形式的反应堆燃料和结构。

验证与不确定性量化(VUQ)的研究工作主要包含两个方面:一是对所开发的模型和程序进行系统验证;二是对虚拟反应堆所模拟的实际工况进行验证,以便更深入地了解核电站的运行状况和安全限制。这两项验证工作可直接指导反应堆功率的提升和寿命的延长。此外,经过验证的基于虚拟反应堆模拟的各类工况计算方法,将极大地推动反应堆研发由传统的大规模综合性实验向更为高效的小规模实验验证转变。

虚拟反应堆集成(VRI)的核心工作是研发 VERA,该环境是 CASL 计划中的关键组成部分。VERA 将整合其他领域的研究成果,包括模型、算法和数据,构建一个多物理场耦合计算环境。这个环境将提供软硬件计算平台,支持前后处理、并行计算、几何结构建模、网格划分、数据传递、求解器运算以及可视化等功能,从而实现对反应堆的全面而精确的仿真。

3) CASL 计划关键技术挑战

CASL 围绕挑战性问题来发展虚拟反应堆的建模仿真能力,首先确定了那些行业中长期存在且可应用建模和仿真技术解决的问题(可称之为挑战性问题)。挑战性问题一旦确定,就针对每个挑战性问题开展有计划的实施和攻关,并启动集成研发计划:首先发展各专业独立的物理建模和仿真技术,然后将它们进行集成,以提供解决挑战性问题所需要的多物理场建模和仿真能力。

CASL 计划的核心围绕着核电领域的三个关键议题展开:核安全、减少核废料以及降低成本。为了实现这些目标,CASL 计划着重于通过提升功率、加深燃料燃耗和延长电厂寿命来实现。具体而言,CASL 计划主要关注与运行与安全紧密相关的 10 个关键性问题(见表 1-1),这些问题涵盖了燃料芯块和包壳的相互作用(PCI)、偏离泡核沸腾(DNB)等重要领域。

表 1-1　CASL 计划拟解决的目标场景

问题类别	综合模拟问题	提升功率	加深燃料燃耗	延长电厂寿命
与运行相关的困难问题	水垢导致的功率偏移(CRUD-induced power shift,CIPS)	√	√	
	水垢导致的局部腐蚀(CRUD-induced localized corrosion,CILC)	√	√	
	格架和核燃料棒微动磨损(grid-to rod fretting failure,GTRF)		√	
	燃料芯块和包壳的相互作用(pellet clad interaction,PCI)	√	√	
	燃料组件变形(fuel assembly distortion,FAD)	√	√	

（续表）

问题类别	综合模拟问题	提升功率	加深燃料燃耗	延长电厂寿命
与安全相关的困难问题	偏离泡核沸腾(departure from nucleate boiling, DNB)	√		
	冷却剂丧失事故(LOCA)的燃料包壳完整性	√	√	
	反应性引入事故(RIA)的燃料包壳完整性	√	√	
	反应堆压力容器的完整性	√		√
	堆内构件的完整性	√		√

4) CASL 计划研究进展

CASL 计划首先针对压水堆堆芯、堆内构件和压力容器改进仿真能力。所发展的虚拟反应堆研发平台 VERA 紧密地与现有的及未来发展的压力容器外的仿真技术耦合。VERA 也可应用于其他类型核电站,特别是沸水堆(BWR)。在第二个五年计划中,CASL 计划工作扩展到反应堆压力容器之外的结构、系统和部件(SSC)上,直接考虑 BWR 和小型模块化堆(SMR)。

目前,CASL 在多项关键领域的研究都取得了重大突破,已经能够支持商业压水堆的建模仿真计算,通过使用超大型计算机、支持并行的先进计算方法及多物理场耦合技术,对全堆芯的实际工况进行数值仿真计算,得到比传统计算软件更加精细和准确的计算结果,为反应堆设计和事故分析提供可靠的数据支撑,解决了部分长时间限制核能行业发展的挑战性问题,在保证安全性的前提下可大大优化商业核反应堆的各项性能参数、提升其经济性。同时,需要注意的是,VERA 目标并不是取代已有在核能行业普遍应用的软件,相反地,它内部集成了大量已有物理计算软件及基于这些软件开发的物理组件,在超大规模计算机上通过并行计算和耦合技术,提高了这些软件的运算效率和计算精度。

CASL 计划的最终成果主要包括两方面:首先是 VERA 研发平台,其次是基于此平台建立的虚拟反应堆(virtual reactor)[3]。VERA 作为一个大型软件包,集成了堆芯物理、热工水力等各类先进的计算软件及工具,包含 14 个可独立运行的软件以及 6 个实现耦合的软件(形成 3 个耦合软件包)。虚拟反应堆则是利用 VERA 平台针对特定反应堆构建的数值模拟对象,它能够对反应堆全生命周期内的各种性能与行为特性进行全面而精确的模拟和预测分析。

VERA 平台及虚拟反应堆均运行在超级计算机泰坦(Titan)上,其强大的运算能力可达每秒 $2×10^{16}$ 次。值得一提的是,美国已经成功利用 VERA 软件包完成了首个在运核反应堆(TVA Watts Bar Unit I)的全范围仿真,这包括中子动力学和计算流体动力学(CFD)仿真等方面的工作,展示了 VERA 在实际应用中的强大潜力。

1.2.1.2 核能先进建模与仿真计划

1) NEAMS 计划概述

核能先进建模与仿真(Nuclear Energy Advanced Modeling and Simulation,NEAMS),旨在通过开发和验证数值模拟方法[4],为先进反应堆和核燃料循环系统的研发提供有力支持。该项目基于最精细的模型和数值计算方法,致力于开发一套全面的反应堆模拟程序包,旨在加速安全性更高、经济性更好、资源利用效率更卓越的新型反应堆的研发进程。通过对反应堆系统进行精细模拟,NEAMS 程序包能够深入探究实验中难以再现的物理现象本质。最终,NEAMS 项目的软件包将具备从芯块到电厂的全方位模拟能力,从而实现对核反应堆安全性能的精确预测[5]。

NEAMS 项目将推进先进建模和仿真方法的应用,提升美国能源部核能办公室研发投入的价值,以往在先进反应堆设计时,很多指标仅仅通过经验而不能进行量化分析。NEAMS 团队正在开发先进的计算工具,这些工具能对先进反应堆进行建模仿真,使得反应堆在设计时,其性能分析和安全设计能够量化。

NEAMS 项目为先进反应堆和燃料循环系统进行分析与设计,开发具有预测分析能力的软件并进行验证。NEAMS 项目计划投入每年至少 2 000 万美元,第一阶段周期从 2012 年到 2018 年。

NEAMS 的开发团队与合作单位包括美国能源部国家实验室、大学及其他合作方。2012 年,NEAMS 项目组已经与 6 所大学建立了合作关系。美国以外的其他合作方有美俄核能与核安全联合工作组(主要工作范围是高精度 CFD 程序验证,未来可扩展至中子输运与结构力学研究方向)、美韩国际核能研究小组(主要工作范围是先进中子输运方法、热工水力、高温气冷堆多物理耦合程序研究等)、美法日三边协议(主要工作范围是先进钠冷快堆研究)、美欧国际核能研究小组(主要工作范围是钠冷快堆燃料组件冷却剂流体的 CFD

仿真)。NEAMS 还与 CASL 项目团队互相承诺进行合作和互补。

NEAMS 的项目进度如下：2014 年，发布用于氧化物燃料建模的工具；2015 年，发布反应堆工具包的初步版本，允许专家级用户针对钠冷快堆的部分问题开展建模；2018 年，发布 NEAMS 工具包 1.0 完整版，该版本可对燃料和反应堆两个产品线进行集成，实现稳态运行工况和事故工况的全厂建模。

2）NEAMS 计划研究内容

NEAMS 项目包含五个关键的子项目：综合性能和安全性软件、基本方法和模型、验证和不确定性量化、功能转化、计算技术。

综合性能和安全性软件子项目旨在通过开发端对端程序来深入理解新型系统的详细集成性能。该程序涵盖了核燃料、堆芯安全性、隔离和安全屏障、废物形式和近距离存储库等 4 个方面。

基本方法和模型子项目则聚焦于利用更小的模型材料工作尺寸和原子-连续体多尺度模拟技术，以深化对集成软件的理解，并改进其性能和建模能力。此外，该子项目还负责进行小尺寸实验，以获取物理和工程模型所需的实验数据，为仿真提供可靠依据。

验证和不确定性量化子项目致力于量化建模和仿真中的固有不确定性，从而为美国核管会（NRC）提供接口，并为实验的验证和校准提供数据支持。同时，该子项目还负责采集和保护现有的实验数据。

功能转化子项目旨在实现实验软件向工业可用工程工具的转化，并进一步提升高性能计算（HPC）程序和系统的可用性。通过这一目标的达成，核能源工业和监管体制能够更有效地利用仿真技术，推动核能领域的发展和创新。

最后，计算技术子项目作为 NEAMS 项目的基石，确保前 4 个子项目能够依托先进且已获授权的技术得以实现。

NEAMS 项目包含两个研究模块和 NiCE 平台。两个研究模块分别是燃料产品线（fuels product line，FPL）和反应堆产品线（reactors product line，RPL），NiCE 平台实质上是多专业耦合研发平台。

（1）燃料产品线。

FPL 包含 MOOSE/BISON/MARMOT 软件，具备先进的多尺度燃料性能分析能力。

MOOSE 是面向对象的多物理仿真环境。它是一个针对非线性方程耦合系统的并行计算框架，拥有模块化、可适配的架构，易于增加新的物理内核。在 MOOSE 中，可通过 PETSc 数值计算库包建立偏微分方程模型。

BISON 是一个基于 MOOSE 的电厂级的燃料性能软件。它能对各种运行工况下的核燃料物理特性进行仿真。BISON 能对裂变产物的产生与迁移、燃料破损、燃料包壳、冷却剂通道、热传导及其他堆芯组件进行建模,从而对整个燃料组件的行为进行预测。

MARMOT 是一个面向对象的针对多物理小尺度仿真的有限元框架。它与 BISON 一起构成单个燃料棒性能分析程序,可为核燃料辐照行为建模。

将 MOOSE、BISON 和 MARMOT 这三个软件集合起来,可简称为 MBM。MBM 能够实现核燃料微观结构的多尺度仿真。具体而言,BISON 主要用于宏观尺度的物理特性仿真,而 MARMOT 则专注于小尺度的多物理特性仿真。

ThermoChemica 为 BISON 和 MARMOT 提供热化学属性数据。2013 年 9 月,MBM 团队发布了 ThermoChemica 的建模工具。

2013 年 4—5 月,BISON 软件中的热传导模型和裂变气体释放模型均得到了显著改进。同年 9 月,BISON 新版本正式发布了全新的图形化界面,为用户提供了更加便捷的操作体验。2014 年 6 月,BISON 进一步实现了用于处理燃料平均粒度问题的量化模型,而 MARMOT 也推出了新的裂变气体/产物扩散模型。同年 9 月,通过 BISON 实现的初版定量破度模型以及 hierarchical 扩散模型相继发布,同时,针对轻水堆在稳态和非稳态时的燃料性能分析模型也推出了更新版,为相关领域的研究提供了更为准确和全面的支持。

(2) 反应堆产品线。

反应堆产品线(RPL)模块具备先进的多物理多尺度耦合计算能力,是以 SHARP 模型作为高精度三维堆芯仿真框架,用于评估设计变更对反应堆性能和安全的影响[6]。

SHARP 模型主要包含三大子模块。首先,Nek5000 是其中一个核心部分,它主要负责 SHARP 中的多维热传导和 CFD 计算程序,专注于流体动力学和热力学方面的模拟和分析。其次,PROTEUS 作为中子输运模块,在 SHARP 模型中扮演着重要角色。它负责对裂变反应进行建模,以确定温度和功率水平。目前,PROTEUS 有两个可用的版本,分别是 PROTEUS - SN 和 PROTEUS - MOC。该模块重点关注输运求解器、截面工具、反应堆动力学以及同位素衰变等方面的计算和模拟。值得一提的是,同位素衰变程序的计算是在创建中子截面库时完成的,这一过程使用了美国橡树岭国家实验室开发的同位素燃耗器 ORIGEN。而用于 PROTEUS 模型的中子截面库生成器则是 MC2-3。最后,Diablo 是第三个子模块,它主要作为结构力学建模工具。通过运用基本的守恒定律,并集成多种材料模型,Diablo 能够进行非线性结构力学和传热计算的仿真。在 SHARP 模型中,Diablo 工具用来评估结构的压力和变形情况,从而为用户提供更全面的分析和预测能力。

MOAB 是一个基于网格仿真的高可伸缩性数据管理工具,它在 SHARP 模型中可用于实现 Nek5000、PROTEUS、Diablo 三个子物理模型间的数据传递。

CouPE 作为一个多物理模型的驱动/耦合库,主要负责执行和控制 SHARP 模型中不同物理模块之间的数据交换时序,确保它们能够协同工作。

2012 年 11 月,研发团队成功利用 SHARP 模型实现了对耦合物理问题的验证分析,为模型的多物理场耦合计算奠定了坚实的基础。2013 年 3 月,研发团队再次通过 SHARP 模型,实现了结构力学、热工流体和中子学模块的多物理仿真,并深入分析了地震烈度对系统性能影响的最终结果。

同年 7 月,研发团队针对反应堆产品线团队发布了热工流体模块建模工具 Nek5000-URANS 的初始版本,并推出了反应堆产品线集成框架的雏形,为团队提供了更加完善的仿真工具与框架支持。2014 年 3 月,经过严格的测试与验证,研发团队正式发布了可供用户下载的 SHARP 模型安装包,使得更多用户能够便捷地使用这一先进的仿真模型。

2014 年 8 月,研发团队进一步针对特定反应堆基准问题对 PROTEUS 子模型进行了验证,确保其在实际应用中的准确性和可靠性。同年 9 月,研发团队完成了 SHARP 模型集成接口的初步复查,并实施了多项改进措施,提升了模型的集成度和稳定性。同时,NEAMS 工具包团队也发布了 MeshKit 的内部版本和 MeshKit 工具包的 2.0 版本,为模型的网格生成和处理提供了更加强大的支持。

值得一提的是,早在 2014 年 1 月,研发团队就已经发布了 CouPE 耦合驱动器的 1.0 版本。这个驱动器作为一个多物理模型的驱动/耦合库,负责执行和控制 SHARP 模型中不同物理模块之间的数据交换时序,确保它们高效、稳定地协同工作。这一里程碑式的发布进一步提升了 SHARP 模型的整体性能,并为其后续的发展奠定了坚实的基础。

(3) NiCE 平台。

NEAMS 项目团队将用户友好型集成平台的开发视为项目的核心组成部分。该平台本身并不直接具备建模和仿真能力,却能巧妙地封装和抽象出那些具有强大建模和仿真功能的软件,使其融入这一整合性极强的环境中。这一举措旨在让用户和团队开发者都能从中获益,享受更为流畅高效的工作体验。换言之,打造一个既简洁又精致的用户环境,是 NEAMS 项目不可或缺的重要目标。众所周知,用户不应被输入文件的烦琐格式、数据存储的复杂问题,或是软件安装、配置与运行的种种细节所牵绊。用户期望轻松运用 NEAMS 工具,专注于研究工作,解决实际问题。因此,NEAMS 项目团队致力于为用户提供一个便捷、高效的工作环境,让用户能够充分发挥 NEAMS 工具的潜力,实现研究目标。

NEAMS 集成开发环境(NEAMS Integrated Computing Environment,NiCE)作为 NEAMS 项目的用户接口,是项目团队对用户友好型设计理念的有力回应。这个平台集成了 SHARP 和 MOOSE 两大框架,通过它,用户可以轻松生成燃料生产线和反应堆生产线中各类软件所需的输入文件。更值得一提的是,NiCE 平台还集成了 3D 视图工具,用户可以利用它直观地查看和分析仿真过程的数据。

在协同控制方面,NiCE 平台能够高效地管理两条生产线中各软件的运行,确保它们协同工作,发挥出最佳效能。此外,平台还能自动生成仿真结束后的输出文件,为用户提供便捷的后续处理和分析功能。在堆分析器方面,NiCE 平台支持 3D 堆工厂视图,通过 JMonkey 引擎实现面向对象的堆模型建立。这一功能使得堆工厂模型中的 3D 视图能够支持众多电厂内元件的展示,包括管道、堆芯通道、接头、分支电路、热交换器、堆芯以及其他特定的子部件。这一视图是交互式的,用户可以使用 NiCE 平台提供的友好型 HDF5 文件以及特定的仿真文件作为输入,从而更加深入地了解和分析仿真过程。

另外,NiCE 团队发布了新的专门用于反应堆仿真数据分析的反应堆透视图。透视图通过为交互式反应堆分析器视图最大化地扩展屏幕空间而提升用户体验。新的反应堆透视图使用户在设计时可以同时打开和浏览多个 HDF5 反应堆文件。

NiCE 团队也继续致力于集成 SHARP 系统,通过 GNU 自动化工具使得建立处理多耦合物理框架的过程变得更加简单、高效、流水线化,从而提高用户体验,例如:具备自动下载的功能,以及建立独立性的关键性框架(如 MOAB、PETSc 和 MPICH),并且为将来集成 Diablo 结构力学代码预留接口。

NiCE 遇到的首要技术挑战是平台需要控制大量的数据交互。NEAMS 项目软件数量多,将产生大量数据,而且不同用途的软件在成百上千种处理器上运行,NiCE 就必须完美地支持那些没有巨型机使用但需要接入公有或者私有云的用户。NiCE 是一个免费且开源的平台软件,使用 Java 和少量 C++ 编写,它以 OSGI 框架为基础。NiCE 目前的需求和特征如下:① 能支持跨平台使用,包含 HPC(高性能计算机);② 提供工具从输入文件产生 3D 几何模型、材料和各种数据用于仿真;③ 提供成套的分析工具,包括可视化、数据分析计算、数据挖掘和算法设计工具;④ 为不确定性量化运行提供执行工具;⑤ 支持为已经存在的代码和工具集成新的应用和工具;⑥ 支持开发使用于核能的新的计算模型;⑦ 实现各软件之间的松耦合;⑧ 为用户和开发者的使用提供大量的分析文档。

3) NEAMS 程序包的总体框架

NEAMS 程序包具有如下功能:① FPL 可以在三维条件下预测氧化物燃料和金属燃料的辐照性能;② RPL 耦合多种物理模型,能够精确分析钠冷快堆的稳态和瞬态行为;③ FPL 和 RPL 均能够模拟正常工况和非正常工况;④ NiCE 将为问题建模、作业调度、数据分析和可视化提供用户界面;⑤ 软件包将经过严格的验证,并具有不确定性分析能力。

RAVEN 是反应堆分析和虚拟控制环境。它是一个基于 MOOSE 的应用,为执行风险管理评估提供一个与 RELAP-7 的接口。

Visit 是一个交互的并行可视化、图形化分析工具,用于以多样化的方式查看科学计算数据(如标量、向量、2D、3D、结构与非结构化网络等)。Visit 是 NEAMS 工具包中最主要的可视化程序。

RELAP-7 程序是一个基于 MOOSE 模型的反应堆系统安全级的分析代码,可以管理和耦合其他仿真程序,用于全厂正常运行及事故下的建模,于 2011 年 11 月开始研发,2012 年 9 月发布了 RELAP-7 程序的 1.0 版本。支持 RELAP-7 的 3D 动力学建模工具是 RattleSnake,在 RELAP-7 程序中可用于评估地震影响的工具是 Diablo。

1.2.1.3 NUR 系列项目

NUR 系列项目中的 NURESIM(European Reference Simulation Platform for Nuclear Reactors)是欧盟于 2005 年 2 月发起的一个重要项目。该项目汇聚了来自 13 个欧洲国家的 18 个组织,共同组成了一个强大的研发团队。经过 3 年的不懈努力,NURESIM 项目成功研发出了欧洲核反应堆示范模拟平台,并为用户提供了高质量的软件工具、物理模型和评价结果[7]。

NURESIM 研发的仿真平台具备卓越的模拟能力,可以精确模拟堆芯物理、两相流体热工水力和燃料行为等复杂过程。该平台最显著的特点在于其多尺度和多物理场耦合的模拟能力,这使得它在反应堆安全分析中,特别是在处理堆芯物理和热工水力之间的复杂耦合关系时,表现出色。

为了实现不同程序之间的简单耦合,NURESIM 项目充分利用了通用的数据结构和函数,确保了系统的兼容性和高效性。此外,项目团队还成功开发了一个类似于 MOOSE 的仿真支撑平台——SALOME。这一平台不仅提供了仿真建模的预处理和后处理功能,还能够对仿真进程进行有效控制,为用户提供更加便捷和高效的仿真体验。

NURESIM 项目于 2008 年圆满结束,随后欧盟在 2009 年启动了新的项目 NURISP(NUclear Reactor Integrated Simulation Project)。该项目汇聚了来自 14 个国家的 22 个科研组织,旨在针对现有的压水堆、沸水堆以及未来可能出现的堆型,对欧洲参考仿真平台进行更深入的研发与发展,提出创新性的思路并取得显著的进步。NURISP 项目包括 5 个子项目,即堆芯物理、热工水力、多物理场、模型验证/校准与敏感性及不确定性分析,以及软件集成。在 NURISP 项目之后,欧盟于 2012 年进一步启动了 NURESAFE 项目。NURESAFE 项目的核心目标是开发、验证并向最终用户交付一套完整且高度集成的实用程序,这些程序将主要用于反应堆的安全分析、运行以及设计工作。受到日本福岛核事故的深刻影响,NURESAFE 项目更加注重于几个与安全紧密相关的场景目标,如蒸汽管线破口(MSLB)、失水事故(ATWS)、冷却剂丧失事故(LOCA)以及压力瞬态(PTS)等,以确保在这些关键场景下反应堆的安全性能得到全面而有效的保障。

1) NURESIM 项目

NURESIM 项目的发展路径紧密贴合欧洲可持续核能源技术平台(SNE-TP)的战略研究议程。在项目的实施过程中,堆芯物理子项目和热工水力子项目致力于先进堆芯物理和热工水力计算程序的应用与发展。此外,NURESIM 还充分利用 SALOME 软件作为结构支持的常规仿真平台,进一步拓展其功能,允许来自不同学科的程序在时间和空间节点上进行协调耦合,以满足更广泛的仿真需求。通过一系列的努力,NURESIM 项目为核能源领域的可持续发展提供了强有力的技术支持。

NURESIM 平台成功整合了堆芯物理、两相流热工水力和燃料模型的最新发展,从而实现对物理现象的精确表示。该平台在反应堆安全性方面尤为突出,其耦合的堆芯物理和热工水力模型具有多尺度和多物理场的特性。为了确保不同软件之间的顺畅交互,平台利用通用的数据结构和类函数实现了简单耦合。

此外,NURESIM 平台还提供了一个专门的环境,用于测试和比较不同软件的性能和准确性。为了实现这一功能,平台对软件间的连接进行了标准化处理。同时,SALOME 平台通过采用开源软件的方式,为仿真过程提供了预处理、后处理以及监管功能,进一步增强了平台的实用性和可靠性。

为了满足核工业发展的需求,项目组还成立了一个由供应商、公共事业单位、TSO 以及其他研究机构组成的使用组织。这个组织的主要职责是对平台的操作性进行持续的监督与检验,确保 NURESIM 平台能够紧跟行业发展的步伐,为核工业的安全、高效运行提供有力支持。

2) NURISP 项目

NURISP 项目以 NURESIM 项目为基础,针对能够适用于现有压水堆、沸水堆及未来堆型的欧洲参考仿真平台而进一步发展,提出更新的思想并取得重大的进展。仿真平台的发展路线将被作为未来可持续核能技术平台的战略发展议程的一部分。NURISP 项目加强和扩大了在 NURESIM 项目中形成的国际顶级专家团队的合作,并将其发展作为欧洲反应堆安全评估领域的风向标。

以 NURESIM 项目为基础,NURISP 项目致力于进一步推动适用于现有压水堆、沸水堆以及未来堆型的欧洲参考仿真平台的发展。项目提出了更前沿的思想,并取得了显著的进展,为未来的可持续核能技术平台的战略发展议程增添了重要内容。此外,NURISP 项目还加强了与 NURESIM 项目中形成的国际顶级专家团队的紧密合作,并成功地将其发展成为欧洲反应堆安全评估领域的引领者和风向标。

NURISP 项目在 NURESIM 项目的基础上,进一步将堆芯物理、两相流热工水力和燃料模型的最新发展成果纳入最佳估算软件,并对其进行深入研究,从而实现对物理现象的更精确描述。同时,项目还注重开发多相多物理场计算中的关键功能,以及敏感性和不确定性分析的重要方法,以推动这些技术在更广泛场景中的应用。在此过程中,新的软件将被接入平台,而软件集成、模型优化、不同软件间的耦合、敏感性和不确定性量化分析以及结果验证等方面的工作也将得到进一步发展,从而确保项目成果在更广泛的范围内得到应用。

与 NURESIM 项目类似,NURISP 项目主要由 5 个子项目组成,分别是堆芯物理、热工水力、多物理场、模型验证/校准与敏感性及不确定性分析,以及软件集成。这些子项目将针对现有和未来的压水堆、VVER 和沸水堆进行研究,以确保研究成果适用于多种反应堆类型,并为未来四代堆的应用提供扩展的可能性。

3) NURESAFE 项目

NURESAFE 项目是 NURESIM 和 NURISP 项目的深入延续,汇聚了来自 14 个欧洲国家的 23 个组织。其核心目标是开发一套实用的仿真程序,用于反应堆的实际安全分析、运行及设计过程。项目特别关注一些与安全紧密相关的场景,旨在通过多物理场耦合和集成技术,为核工业的安全发展提供有力支撑。

NURESAFE 项目细分为六个子项目:网络(SP0)、与堆芯物理相关的多物理应用(SP1)、堆芯热工水力的多尺度分析(SP2)、热工水力的多尺度和多物理应用(SP3)、平台(SP4),以及教育和培训(SP5)。

其中,SP1 子项目旨在进一步完善 PWR(包括 VVER)和 BWR 的瞬态分析,这项工作在 NURISP 项目中已有扎实基础。特别地,项目将针对 PWR 和 VVER 的主蒸汽管道破损(MSLB)以及 BWR 无紧急停堆的预期瞬态(ATWS)进行深入研究。

SP2 子项目致力于构建一个综合性的热工水力分析框架,能够处理从系统到构件,乃至热燃料棒周围气泡等不同尺度的热工水力问题。

而 SP3 子项目则通过改进和验证仿真工具,力求更深入地理解在事故条件下的热工水力现象,为反应堆的安全运行提供重要依据。

SP4 子项目具有四个核心目标。其一,集成热工水力、中子学和燃料热力等多个领域的耦合程序。其二,为合作伙伴提供支持和指导,协助他们集成各自的模块和程序,确保仿真平台的一致性和有效性。其三,负责 NURESIM 平台的成品完善与维护工作。其四,维护 URANIE 平台,这是一个专门用于敏感性分析、模型校准和优化研究的工具,通过其维护,可以确保分析的准确性和可靠性。

SP5 子项目的主要目标是为所有 NURESAFE 项目的合作伙伴提供全面的培训。

通过国外数字反应堆技术发展,可以发现国外数字反应堆发展具有以下趋势。

(1)研发目标主要是提升堆芯功率、延长核电站寿命和提高运行安全性。国际上正在广泛开展数字反应堆的研究。数字反应堆基于运算性能强大的超级计算平台,采用精确的物理模型、精细的建模及多物理多尺度耦合,以数值模拟的形式高保真地获得反应堆状态信息,如功率分布、温度场、结构强度、燃料性能等,并以丰富的可视化形式进行全面呈现。数字反应堆可有效地提高核反应堆的安全性和经济性,逐步减少或取代昂贵的原型试验,具有极其重要的学术意义和极高的工程价值。

(2) 模型和算法研究是数字反应堆研发的核心。主要包括精确物理模型和多物理多尺度耦合计算。当前,研究的重点仍然在于单个物理模型的"去近似化",即基于超级计算技术开发更精确的数值模拟方法和进行更精细的物理建模。在多物理多尺度耦合方面,多侧重于反应堆堆芯内部的多专业耦合。在耦合收敛算法方面,JFNK 方法[8]由于具有比传统耦合迭代方法更优的收敛性能,对现有计算程序所需的改造较小,在数字反应堆的多物理多尺度耦合计算中,将成为未来研究的热点课题。

(3) 为提升单专业程序及耦合程序开发,多采用程序开发和耦合框架来提高研发效率。数字反应堆中不同物理模型所采用的网格划分迥然不同,需要复杂的网格映射;不同物理模型采用的并行区域分解方式截然不同,需要复杂的通信模型。为了有效管理复杂的网格映射和通信模型,LIME、OpenFOAM、SALOME、MOOSE、JASMIN 等耦合平台被开发出来。这些耦合平台除具备管理复杂的网格映射和通信功能之外,还具有丰富的可视化输入输出功能,以及与先进数值计算库(如 PETSc、Trilinos 等)的友好调用接口。

(4) 超级计算机是数字反应堆研发的重要基础,近年来获得了突飞猛进的发展,先进的数值计算方法和数值计算数学库不断涌现,为数字反应堆提供了强劲的计算能力支撑。然而,超级计算机越来越向异构化的趋势发展,使得编程复杂度进一步增加。

1.2.2　基于模型的正向研发设计技术

当前,以美国、欧洲为代表的发达国家和地区,依旧持续引领着技术前沿,在工业领域及核反应堆领域的研发和设计能力上,已经迈入以数字化、集成化与协同化为标志的基于模型的正向研发设计新阶段。

数字化研发设计首先体现在研发设计体系和协同研发平台建设上,在相关通用工业领域,基于模型的系统设计与敏捷协同研发已被广泛研究、实践。

在研发设计体系上,美国于 2015 年起决定实施数字工程战略,并在 2018

年正式发布《数字工程战略》(*Digital Engineering Strategy*),将数字工程(digital engineering)正式定义为一种集成的数字方法,使用系统的权威模型和数据源,以在全生命周期内跨学科、跨领域地连续传递模型和数据,支撑系统从概念开发到报废处置的所有活动,其将融入超级计算、大数据分析、人工智能、机器学习等创新技术以提升工程能力,并最终建立一个完整的数字工程生态系统。为抓住数字工程转型机遇,洛克希德·马丁(洛马)公司、雷神技术公司、通用电气公司等承包商积极响应,将自身的数字工程工具与政府层面的平台形成跨阶段、跨流程覆盖的数字工程系统,全面支持未来优势产品的快速、低成本研发。

美国洛马公司,作为项目的主承包商,堪称基于模型的系统工程(model-based systems engineering, MBSE)的先驱。早在2009年,该公司就提出了"打造闭环的数字线索"的先进理念,随后又进一步提出了"数字织锦"的概念,旨在扩展这一数字线索。所谓"数字织锦",其实是一个涵盖人员、流程、工具与数据的综合性框架,它能够整合整个产品生命周期与涉及的所有学科。在全新电子系统的设计过程中,洛马公司的设计团队用了一年的时间,将原先的设计文档全面转化为系统模型。这一模型化过程涉及来自20个项目办公室的35套分系统、多达3 500条的接口需求、500项服务以及5 000个接口实体模型,并细致梳理了模型元素之间高达15 000条的复杂关系。通过这种模型化描述的方式,洛马公司成功解决了过去在复杂系统工程中难以开展的变更管理问题,为项目的顺利进行奠定了坚实基础。

欧洲航天局(ESA)在虚拟航天工程(VSEE)项目的研发过程中,采用系统建模语言来精准描述系统架构模型。这一模型被视为系统开发全过程中的核心组成部分,不仅受到严格的管理与控制,还与其他系统技术基线部分紧密集成。通过使用面向对象、图形化、可视化的系统建模语言,欧洲航天局清晰描述了系统的底层元素,并逐层向上构建集成化、具体化、可视化的系统架构模型,从而显著提高了对系统描述的全面性、准确性和一致性。通过引入基于模型的系统工程,欧洲航天局有效地控制了项目的复杂管理成本和质量,确保了系统构架师和领域工程专家在使用属性时的一致性。在项目生命周期的早期阶段,这种方法就能更好地执行验证工作,确保规范具有可行性、完整性、连贯性和一致性。同时,它还能保证所有域的分析和验证工作都基于同样的系统数据,极大地提高了工程效率和准确性。

波音T-7A教练机在研制中依托数字工程方法流程,使得不到200人的设计、制造和测试团队，仅用时36个月就实现了从全新设计到验证机首飞，并将首批验证机的工程质量提高75%，装配工时减少80%，软件开发和验证时间缩短50%。

空客公司在其最新的A350飞机型号中，创新性地提出了面向飞机全生命周期的全机"实时"数字样机（DMU）理念。这一理念的核心在于构建一个能够完整体现飞机物理安装信息的结构数字样机。通过运用基于模型的系统工程（MBSE）理念，空客公司将传统的仅面向飞机结构和物理安装的DMU概念进行了拓展和深化。在全新的DMU载体上，空客公司赋予了更多的信息与内涵，成功构建出功能数字样机（空客称之为"fDMU"）。这一创新使得基于DMU对飞机的功能、行为等进行定义、仿真与验证成为可能。在这架数字飞机中，不同的MBSE模型相互关联，彼此之间进行信息沟通，形成了一个高度集成和互动的数字生态系统。这架数字飞机不仅用于构建飞机的原型，更极大地简化了系统集成的过程。

在协同研发平台上，美、法、德等工业软件发达的国家在软件平台及工具层面上建立了完整的产品全生命周期管理生态。

美国参数技术公司（PTC公司）提出了单一数据库、参数化、基于特征、全相关性及工程数据再利用等一系列概念，这些创新理念彻底改变了传统的机械设计自动化（mechanica design automation，MDA）观念，并成为MDA领域的新业界标准。作为PTC公司的核心产品，Windchill产品数据管理平台以技术状态管理为核心，提供了项目计划管理、文档管理、产品结构管理、工程变更管理、产品配置管理、生命周期管理、零部件管理、工作流程管理、业务和系统管理以及Office集成等一系列功能。通过这些功能，Windchill能够实现对产品数据的合理组织和严格控制，从而确保复杂产品协同研发数据的准确性和有效性。

法国达索系统（Dassault）公司是全球产品生命周期管理（PLM）解决方案的领导者，是法国达索飞机公司的子公司。自1981年以来，达索系统公司在从无到有、从单一工具到平台、从结构协同到全企业协同的快速发展中，逐步实现了基于单一数据源的企业协同管理。2000年，达索系统公司提出了PLM的概念，并逐步研发形成了3DEXPERIENCE平台，该平台具备全生命周期数据管理、企业级项目管理、BOM管理、配置管理、需求管理、三维数据集成与设计仿真一体化等功能，实现了多维度多专业工具软件深度集成和从概念设计到报废的整个产品生命周期的管理，已协助80多个国家的15万余客户创造价值。

德国西门子公司的 Teamcenter 系统,基于一个统一的、开放的、面向服务的体系架构,引领行业创新,在业内率先将单一软件应用转变为在面向服务的架构(SOA)基础上构建的集成化产品生命周期管理(PLM)解决方案。这一解决方案跨专业、跨项目阶段和计划,具备强大的功能集合,包括系统工程和需求管理、计划和项目管理、工程过程管理、物料清单(BOM)管理、机电一体化管理、仿真过程管理、制造过程管理以及维修和大修管理等。Teamcenter能够实现业务流程的全面数字化,提供全生命周期过程控制,并促进敏捷协同研发,为企业带来前所未有的效率和竞争优势。

在核反应堆领域,基于 MBSE 理念和设计验证一体化软件链的数字化设计实践已在国际先进企业中得到广泛应用。其中,法国 EPR 的 NM 项目是代表性的案例。该项目是由法国电力(EDF)和阿海珐于 2015 年启动的核电厂基础设计项目,涉及基础设计优化、相关改造及仪控系统设计等,规模相当于一个核电站设计项目。为了节约成本、缩短工期、提升工程效率,该项目采用基于 MBSE 的架构设计,并在设计过程中广泛利用仿真技术进行验证和确认。通过产品生命周期管理工具串联上下游工具,实现业务流程的自动化。通过统一和规范专业间的接口和数据传递,固化和优化设计分析过程,实现上下游数据的无缝对接和不同学科间的设计协同,从而提高设计效率。

芬兰国家技术研究院(VTT)深刻认识到核电数字化的关键在于一系列仿真和设计软件的协同与集成。为此,VTT 实施了 eEngineering 计划,旨在构建其仿真生态。该计划的主要目标包括在应对工程复杂性和规模不断增加的挑战时,实现更快的交付速度;在已完成的项目中有效积累并复用工程知识;对日益复杂的工程项目和流程进行有效管理。eEngineering 计划的核心在于统一的数据管理和模型管理平台——Simantics。该平台通过语义建模技术,成功将不同的设计模型、仿真模型以及各种知识统一整合在一起。基于Simantics 平台,VTT 成功构建了多层次的完整仿真链条,为核电数字化的进一步发展奠定了坚实基础。

1.2.3　基于数据的智能运维支持技术

随着人工智能、大数据、数字孪生等技术的蓬勃发展,以数据价值挖掘为导向的数据驱动范式科研尤其受到工业领域的重视。为持续提升核能领域运行支持与维护水平,以支撑其安全性和经济性,美、法等世界工业强国相继在核能领域开展了数字化与智能化技术的研究和应用工作。

1) 美国核工业数字化运维研究状况

美国核工业在数字化运维方面的研究状况可以概括为以下几个方面：一是通过建设安全生产智能化应用系统,提升运维工作的运营效率;二是广泛应用风险指引的运行维修技术,增强风险管理能力;三是提高核电自动化水平,降低人工操作成本;四是加强机组状态监测与数据分析,实现降本增效;五是采用先进的大修指挥技术,显著提升维修效率;六是实施核电厂全生命周期管理,确保电站长期稳定运行;七是积极探索移动应用和远程支持等先进信息技术的应用,提高运维工作的便捷性和响应速度。

在此领域,美国能源部主导的两个典型项目尤为引人注目。其一是智能核电资产管理计划(Generating Electricity Managed by Intelligent Nuclear Assets, GEMINA)[8];其二是轻水堆可持续发展项目(Light Water Reactor Sustainability, LWRS)[9]。

这两个项目的实施,为美国核工业数字化运维的发展提供了有力支持。

GEMINA 计划是美国能源部先进研究计划局在 2019 年 10 月提出的一项重大计划,其核心目标是通过运用数字孪生技术开发更高效、成本更低的先进堆型,并力求将下一代核电站的运行和维护成本降低 90%。这一宏大计划涵盖了 9 个具体项目,并吸引了包括国家实验室(如阿贡国家实验室)、知名高校(如麻省理工学院和密西根大学)和一流企业(如通用电气、X-能源、法马通和 Moltex)在内的共 8 家机构共同参与。

这些项目聚焦于反应堆堆芯、电厂辅助设施以及整个反应堆厂房系统的运维解决方案。通过引入人工智能、先进的建模控制技术、预测性维护以及基于模型的故障检测等前沿技术,项目参与机构致力于构建一个先进的数字孪生平台。完成开发后,他们将利用计算机物理系统模拟先进反应堆堆芯的运行特性,从而验证数字孪生平台的可行性和有效性。

LWRS 项目旨在提升当前运行核电站的经济性、可靠性和安全性。为此,项目开展了机组现代化、风险告知系统分析、风险评估等相关领域的技术研究。这些研究为核电站长期安全、经济地运行提供支持,并不断探索新技术,使得核电厂性能、经济性和安全性在未来进一步提升。

2) 法国核工业数字化运维研究状况

法国重点关注数字孪生技术,以推动机组的数字化转型。2020 年,法国 EDF 集团、法国原子能和替代能源委员会、法马通公司、法国仿真公司 Corys

等 6 个机构,启动了数字反应堆构造项目(PSPC)[11],旨在实现法国所有反应堆机组的数字孪生。

PSPC 项目的研究内容分为两部分。第一部分是通过耦合中子物理学、热工水力学、化学、管网等 20 多种不同计算软件,建立核电机组数字孪生体。该数字孪生体建立之后,工作人员不仅可以利用虚拟现实技术查看反应堆的运行,并获取所有部件的运行情况,还可以利用高精度模型对机组安全要求和运行研究进行规范和验证。第二部分是开发用于模拟反应堆运行的仿真平台,实现对实时获取的数据进行模拟。该平台可用于操作员培训,日常操作(如停止泵、更换设备)之外的场景模拟等。PSPC 项目的研究,可以为核电厂运营商提供一个用于安全、运行等设计优化与设计变更验证的数字孪生系统,从而提高核电厂的运维效率和安全性。

3) 韩国核工业数字化运维研究现状

韩国在核能运维数字化转型方面制定了一项重要的智能核电研发顶层战略,其核心目标在于提升核电运行的安全水平。为实现这一目标,韩国科学和信息通信技术部于 2018 年 12 月发布了《未来核能安全力量强化方案》[12]。该方案明确提出,将融合第四次工业革命的核心技术,包括数据、网络和人工智能等,并结合材料、传感等尖端技术,对传统核能安全技术进行创新,从而实现对核能安全管理模式的根本性变革。

韩国原子能院已经在设备状态诊断技术和核电厂智能启停技术等方面进行了深入研究,取得了显著的进展。与此同时,韩国水力与核电公司也积极响应,正在利用物联网、人工智能和大数据等数字技术,研发并部署一套线上综合监测及诊断系统。这一系统旨在覆盖韩国国内所有核电厂的主要设备,实现核电厂运行情况的实时监控、主要系统与设备的异常预警、设备在线诊断,以及设备中长期趋势分析与剩余使用寿命预测等功能。这些努力将有助于韩国在核能运维领域实现更高效、更安全的运营,并推动该领域的技术创新与发展。

1.3　国内发展概况

近几年,国内核电集团下属研究院所也对数字反应堆技术进行了一定的研究。

中国核动力研究设计院通过实施数字反应堆综合研发平台(第一、二阶段)等项目,以华龙一号及其后续机型为重点研究对象,以先进计算软件、多专业耦合、三维协同设计为核心技术,成功开发出"全流程、全周期、全三维、全仿真"的数字反应堆系统。这一创新成果极大地提升了新机型开发效率、核电站的虚拟建造和虚拟运行能力,显著提高了核电研究、设计、建造及运行的整体效率和水平。2020年,中国核动力研究设计院成功建立了统一的数字反应堆构架和必要的功能模块,初步实现了数字反应堆的各项功能,并实现了设计资源的集成化、流程自动化以及平台标准化。此外,中国核动力研究设计院还利用人工智能算法创建了反应堆远程智能诊断分析系统PRID,这是国内首次将大数据技术应用于核电关键设备诊断领域。该系统能够为多台核电机组提供远程分析诊断技术服务,入选了2019年数博会的"十佳大数据案例",成为国内首个获得此殊荣的核电关键设备智能运维平台。这一创新成果在核电领域具有里程碑意义,为我国核电事业的持续发展注入了新的活力。

中国原子能科学研究院建成了"数字微堆"[13],采用三维建模、蒙特卡罗方法、计算流体力学、燃料性能分析、系统瞬态分析、虚拟现实等技术,针对其微堆构建了一个虚拟集成开发环境,可进行微堆"沉浸式"全厂漫游和设备展示,以及对安装、首次临界、运行、应用、退役和安全等全方位模拟仿真,可为设计人员、建造人员、运行人员、维修人员、培训人员等各类人员带来"所见即所得"的真实体验。

中国广核集团有限公司分三期实施"智能核电"项目[14],在核电站的全过程和全范围实现数字化,通过数字化提升设计、建造、运维的水平。一期要"可见",实现整个平台的可用性,实现初步的数据管理和验证;二期针对单一项目,实现数据的加载和一些关键应用上线;三期通过不断优化和丰富,实现全面的数字化、网络化、智能化。项目旨在基于配置管理、变更控制的一致性理念,基于数据的业务协同,实现全业务链的业务协同,如集成的设计评审、一体化的仿真计算、四维的施工过程模拟等。

1.4 国内外发展对比与启示

目前,核能行业的数字化发展尚处于起步阶段,正处于数字红利不断增长的时期。随着数字化技术与行业的深度融合,核能行业的发展水平、效率和技术突破有望呈现指数级上升的趋势。从技术发展周期的角度来看,尽管核能产业中的物理、燃料等基础科学的突破很难一蹴而就,但数字化技术带来的研究手段和方法的提升，以及由此引发的组织架构和生产效率的变化，能够有力地支撑行业水平的快速提升。因此，数字化技术是提升反应堆技术水平的有效途径。

数字反应堆作为世界核反应堆技术发展的前沿领域，是反应堆技术发展的必然趋势，也是推动反应堆技术进步的重要技术条件。开展数字反应堆的研究不仅可以汇聚我国现有的研发力量，有效集成与反应堆相关的各领域的能力与手段，还能够提高我国核反应堆在研究、设计、安全分析和运行管理等方面的能力。通过数字反应堆项目，还可以带动相关基础研究的发展，解决我国在核反应堆分析设计软件研发方面存在的能力弱和创新水平低等问题，进一步推动核能行业的持续发展和技术革新。

针对数字反应堆技术发展，我们提出以下几点建议。

一是着重研究物理模型的精细化和并行计算技术。由于过去计算能力的限制，部分计算程序在理论上存在较多近似，且不具备并行计算能力，但这些程序在工业界一直沿用至今。例如，反应堆物理计算常用的"两步法"以及燃料性能分析时采用的 1D 或 1.5D 模型。因此，我们需对现有的单物理现象计算程序做并行计算改造，使其具备大规模并行计算的能力。这样不仅能去除理论上的近似，实现建模的精细化，还能通过充分的验证和确认，确保计算结果的准确性和可靠性。如 CASL 计划研究的基于大规模并行计算的 pin-by-pin SP3 模型、三维全堆输运程序 MPACT 和 DENOVO，以及 NEAMS 计划研究的基于大规模并行计算和三维有限元分析的多尺度耦合燃料性能分析程序 BISON 和 MARMOT，都是值得借鉴和进一步发展的方向。

二是采用"适当"精细度的模型进行耦合计算。数字反应堆技术需要进行极为精细的数值模拟，因此计算量巨大，且精细模型的研究与程序开发工作也极为繁重，短期内难以实现工程实用化。为了更加贴近工程实际需求，我们可以在研究中采用"适当"精细度的计算模型，即在保留一定精度的前提下，对模型进行适当的简化，以减少计算量和工作量。在多物理耦合方面，我们可以优先考虑耦合相互影响强烈的现象，如物理-热工耦合，而更多物理现象的耦合乃至全厂级别的耦合可以作为长期目标逐步推进。以 CASL 项目为例，其 VERA - CS 程序在对 AP1000 零功率物理试验进行计算时，首先采用了 SCALE 程序包的 XSPROC 程序进行燃料棒的均匀化处理，然后再利用并行计算的 pin-by-pin SP3 模型进行全堆芯计算。同样地，nTRACER 在输运计算方面采用了 2D/1D 耦合方法而非直接的 3D 输运计算，而在热工水力耦合方面则采用了子通道模型而非更为复杂的 CFD 计算。

三是基于成熟的框架,开展数值计算程序以及耦合程序的开发工作。诸如 LIME、MOOSE、SALOME 等多物理耦合集成平台,它们能够有效地管理数字反应堆中复杂的网格映射和进程间通信,提供丰富的可视化输入输出功能,并集成先进的数值计算库调用接口,还包含了大规模并行计算和网格自适应技术的底层实现。这些平台的利用能够大大缩短大规模并行程序和多物理耦合程序的开发周期。因此,我们应该对各种多物理耦合集成平台进行全面的比较和论证,选择最适合的平台,以适应数字反应堆发展的短期目标和长期目标。

四是以 MPI 并行技术为主体。尽管近年来异构并行计算取得了显著进展,但以 CPU 为主的超级计算平台依然占据主导地位,且异构超级计算机也往往以 CPU 平台为母体。考虑到 MPI 技术已经相当成熟,并且适用于 CPU 的并行编程,其编程模型较异构模型(如 CUDA 和 MIC)更为简便。因此,我们应主要依赖 MPI 并行技术,同时针对某些特定的物理模型,可以探索与 OpenMP 混合并行以及与 GPU 异构并行的加速方法,以进一步提高计算效率。

五是构建流程和数据驱动的数字化平台。核反应堆的研发设计、制造建造、运行使用等各个环节,涉及众多工具、软件、模型和数据。为了实现反应堆的数字化变革,我们需要结合核行业的特点,通过流程主导、软件赋能、IT 支撑等方式,打造一个数字化的综合集成平台。这个平台应有效地汇聚反应堆全生命周期的模型数据,以便对反应堆全生命周期的行为特性进行科学预测和逼真呈现。这将为数字反应堆的广泛应用奠定坚实的基础。

参考文献

［1］ 都志辉. 高性能计算之并行编程技术[M]. 北京:清华大学出版社,2001.

［2］ Turinsky P J, Kothe D B. Modeling and simulation challenges pursued by the Consortium for Advanced Simulation of Light Water Reactors (CASL) [J]. Journal of Computational Physics, 2016, 313: 367 - 376.

［3］ Turner J A, Clarno K, Sieger M, et al. The virtual environment for reactor applications (VERA): design and architecture [J]. Journal of Computational Physics, 2016, 326: 544 - 568.

［4］ Bradley K. NEAMS: The nuclear energy advanced modeling and simulation program [R]. Lemont: Argonne National Laboratory, 2013.

［5］ Sofu T, Thomas J. U. S. DOE NEAMS program and SHARP multi-physics toolkit for high-fidelity SFR core design and analysis [C]//International Conference on Fast Reactors and Related Fuel Cycles：Next Generation Nuclear Systems for Sustainable Development. Yekaterinburg：2017.

[6] Yang W S, Smith M A, Lee C H, et al. Neutronics modeling and simulation of SHARP for fast reactor analysis [J]. Nuclear Engineering and Technology，2010，42：520 - 545.

[7] Chanaron B, Ahnert C, Crouzet N, et al. Advanced multi-physics simulation for reactor safety in the framework of the NURESAFE project [J]. Annals of Nuclear Energy，2015，84：166 - 177.

[8] Knoll D A, Keyes D E. Jacobian-free Newton-Krylov methods：a survey of approaches and applications[J]. Journal of Computational Physics，2004，193：357 - 397.

[9] DOE. DOE announces $27 million for advanced nuclear reactor systems operational technology[N]. DOE Announces，2020 - 05 - 13.

[10] Coleman J, Smith C, Burns D, et al. Development plan for the external Hazards experimental group[R]. Idaho Falls：Idaho National Laboratory，2016.

[11] 胡梦岩,孔繁丽,余大利,等. 数字孪生在先进核能领域中的关键技术与应用前瞻[J]. 电网技术,2021(7)：2514 - 2522.

[12] 邓涛,魏可欣,赵宏. 争夺领导权　中国将在此换道超车[EB/OL]. (2023 - 06 - 16)[2024 - 10 - 22]. https://baijiahao. baidu. com/s？id＝1768811593632290891&wfr＝spider&for＝pc.

[13] 邢帆. 我国数字微堆获技术突破[J]. 中国信息化,2016(8)：22.

[14] 郭景任. 智能核电的解决方案及应用[J]. 中国核工业,2019(6)：23 - 24.

第 2 章

数字反应堆的科学内涵

本章主要通过介绍数字反应堆的本质和核心要素、全生命周期应用前景、进一步发展的技术挑战与解决途径，阐述了数字反应堆的科学内涵，系统地构建了数字反应堆的宏观概念。

2.1 数字反应堆的定义

核反应堆通过控制反应堆内中子与核燃料反应过程，持续稳定输出能量，并通过能量传输和转换系统提供多种形式的能源。核反应堆不仅包含了复杂的核反应现象，同时涉及流动、传热、燃料及材料性能演变等复杂的耦合物理过程，而且要在数十年的漫长使用过程中，适应各种复杂条件和变化，因此对其行为特性的深度认知十分困难。另外，核反应堆是一个复杂系统，通常包含上百台/套大型设备、上万个零部件，系统研发设计过程分为"自顶向下——基于模型的设计"和"自底向上——局部到整体验证"两部分。其中："自顶向下——基于模型的设计"包括需求分析、系统建模、总体优化、堆芯设计、系统设计、设备设计等；"自底向上——局部到整体验证"包括需求验证、逻辑功能验证、堆芯性能验证、设备性能验证、系统性能验证及必要的试验验证等。两者交织融合，形成"核反应堆总体设计—分系统及设备设计—局部验证—耦合集成验证"的正向敏捷设计体系。

反应堆基础理论、超级计算机、高精度数值计算、高效并行算法等技术的发展，大量试验和运行数据的积累，使得基于大规模复杂数理方程，以高精度数值模拟方式真实呈现反应堆行为特性成为可能。随着基于模型的数字化设计手段的发展，以集成软件、流程、数据、算法的数字化设计平台正在为提高工业产品正向设计能力提供强大支撑。大数据技术和人工智能技术的发展，正在为工业设备运行态势感知、智能运行决策提供助力。

在上述数字技术快速发展的基础上,诞生了诸如美国 CASL 计划这样的虚拟反应堆,也称为数值反应堆。同时,以达索、西门子等工业软件巨头为代表的产品全生命周期数字化管理平台(PLM)的兴起为基于模型的系统工程(MBSE)研发提供支撑,从而引领了反应堆设计模式的数字化变革。此外,基于大数据技术的智能监测、诊断及寿命预测平台也应运而生,为反应堆运行的数字化变革提供了有力支撑。

中国核动力研究设计院相关学者也给出过数字反应堆的定义,认为其是采用高性能计算机及高精度计算软件对真实反应堆进行数值模拟、虚拟现实仿真和大数据分析获得反应堆各种行为特性并实现应用的数字化系统平台[1]。

综上可以看出,数字反应堆旨在从核蒸汽供应系统特有的物理现象出发,围绕"高精度数值计算""高效率协同设计""高保真虚拟现实仿真""大数据深度挖掘及人工智能"等核心要素开展研究,开发可对反应堆全周期、全工况、全过程行为特性精准剖析、科学预测和逼真呈现的数字反应堆孪生系统,为反应堆工程研发、设计、建造、运行及退役等主要环节提供精准、高效、直观、智能的技术手段,同时构建起核反应堆在物理世界和数字世界的桥梁,充分考虑核反应堆在物理世界中的规律复杂性、系统复杂性、运行复杂性及数据复杂性,实现核反应堆物理空间与数字空间的交互映射,推动反应堆研发设计、制造建造及运行维护等革命性转变。

2.2　数字反应堆的应用前景

数字反应堆的应用前景广阔,具体表现在以下几个方面。

一是挖掘核反应堆的设计裕量。通过研发高精度设计分析程序和改进分析方法,我们可以实现对反应堆堆芯及其系统的瞬态响应特性的精确分析。这有助于我们更精准地认知诸如临界热流密度(CHF)和包壳峰值温度(PCT)等主要安全与热工限制性参数的保守裕量,进而支撑反应堆额定功率等总体性能参数的提升。通过高精度单专业程序的耦合方式,我们可以取代传统的保守边界条件和包络分析,综合考虑物理、热工、化学、力学等多种因素的影响,从而更深入地了解燃料的性能。这有助于我们更精准地预测燃料性能参数,支撑加深燃耗,提高燃料利用率,降低核能发电的成本。

数字反应堆还有助于指导新型反应堆结构材料的设计和燃料材料选型。

通过开展辐照对材料性能劣化的微观机理及宏观性能研究,我们可以为反应堆的结构材料和燃料材料选择提供科学依据。同时,数字反应堆还能够实现反应堆关键设备辐照性能的在线监测和健康管理,准确预测反应堆堆内构件、压力容器等设备材料的性能和寿命,为核电站的延寿提供有力支持。

二是提升核反应堆研发效率。在核反应堆的研发过程中,效率和质量的提升常常受到一些关键因素的制约。这主要源于对核反应堆内部量化特性的不明确,以及在结构和工艺设计中由于信息不完全和不对称所造成的返工情况。此外,设计过程中多种模型、图纸、文件之间的转化也会导致大量的重复工作,而建造过程中信息缺失同样会引发返工等问题。

为了克服这些挑战,我们可以借助先进的计算机技术,构建一个基于异构软硬件的统一研发设计平台。这个平台能够将设计过程中所需的各种软硬件数据(包括各类服务器、数据库、软件、模型、结构与非结构化数据、文档等)进行整合与集成,从而构建出统一的设计环境和设计交互语言。这将有助于规范设计过程和设计结果,实现反应堆设计过程的标准化和统一化。

通过有效利用基于模型的系统工程(MBSE)、高精度数值模拟、计算机辅助工程、知识工程及虚拟现实等技术,我们可以更好地践行复杂系统工程思想。这将有助于实现需求指标、总体优化、分系统详细设计及各过程工艺信息的全覆盖,从而确保数据源的唯一性、高传递性和高复用性。这些措施将有助于显著提升核反应堆的研发效率,降低研发成本,推动核能行业的持续发展和创新。

三是支撑核反应堆智能运维。通过精确预测及智能化技术,突破常规的运行限制,提升运行灵活度;开发数字及智能诊断系统,结合风险指引设计及设备可靠性预测,实现设备预测性维修和故障诊断;基于高精度计算模型,结合机器学习及人工智能方法,有效支持事故处置及后果预判。数字反应堆通过智能设备、各类传感器和网络通信实时监控反应堆运行过程,构建反应堆数字孪生体,将物理信息与数字反应堆计算结果实时交互映射。这样,一方面可降低人员在巡检、安装测试中的各项操作要求,另一方面可利用收集的数据进行各控制操作的人工智能神经网络训练,逐步通过智能化算法实现对核反应堆运营全过程的干预和控制,在进一步提高安全性的同时反馈现有数学模型,提升其模拟和仿真的精确度和可靠性,形成核反应堆运营安全性与智能化水平相互促进提升的良性循环。

四是降低核反应堆全周期成本。数字反应堆可大幅提升核反应堆全生命周期各阶段的效率、质量、技术和管理水平,减低成本、提高经济性。① 在研发设计阶段:可用于反应堆设计优化、改进核反应堆保守设计现状,充分挖掘设计裕量,在确保安全性的前提下改善核反应堆的经济性;可以采用数字试验代替真实试验,用于设计方案验证,从而有效降低新堆型的研发周期及费用,促进新型核反应堆的更新换代。② 在制造、建造阶段:设计文件、图纸实现数字化交付,使得制造、建造阶段与研发设计阶段的信息可无缝连接;可基于虚拟现实等先进计算机技术,对制造建造过程进行仿真,提前预测制造建造过程及其存在的问题,提出应对策略,从而大幅优化传统制造建造流程,降低核反应堆制造建造时间和成本。③ 在运行维护阶段:基于专家系统、故障诊断、健康管理、智能在线监测、智能机器人等先进技术和手段,实现核反应堆少人化、无人化运维,有效规避人因事件的发生,降低核电运维人员成本,提高核电反应堆的安全性。④ 在退役处置阶段:根据设备运行状态,预判反应堆老化状态,制定合理的退役和延寿策略,充分"燃烧"反应堆,提高反应堆的利用率,从而提高核反应堆的经济性。

2.3 数字反应堆的技术挑战与解决途径

数字反应堆为核反应堆的设计、研发、运维提供了精准、高效、直观且智能的技术手段。它能够充分考虑核反应堆在物理世界中面临的规律复杂性、系统复杂性、运行复杂性以及数据复杂性,实现物理空间与数字空间的交互映射,从而推动反应堆研发设计、制造建造及运行维护等的革命性转变。然而,数字反应堆的实现仍面临着诸多技术挑战,需要依托各种方法与资源来加以解决。

这些技术挑战主要包括以下四个方面。

(1) 机理认知不足。机理认知在构建数字反应堆中起着至关重要的作用,然而,这一过程受到多方面因素的制约。首先,基础学科的发展水平目前还存在一定的局限性,这直接影响了我们对反应堆各专业机理的深入理解。其次,试验测量的精细度、全面性和可达性等因素也限制了我们对反应堆内部机理的精确掌握。因此,在现阶段,我们仍然需要大量依赖现象级模型来描述某些专业领域的复杂机理。

然而,值得注意的是,许多机理和现象本身就带有一定的随机性,这增加了我们准确描述和预测反应堆行为的难度。更为复杂的是,不同机理之间还可能存在交互影响,这进一步加剧了不确定性,使得我们对反应堆各项性能以及运行安全边界等工程基础问题的机理认知不足。这种机理认知的不足直接制约了数字反应堆的精准性和普适性。

(2)数据积累不足。我国核电事业已取得了举世瞩目的成就。截至 2024 年 6 月,我国已投运 58 台核电机组,另有 26 台在建,核电在运与在建总装机容量已跃居世界第一。在这一过程中,我们积累了大量关于研发设计、研制建造、运行使用和维护等方面的原始数据,并分散式地建立了部分数据库。这些丰富的数据资源为数字反应堆的发展提供了宝贵的"养料"。

然而,目前核领域相关数据的积累还存在一些问题。我们尚未针对数据的高效整合和价值挖掘进行系统性整理,这在一定程度上制约了数据的充分利用。在高精细模型及程序验证、设计优化反馈迭代、系统及设备健康管理、智能技术及数字孪生技术应用等方面,我们仍有待进一步提高,以更好地利用这些数据资源,推动数字反应堆技术的进步和应用。

(3)计算方法有待进一步发展。尽管部分专业在微观层面上的机理可能相对清晰,但由于实际因素的复杂性和从微观角度构建实际问题规模的庞大性,在合理的计算时间内对工程问题进行精确模拟几乎是不现实的。同时,部分专业的宏观机理模型在应用于实际工程问题时,其规模也往往过于庞大。

因此,在当前的计算方法发展阶段,几乎所有专业在将物理模型转化为计算模型的过程中,都不得不做出适当的简化和近似。这些简化和近似不仅发生在物理模型到计算模型的转化阶段,而且在计算模型的数值求解过程中也必须进一步进行,以便在有限的计算规模和存储规模下获得实际问题的数值收敛解。

(4)并行计算效率有待进一步提升。反应堆在实际应用中展现出多物理、多尺度、多介质和强非线性等复杂特征,这使得数值问题的规模甚大、求解难度显著加大。尽管我们可以借助超级计算机将大规模问题化整为零做并行处理,但在实际操作中仍面临多方面的技术问题。特别是当在数十万核、亿亿次数量级的高性能计算机上运行时,充分利用硬件资源并非易事,这在一定程度上限制了问题求解的规模。

为了充分挖掘并行计算的潜力,我们需要解决一系列关键问题。这包括实现计算机资源的动态分配与平衡,以确保计算任务能够高效地在不同处理器之间分配和执行;优化数据通信机制,以减少通信延迟并提高数据传输效率;研究在计算机故障情况下如何进行并行重启,以保证计算的连续性和稳定性;探索跨节点区域分解和数据分解的有效方法,以优化计算任务的划分和分配;以及开发低通信占比的迭代算法,以降低通信开销并提高计算效率。

(5) 基于模型的正向设计能力有待进一步强化。传统的系统工程主要通过基于文档的方式传递数据,并且在很大程度上依赖于人的经验。然而,随着基于模型的系统工程软件工具的不断成熟,我们有必要进一步结合系统工程方法论,总结和提炼以核反应堆为代表的复杂产品的正向研发设计实践。这样,我们可以形成覆盖从需求分析到实现,从总体设计到局部细节再到综合集成的全流程正向设计能力。

为了提升基于模型的正向设计能力,实现基于模型的系统工程转型,我们需要确保研发设计流程和数据链路能够贯穿整个研制过程。

为解决上述技术挑战,我们可以从软件建设、硬件建设、数据资源整合、人才队伍建设四个主要方面入手进行考虑。

1) 软件建设

软件工具是数字反应堆支撑的重要核心。数字反应堆涵盖了反应堆全生命周期,所涉及的软件种类众多,根据行业应用特点,可分为工业通用软件及专业软件。

通用软件包括 CAD、CAE、CAM、EDA、PDM、CFD、MES、PLM 等,可适用于工业各领域。针对该类软件可直接采用市场通用货架产品,再结合专业特点进行局部优化和改进。

专业软件具备特有的核专业属性,需有针对性地持续开发演进。这一类包括精细化中子学物理、热工水力安全分析、燃料及材料等理论模型研究和程序研发,以及多物理耦合技术研究,重点解决困扰反应堆设计与运行的经济性问题。

(1) 先进模型研究及程序研发,包括中子学研究、热工水力安全分析研究、燃料材料研究。

中子学研究:中子学研究旨在准确反映反应堆堆芯的功率及运行状态。然而,传统的分析方法在处理几何分辨率和中子能量分布时往往采用平均化处理,这种方式难以真实反映燃料的实际情况,同时在进行物理-热工-燃料的耦合分析时也缺乏准确的输入数据。

当前,中子学研究主要聚焦在三个方面。首先,是中子输运计算。这一领域的研究已经从传统的三维节块法中子分析程序发展到基于特征线的三维中子分析程序,以及蒙特卡罗程序的研发和应用,旨在通过技术升级来提高建模分析的分辨率。其次,是提高核数据库的精度。不断完善核数据库,并开展不确定度研究,可以满足对不同能群问题的精确需求。最后,是燃耗评价方法及不同规模尺度的燃耗链。深入研究燃耗过程,可以更加准确地预测反应堆燃料的使用情况,为反应堆的长期稳定运行提供有力保障。

热工水力安全分析研究:堆芯热工水力分析朝着精细准确的方向发展。其主要方向有4个:一是两流体子通道模型及程序研发,可覆盖稳态及事故工况下堆芯热工的分析需求;二是子通道/CFD耦合程序的分析研究,更真实地模拟反应堆堆芯热工水力行为;三是全堆大规模单相CFD分析研究,建立高质量网格、选择合适湍流模型,实现全堆单相CFD稳态、瞬态分析;四是两相CFD程序的模型和程序研发,实现对堆芯两相稳态模拟和事故工况下的两相分析。

系统安全分析程序对反应堆系统进行建模,实现对瞬态和事故工况的安全分析,其模型及程序开发方面的研究内容如下:一是系统安全分析程序模型改进及优化研究,提高反应堆在瞬态和事故工况下的系统行为模拟能力;二是系统分析程序-物理-子通道-CFD的耦合分析研究,得到系统多尺度瞬态耦合特性;三是基于统一框架的反应堆系统分析程序开发,实现多尺度跨维度的精准模拟及预测;四是基于保守模型和最佳估算加不确定性的安全分析方法研究,深化程序验证、不确定性评价及量化,从而实现经济性的提升。

在完成热工水力安全分析工具研发、设计分析方法研究的基础上,针对主要制约功率水平提升、深燃耗的问题开展研究,研究方向如下:一是针对冷却剂丧失事故(LOCA)下包壳完整性,开展堆芯核-热-燃料-流体耦合分析,分析冷却剂丧失事故燃料包壳行为特性;二是针对反应性引入事故(RIA)的燃料包壳完整性,开展三维堆芯核-热-燃料耦合分析,分析快速反应性引入事故中燃料包壳行为特性;三是针对DNB,开展燃料组件结构和气液跨尺度效应的两相CFD计算分析;四是针对水垢导致的功率偏移,开展结合水化学-流体-核-燃料的耦合分析,得到水化学动态条件下的流体特性。

燃料材料研究:燃料材料研究涵盖了多个关键领域,其中先进理论模型及程序研发占重要地位。这主要包括3个方面的技术工作,即材料性能研究、燃料元件性能分析以及燃料组件性能分析。具体的研究方向如下。

一是利用材料的多尺度耦合模拟方法,实现自下而上的材料性能计算。这种方法结合了试验数据,用以开发或改进材料性能模型,从而减少对传统经验公式的依赖,并拓宽模型对各类材料和核燃料形式的适用范围。研究对象涵盖核燃料、核燃料棒包壳以及燃料组件相关的结构材料。

二是针对包壳-芯块相互作用(PCI)、事故工况下的冷却剂丧失事故(LOCA)、反应性引入事故(RIA)的燃料性能、格架-燃料棒微动磨损(GTRG)、燃料组件变形(FAD)以及控制棒落棒等关键问题,综合考虑材料、化学、力学、物理、热工等多物理场耦合效应,开展燃料材料相关的先进模型及程序研发工作。

三是致力于建立物理-热工-燃料多专业耦合的全堆芯 pin-by-pin 燃料性能分析体系。这种分析方式能够替代传统的基于极限棒选取的保守分析模式。

(2)多专业耦合研究及程序研发。核反应堆设计是一个跨学科、多领域的复杂工程,涵盖了物理、热工、燃料、结构、力学等众多专业知识。传统的设计方式往往采用独立的分析程序来分别模拟各个专业领域的问题,而在处理不同专业之间的耦合现象时,则常常依赖于简化模型或边界条件,对空间进行平均化处理以简化问题。然而,这种做法也在一定程度上引入了保守性,影响了设计的精确性和可靠性。

为了克服这一难题,现代核反应堆设计开始致力于多专业耦合研究及程序研发。通过采用统一的多物理多尺度耦合方法,我们能够更全面地考虑不同专业领域之间的相互作用和影响,实现各种现象的更紧密耦合。同时,结合先进的耦合迭代算法和关键的反馈效应,我们能够更准确地模拟和预测核反应堆在实际运行过程中的行为和性能,达到对物理过程的宏观和微观真实反映的目标。

2)硬件建设

我国在研制天河、神威、鲲鹏等高性能计算机系统的过程中,已从专用设备、专用网络节点、特殊存储节点等多个方面建立了坚实的硬件基础。这些高性能计算系统的峰值性能涵盖了从十万亿次到百亿亿次的多个数量级,并广泛部署在多个区域[2]。为了满足数据驱动的智能诊断决策等功能的计算需求,我们还需要相应的 GPU 计算资源支持。目前我国在硬件条件建设上已处于世界领先水平,基本具备了支撑数字反应堆建设的硬件基础条件。这些成就为核反应堆高精度大规模多专业耦合计算分析提供了有效的支撑。

3)数据资源整合

数据是数字反应堆研发不可或缺的基础。经过 30 余年的发展,中国核电产业在各类堆型的设计、施工和运行阶段积累了丰富的经验和数据,涵盖了从核原料开采到核材料提纯,从核燃料生产到核电站设计、建造,再到核电站运营,直至最终的退役等全过程。各大核电集团已投入巨额资金和管理成本于大数据产业,初步构建了适应当前业务需要的大数据管控、管理机制和流程,并正在深入探讨大数据的进一步应用。

考虑到核反应堆数据的链路长、涉及专业多且所有权复杂等特点,为更好地统筹数据资源的整合与利用,我们建议构建一套统一的数据采集、存储、管理和应用体系。这将有助于系统化地实现核反应堆数据的共建、共享和共用,从而有效支撑数字反应堆的建设工作。

4)人才队伍建设

数字反应堆是核反应堆工程技术与计算机技术、数字化技术、信息化技术等互相融合的产物,对科研人员能力的要求更加多元化,亟须培养跨学科的专业技术人才,同时需要系统工程相关专业技术人才对各专业进行统筹和整合。

人才队伍的建设是长期持续的过程,需要从现有核反应堆工程技术人才与计算机相关专业人才中选拔一批科技人员专门从事数字反应堆工作;同时,通过产学研合作,从高校定点定向招聘,以及从社会上招聘计算机专业相关高级人才,不断充实数字反应堆人才队伍。

参考文献

[1] 余红星,李文杰,柴晓明,等.数字反应堆发展与挑战[J].核动力工程,2020,41(4):1-7.
[2] 苏诺雅.中国超算技术赶超发展模式探析[J].国防科技大学学报,2021,43(3):86-97.

第 3 章

数字反应堆总体框架

核反应堆的研发设计涵盖了堆芯物理、热工水力、燃料、系统设备、仪控等多个专业领域的协同设计和多学科耦合计算。正向创新的设计手段和精准分析反应堆行为特性的方法为提升反应堆性能提供了重要支撑。随着基础科学的不断发展、算法的突破、算力的持续增强、数据的日益积累以及数字化设计工具的快速进步,核反应堆研发模式正经历着深刻的变革。在数字反应堆构建过程中,针对核反应堆研发工具、流程、数据、算法等多要素融合的复杂系统工程特点,形成了基于统一平台架构的数字反应堆总体框架。

3.1 体系架构

数字反应堆技术可贯穿于反应堆全生命周期活动中,其起始于研发设计阶段,经过制造建造、运行维护等生命周期阶段,直至最终的退役处置阶段。全生命周期的各个环节相互衔接,共同构成了反应堆技术发展的完整链条,如图 3 - 1 所示。

图 3 - 1 数字反应堆技术全生命周期图谱

通过核反应堆工程的不断实践,按照以研发设计流程为核心、全要素融合为目标、信息技术为支撑的原则,结合基于模型的系统工程(MBSE)方法论,融入多目标优化算法及领域计算分析工具,逐步形成了以高精度数值模拟为重要特征的基于模型的核反应堆系统工程研发体系。

以核反应堆研发设计总体业务架构为牵引,以模型数据为核心,以工具手段为支撑,可信环境为依托,以基础条件为保障,构建基于模型的数字反应堆平台研发设计应用架构,如图3-2所示。

基于模型的数字反应堆平台研发设计应用架构主要包括基于模型的协同设计与仿真验证系统以及共性支撑集成平台两部分。其中:基于模型的协同

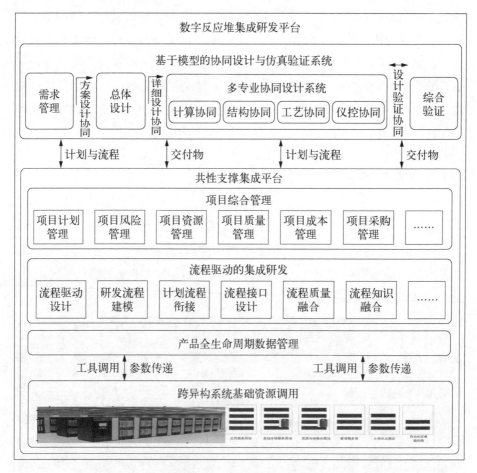

图3-2 基于模型的数字反应堆平台研发设计应用架构

设计与仿真验证系统包括需求管理子系统、总体设计子系统、计算协同设计子系统、结构协同设计子系统、工艺协同设计子系统、仪控协同设计子系统、综合验证子系统"七大业务子系统",主要实现核反应堆研发设计不同阶段、不同专业流程贯通及优化验证;共性支撑集成平台包括项目综合管理、流程驱动的集成研发、产品全生命周期数据管理、跨异构系统基础资源调用"四大功能模块",主要实现以超算为特点的异构软硬件资源的统一调用、研发设计全生命周期模型数据的一致连续权威传递、跨阶段跨系统集成研发及一体化项目管理。通过共性支撑集成平台与基于模型的协同设计与仿真验证系统的标准化集成与接口打通,覆盖基于模型的数值系统工程(model-based numerical systems engineering, MBNSE)的核反应堆研发设计业务流程,实现流程贯通、优化及改进。

同时,围绕模型数据一致连续权威传递的总体目标,重点针对核反应堆全生命周期数据特点,考虑制造建造、运行维护、退役处置数据接口,针对需求、系统、分系统、设备、部件各层次,研究提出基于 MBNSE 的核反应堆研发设计数据架构,如图 3-3 所示。

在核反应堆系统研发设计阶段(包括方案设计、初步设计、施工设计),通过设计形成的总体设计数据、堆芯设计数据、反应堆设备数据、工艺系统数据、仪控系统数据、数字验证数据、实验验证数据,分别在总体设计子系统、计算协同设计子系统、结构协同设计子系统、工艺协同设计子系统、仪控协同设计子系统、综合验证子系统进行有效管理。

在核反应堆系统生产制造阶段,通过制造形成的虚拟制造数据(包括制造工艺、工序、仿真数据等)、生产车间数据将分别在虚拟制造子系统、设计制造协同子系统、制造执行系统(manufacturing execution system, MES)进行有效管理。

在核反应堆系统安装建造阶段,通过建造过程产生的虚拟安装数据(包括安装工艺、工序、仿真数据等)、建造现场数据会在建造 BIM 系统、大数据系统中得到有效管理。

在核反应堆系统运行维护阶段,通过运维形成的换料维修数据、运行现场数据将分别在换料维修子系统、大数据系统进行有效管理。

在核反应堆系统退役处置阶段,通过退役处置生成的退役数据、处置数据将分别在虚拟退役子系统、大数据系统进行有效管理。

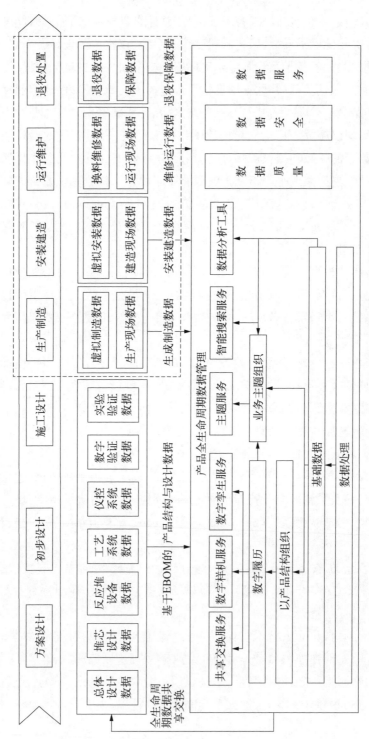

图 3-3 基于 MBNSE 的核反应堆研发设计数据架构

3.2　基于模型的总体设计

核反应堆存在物理复杂性、系统集成后涌现性难以预测的特点,特别是在核反应堆总体设计阶段,对需求分析验证要求高、设计创新性要求高、设计方案迭代效率要求高,传统的基于文档的总体设计流程,常常存在"系统设计不完善,部分需求难以实现""需求稳定度较低,需求/设计变更频繁""系统架构不明确,系统总体设计不独立,过于依赖分系统/设备的设计反复迭代信息"等问题。为解决上述问题,可通过融合基于模型的系统工程技术与核反应堆总体设计技术,利用基于模型的系统工程方法,融入核反应堆正向设计流程,将核反应堆研发需求进行不同层级的分析分解和关联追溯,全面、动态地建模、仿真、验证核反应堆不同系统/子系统间的功能、逻辑、接口等设计细节,通过多目标优化算法快速地筛选不同方案,最终实现基于模型的总体设计。

在需求管理方面,应用需求工程理论,以需求管理作为核反应堆复杂系统工程的管理主线,实现包括利益相关方需求、反应堆总体需求、各领域需求、专业需求等各层级需求的有效管理,实现多层级需求捕获、分析、确认、分配、验证全生命周期关联追溯和闭环迭代,保证核反应堆系统研发设计过程中需求的准确性、完整性、可追溯、可验证。

在系统建模方面,应用基于模型的系统工程方法,通过对核反应堆总体设计过程的分解,将设计方案聚焦于满足系统要求的功能和性能上,不受物理实现方式的限制,可以创造出更多可选的解决方案。通过逻辑分析将系统功能分解为子系统,并在系统层面实现系统子功能的整合与分配,解决系统内部约束、系统内部功能、功能接口关系、具体实现的技术及潜在技术等方面的问题,实现详细的系统分析,考虑系统的约束,平衡系统性能、安全性和可靠性等指标。

在方案优化方面,应用系统级联合仿真及多目标寻优技术,基于系统建模阶段建立的逻辑架构模型,开展不同设计参数的方案对比分析,将系统元模型中承载的指标(如功率、换料周期、蒸汽品质、系统特性)按设计响应进行划分,通过堆芯选型、系统设备配置、系统方案设计、方案参数配置,建立满足要求的系统及其设备的数学模型,选择合适的多目标优化算法,确定约束条件和目标函数,搜索获得系统方案的最佳结构参数和运行参数,最终确定总体最优的技术方案。

3.3　多专业协同设计

反应堆系统设计过程主要分为三个阶段：方案设计、初步设计、施工设计。在各个设计阶段设计的详细程度、准确性要求不同，可根据反应堆研发设计项目所采取的技术成熟度，有针对性地开展不同阶段的设计活动。

对于反应堆设计而言，基于系统工程的研发流程极为复杂，因此，行之有效的思路是将反应堆这样的复杂系统研发过程进行分解。采用分层次的方法对反应堆进行分解，将反应堆的研发设计从项目、需求、研发等方面分为项目层、系统层、分系统/设备层等来进行管理。每层的管理过程是相似的，反应堆研制流程在每一层都将完成循环迭代，包括需求的输入管理、方案设计和验证管理、需求的输出管理、输入验证管理、系统设备集成和集成验证管理、输出验证管理等。与此同时，反应堆系统研发设计涉及物理、热工、燃料、系统、设备、仪控等相关专业，整个设计过程可分为堆芯设计、反应堆设计、工艺系统设计和仪控系统设备设计四大类。其中：堆芯设计包括堆芯物理设计、燃料设计、热工水力设计等专业设计；反应堆设计主要包括反应堆压力容器设计、控制棒驱动机构设计、堆内构件设计、堆芯部件设计等；工艺系统设计主要包括工艺系统原理设计、布置设计、泵阀设计、换热器设计等；反应堆仪控系统设备设计主要包括控制/保护系统设计、过程测量/核测量系统设计、电气系统设计及电气布置设计等。

由上可以看出，反应堆传统系统工程研发模式涉及大量专业和数据接口，而且需要不断迭代，迫切需要采用新的方法来使研发模式发生转变，以促进新型反应堆高效研发。结合系统工程的方法论，基于统一平台的在线协同设计模式是提升反应堆这种复杂系统研发效率的有效手段。为了在多学科之间实现高效统一的协同设计，须建立可支持跨专业、跨学科的统一数据或模型表达，搭建复杂系统内部关系的桥梁，提升各学科之间的设计迭代效率。

3.4　先进建模与仿真

数值计算并列于理论分析和实验研究，它们是当前人类探索未知科学领域和开展大型工程设计的 3 种方法和手段。尽管理论分析方法仍在大量使用，实验方法依然继续发挥着重要作用，但随着计算机硬件性能的增强和硬件成本的降低,发展趋势是数值方法的作用越来越大。与实验方法相比,数值计算方法可以高效、低成本地模拟真实对象的行为,并且可以解决理论分析无法准确处理的复杂问题。在工业研究设计中,数值计算方法逐渐发挥主体作用,新产品开发将逐渐趋于"零原型工程"。比如,波音 777 飞机的设计基本上是依靠数值计算软件在高性能计算机上模拟,大量节省了传统设计技术中昂贵的风洞实验,设计时间也大大缩短[1]。此外,数值计算可以研究模拟某些实验代价极大或无法再现的现象,比如核事故。数值计算还可以提供比实验测量更细致、可视、全面的信息,也可以用来定量解释一些现象中的因果关系。

相比于很多工程产品的研发,新型核反应堆研发设计的周期较长,研发成本较高,因此更多地利用数值模拟手段的意义更显著,紧迫性也更强。另外,通过提高数值模拟的精准度,可以对设计方案更有把握,从而避免了为保证效用和安全性而加大设计裕度所带来的成本增加和性能牺牲。核反应堆涉及专业甚多,理论上,为了提高模拟精度和普适性,各专业软件的理论模型应由低阶或唯象逐渐向更真实的高阶或机理方向发展,在建立模型和偏微分方程过程中,尽量减少简化,在将偏微分方程离散化为代数方程组以及进行代数方程组数值求解时,也应尽量减少近似处理。若由此带来计算量显著增加,则通过并行方法提高模拟效率。实际上,目前不同专业的理论模型所处的发展阶段差别较大,根据各专业的技术复杂程度、学科基础成熟度和精细的计算成本收益比,最适宜的模型和方法也不同,因此,在选择模型时,并非一味追求高阶性或机理性。

同时,核反应堆系统是多物理多尺度耦合的系统,不同专业之间互相影响,很多性能的模拟也向多专业耦合计算发展,比如核热耦合、流固耦合等。通过以上努力,综合提高数值模拟的精度、分辨率、普适性等。数值模拟结果的可靠性依赖于误差和不确定性的评估及限制,不确定性量化有一套方法,可针对不同情况分别选用或组合使用。另外,为了提高单专业程序和耦合程序开发的效率和质量,可将程序开发涉及的共性技术抽取后预先做成开发框架。

3.5　数字化制造

数字化制造技术可用于核反应堆系统设计与验证、实验方案设计与过程仿真、设备协同设计与虚拟制造验证、运行跟踪与退役过程仿真等方面。这一技术为反应堆工程设计、实验、制造、运行保障及退役等主要环节提供精确、高效、直观的集成综合研发与应用平台。数字反应堆虚拟制造系统平台是数字反应堆综合集成平台的重要组成部分,在反应堆关键设备及燃料元件的设计阶段工艺协同评估、建造阶段工艺研发模拟及制造过程仿真、运行阶段制造数据及追溯故障排查等方面均起着重要作用。

根据反应堆关键设备制造过程的各项工艺技术,研究、分析和确立数字反应堆虚拟制造系统平台应具备的系统功能,据此开展平台框架设计、平台软硬件设计和平台详细设计。数字化虚拟制造平台在现有成熟的制造生命周期管理软件基础上,进行系统平台的开发,开发的平台满足核设备制造过程的工艺仿真及数据管理的需求,系统平台集成了三维建模、虚拟装配、三维公差分析、焊接仿真及压力成形仿真等功能。在搭建的硬件系统平台上,实施数据管理标准环境和功能软件安装,并实施二次开发,包括系统界面开发和定制、各功能模块的集成、UI开发、系统图文档功能开发等;对开发的系统平台及子系统进行综合联调、测试和完善,建立、输出安全实用的数字反应堆虚拟制造系统平台。

在建立的虚拟制造子系统的基础上,以核反应堆关键设备为对象,开展制造工艺过程的关键工艺模拟仿真、虚拟装配技术、基于3D的制造公差分析和焊接仿真研究,形成制造工艺仿真验证评估方法,提高装配工艺设计水平。

3.6　智能化运行维护

在当前大数据和人工智能蓬勃发展的时代背景下,利用先进的智能技术来提升核反应堆可靠性,可推动核反应堆持续发展。为提升核反应堆运行、维护、生产和管理的数字化水平,在设计上需要考虑为核反应堆系统及关键设备配置智能监测诊断和健康管理系统。利用人工智能技术和机器学习技术对核反应堆关键系统、设备进行在线状态监测、预警、运行趋势预测,尽早发现核反应堆的潜在故障,进行诊断并提出故障防治措施,为核反应堆的运行和维护决策提供依据。

核反应堆物理原理复杂且涉及多个系统间耦合,作为典型的大型复杂系统,往往面临多故障多原因并存的风险,增加了故障诊断的难度。当发生较为紧急的故障时,面对大量的故障报警和在线监测信息,缺乏事故处理经验的运维人员在短时间内很难做出迅速的反应、进行准确的操作。因此,当前核反应堆的运行维护发展面临着诸多挑战,主要体现在安全性和可靠性两方面。

在安全性方面,作为一个由种类繁多的系统、设备和部件构成的复杂系统,核反应堆对设备高可靠性的需求极高。然而,随着关键设备服役时间的不断延长,其材料性能将不可避免地随着时间不断退化,进而对设备完成其设计功能产生不利的影响:对动设备(如泵、阀门、电子器件等)而言,老化使其故障概率随时间增加;对静设备(如结构、管道、压力容器等)而言,老化则使其安全裕度不断下降。因此,针对关键设备、系统状态和性能进行有效的在线监测,可为数据监测分析提供支撑。一方面,可实现对设备、系统性能状态的实时掌握,在出现相关异常和失效的早期征兆时及时发现,以便采取必要的措施,最大限度地防止因设备的意外失效引发严重后果;另一方面,则可根据对设备和系统的状态定量评估,以及对设备状态未来发展的准确预测,制定有针对性的老化缓解措施,如调整运行参数、制订前瞻性维护计划等,缓解设备性能状态的退化速度,以维持核反应堆整体的安全裕度。

在可靠性方面,当前普遍采用以定期预防性维修为主的维护方案,对核反应堆的主要设备进行维护维修。虽然相比于纠正性维修来说,定期的预防性维修更具有主动性,能大大降低设备意外失效的概率和系统的非计划停机损失。然而,定期预防性维修中确定维修时间的依据是同类设备的平均使用寿命,而不考虑具体设备的实际运行状态,因而在工程实践中,出于保守性的考虑,将不可避免地出现过度维修的问题。过度维修一方面会造成维修资源的浪费,提高运维成本,另一方面还会因维修过程中的人为失误而增加系统风险。因此,为进一步提高对运维成本的把控,有必要更充分地利用数据驱动方法,借助各类智能推理算法和模型,深入挖掘先进传感器实时监测的各类设备运行参数,并准确评估设备的健康状态。同时,集合可利用的资源信息所提供的一系列维修保障决策,以实现基于状态的"按需维修"。

基于统一的数据模型,采集和组织核反应堆的交付数据、维修数据以及运行数据,是开展核反应堆智能应用分析的重要基础;这些智能应用分析结果汇聚到数据模型中,形成完整的核反应堆数字孪生体,便于用户全方位把握设备状态并及时处理异常事件。此外,平台还为智能应用和数字孪生体应用提供高可用的运行平台、共用基础服务、通用管理服务,让应用聚焦核心算法、缩短交付周期、提升交付质量、减少开发和运行成本。同时,通过规范和统一人机交互,还可以降低用户学习成本,提升使用感知。

3.7　数字化退役

反应堆退役工程是一项长周期、高投资的复杂系统工程,退役操作过程复杂,现场工作环境恶劣,同时存在放射性风险,通过三维仿真技术、可视化技术、虚拟现实技术和数据库技术实现退役项目管理、工程设计、人力资源管理、演示汇报、培训等退役过程的数字化等,对制定最优退役方案、规避实施作业风险,提高作业人员作业水平,提升退役效率具有重要意义。

数字化退役技术是将虚拟现实技术、三维仿真技术、通信技术、传感与控制技术相融合,为核反应堆全流程退役提供管理及技术验证的可视化、数字化、虚拟化的技术总和。数字化退役包括退役数据采集及处理、辐射场分布计算及可视化、人体受照剂量评估、路径规划、工艺过程仿真、退役方案评价、退役工程管理等内容。

核反应堆退役前须进行数据采集工作,以确定核反应堆厂房结构、运行历史等状态信息,为退役计划和方案制订提供依据。退役数据采集包括图像或激光测量、辐射环境与辐射源测量两部分。图像或激光测量数据主要通过三维激光点云扫描与3D视觉技术来实现。辐射环境与辐射源数据主要通过伽马相机与成像技术、现场辐射监测来实现。

在核反应堆退役过程中,辐射场伴随整个退役施工过程,精确计算三维辐射场,并实现与退役工艺的动态耦合,是高真实度模拟核设施退役过程的关键。退役物项设备按照对辐射场的作用效果可分为源项设备和屏蔽设备。源项设备发射的光子经过自身材料屏蔽和周围屏蔽设备的减弱在空间形成辐射场分布。辐射场的计算需要分解每个源项设备对空间每一点剂量率的贡献,利用辐射屏蔽减弱公式对每一个源项设备在该点剂量率进行求解,最后对所有的贡献进行累加求和。在人员受照剂量估算方面,涉核操作由各个具体的工艺组成,根据施工工艺提取人体运动过程中每个人体的"位置属性"和"持续时间"信息,然后通过"位置属性"信息获得人体模型在当前位置的辐射剂量率,估算出人员受照剂量,同时实现复杂场景内三维辐射场下人员受照剂量的实时输出。

实现人员辐射防护最优化,是退役辐射防护的主要目的,因退役场景中空间剂量水平不均,有必要对人员行走路径进行规划,实现人员受照剂量最小化。在反应堆退役人员行走路径规划中,需要根据工程实际需求对场景模式和行走轨迹进行定义和约束。人员在三维空间的路径规划不是从任一点到任意其他点的规划,而是在规定的可行走的通道上进行规划,并且还要考虑避开障碍物。针对三维虚拟工艺过程仿真,主要研究干涉检测、设备拆除仿真等。反应堆退役仿真中干涉检测经常选用包围盒法。在切割仿真中,三维模型根据切割面得出两个独立的模型,模型数据会同步保存至统一的数据库中,为后续放射性废物的估算和管理提供基础。

反应堆退役方案评价为多指标综合评价和多目标决策值的问题。退役方案的选择受到各种因素和评价指标的影响,而且这些因素和指标相互制约、相互影响,形成了一个非常复杂的决策系统。决策系统中很多因素之间的比较往往无法用定量的方式描述,需要将半定性、半定量的问题进行综合,以进行全局性的评价。针对核反应堆退役方案评价问题,可以采用层次分析法,构建核反应堆退役量化评价模型。

退役工程数字化管理主要包括对人、机、料、法、环、测等工程要素信息的管理和对工程计划和工程进度的管控,可提高退役工程管理的效率。工程信息管理模块可以对退役工程各要素信息进行管理,主要包括人员、设备及工装器具、计量器具、材料、工艺、场地等要素的设计与管理。工程实施管理主要是对工程计划和进度进行智能计算和管控。工程计划智能计算服务是基于用户定义的工程计划结合施工资源、施工工艺、施工条件等因素进行进度计划的细化论证,确定项目施工的总体部署。按照已核准的工程进度计划,定期追踪和检验项目的实际进度情况,对偏差的各种因素及影响工期的程度进行分析、评估和智能计算优化,使施工管理者直观识别施工资源需求,采取有效措施调整项目进度,保证项目顺利施工。

参考文献

[1]　梁思礼.并行工程的实践:对波音 777 和 737-X 研制过程的考察(摘要)[J].质量与可靠性,2003(1):1-7.

第 4 章

基于模型的总体设计

核反应堆是个复杂巨系统,其研发过程涉及数百台/套设备、数万个零部件,接口十分庞杂,是典型的系统工程,这一系统需经过方案设计、初步设计、施工设计等不同阶段,逐步深化。在核反应堆研发初期,需要通过总体设计确定满足需求的反应堆系统总体方案,该过程涉及大量创新技术,需针对重要相关方的需求及指标开展多学科、跨专业快速迭代论证。传统的依赖总师团队设计经验的设计模式,存在重设计分析、轻需求分析的现象,并且大量设计信息存在于大量静态文档中,造成各专业交互不足、需求指标追溯困难、迭代周期较长,越来越难以适应现代化大型复杂核反应堆系统的研发需求。近年来,新技术的应用也使得核反应堆系统设计变得更加复杂,基于传统设计经验的设计流程难以做到正向设计提升创新性的要求,难以适应新形势下核反应堆系统设计创新的总体需求。

随着计算机技术的飞速进步,通过图形化建模语言来描述系统变得更加容易,计算机模型在系统开发中的作用越来越大。回顾工业数字化发展历程,CAD/CAE/CAM 等领域是最早实现数字化建模的,SysML 工具的出现,推动了需求模型的数字化建模进程,让需求变得更清晰易懂,知识得以有效复用。国际系统工程协会(INCOSE)于 2007 年发布了《SE 愿景 2020》,其中明确定义了MBSE 作为建模方法的形式化应用,旨在支持系统从概念设计阶段一直持续到开发阶段乃至后续生命周期的需求、设计、分析、验证和确认等各项活动。MBSE方法逐渐成为解决复杂系统工程设计问题的重要手段[1]。

基于模型的总体设计是核反应堆总体设计的数字化建模,利用完整的MBSE 流程、方法和工具,打破思维定式,简化核反应堆系统配置,显性化总体设计逻辑,全周期追溯需求指标链路,可从根本上提升核反应堆研发效率、质量及创新性,是数字反应堆十分重要的一环。在核反应堆研发初期,开展基于模型的总体设计,通过形式化建模语言展现核反应堆系统内部各种层级的关系,包括设计过程中的需求分析、功能定义、逻辑架构和物理实现(见图4-1),并通过相互依赖、反复迭代、逐次递归和总体优化等设计活动,实现系统信息的完整链条,从而增强核反应堆研发利益攸关者需求捕获与分析追溯,提升核反应堆复杂系统的变更影响分析能力,获得总体最优的核反应堆方案[2-3]。

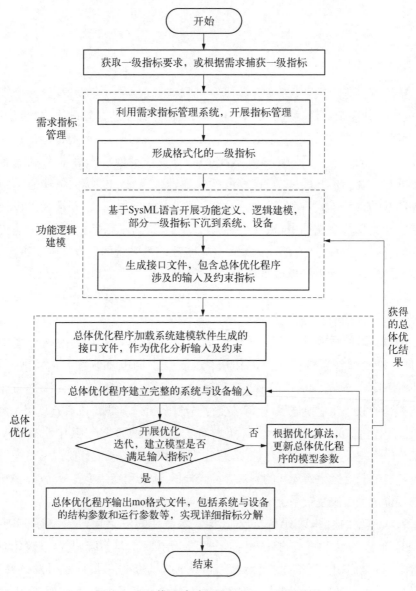

图 4-1　总体设计过程及 MBSE 工具间关系

4.1　需求分析

核反应堆总体设计从总体需求和上层的系统要求出发,在用户需要、法律法规、经济性、安全性和其他限制条件下,设计一个整体性能最优的核反应堆系统。用户需要或技术发展的要求以及各种约束条件,是总体设计工作的出发点。需求分析的过程首先要捕获核反应堆研发的相关方,从满足相关方需求的角度,将系统视为"黑盒",确定系统在整体系统环境下的功能及性能需求,以逐步分解到各个分系统,再将各分系统打开,从"白盒"的角度协调分系统与总体、分系统与分系统之间的接口关系,按照战略/用户需求、产品需求、系统需求、专业需求进行需求的分层分解,设计并组织系统需求分析与验证,建立系统需求间的关联追溯关系。

4.1.1　基于 MBSE 的需求分析

基于 MBSE 的需求分析是利用 MBSE 建模工具、建模方法,建立基于 SysML 语言的需求模型,将需求进行精准化、完全化表达,使得基于文档的需求描述变为基于模型的需求表达,让需求"动"起来,帮助设计人员理顺需求的关联关系,并最终实现需求自顶向下分析[4]。

1) 需求捕获

需求捕获的方法和技能有项目范围和前景确定、用户确定、用例确定及系统事件和响应。项目范围和前景确定是在需求分析前期,获取用户的业务需求,定义好项目的范围,使得所有的涉众(用户、监管部门、领域专家、总体部门、设计人员、使用人员等)对项目有一个共同的理解,需要搜集问题域的背景资料(解决问题所涉及的事件和事物)及涉众的问题,确定合理、可行和尽可能全面的顶层需求(包括反应堆功率、换料周期、系统能力、质量标准和成本约束等),然后进行问题分析、目标分析和业务过程分析,获得业务需求、涉众特征和解决方案与系统特征,定义系统边界。用户确定是确定用户组和分类,对用户组进行详细描述,以目标与项目范围、用户组和问题域为输入,识别用户组描述的特征,评估用户组的优先级、风险、冲突协商,然后确定用户组的代言人。用例确定是与用户代表沟通,了解他们需要完成的任务,得到用例模型。系统事件和响应是一个业务事件对用例的触发,包括系统内部的事件及从外部接收的信息、数据等。通过核反应堆的需求捕获,利用 MBSE 工具建立系统用例图。

2) 需求分析

需求分析是对需求捕获之后的一个加工过程,需要对需求进行正确和完整的描述,以便所有涉众都能够准确理解需求。需求分析的过程首先需要对需求进行检查,以保证需求的正确性和完备性,然后将高层级的需求分解成具体的细节,完成需求从捕获人员到设计人员的过渡。面向对象方法是需求分析中经常用到的技术。面向对象方法可以通过 SysML 中用例图、类图、交互图(顺序图/通信图)、活动图、对象约束语言、状态图实现,根据需求分析前期通过背景分析、问题分析、目标分析、业务分析确定的系统边界,结合核反应堆设计逻辑层次,按照不同利益相关方需求、反应堆总体需求、领域需求、专业需求进行需求层级划分。如:从利益相关方的需求开始,向下梳理反应堆系统总体需求;从总体需求开始,向下梳理反应堆、冷却剂系统等各领域需求;从不同领域需求开始,向下梳理核设计、反应堆结构设计、工艺系统及设备设计、仪控系统设计、热工水力设计、安全分析等不同专业的需求。各层级需求之间的关系如图 4-2 所示。

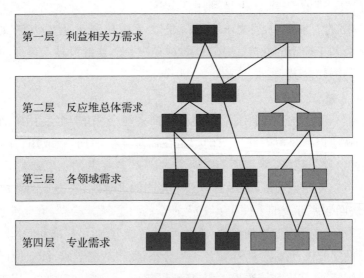

图 4-2 核反应堆各层级需求示意图

3) 需求验证

需求验证是为了确保在需求分析中正确地得到需求并得到正确的需求。在需求验证活动中,首先需要验证在需求获取中获得的用户需求是否正确,以及能否充分地支持业务需求。其次,验证在需求分析中建立的分析模型是否正确地反映了问题域特性和需求，以及细化的系统需求能否充分和正确地支持用户需求。需求验证最常用的方法有需求评审、原型与模拟、利用跟踪关系和自动化分析等。需求评审一般采用审查、小组评审、走查、轮查、临时评审等评审方式。原型与模拟是在需求涉及复杂的动态行为时采用的方法，需要开发测试用例。利用跟踪关系和自动化分析对业务需求进行追溯，从业务和任务着手对用户需求进行验证，通过分析模型对系统级的需求进行验证。

4.1.2　全生命周期需求管理

需求管理是在用户与设计人员之间建立对需求的共同理解，维护需求一致性，并控制需求的变更。通过需求管理可以提高需求分析的准确率，提高项目质量，增进涉众之间的交流，减少误解和交流偏差，准确反映项目的状况，有助于项目的整体管理。需求管理包含四项活动，分别是开展需求协同、维护需求基线、实现需求跟踪及控制需求变更。

1）开展需求协同

需求管理的一项重要工作是实现需求协同，能够支持项目团队不同成员创建、捕捉、共享和管理核反应堆需求信息，所有关于核反应堆的需求信息可以在核反应堆研发的全生命周期内，通过网络来共享。一旦收集到了最新需求信息，便可把这些需求信息分配到特定的系统/设备之中，并为系统/设备确立量化的指标（如为某个设备定义成本、性能、重量、功率及可靠性指标）。

2）维护需求基线

需求基线是指已经通过正式评审和批准，可以作为进一步分析的基础，只能通过正式的变更控制过程修改的需求。需求基线的内容包括标记符、当前版本号、源头、理由、优先级、状态、工作量、风险、可变性、需求创建日期、需求相关的项目工作人员、需求涉及的子系统、需求涉及的产品版本号、需求的验收和验证标准等。对需求基线的维护包括状态维护和配置管理。状态维护的内容包括合理地控制对需求的更改，维持需求在多个版本情况下的正确使用，实现对需求基线的内容统一管理。配置管理的内容包括标记配置项、版本控制、变更控制、访问审计、状态报告。

3）实现需求跟踪

需求跟踪是以需求说明文档为基线，在向前和向后两个方向上描述需求及各种需求变化的能力。向前跟踪是指需求被定义到需求规格说明文档之前的演化过程,说明涉众的需要和目标产生了哪些需求。向后跟踪是指需求被定义到软件需求说明文档之后的演化过程,说明需求是如何由后续的设计支持和实现的。需求跟踪实现的方法包括跟踪矩阵、实体关系模型和交叉引用等。

4)控制需求变更

控制变更是以可控制的方式进行需求基线中需求的变更处理,包括对变化的评估、协调批准或拒绝实现及验证。需求变更要遵循"变更申请—审批—更改—重新确认"的处理流程,确保需求的变更不会失去控制。需求变更需要变更申请人填写申请表提出变更申请,收到变更申请后相关人员进行需求评估,判断需求类型,分析需求变更的影响范围,估算需求实现的工作量及预计可以完成的时间等,根据评估的结果给出是执行还是拒绝需求变更的结论。如果最终需要实施需求变更,则根据变更规程实施变更,完成需求变更后重新建立需求基线,并通知相关人员。

4.2 基于模型的系统设计

在需求分析的基础上,采用基于模型的正向设计流程(即 RFLP 流程),利用基于模型的建模方法,针对核反应堆功能及逻辑结构进行分析建模,包括系统架构设计、系统功能定义、系统详细设计、系统仿真配置。

1)系统架构设计

根据系统需求分析过程中对任务及能力的分析结果,基于 MBSE 的模型搭建采用 SysML 语言中的模块定义图(block definition diagram, BDD),对系统架构进行表述。

2)系统功能定义

通过系统架构设计完成了对系统架构搭建工作,之后就是对系统功能的分析工作。系统功能分析部分所要完成的就是将系统所必须具备的功能分解成各系统中所需要完成的动作,在 SysML 语言中使用活动图(activity diagram)表述。在活动图中使用泳道(swimlane)将各系统分割开,在各个系统的泳道内表述该系统所需要完成的动作。活动图能够表述系统应具备的功能,但活动图中模型元素侧重的是动作之间的逻辑关系、关联顺序和活动涉及的系统。活动图中系统所要做的动作使用 Action(动作)这一模型元素来表达,在活动图中表现为圆角矩形。动作之间的逻辑关系使用"Control Flow"这一模型元素来表达,在活动图中表现为带开口箭头的虚线,不带箭头的一端连接前动作,箭头一端连接后动作。系统使用"Allocated Activity Partition"这一模型元素来表达,在活动图中表现为带"Allocate"关键字的矩形框。动作均分布在泳道内,在活动图中表现为下端开口的 U 形。整个功能的起始点使用"Initial Node"这一模型元素表达,在活动图中表现为实心圆。整个功能的终止点使用"Activity Final"这一模型元素表达,在活动图中表现为大的空心圆包裹小的实心圆。

系统架构设计和系统功能分析这两部分的建模工作存在着强关联,是相辅相成的,具有不可割裂性。因为系统架构是系统功能的载体,而系统功能是系统架构的能力表达,所以不可能一次性就能够设计出完整的系统架构,也不可能一次性就可以将系统功能恰到好处地分配给适当的系统。对于遗漏的系统可以通过功能分析对系统架构补全,对于遗漏的功能可以通过系统进行检验,只有通过多次的迭代和演化之后才能设计出完整的系统架构并使系统架构具有完备的系统功能。

3)系统详细设计

系统详细设计需要完成所有系统间的状态切换建模、状态切换的必要条件建模。状态切换的必要条件包括系统间必须完成的动作、状态切换时的触发和接收信号,以及系统值属性的变换等。SysML 语言中对系统的状态变化采用"State Machine Diagram"这一模型原型表达,在模型中的表现为左上角图的头部中图类型是"Stm",模型元素类型是"State Machine"的矩形框。在状态机图中物理组件的状态采用"State"这一模型元素表达,在图中表现为带分割框或者不带分割框的圆角矩形。带分割框的表明在该状态内需要完成的动作。状态之间的关联在 SysML 语言中采用"Transition"这一模型元素表达,在状态机图中表现为带有开口箭头的实线,箭头连接需要跳转到的状态。状态之间切换的触发信号在 SysML 语言中采用 Signal 这一模型元素表达,在状态机图中的表现为具有特定含义的自然语言,一般位于 Transition 模型元素周围。

4)系统仿真配置

系统仿真配置在 SysML 语言中采用"Package"这一模型元素表达,在建模工具 MagicDraw 中表现为"Simulation Configuration Diagram"(仿真配置图)。

4.3　多目标优化

基于上述需求分析和功能逻辑建模,再通过对反应堆系统、设备的物理建模,可开展反应堆系统总体方案优化设计,总体方案设计过程中采用经验或半经验方法,其通常方式是设计者根据以往积累的经验和专家的判断,给出几组设计参数的组合,然后分别进行设计计算,之后将不同设计方案的结果进行比较,从数量有限的几个设计方案中选出性能最好的方案。这种方法工作量巨大,计算过程十分复杂,需耗费大量的人力、物力和时间,更为重要的是,这种方法只能从几个候选方案中得到性能相对较好的方案,但该方案并不是理论上最佳的。因此,传统设计方法不能高效、高质地解决反应堆总体设计参数的优化问题。

在反应堆系统与设备物理建模的基础上,结合优化算法或优化平台,形成反应堆系统总体优化软件,补齐 MBSE 工具链,实现对反应堆系统总体设计的优化,完善 MBSE 总体方案设计环节的指标分解,是基于模型的总体设计中一项重要的工作内容。

4.3.1　反应堆系统参数总体优化设计

核反应堆可开展设计优化的专业方向、设备或系统较多,但为获得最佳的优化效果,需要以总体目标为牵引,开展反应堆系统设备总体优化,获得最佳的反应堆系统设备结构参数和运行参数,并以此为基础开展单专业、单设备对象的局部优化,如堆芯核设计优化、压力容器流场优化、燃料组件优化等。

从总体最优到局部优化的设计思路,获得核反应堆最佳设计方案,保障反应堆系统的整体性能。以反应堆安全系统为例,目前核反应堆系统的设计主要采用“试算—评价—校正”的线性迭代模式,费时耗力,并且难以获得安全性和经济性整体最优的设计方案。针对这一现象,国内学者开展了最优化设计理论在核反应堆系统设计领域的应用研究。目前核反应堆系统多目标优化设计研究主要通过对不同目标赋予权重,将多目标问题转化为单目标问题进行求解。核反应堆系统多目标优化设计的主要目的是替代工程师在设计过程中进行的大量重复性工作,给出满足设计要求的参考方案,为技术决策提供更加科学化和综合化的数据支撑。系统级别的优化设计可分为三类:反应堆冷却剂系统优化设计,分别开展其质量、容积的优化设计,主要考虑的设备有压力容器、主管道、稳压器和蒸汽发生器；主蒸汽主给水系统的优化设计考虑蒸汽发生器、主汽轮机、冷凝器等多个设备，以系统压力、蒸汽发生器传热管外径、蒸汽发生器节径比、汽轮机高低压缸功率比、冷凝器压力、冷却水流速为优化变量；全系统的设计优化覆盖核蒸汽供应系统主要的设备。

通过系统设计优化，可获得系统主要参数，以此为基础，可根据标准规定相关布置设计准则及工程经验反馈，开展工艺系统管道径布置优化工作。以管道空间布置的约束条件及优化目标函数建立优化数学模型，其中目标函数就是管道起点到终点的曼哈顿距离。首先，创建管道布置空间模型，将布置区域空间和障碍物包络成规则的几何体，并进行无网格划分，建立笛卡儿坐标系，得到布置空间节点在 3 个坐标轴上可访问的坐标，定义障碍物内部节点为不可访问节点；其次，以已有算法（如遗传算法）为基础，研究改进算法，提高计算求解效率。在完成以上工作的基础上，可进一步开展系统与设备的详细设计、安全分析等工作。

4.3.2　优化算法

反应堆系统参数总体优化软件为获得最佳方案，可能会开展上万组系统参数的对比分析，整体耗时较多，为了在最短的时间内搜索到最佳参数组合方案，需要有合适的优化算法作为基础。

优化算法种类多，分类方法也较多：根据是否使用模板函数"梯度"信息，可分为连续优化算法和离散优化算法；根据目标函数和约束条件中是否包含非线性函数，可分为线性规划和非线性规划两类；根据理论模型的差异，可分为精确算法、启发式算法、元启发式算法和近似算法。

（1）精确算法：能够求出问题最优解的算法。当问题的规模较小时，精确算法能够在可接受的时间内找到最优解；当问题的规模较大时，精确算法一方面可以提供问题的可行解，另一方面可以为启发式方法提供初始解，以便能搜索到更好的解。主要包括分支定界法、割平面法、动态规划法等。

（2）启发式算法：通过对过去经验的归纳推理以及实验分析来解决问题的方法，即借助于某种直观判断或试探的方法，以求得问题的次优解或以一定的概率求其最优解，包括构造型方法、局部搜索算法、松弛方法、解空间缩减算法等。

（3）元启发式算法：元启发式算法是启发式算法的改进，是随机算法与局部搜索算法相结合的产物。元启发式算法是一个迭代生成过程,通过对不同概念的智能组合,实现对搜索空间的探索和开发。在这个过程中,学习策略被用来获取和掌握信息,以有效地发现近似最优解。具体包括禁忌搜索算法、模拟退火算法、遗传算法、蚁群优化算法、粒子群优化算法、人工鱼群算法、人工蜂群算法、人工神经网络算法等。

(4) 近似算法:一般来说,能求出可行解的算法都能归为近似算法。常见的近似算法有贪婪算法、局部搜索算法、松弛算法、动态规划法等。

不同类型问题对优化算法的要求不一,针对通用商业优化平台 Optimus、Isight 等应用较多的算法,如改进的可行方向法(Modified Method of Feasible Direction,MMFD)、序列线性规划法(Sequential Linear Programming,SLP)、序列二次规划法(Sequential Quadratic Programming-DONLP,SQP)、广义胡克定律直接搜索法(Hooke-Jeeves Direct Search Method,HJ)、逐次逼近法(Successive Approximation Method,SAM)、定向启发式搜索算法(Directed Heuristic Search,DHS)、遗传算法(Genetic Algorithm,GA)、模拟退火法(Simulated Annealing,Sim Annl)、混合整数优化法(Mixed Integer Optimization,MOST)和广义简约梯度法(Generalized Reduced Gradient,LSGRG2)。现按问题特性及技术特性对其适用性进行了归纳(见表 4-1 和表 4-2)。可根据分析问题的特性采用相关优化算法,也可在已有算法的基础上进行完善,以获得更好的优化算法。

表 4-1 优化算法在不同问题特性下的适用性概览

问题特性描述	MMFD	SLP	SQP	HJ	SAM	DHS	GA	Sim Annl	MOST	LSGRG2
只有实型变量	√	√	√	√	√	√	√	√	√	√
处理混合或者不混合实型、整型、离散型变量				√	√	√	√	√	√	
高速非线性问题	√					√				
脱离设计空间（相对最小值）							√	√		

（续表）

问题特性描述	MMFD	SLP	SQP	HJ	SAM	DHS	GA	Sim Annl	MOST	LSGRG2
大量的设计变量(大于20)	✓				✓	✓	✓	✓		✓
大量的约束条件(大于2 000)	✓	✓		✓						✓
长时间的运算代码或分析(大量的方程求解)	✓	✓		✓						
用户提供梯度的有效性	✓	✓	✓							✓

表 4 - 2　优化算法在不同技术特性下的适用性概览

技术特性描述	MMFD	SLP	SQP	HJ	SAM	DHS	GA	Sim Annl	MOST	LSGRG2
不需要目标函数连续				✓	✓	✓	✓	✓		
处理等式或不等式约束条件	✓	✓	✓	✓	✓	✓	✓	✓	✓	✓
基于库恩-塔克条件的优化方程	✓	✓								✓
从一系列设计点寻找而不是从单一的某点							✓		✓	
使用随机准则							✓	✓		
从开始就可以得到好的目标值							✓			
不需要假设参数的独立性				✓		✓				
不需要用有限差分法				✓		✓	✓	✓		

（续表）

技术特性描述	MMFD	SLP	SQP	HJ	SAM	DHS	GA	Sim Annl	MOST	LSGRG2
能够通过可控的、有序的方法设定						√	√	√		
不同阶次的数量级对设计变量的值不敏感						√				

4.3.3　总体优化分析软件

总体优化分析软件主要包括系统流动传热、设备经验模型，同时包括上述优化算法模块。为便于与 MBSE 系统建模 SysML 语言的接口打通，可采用 Modelica 语言开发，打通 MBSE 系统建模软件与总体优化软件间的接口；同时，商业优化平台具有丰富的优化算法，考虑总体优化软件中涉及的经验模型复杂度不高，可通过 Python 脚本或其他方式实现总体优化软件的快速开发。

总体优化软件包括系统配置与数学模型建立、总体参数优化两部分，计算逻辑及框架如图 4-3 所示。

其中，系统配置与数学模型建立包括以下内容。关键设备模型：依据关键设备模型，分别建立包括反应堆堆芯、反应堆压力容器、蒸汽发生器、稳压器、主泵、主汽轮机、主冷凝器等设备设计过程的数学模型，并将各设备耦合形成反应堆系统整体模型。系统总体参数配置模型：针对系统总体参数配置，建立模型确定系统效率、反应堆需求热功率、蒸汽发生器蒸汽产量、泄放水蒸发器产汽量、主汽轮机耗汽量、汽轮发电机耗汽量、给水泵汽轮机耗汽量、给水泵排量、汽轮机中间抽汽量、低压汽轮机耗汽量和给水泵扬程等。

总体参数优化是为了保证找到最优化设计方案，确保优化设计方案的正确性，不仅需要建立针对所研究对象的正确数学模型，同时需要建立合适可用的最优化计算方法。对于复杂系统的最优化问题，为了保证优化计算的效率，一般应抓住关键因素，适当忽略不重要的因素，使问题合理简化，以便用数学模型来描述实际问题。对于工程最优化设计问题，其相应的数学模型一般有三个基本组成要素：一是优化变量，即在设计中需要调整和优选的参数；二是

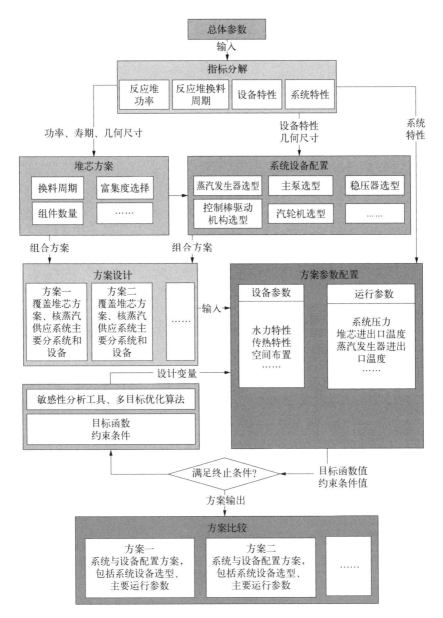

图 4-3　总体优化软件计算逻辑及框架

目标函数,即设计问题所追求的指标与优化变量间的函数关系式;三是约束条件,即对优化变量的限制条件。

　　总体优化软件开发可基于多种计算机语言自主研发,也可以利用商业优化平台集成反应堆系统与设备模型。

1) 总体优化软件

Modelica 语言与 MBSE 建模所采用的 SysML 语言，可通过接口数据传递，便于数据接口通信。同时，Modelica 语言的可读性和建模便利性更强，在涉及多学科的复杂系统建模仿真方面同样具有优势，因此，基于 Modelica 语言开发总体优化软件相较于 C 语言、Fortran 语言等具有一定优势。

基于 Modelica 语言，遵循模块化建模思想进行开发设计。反应堆总体优化程序主要包括功能模块和结构模块，分别建立反应堆系统各主要设备的组件数学模型，通过组件连接构建设备模型，通过各设备模型的交互完成各系统的构建，最终完成整个系统模型的构建。其中，各个模块通过设置各组件、各设备及各系统的输入输出接口完成数据流的管理和交互，最终结合最优化模块，实现反应堆系统总体优化的功能。总体优化软件主界面如图 4-4 所示。

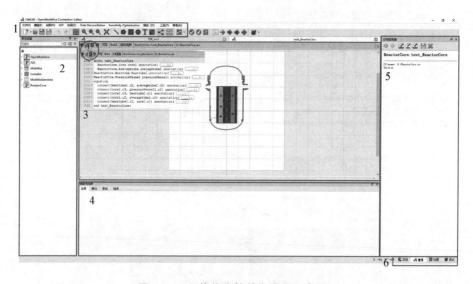

图 4-4　总体优化软件主界面示意图

2) 基于优化平台的总体优化软件

商业优化平台具有成熟的优化算法，也可基于商业优化平台开展总体优化软件的研发。

优化平台可提供计算软件集成、优化流程搭建、优化算法调用、优化流程自动迭代等功能。目前应用的设计优化平台以商业平台为主，国外开发的有 Optimus、iSight、HEEDS 等，国产商业平台也取得一定发展，包括 AIPOD、

SYSWARE、HySim 等。

Optimus 提供了各种方法和工具,并且留有多处自定义接口,可方便地展开深入的分析并扩展其功能;iSight 主要侧重于提供多学科设计优化和不同层次优化的技术及优化过程管理能力,解决了多学科交叉情况下协同优化设计过程多次迭代、数据反复输入输出时的操作自动化等问题,提供了一个优化工具包,将各种优化方法(数值迭代算法、搜索式算法、启发式算法)与优化辅助技术[实验设计(DOE)、响应面模型(RSM)]有效地组织起来进行多学科设计优化;HEEDS 是西门子工业软件提出的仿真驱动设计概念的产品体现,它可以集成主流 CAD 与 CAE 软件进行多学科协同优化仿真;AIPOD 是由南京天洑自主研发的一套通用的智能优化设计软件平台,它集成了业界前沿算法,通过结合优化理论与数值模拟技术,用于寻找适当的参数以满足设计需求,以及寻找更优的设计;SYSWARE 是由北京索为系统技术股份有限公司研发的多学科设计优化平台,在流程集成与自动化的基础上,提供多种主流的优化方法,与专业模块、专业流程配合,实现对不同问题的优化解决方案,可满足单学科或多学科等优化需求。除上述商业通用优化平台外,国内外还有很多设计优化平台,如 ModeFRONTIER、ModeCenter、HySim 等。

目前,各优化平台的研发重点是优化算法、敏感性分析方法、更灵活的使用方式等方面,尤其 HEEDS 平台所采用的核心优化算法——SHERPA,具有混合和自适应两大优势。所谓混合,即各种查找策略同时使用,并且进行全局和局部搜索,综合利用各种算法的优势;所谓自适应,即根据设计空间自动进行算法调整,高效搜索简单与极其复杂的设计空间,对于复杂问题而言,其性价比极高。

基于商业优化平台的成熟接口和优化算法,通过集成系统与设备模型,可快速完成特定对象的总体优化程序开发,但在程序模块扩展性以及与 MBSE 接口方面尚存在不足。

参考文献

[1]　INCOSE. Systems engineering vision 2020[M]. version 2.03. Seattle, WA: International Council on Systems Engineering, 2007.

[2]　INCOSE. Systems engineering handbook: A guide for system life cycle processes and activities[M]. 4th ed. New Jersey: Wiley, 2015.

[3]　陈红涛,邓昱晨,袁建华,等. 基于模型的系统工程的基本原理[J]. 中国航天,2016

(3)：18-23.

[4] Hoffman H P. Harmony/SE: A SysML-based system engineering process[C]//Proceedings of Innovation 2008. France: Telelogic User Group Conference, 2008：1-25.

第 5 章

多专业协同设计

　　反应堆研发设计涉及广泛的学科专业,协同设计流程上下游接口多,设计所需考虑的物理现象复杂,各指标体系之间的约束性、关联性强,需要结合核反应堆研发设计需求及指标体系分析各专业特点及上下游关系,并系统性梳理各专业之间的业务逻辑,形成覆盖多专业的业务流程体系规范。数字化的手段,可以有效提升核反应堆研发设计过程的效率和质量,并使其逐步向标准化和智能化的体系生态演进。

　　核反应堆设计包括堆芯设计、设备设计及系统设计等。其中,堆芯设计作为反应堆系统设备设计的输入,是明确反应堆总体性核心指标的关键环节,其业务场景主要以理论科学计算为主,包括输运求解、能量守恒等理论计算分析的方法和手段,可为后续的系统设备设计的关键技术指标实现提供指引和约束。设备设计及系统设计作为核反应堆产品对象有形承载体的具体实现过程,其主要通过二维及三维的数字建模手段,结合有限元、流体力学、屏蔽源项分析,为其具体的尺寸结构设计、材料选择、性能分析等核心业务的迭代优化提供有力的支撑手段。

5.1　数值计算协同

　　数值计算主要涉及堆芯物理设计、热工设计、燃料设计、安全分析、屏蔽与源项计算、力学分析等多个专业,大量采用数值计算方法开展工作。

　　随着工业进入数字化时代,工程产品逐步成为包括机械、控制、电子、电气、材料等在内的多学科耦合的复杂系统。以反应堆设计来说,涉及堆芯物理设计、热工设计、燃料设计、结构设计、系统布置、安全分析等多个专业,各专业间交互迭代,才能完成反应堆设计,实现反应堆的业务功能。

　　数值计算是反应堆设计分析中常用的研究方法。尤其在反应堆物理、热工、燃料、安全分析等专业,大量采用数值计算的方法开展工作,进行设计论证与分析。由于核反应堆系统之间的相互关联和影响复杂度极高,一项工作往往需要多个专业共同参与,如堆芯设计,需要由物理、热工、燃料三个专业一起迭代,才能确定最终设计值。即使是专业内的一项计算,也往往需要多个软件共同协作,才能完成分析,如主蒸汽管道破裂事故计算,需要瞬态分析程序、堆芯温度分析程序、核设计程序、子通道程序等共同配合才能完成一项完整的计算。

　　然而,传统的各专业独立设计计算的工作模式存在局限性。各专业之间往往采用基于文档的方式进行接口数据传递,导致接口数据格式随意、数据追溯困难、版本控制缺乏,难以实现流程的自动化与数据的自动更新,无法实现专业间协同。专业内计算虽然在一定程度上开展了计算流程贯通工作,尝试通过脚本等方式进行流程控制,驱动软件进行自动计算与程序间数据交互,但由于研发设计期间的应用软件多而繁杂,运行环境差异性较大,所处操作系统异构分散,流程复杂接口数据多样,与专业间协同计算类似,数据传递效率低难度大、数据无统一标准、数据管理分散、无重要参数沉淀、数据复用困难,并且贯穿整个产品研发周期,使得目前应用效率低下,易出现质量问题。这将大大增加反应堆设计计算完成所需的时间,影响反应堆建设及投产应用。

　　因此,充分挖掘反应堆研发中不同专业设计研发的痛点需求,梳理多学科协同设计脉络,通过协同设计标准规范研究、标准化工程设计模块研发、多专业协同设计扩展集成,转变传统各学科独立设计计算工作模式。将专业间基于文档的接口数据传递和专业内的定制化接口,转换为基于数据驱动或模型驱动的标准化接口,并通过 IT 支撑,建设跨学科、跨异构系统的核反应堆研发设计数值计算协同支撑工具,实现反应堆研发设计阶段的数据单一数据源、接口传递数据标准化、模板统一管理、模板及流程高复用性。建立满足核反应堆多专业设计特点的全流程在线协同设计模式,实现设计环节从低效串行向高效并行转变,支撑核反应堆高效、高质量设计研发,对提升核反应堆工程设计能力和水平具有重要意义。

5.1.1　数值计算协同综述

　　计算机和计算方法的飞速发展,使得几乎所有学科都走向定量化和精确化。计算能力除了依靠计算机硬件和计算方法本身外,在很大程度上还取决于计算工具。

1）国外研究现状

数值计算软件是反应堆设计计算的支撑工具，最初的协同设计是单专业的设计工具，主要实现专业内的不同计算间的数据传递与相互协作，设计计算人员在使用计算软件完成计算后自行对数据进行存储管理，并且大多数软件在设计之初仅考虑单机版环境的使用。代表产品为法国 AREVA 公司开发的 SCIENCE 程序包，是基于 2D 组件计算和 3D 堆芯计算的一套中子物理学工具，用于反应堆堆芯核设计，其包括多个程序，以及数百个前后处理模块与数据传递接口模块，使得用户可以方便地基于图形化的界面完成核设计计算，也可以多人协同开展工作。

随着产品复杂度的增加，多学科相互耦合迭代以支撑设计的需求变得愈发迫切，法国达索公司推出仿真分析流程自动化与多学科多目标优化工具 iSight，其融合多种算法，让计算机能够自动智能地驱动数字产品的设计过程，帮助设计计算人员完成从简单部件参数分析到复杂系统多学科优化等设计工作。比利时 NOESIS SOLUTION 公司的 Optimus 软件可实现自动化的仿真、方案对比，寻求性能更优的设计参数方案。美国 Phoenix 集成公司的产品 Model Center 是高灵活度、易使用的多学科协同环境与优化设计建模平台，集建模、仿真和优化计算于一体，实现复杂产品设计过程的自动化。美国 ANSYS 公司推出了 ANSYS workbench 平台，用于支撑旗下流体仿真、有限元计算等 CAE 软件的计算流程贯通，以及流固耦合计算。西门子公司也推出了 HEEDS 平台，用于支撑旗下各软件间的计算流程搭建及设计优化。

2）国内研究现状

国内也有机构对协同计算进行探索实践。北京索为公司完全自主研发的 SYSWARE 平台能够实现对任务进行快速访问和处理，对个人生成的数据进行统一管理，对设计分析过程中要使用的工具进行快速调用，以及对设计分析流程进行集成封装，从而实现快速设计的目标。苏州同元软控基于国际多领域统一建模规范 Modelica，研发了系统设计与仿真验证平台 Mworks。该平台为基于模型的系统工程环境中的模型、数据及相关工作提供了协同管理解决方案。安世亚太公司自主研发了 HySim，可实现多学科数据协同、多学科实时联合仿真及智能设计优化。为提高核电研发管理精细化程度，同时实现研发数据管理模式从离线向在线的转变，并确保核电设计过程中知识的积累与固化,上海核工程研究设计院股份有限公司建立了核电设计分析评价一体化平台,并完成了 196 个设计工具软件的集成,建立了堆芯、工艺、设备、土建、环评专业的典型流程。中国核动力研究设计院以压水反应堆为对象,结合核反应堆系统设计中反应堆物理、热工水力、燃料分析及核安全分析等多个学科专业计算需求,研发了一套数值计算协同设计平台 NEPRI,已集成各类软件及模块 320 余个,覆盖核反应堆系统计算需求,并已在工程项目上完成应用。近期通过架构升级,重点聚焦众多异构软件集成和异构数据的集成,升级了数据管理功能,强调对数据的综合管理、模板建立和重用,以实现"数据驱动,计算协同"的目标。

5.1.2　各专业协同设计特点

反应堆理论计算涵盖反应堆物理、反应堆热工水力、核燃料、反应堆安全分析等研发设计领域。核反应堆设计研发,不仅具备系统工程的复杂性,还具有从介观到宏观、多专业多系统高度耦合的时空复杂性,对计算资源、仿真程序提出了极高的要求。

1) 堆芯设计

堆芯设计主要包括核设计、热工水力设计、燃料设计三大部分。其中,核设计主要包括组件计算、组件堆芯接口、堆芯计算、结果提取等内容,由涉及多个软件的软件包组成,具体流程如图 5-1 所示。组件计算包括燃料组件计算和反射层截面计算两类,两者的计算流程是相同的,区别在于两者的输出结果分别需要后续的截面拟合接口和反射层截面专用接口处理。组件计算中通常涉及多种类型的燃料组件,需要分别进行输入文件配置及计算,以提供给截面拟合接口。组件堆芯接口处理流程主要包含两部分:截面拟合接口和反射层截面专用接口。反射层截面专用接口用于对反射层截面单独处理,计算并输出堆芯计算所需的反射层截面。截面拟合接口处理流程主要包括两部分:反应截面处理和功率重构因子的处理。堆芯计算包括堆芯燃耗计算、反应性控制计算、反应性系数计算等多个计算内容,可能会有相应的上下游关系,目前通过再启动库实现,如堆芯燃耗计算完成后生成的再启动库会作为反应性控制计算、反应性系数计算及动力学参数计算的输入,也可以作为另一个堆芯燃耗计算的输入。最后,提取关键参数,完成核设计报告所需的相关内容,并根据其他专业接口,提取对应的接口参数。

热工水力设计主要内容包括 DNB 分析、燃料元件温场分析、流动不稳定

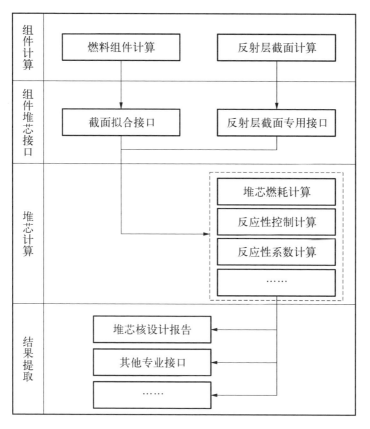

图 5-1 堆芯核设计流程

(热通道出口含气率)分析、堆芯压降计算等内容,需要热工水力、堆芯核设计、燃料组件结构设计、反应堆及堆内构件结构设计等多个专业开展协同研究,主要采用子通道程序开展研究。堆芯热工设计基本输入数据文件基于程序输入卡格式编制,基本信息包括计算选项及模型选择、主参数、燃料组件结构参数、阻力特性相关参数、工程因子相关参数、材料物性、预设功率分布等,形成参考卡。完成基础建模之后,根据物理专业提供的接口或输出文件,将全周期各燃耗时刻的功率分布参数进行整理,替换参考卡中的预设功率分布,并进行计算。根据计算结果,提取关键参数,完成反应堆热工水力设计报告所需的相关内容,并根据其他专业分析接口,提取对应的接口参数。开展堆芯热工设计需要多专业协同配合,涉及核设计、反应堆及堆内构件结构、燃料组件设计等多个专业提供接口信息,同时堆芯热工设计又会为燃料组件设计等专业提供上游接口信息。

在燃料的设计过程中,必须通过堆内外试验以及多个专业的分析与评价,确保该型燃料组件的设计满足所有设计准则要求,从而保证满足其功能要求。

燃料元件设计验证的主要内容是对燃料组件中的燃料元件在其换料周期内Ⅰ、Ⅱ类运行工况下的结构完整性进行验证,分析的主要性能参数包括燃料温度、包壳腐蚀、内压、包壳应变等。燃料元件在反应堆内将承受热工、中子辐照和化学腐蚀的综合作用,因此,开展燃料元件设计并非一个专业就能完成,需要堆芯物理专业、热工水力专业提供必需的接口参数。例如,需要堆芯物理专业提供燃料棒功率史、轴向功率分布等,需要热工水力专业提供冷却剂温度、冷却剂质量流速、冷却剂压力等。在此基础上,使用燃料元件性能分析程序对不同元件的功率史进行模拟,获得主要性能参数与各项设计准则比较,进行燃料元件的设计验证。元件程序计算流程数据交换如图 5-2所示。

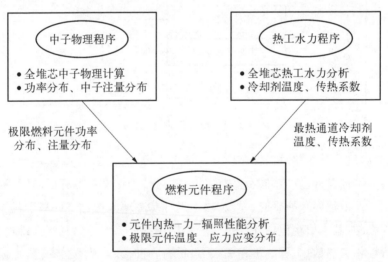

图 5-2　燃料元件程序计算流程数据交换示意图

燃料组件机械设计验证的主要内容是对燃料组件在其换料周期内各运行工况下的几何相容性、结构完整性进行验证,分析的主要性能参数包括燃料棒辐照生长量、燃料组件导向管辐照生长量、燃料组件压紧系统压紧力、控制棒组件落棒时间、燃料棒与格架之间的磨蚀量和格架夹持系统夹持力等。燃料组件在反应堆内将承受堆芯上下板约束、冷却剂的热工水力条件、中子辐照条件和化学腐蚀的综合作用,需要热工水力专业、堆芯物理专业、堆内构件专业、

控制棒驱动机构专业、力学分析专业提供必需的接口参数和热学、力学校核结
果。例如：需要堆芯物理专业提供极限燃料组件中子注量分布、格架弹簧中
子注量等信息；需要热工水力专业提供冷却剂流量、温度、压力信息，燃料组件
受到的水力学力，燃料组件各部分水力阻力系数等；需要堆内构件专业提供堆
芯上下板的间距。在此基础上，使用相应的燃料组件性能分析程序对极限组
件进行性能模拟，获得主要性能参数（燃料棒和导向管辐照生长量、燃料组件
板弹簧压紧力、格架弹簧夹持力、燃料棒磨蚀深度、控制棒落棒时间等）与各项
设计准则比较，进行燃料组件的设计验证。燃料组件程序计算流程数据交换
如图 5-3 所示。

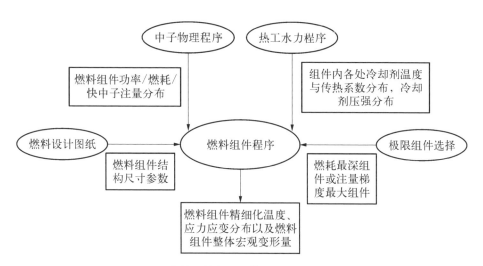

图 5-3　燃料组件程序计算流程数据交换示意图

对于传统工程设计验证，设计者多采用手动方式，根据设计需求从存档报
告或传递单中提取燃料结构设计、反应堆物理、热工水力、堆内构件等专业的
输入参数，编写计算输入卡，然后调用相应的分析程序开展计算分析，分析并
提取计算结果，用于设计验证报告的编写。

上述工作很多都是重复性的。利用数字化、自动化的分析技术，可以建立
标准化的计算流程，通过计算机程序自动化运行这些流程，从而提高设计效
率，并可以大幅减少人为的差错。

下面以燃料元件的性能分析为例，介绍燃料性能分析的协同计算内容。
燃料专业的其他计算分析工作与之类似，其计算过程大体可以描述为三个阶
段：接口准备、燃料性能计算、结果分析与评价。具体流程如图 5-4 所示。

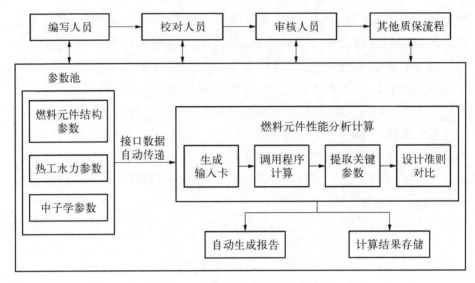

图 5‑4　燃料元件性能计算分析流程

2）安全分析

系统安全分析研究涉及反应堆系统结构安全、安全壳响应分析和放射性释放等问题。在数值计算协同子系统中，实现系统安全分析的计算流程涉及热工水力、堆芯物理、力学分析、放射性与源项分析等多个专业的协同工作。这一流程主要采用系统程序作为分析工具，开展瞬态计算和事故分析。以典型事故分析为例，具体流程分为以下四部分：建立基础卡、稳态卡检查调试、瞬态建模及事故分析。

建立基础卡是瞬态事故分析的基础，需要根据其他专业接口参数对系统中各个部件及子系统的几何形式、连接关系、节点划分、动作逻辑进行描述。为了满足协同设计需求，针对系统程序进行了改造，节点图采用 JSON 存储，其他专业接口数据作为初始数据，通过协同平台支持进行专业数据处理，同时对通用信息、特殊模型等由用户进行定义，最终形成 JSON 格式输入卡，再转换为系统程序的输入卡 INDTA。

完成基础卡建立后，开展稳态卡检查调试，调用输入文件 INDTA 检查模块对输入文件进行检查，该模块具备文件解析、语法检查、报错提醒功能，能够给用户提示输入文件出错位置，用户根据报错信息在输入卡文件中进行修改。在完成报错修改后，可接入关键参数目标值模块，进行基础卡调稳。

完成基础卡调稳之后便可开始瞬态建模，以支撑瞬态及事故分析。用户根据初始条件、瞬态设置、瞬态假设、保护信号等信息,以协同平台瞬态输入卡模板文件为基础,完成瞬态计算卡编制。核反应堆系统事故瞬态分析需要以稳态计算再启动文件作为初始状态,结合瞬态计算卡进行瞬态计算。

完成瞬态建模后,可开展瞬态及事故分析。瞬态事故计算可得到瞬态输出文件和瞬态结果再启动文件。如果进行多个瞬态工况并发计算,需要调用并发计算模块。根据瞬态计算结果,调用后处理模块,提取生成事故分析报告所需参数以及需要给其他专业分析所需数据,以 CSV 文件格式存储,完成数据提取之后,调用自动生成事故分析报告模块,自动生成报告,并通过其他专业接口数据提取模块将其他专业需要接口数据存入参数池中。系统程序事故分析协同计算流程如图 5-5 所示。

3) 源项分析与屏蔽设计

辐射源项是核电站一切辐射风险的源头,辐射源项控制可以有效地降低工作人员、公众和环境的辐射风险,是实现辐射防护设计目标和提升核电站环境友好性的基础。源项分析至少包括以下需要分析的内容:

（1）堆芯源项。包括全堆芯裂变产物源项、堆内构件(反应堆停堆换料或检修等操作中可能涉及的堆内构件)的活化源项、堆芯各类型组件的活化源项、乏燃料组件的源项。

（2）一回路系统源项。包括一回路冷却剂裂变产物、腐蚀产物、氚和碳-14 源项,以及一回路各位置处氮-16 的源项,同时还应对一回路中主要的设备源项(如稳压器等)进行计算。

（3）二回路系统源项。包括蒸汽发生器二次侧水和蒸汽中的源项。

（4）核辅助系统的源项。包括核辅助系统(如化学与容积控制系统、核取样系统、余热排出系统等)的源项。

（5）废物管理系统的源项。包括废液处理系统、废气处理系统、废固处理系统等的源项。

（6）气载源项。包括核设施各个可达区域的气载源项。

屏蔽设计研究射线在材料中的衰减情况,确定各区域的中子-光子注量率,设计相应的屏蔽结构,使得在合理可行性尽量低的条件下,减少人员和设备受到的放射性危害。屏蔽设计至少需要包括以下分析内容。

（1）堆本体屏蔽设计计算。包括堆本体屏蔽结构和材料说明,堆芯中子和 γ 射线源强分析,反应堆压力容器内表面快中子周向分布和轴向分布计算、快中子积分通量计算,堆本体屏蔽各群中子、γ 射线辐射场分布情况和辐射泄漏计算。

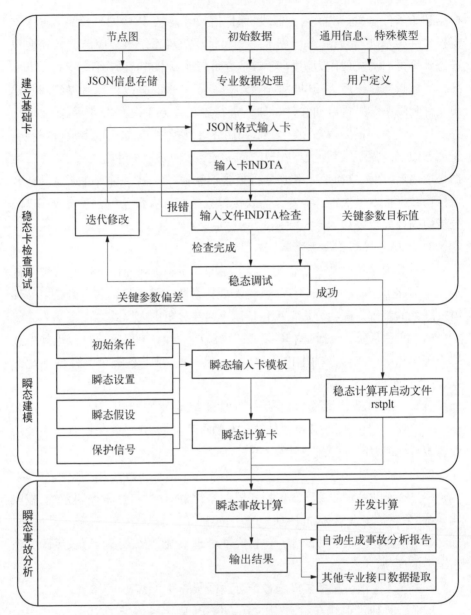

图 5-5 系统程序事故分析协同计算流程

（2）反应堆厂房屏蔽计算。分析有关设备、管道在正常运行和停堆工况下的辐射源特性，计算源强，进行各个设备的屏蔽设计计算。

源项分析的主要流程如下：首先，通过接口获得反应堆及冷却剂回路系统参数、中子学参数、热工水力学参数、事故进程参数、水化学参数，以及屏蔽计算得到的中子注量率、反应率等输入信息。其次,设计人员根据接口参数,完成各类源项计算软件的输入文件编写。再次,调用相应的计算软件开展计算。最后,由设计人员对计算结果进行处理,提取相应的计算结果,并据此形成报告或作为其他分析工作的接口。源项分析流程如图 5 - 6 所示。

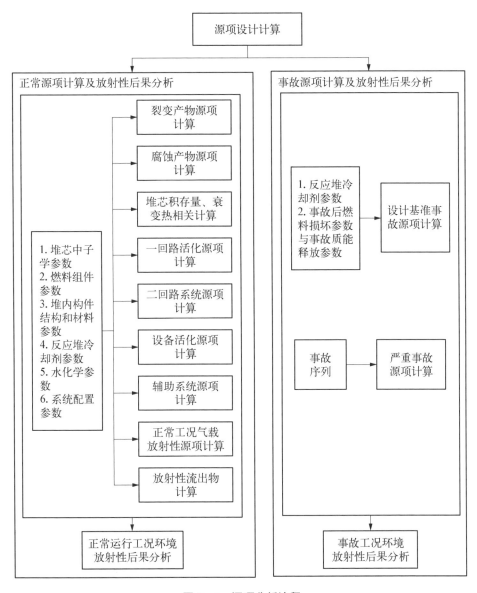

图 5 - 6 源项分析流程

屏蔽设计的主要流程如下：首先，通过接口获得设备与结构模型、材料核素组分、源项参数等输入信息。其次，设计人员根据以上信息，完成各类粒子输运计算软件的输入文件编写。再次，使用高性能计算平台对问题进行计算。最后，由设计人员对计算结果进行处理提取相应的计算结果，并据此形成报告或接口。屏蔽设计流程如图5-7所示。

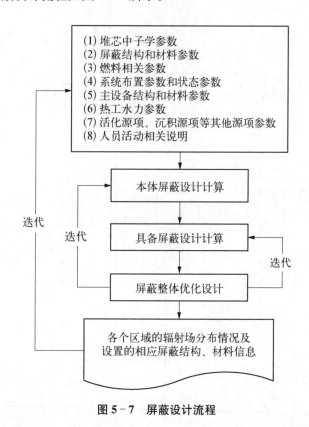

图 5 - 7　屏蔽设计流程

4）力学分析

反应堆结构力学分析在保障反应堆一回路系统的结构完整性和安全性中发挥重要作用，涉及的主要外部接口包括设备设计、堆芯物理、热工水力及二回路载荷等，接口类型可概括为几何、载荷、材料、规范。待输入完备后经反应堆结构力学分析专业内部的相互协同，最终给出反应堆冷却剂系统设备/管道力学分析评价结果。尽管整个反应堆结构力学流程复杂，接口广泛，但力学分析本质在冷却剂系统设计中可看作一个多输入输出的设计评价系统。评价系统由多层次力学输入作为起点，经过系统动力分析给出各工况下冷却剂系统的载荷分配,然后通过设备和管道的详细力学分析,给出多种不同部件的应力、疲劳、断裂等评价结果,如超限则迭代整个力学分析流程,直至结构设计满足力学评价准则。以设备应力分析为例,分析本身流程复杂,评价内容广泛。对设备力学常规分析流程进行组件化封装,封装后的组件功能具有足够的通用性,可以有效实现设备力学分析过程加速。具备的主要功能如下:① 集成基于 ASME 和 RCC - M 规范的常用材料力学与物理特性数据库,并建立 CAE 分析工具可直接调用的接口;② 封装基于规范的评价逻辑,实现选取评价规范和设备等级后,自动生成相应评价限值;③ 软件界面与有限元分析软件集成交互,实现从有限元输入准备、计算控制到结果后处理的全流程封装。

在反应堆结构疲劳分析中,热工专业提供的瞬态数据详细周全,但通常不能直接被力学专业所用,将瞬态数据简化过程程序化后,可以实现基于瞬态接口数据的疲劳力学协同分析。

5.1.3　流程贯通与数据管理

在完成各专业流程梳理的基础上,通过建立跨软硬件异构资源部署,基于计算资源管理平台,实现对异构计算资源统一调度、监控及工程应用和研发测试分区管理。通过开展计算程序管理规范和自动部署技术研究,研发计算程序管理服务,实现对计算程序的注册信息管理、版本管理与自动部署,从而使得不同服务器、不同操作系统下的软件间的数据能够相互传递。

通过自动化模块封装及流程引擎研发,系统具备了流程搭建与流程驱动的功能。开展计算流程设计规范、流程可视化设计技术、界面可视化配置技术、热插拔式组件构建技术、流程模板复用技术等相关研究,研发出可视化流程设计器、可视化表单设计器、配置化数据解析/映射/转换适配器等配套模块。这些模块可提供计算流程定义、流程节点程序绑定、配置化界面自动渲染等功能,同时构建了一个可自主设计、敏捷开发、按需复用的计算流程设计研发环境。

通过建立灵活的数据提取及后处理组件,系统可提供计算结果的对外输出集成接口。针对各专业数据处理需求,数据提取工具应具备配置数据提取规则(如指定提取数据名称和提取数据内容)、能够提取单值或数组数据,应用同一提取规则提取不同的 log 文件数据,以及对提取的数据进行二次处理,如再次提取、拆分、合并、查找最值等。同时,数据后处理工具也应提供自动加载所连接的数据提取模块提供的参数、用户自定参数,对参数进行四则运算、自然对数、乘幂、矩阵乘、矩阵加、矩阵转置、矩阵合并、矩阵索引、矩阵跨行跨列提取、取最值运算、逻辑运算、取整计算、相对偏差计算、合成表、价值计算、逻辑计算等功能。

规范结构化参数管理与标准化接口可为各专业提供统一规范的数据接口,打破各功能模块之间的数据壁垒,可解决模块间数据获取、流转等方面存在的痛点问题。根据不同专业特点,分别实现专业内的流程贯通。再依托基于模型驱动及数据驱动的数据管理,实现跨专业的流程贯通。基于以上工作可完成流程搭建,实现计算流程的自动运行与协同计算,但仅能做到数据传递,尚无法进行数据管理,容易出现数据来源难以追溯、数据使用不一定为最新版本等问题,因此还需就保障计算质量开展相应工作。

为解决该问题,需开展计算结果数据管理规范研究,可通过参数池进行数据管理。参数池是以数据项为基本元素,以用户实际数据使用的需求为导向,通过不同维度建立的数据集合。参数池的功能应用主要包括参数池分类、参数池引用、参数池监控、数据增删改查、数据对比、数据分析、约束校验、数据追溯、数据谱系、数据标签、数据版本等。参数池分类以数据实际使用场景为导向,按照不同维度分别建立参数池,同一数据项允许出现在不同参数池中。

数据引用支持计算模块通过数据接口引用参数池内数据,用于计算模块的数据准备,以支持计算模块的执行。参数池的数据引用功能使得计算模块之间可不必直接进行数据传递,降低因计算模块数据格式多样或数据格式改变引起的计算流程维护难度。系统支持对计算流程作业中传递到参数池的数据进行监控,并能够对流入参数池的数据进行约束校验和预警。数据对比即对具有可比性的数据进行比较,能直观地看出数据在不同阶段或不同版本中的差异。数据分析接口能够为数据质量分析、数据关联分析和统计分析等数据分析工具提供接口服务,以便数据分析工具读取数据,开展分析工作。数据追溯的数据信息包括数据标记、数据修改人员信息、修改时间、数据处理来源(任务)、数据操作类型(插入、更新、删除)等。对于以上数据追溯信息的管理主要是数据追溯查询,包括各类型的查询方式:范围查询、操作类型查询、指定查询、数值查询。用户可选择上述几个查询方式进行组合查询,从而获得准确的数据信息。数据谱系管理旨在将数据的来源、处理、应用等在工程应用过程中展示,从而直观地追踪数据的使用过程,形成数据的演化,生成数据追踪表。偏向于数据演变过程的追踪,同时考虑在追踪过程中保证数据关联的完整性。数据标签能够以多维度分别对数据实体进行刻画,用于较为全面地反映数据特征。数据版本管理充分考虑各专业不同的数据特色,满足不同专业在不同时期建模版本的可管理性。内容更改需要进行权限控制,并通过时间线记录。

结合参数池与流程搭建,根据各专业特点实现计算流程的贯通,可有效实现跨专业计算协同。这一模式满足了核反应堆多专业设计特点的全流程在线的协同设计模式,实现了设计环节从低效串行向高效并行的转变,从而支持了核反应堆高效、高质量的设计研发。

5.2　反应堆三维结构协同设计

在核反应堆系统的结构设计过程中,由于数字化、协同化与集成化程度相对较低,总体结构设计优化设计能力不足,导致在设计阶段缺乏高效、完整的设计方案评估和验证手段。鉴于核反应堆设计中机型多样、多专业交叉、接口复杂,且任务多、工期短,传统的基于文档的设计形式已难以满足设计要求。因此,为提高设计质量、提高设计效率、加强多专业协同,业内开展以"三维模型"为主数据的反应堆结构三维协同设计技术研究,获得反应堆结构设计的新方法、新手段,以"模型"为语言,实现反应堆结构专业内、外沟通"0"障碍。基于三维协同的信息化技术,建立反应堆结构三维协同设计平台,打通专业内部的数据流、业务流,并实现与力学、热工水力、物理等专业的外部协同,同时探索反应堆结构全生命周期数据的管理模式,为大数据管理、人工智能、知识工程等应用打下基础。从而提高反应堆结构设计能力,进一步提高反应堆结构综合性能。

5.2.1　反应堆结构设计综述

反应堆结构复杂,包含反应堆压力容器、反应堆压力容器辐照监督管、反应堆压力容器保温层、控制棒驱动机构、反应堆堆顶结构、堆内构件、反应堆支承等;所涉及专业则有反应堆结构总体设计、反应堆压力容器设计、换料工艺及专用设备设计、控制棒驱动机构设计、堆内构件设计等。反应堆结构设计专业内部接口复杂,同时与堆芯物理、冷却剂系统、核仪器仪表、燃料组件、热工水力、力学分析等专业具有大量外部接口。

1) 传统的反应堆结构设计

传统上,反应堆结构设计专业主要以二维设计为主,兼顾少量三维设计。

主要不足之处如下：设计效率较低，容易出错，设计校验难度大，总体设计难度大，项目进展不易控制等。

反应堆结构设计内、外部协同主要依靠接口单、联系单等表单形式。主要不足之处为效率低，流程长，表述不直观，难以保证表单内容的时效性等。

鉴于目前反应堆结构设计专业的现状，通过数字反应堆平台实现反应堆三维结构协同设计，主要包含反应堆三维结构设计功能、反应堆结构协同设计功能、反应堆结构设计管理功能。

2）国内外研究现状调研

（1）三维CAD技术发展历程：迄今为止，三维计算机辅助设计（computer aided design，CAD）技术理论已经发生了四次革命性的变化。第一次CAD技术革命是曲面造型系统的产生，它是一种根据贝塞尔算法开发出的以表面模型为特点的自由曲面建模方法，以法国的达索（Dassault）飞机制造公司推出的CATIA为标志。从此，CAD技术从单纯模仿三视图模式转向用计算机完整描述零件的主要信息，也使得计算机辅助制造（computer aided manufacturing，CAM）技术的开发有了现实基础。第二次CAD技术革命是实体造型技术，该技术能够精确表达零件的全部属性，如质量、重心、惯性矩等，比曲面造型系统更有利于CAD/计算机辅助工程（computer aided engineering，CAE）一体化的实现。这一技术以SDRC公司（Structural Dynamics Research Corp.）推出的I-DEAS为标志。第三次CAD技术革命是参数化技术，该技术建立在实体造型技术的基础上，主要特点是基于特征、全尺寸约束、全数据相关，以实现尺寸驱动零件设计修改，以PTC公司（Parametric Technology Corp.）推出的Pro/E为标志。第四次CAD技术革命是变量化技术。该技术以参数化技术为蓝本，解决了参数化技术中全尺寸约束带来的不利之处，它的成功应用为CAD技术的发展提供了更大的空间和机遇，该阶段以SDRC公司推出的IDEAS Master Series软件系列为标志[1]。

（2）三维协同设计研究现状：目前，三维协同设计的研究主要从三个方面展开。以里海大学、麻省理工学院的教授为代表的学院派进行前瞻性研究，主要研究设计的思想、协作模式与工作机制，设计平台的体系架构和功能需要；SolidWorks、NX、PRO/E等软件公司从事设计工具的研究，包括CAD/CAM/CAE/产品数据管理（product data management，PDM）软件系统的开发、网络通信技术的开发等；波音公司、福特公司等顶尖制造企业致力于三维协同设计应用研究，多有跨地域、多组织的协同设计实践[2]。因此，国外从高校到软件公司再到制造企业三位一体形成了成熟的科研和实践模式,具有较高的成熟度。

我国也在协同技术方面做了大量研究。早在 1998 年 12 月,第一届全国计算机支持的协同工作(Computer Surpported Cooperative Work,CSCW)学术会议便在北京召开,至今我国在协同设计领域开展了较多的研究工作,并初步取得了一些研究成果。清华大学、中国科学院计算技术研究所 CAD 开放实验室、浙江大学 CAD 重点实验室[3]、南京理工大学计算机集成制造系统(Computer Integrated Manufacture System,CIMS)研究所[4]、西北工业大学现代设计与集成制造实验室[5]等多家单位均在三维协同设计领域进行了相关研究[6]。

中国核动力研究设计院根据反应堆三维结构协同设计的需求,结合反应堆结构设计领域的工程实践经验,基于国际主流三维建模软件及 PLM 管理工具,完成反应堆三维结构协同设计基础功能模块的定制开发,建立多学科数字化协同设计平台任务管理和驱动下的三维结构协同设计流程。该院以跨维度设计能力提升为目标,坚持单一数据源设计模式和理念,通过对一系列关键的数字化技术的研究和突破,研发出功能相对齐全的基于统一模型驱动的反应堆结构协同设计子系统,具备三维结构协同设计、三维模型和二维工程图校审、基于模型-文档动态关联的单一数据源设计模式等功能。

5.2.2　从结构设计到力学分析

基于同一数据源,打通设计上下游之间的数据流转接口,有助于减少人因差错,提高数据重复利用率,促进结构、仿真等专业之间的资源共享和信息的充分流动,实现模型驱动的设计仿真高效协同研发模式。

在核级设备的结构设计分析中,设计过程通常在二维 CAD 软件或三维结构设计软件中进行,而对设备的力学分析则采用专业力学分析软件进行。由于设备的设计分析模型与力学分析模型之间无法进行实时同步,在传统技术方案中,设计人员以二维 CAD 图纸或三维结构设计模型为中间介质进行信息传递。力学分析工程师需要根据输入的结构信息手动建立力学分析软件的力学分析流程,从而开展设备结构的力学计算与评定,并将结果手动反馈给结构设计方,最后进行设备结构的修改与优化。此信息传递流程效率较低,力学分析工程师的工作量大、步骤多,并且分析结果受输入影响显著。一旦结构设计发生变化,力学分析工作可能需要重复整个流程,导致效率较低且容易出错。

通过建立核级设备三维结构协同分析平台,力学分析工程师可以在三维结构设计软件中直接提取设备结构的几何模型,并对模型进行分拆、画网格、设置边界条件等操作,然后将模型直接转换为力学分析软件的计算输入文件,力学分析工程师只需根据计算输入文件进行加载,进而设置载荷、求解器及评价规范等参数就可以实现设备力学分析,并给出分析评价结果。

不同软件间的接口开发,为核级设备结构设计与力学分析的协同研发模式提供了基础条件。这一举措不仅可以提升设计分析迭代效率,而且能够有效减少信息传递中人为差错的出现,从而显著提升分析质量。

5.3 工艺系统协同设计

反应堆工艺系统协同设计主要包括工艺系统设计、设备设计、布置设计,具有对象繁多、流程复杂、接口多样、多专业交叉等特点。当前的设计过程比较传统,存在多专业间协同设计程度不高、并行工作能力不强、各专业间的数据接口集成度不高、设计过程管理难度较大等不足,严重制约了系统研究设计周期、费用及质量控制的优化。

为满足对系统进行快速、高效及优化设计的要求,我们需要开展反应堆工艺系统协同设计,以实现多专业研发设计环节资源、数据及文件的集成管理,促进专业间信息及时共享和高效传递,并开展反应堆工艺系统精细化数字化设计,发展布置设计与系统、力学等专业分析软件的数据交换技术,以实现各专业间复杂接口的高效流转。

5.3.1 工艺系统协同设计综述

协同设计工作贯穿于系统设计研发的全过程,其主要工作内容包括设计流程有序迭代,设计接口规范传递,设计数据统一管理,任务流程合理配置等。协同设计的一般方法包括:建立数字化的协同设计平台,以满足协同工作需要的任务流程,针对需要多专业、多人员共同完成的设计工作,建立专门的流程,以推动协同工作的顺利开展,提高相关工作的执行效率;建立模板化的多专业协同设计工作流,以模型为核心,驱动多专业的设计工作有序开展,提升各专业间的设计迭代效能,及时发现并处理设计工作中的"弱点""滞点"及"盲点",从而推动设计工作的顺利完成;建立工艺系统设计数据池,涵盖数据表单、系统流程图、三维布置模型及技术文档,供各专业快速查阅和使用,促进专业间设计信息的及时共享和统一管理,进而有效提升设计质量。

协同设计平台主要解决以下四个问题。

(1) 文本化接口传递问题:在目前设计中,上下游设计专业之间的接口信息传递主要依靠邮件、联系单等方式。设计信息传递时,设计人员通常需要将接口信息转化为文字记录的文本形式,并通过质保程序后再进行发送。然而,这种方式时常出现信息传递缺失及不同专业间理解不一致等问题,因此希望构建相对统一的信息载体,用于存储各个专业的设计接口与设计结果,实现信息接口的直接读取,从而保证接口信息的正确性。

(2) 设计技术状态一致性问题:在现有的设计、论证工作中,技术状态处于快速变化中,不同专业之间常出现对应技术状态不统一的问题。在目前分布式的开发环境中,不同的专业通过交换设计接口或工作纪要确定技术状态,这种方式存在一定的滞后性。

(3) 三维模型查看与校审:通过构建统一的设计平台,可以实时知悉开发过程中每一个工艺系统的技术状态,实现设计接口的即时传递,减少设计迭代,提升设计效率。

(4) 设计软件工具完善与开发:在目前的设计工作中,部分设计软件功能不满足设计工作的要求,为进一步提升工艺设计系统中的计算机辅助水平,应减少设计人员的重复工作,提升设计效率。

工艺系统设计是以实现某一特定功能为目标,对运行过程中的物理状态参数、设备、泵、阀参数及空间分布进行细化。

基于上述需求及对设计流程的梳理,完成对工艺协同系统框架的搭建,其主要功能模块可分为以下内容。

(1) 协同设计流程模块:定义模板化的多专业协同设计工作流,以模型和数据表单为核心,驱动多专业的设计工作有序开展,减少无序混乱的设计迭代,提升各专业间的设计迭代效能,及时暴露设计的"弱点""滞点"及"盲点",有力推动设计工作的完成。

依托工艺协同设计平台建立满足协同工作需要的任务流程,对需要多专业、多人员共同完成的设计工作建立有针对性的流程,有力推动协同工作的开展,提高相关工作的执行效率。

(2) 平台系统模块:作为平台级设计系统,协同设计系统拥有统一的工作界面、用户管理系统,并且拥有门户界面、消息通知功能,能帮助设计人员在日常工作中快速确定自己的工作内容和工作流程。

(3) 设计导航栏模块:构建以智能流程图为核心的设计导航模块,将工艺系统设计信息进行串联,依托设计导航模块,在协同设计平台上完成系统设计、布置设计等工作(设备、泵阀、支撑等结构设计工作在结构协同设计平台中开展),实现设计导航模板开发、基于设计导航的设计流程驱动、文件共同编辑功能。

(4) 数据管理模块:工艺协同设计子系统将对在运行过程中产生的设计数据与过程数据进行分类和管理,其功能包括文档存储与版本管理、三维数据管理、查询与浏览。

(5) 软件工具模块:在工艺协同设计平台设计过程中,使用的软件均由资源管理平台进行集成,工艺协同设计平台调用由资源平台提供的软件接口,将获取到的软件名及软件图标显示在首页软件工具入口处,方便用户快速调用各类软件资源。

(6) 三维校审模块:在工艺协同设计平台中实现对三维模型设计结果进行校审与展示,可以进行范围批注,也可以对特定的零部件进行批注。

以上各功能模块结合起来,可以实现对工艺系统协同设计需求。

5.3.2 基于系统流程图的系统协同设计

传统的系统设计过程中,由于缺少高效集成的设计信息管理工具,主要依靠设计人员自行编制系统接口、设备、管道、阀门、测量、供电等设计结果信息表单,用于上下游专业的接口信息交换及设备采购等,一方面容易出现信息差错或信息同设计状态不一致等问题,另一方面相关信息表单的编制工作也较为耗时耗力。

基于系统流程图的系统协同设计应运而生,基于CAD软件可开发形成适合核电行业的工艺系统流程图(PID)绘制工具。通过将系统流程图中的部件属性与设计信息数据关联,将不含设备信息的传统流程图图形文件扩展至可承载系统设计结果信息的流程图工具载体,以此实现系统管道、阀门、设备的数据集成管理,管道清单、阀门清单等文件的自动生成,以及系统设计接口数据的高效传递。此外,基于系统流程图工具载体,可进一步实现系统设计、布置设计、系统分析等软件间模型数据的快速传递,实施二维/三维设计协作和相互校验,以提升设计效率和设计质量。

1) 基于系统流程图的接口传递

基于系统流程图的系统协同设计为接口传递提供了一个集中的信息载体平台。这个流程图由各类元件(接口、设备、泵阀、管道、管件等)要素组成,每个元件可赋予各类属性,即设计信息数据。这样,流程图就集成了工艺、设备、泵阀、布置、流体计算等主要接口信息。基于这一流程图的接口传递主要通过两种方式实现:一是利用接口信息表单进行传递,二是通过软件数据接口进行传递。

在接口信息表单传递方面,通过流程图可自动生成标准规范的设计接口信息数据表单,用于接口信息传递,具体过程如图 5-8 所示。

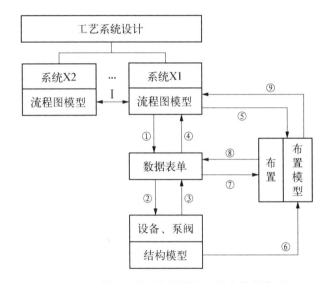

图 5-8　基于系统流程图的接口信息数据传递

在软件数据接口传递方面,系统流程图可通过专门的接口与系统流网分析软件进行双向信息交互。系统流程图中流程、阀门、设备及管道附件等信息可自动推送至系统分析软件,实现计算模型自动建立,完成计算初始条件自动设置。同时,系统分析软件计算结果信息也可关联系统流程图,在系统流程图中即能查询管段、管附件的压降、流速、流量等信息,从而实现高效设计分析建模,提升设计效率。此外,系统流程图也可通过专门接口快速获取布置结果信息,布置设计软件提取的管道布置信息(弯头数量、管道长度、管道起止点高度、设备、阀门、仪表接管等部件具体坐标)也可推送至系统流程图,以此实现高效的工艺-布置设计迭代。

2）基于系统流程图的协同设计流程

以反应堆冷却剂系统设计为例，基于系统流程图的协同设计典型流程步骤说明如下。

（1）从总体获取反应堆冷却剂系统设计所需的设计输入。

（2）系统设计人员通过获取的设计输入，开展系统设计工作：① 绘制系统流程图，填写各设备的设备标注、物项分级信息、专用性能参数、通用性能参数、接口信息等；② 结合经验初步估算局部阻力及沿程阻力，开展系统初步设计计算分析；③ 通过系统流程图软件生成各设备参数信息表单，将各设备参数信息表单传递给蒸汽发生器、主泵、主管道设计人员。

（3）蒸汽发生器、主泵、阀门及主管道等设备设计人员获取设备设计输入，开展设备设计：① 确认上游设计输入；② 在系统流程图中反馈设备参数信息表单，补充设备重量、重心等布置输入信息、设备设计结果信息等；③ 建立设备三维结构模型，将设备三维模型通过子系统传递给布置设计人员。

（4）系统设计人员获得各设备设计人员反馈的设备信息（设备参数信息表），校核系统设计：① 确认各设备设计结果反馈信息；② 根据各设备反馈的设备表单信息，更新系统流程图，利用系统流程图自动生成系统分析模型，开展系统校核分析；③ 在系统流程图中补充设备参数信息表单中的用电信息、控制信息等；④ 将系统流程图传递给布置设计人员。

（5）布置设计人员获取三维布置模型、系统流程图及附带的各设备参数信息表（Excel），开展布置设计：① 确认系统及各设备提供的设计输入信息；② 利用系统流程图自动生成初步的系统三维布置模型，完成系统布置设计；③ 在系统流程图中补充反馈设备参数信息表单中的布置信息等；④ 通过三维布置模型提取物料信息和通用的管道信息，实施管道三维模型与系统二维流程信息的一致性校验。

（6）系统设计人员获取布置的反馈，固化系统设计：① 确认布置设计反馈信息；② 根据布置反馈的设备表单信息，更新系统流程图；③ 通过系统流程图重新生成各表单信息，对系统设计进行状态固化和数据归档。

5.3.3　三维布置协同设计

布置设计是复杂的系统工程，对于大型核电工程，布置设计由多专业、多设计人员共同协作完成。

当布置设计人员登录工艺系统协同设计平台时,平台会自动推送以下与项目相关的信息:工作任务包;项目相关管理程序文件;法规、标准等;项目接口手册;文件清单;进度计划及设计输入总体性文件(系统功能、设计温度、压力、流量,设备寿命等);上游设计输入文件(系统流程图、土建结构作业图、设备外形图、管线清单、阀门外形图、管道保温设计要求、管道、管件标准手册及非标管件图、标准支吊架手册等)。

接收到这些信息后,布置设计人员可以使用布置专业相关的应用软件进行工作。这些应用软件包括:PDMS 软件,用于三维布置设计;PID 软件,用于二维绘图。

下面以稳压器安全阀排放管线布置设计为例,具体说明布置设计的多专业协同流程。布置设计的设计输入来自项目部、系统专业、设备专业、泵阀专业及外单位的文件及图纸(系统流程图、土建结构作业图、设备外形图、管线清单、阀门外形图、管道保温设计要求、管道、管件标准手册及非标管件图、标准支吊架手册等),在三维设计软件中进行稳压器、卸压箱建模及定位,排放管线及相关支吊架设计建模,通过接口软件把排放管道的三维模型传递给热工专业的计算软件,用于排放载荷计算,计算的排放载荷曲线传递给力学专业。同时,通过三维设计软件与支吊架分析软件接口软件,在三维设计软件中输出中间文件(包含管道支吊架的三维结构信息及材料属性等),传递给力学专业的支吊架分析软件,用于支吊架强度计算,通过三维设计软件与管道力学软件接口软件输出中间文件(包含管道布置的三维几何信息及系统参数、材料特性、保温参数等),传递给管道力学分析软件,用于管道力学分析评价。力学专业把计算分析结果及不满足评价准则部分的修改建议反馈给布置专业,修改管道布置,如此迭代,直到满足要求。

5.3.4 基于模型的接口传递

目前,系统管网计算分析主要依靠人工建模,由于系统管网较为复杂,涵盖的设备、管道、管件及布置相关信息量极大,建模工作较为繁重,也存在出现差错的风险。通过流程图工具功能的扩展,系统流程图上已承载了绝大部分计算建模所需数据,可通过系统流程图与系统流网分析软件之间的双向接口,提升设计分析效率,确保建模设计输入的准确性。

一方面,将系统流程图中流程、阀门、设备及管道附件等部件的计算分析相关的设计数据信息(如类型、尺寸、长度、标高等),通过特定数据接口,转化成可由系统流网分析软件读入并使用的数据结构类型,实现系统计算模型的自动构建和初始条件的自动设置。另一方面,将系统流网分析软件计算结果信息(如阻力、温度、流速等)通过特定数据接口,转化成可由系统流程图读入并使用的数据结构类型,使得系统流程图上可快速查阅、呈现计算结果信息。

以系统流程图与 Flowmaster 软件为例,可通过 *.pcf 中间格式文件实现两个软件模型的数据传递。

总的来说,根据工艺系统协同设计的需求,结合反应堆工艺系统设计的工程实践经验,基于工艺系统设计规范及协同规范,完成反应堆工艺系统协同设计平台的定制开发,建立多学科数字化协同设计平台,实现多专业研发设计环节资源、数据及文件的集成管理,促进专业间信息及时共享和高效传递,实现各专业间复杂接口的高效流转。在现有体系下实现对设计过程有效性、正确性的管控,实现对反应堆系统关键设备、系统、布置的综合协同设计审查、决策的能力,可快速对设计结果进行验证、改进和优化,以缩短研发周期、降低研发成本、减小研发风险。

5.3.5　从管道布置到力学分析

在核级管道设计分析中,设计过程主要在三维布置软件(PDMS)中进行,结构安全仿真分析则采用专用分析软件如 PEPS 和 GTSTUDL 进行。由于管道结构模型与结构安全分析模型之间无法进行实时同步,在传统的技术方案中,设计人员以二维 CAD 图纸为中间介质进行信息传递,布置专业工程师首先将三维管道布置软件 PDMS 中的管道模型提取为 CAD 图纸,然后将图纸提交给管道力学分析工程师,力学分析工程师根据 CAD 图纸手动建立分析软件 PEPS 的力学分析,最后进行管道力学计算与评定,并将计算结果反馈给管道布置方,进行管道布置优化与修改。此信息传递流程效率较低,布置专业工程师和力学分析工程师的工作量大,并且容易出现人因差错。

通过开发针对三维管道布置软件 PDMS 的接口模型转换程序,设计人员可以直接在 PDMS 软件中提取管道几何模型,并对模型进行分拆、设置解耦点、施加约束等操作,然后将模型直接转换为管道计算软件 PEPS 所需的输入文件格式(如 *.fre 文件)。力学分析工程师根据 *.fre 文件只需进行加载、设置载荷组合及评价规范等参数,就可以进行管道力学分析,给出管道布置的评价结果。

总之,程序间接口的开发,为三维管道布置与管道力学分析的协同设计与分析提供了基础条件,不仅可以加快结构设计与仿真分析之间的迭代,而且节省了管道布置与力学分析的工作量,提升了分析质量。

5.4　仪控系统协同设计

随着复杂系统产品的发展,仪控设备呈现小型化、集成化和多专业融合等趋势,技术要求与难度不断提高,研发周期不断缩短,并且面临激烈竞争。产品在应用需求、系统集成度、复杂度等多个维度都呈现较大的变化,仅通过局部改进和优化已难以满足要求。为了又好又快地设计出满足用户需求、具有竞争力的产品,除在专业知识领域内努力外,还需要结合数字化、信息化的手段,提升协同设计研发创新能力。

5.4.1　仪控设计的现状与挑战

传统的仪控设计手段的主要不足之处在于以下几个方面。

(1)沟通交流不畅。

在协同与沟通层面,目前产品研发的组织模式多以专业进行划分,在产品研发过程中,涉及各个专业间的协同与协作。随着系统复杂度的提升,协同协作、快速敏捷、持续迭代的模式,给基于专业的传统组织模式带来了冲击。协同过程中阻碍明显,层层关卡、处处碰壁,严重制约着产品协同的效率。

(2)表意模糊分歧多。

目前,专业间传递信息主要依靠设计文档、任务书等文档模式,但此种文档协同模式也逐渐暴露出其局限性,难以满足高度并行的协同研发需要,主要体现如下:设计信息不够直观、文字理解存在差异、关联信息难以保持一致、信息追溯不够连贯、经验知识难以复用、文档交互时效差。随着信息化、数字化的不断发展,通过应用模型对产品进行定义成为解决上述问题的有效手段。但因各类专业语言间的语法不同、产品定义的维度不一致,在协同沟通层面依然存在以下问题:沟通模型语言差异大,专业间理解不统一;专业模型仅在专业内部使用,异构模型难以集成应用,从而难以对产品进行综合评估;在定义接口时,不同模型语言的表达方式难以统一;等等。

(3)信息传递断点多。

在系统工程模型中需求与系统缺乏有效关联;建模与仿真缺乏数据传递

手段,重复建模;系统设计与详细设计脱节,缺乏信息传递与指导;建模与文档无关联,设计人员重复劳动,效率低;功能建模与试验验证无关联,功能评估的偏差大;与供应商依然采用文件传递数据,缺乏模型传递标准与业务定义。因此,在系统工程各产品层级的研发过程中,信息传递存在断带,信息一致性、完整性、有效性难以得到保障,上下游协同难以基于统一的上下文环境进行沟通。

基于模型的仪控方案协同设计和仪控多专业详细设计仿真协同系统,正是针对上述问题与挑战而提出的,旨在构建覆盖反应堆仪控全生命周期各阶段、各业务环节的数字化定义和分析方法,使得基于模型的数字信息在各个业务环节之间流畅传递。

5.4.2　基于模型的仪控方案协同设计

基于模型的仪控方案协同设计业务流程是根据当前仪控方案设计业务的流程,并结合基于模型的系统工程方法论而提出的,如图 5-9 所示。该流程采用统一的系统架构建模语言,从仪控物理、功能性能、应用场景等需求出发,逐层开展功能逻辑架构设计、物理架构设计,将需求指标逐层分配给系统-分系统-模块,形成需求、功能、逻辑、物理各模型间的关联约束。

仪控总体通过系统架构建模工具和机械建模工具间的集成接口,将系统物理架构模型中的物理组成和相关结构设计约束传递给机械设计工具。机械设计人员基于约束进行详细的物理安装模型详细设计。该流程建立了架构模型和物理安装模型之间的关联,便于将来开展机械变更影响分析。

在系统-分系统-模块方案设计过程中,仪控总体完成了对各层级产品物理架构的建模,定义了初步的方案组成及各组成间的接口关系。在各层级产品详细设计阶段,电气设计人员根据仪控总体定义的组成关系进行电气详细设计,明确接口类型、走线形式和电缆类型。

仪控总体在进行各层级产品架构分析建模过程中,明确软件相关的功能及模块,并明确与硬件模块间的接口数据/控制关系。软件设计人员通过集成接口从系统逻辑功能架构模型中获取软件相关的需求、功能、逻辑信息,再进行软件的详细设计与代码实现。该流程在模型树上建立逻辑功能架构模型和软件模型间的关联关系,可以满足未来软件变更的影响分析。

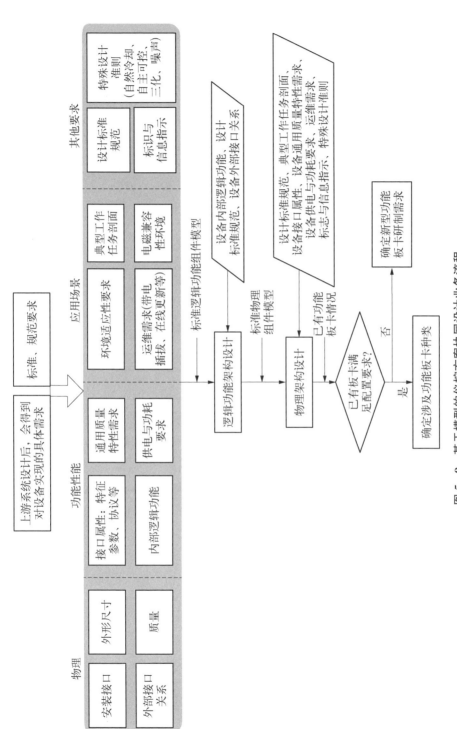

图 5 - 9　基于模型的仪控方案协同设计业务流程

5.4.3 仪控多专业详细设计仿真协同

仪控详细设计涉及多个专业,包括电路、工艺、电气、软件、结构等,在这个设计层面,也存在专业间协同的需求。为了保证研发流程中能够顺利地重复使用各工具软件的数据,制订软件之间的数据沟通格式,协同设计接口,使业务能够快速高效地运转起来,比如结构与电路基于模型协同、结构与工艺基于模型协同、电气与结构基于模型协同等。这些协同过程与实际业务流程紧密相关,基于流程,配合软件集成和数据交换功能开发,使设计人员的设计工作和模型快速流转,在设计端显著提高仪控详细设计人员的工作效率。

设计与仿真间的协同涉及产品的不同层级,在各层级间需要基于典型的业务需求进行设计仿真协同模式的构建。一般有三类典型的设计仿真协同模式。

(1)基于标准模型接口协同:目前,业界有多种模型标准交换接口协同模式,主流的模式为基于 FMI 标准功能模型交换接口的联合仿真与基于 STEP 中间模型设计仿真模型交换。

(2)设计仿真过程实时信息交互:此种模式主要用于设计仿真过程信息并发交互,例如雷达信号链路的仿真,需要对雷达信号的发射、接收过程进行实时状态监控,接收到信号后会触发对信号进行实时处理,整个信号链路分析过程都涉及仿真工具间的并行协同,需要通过 Socket 打通的方式,保障工具间的即时通信。

(3)基于业务需求进行中间模型的数据交换:此种模式主要结合产品研发的业务,分析专业间的业务协同点,通过促进软件原厂商间的合作,基于用户的业务进行中间模型的定义。

总的来说,基于模型的仪控方案协同设计和多专业详细设计仿真协同系统是为了适应复杂系统产品中的仪控设计需求而构建的。该系统支持产品研发过程中多维度协同,使得不同角色人员基于统一的模型上下文环境开展设计活动,同时使得设计成果成为模型网络的一个构成部分,从而让模型成为研发知识的载体,支持产品后续的改进改型和知识重用。

参考文献

[1] 源清,肖文.温故知新 更上层楼(一):CAD 技术发展历程概览[J].计算机辅助设计与制造,1998(1):3-6.

［2］　李伟林.基于三维 CAD 与 FDM 的产品协同设计技术研究[D].长沙：湖南师范大学,2012.

［3］　何发智,高曙明,王少梅,等.基于 CSCW 的 CAD 系统协作支持技术与支持工具的研究[J].计算机辅助设计与图形学学报,2002(2)：163－167.

［4］　张友良,汪惠芬.异地协同设计制造关键技术及系统实现[J].工程设计,2002(2)：53－59.

［5］　陈泽峰.产品协同设计工具集的研究和开发[D].西安：西北工业大学,2004.

［6］　刘璇.面向三维造型软件的协同设计系统研究[D].天津：河北工业大学,2006.

第6章

先进建模与仿真

基于反应堆基础理论和通用技术的发展,以及核反应堆试验及运行数据的长期积累,通过高精度数值模拟方式可真实呈现核反应堆特性,提高对核反应堆多物理场耦合和时空多尺度耦合等复杂物理行为的认知。本章重点结合核反应堆专业特点对先进建模与仿真技术展开讨论。

6.1 反应堆物理计算

中子诱发燃料原子核裂变,裂变前后有质量亏损,按照爱因斯坦质能方程释放相应能量。核反应堆堆芯功率分布及变化等行为是由堆芯内中子的空间、能量、时间分布决定的。因此,反应堆物理计算的核心问题就集中在准确预测这些中子的分布状态上。

6.1.1 中子输运

反应堆里中子与原子核相互作用的类型包括散射和吸收两大类,其中散射可分为弹性散射和非弹性散射两种,吸收则可分为辐射俘获、核裂变等多种反应。中子-原子核反应的机理属于核物理的学科范畴,还没有最终研究清楚核子之间相互作用的途径和形式等,即使核力问题将来能解决好,直接利用它来计算核反应还面临另一个难以求解的问题,即量子力学的多体问题[1]。目前,各种能量的中子与各种物质的原子核相互作用的核反应和有关参数的期望值(统属于核数据)主要来源于实验测量,对一些空缺的能域或元素则利用含参量的唯象模型计算或内插方法来填补。核数据的不确定性已成为影响反应堆物理计算结果不确定性的重要因素。

中子在介质中迁移时,可通过在一个无穷小的体积、方向和能量元中建立

中子守恒关系,推导出中子输运方程:

$$\frac{1}{v} \cdot \frac{\partial \phi(\boldsymbol{r}, E, \boldsymbol{\Omega}, t)}{\partial t} + \boldsymbol{\Omega} \cdot \nabla \phi(\boldsymbol{r}, E, \boldsymbol{\Omega}, t) + \Sigma_t(\boldsymbol{r}, E) \phi(\boldsymbol{r}, E, \boldsymbol{\Omega}, t)$$

$$= \int_0^\infty \int_{\boldsymbol{\Omega}'} \Sigma_s(\boldsymbol{r}, E') f(\boldsymbol{r}; E' \rightarrow E, \boldsymbol{\Omega}' \rightarrow \boldsymbol{\Omega}) \phi(\boldsymbol{r}, E', \boldsymbol{\Omega}', t) \mathrm{d}\boldsymbol{\Omega}' \mathrm{d}E' +$$

$$\frac{1}{4\pi} \chi(E) \int_0^\infty \int_{\boldsymbol{\Omega}'} \nu(E') \Sigma_f(\boldsymbol{r}, E') \phi(\boldsymbol{r}, E', \boldsymbol{\Omega}', t) \mathrm{d}\boldsymbol{\Omega}' \mathrm{d}E' +$$

$$s(\boldsymbol{r}, E, \boldsymbol{\Omega}, t) \tag{6-1}$$

式中:r 是位置;E 是能量;$\boldsymbol{\Omega}$ 是方向;t 是时间;v 是速度;ϕ 是中子角通量密度;Σ_t 是宏观总截面;Σ_s 是宏观散射截面;f 是散射函数;χ 是裂变中子能谱;ν 是单次裂变产生的平均中子数;Σ_f 是宏观裂变截面;方程左边第一项表示中子数密度对时间的变化率;左边第二项表示泄漏率;左边第三项表示移出率,右边第一项表示由散射引起的产生率;右边第二项表示由裂变引起的产生率;右边第三项表示由外源引起的产生率(即外源强度)。输运理论是非平衡统计力学中在运动论层次用单粒子分布函数来描述系统状态的数学理论,比运动论层次更简化的方式是流体动力学层次,对于中子对应导出的是中子扩散方程(在边界和强吸收体附近精度不足)。

输运方程是玻尔兹曼于 1872 年为描述稀薄气体中分子输运所建立的数学方程,其解的存在性和唯一性于 1910 年被数学家希尔伯特证明[2],由于该方程须考虑分子之间的碰撞,是非线性的,严格求解很困难[3]。但是,对于中子输运,通常情况在反应堆中的中子数密度不超过 10^{11} cm^{-3} 量级,而介质原子核的数密度大约是 10^{21} cm^{-3} 量级;也就是说,中子的数密度比介质原子核的数密度小了约 10 个数量级,而且中子不带电,可以忽略中子间的相互作用而只考虑中子与原子核的碰撞,因此中子输运方程是线性输运方程。尽管如此,由于该方程是一个微分-积分方程,其自变量多达 7 个(三个空间分量、一个能量变量、两个方向分量和一个时间变量),而且其积分核函数相当复杂,求解仍很不容易。

中子输运方程的数值求解有两类方法,一类为确定论方法,另一类为随机模拟(蒙特卡罗)方法,下面分别概要介绍。

对于确定论方法,考察中子输运微分-积分方程的形式。这个方程包含三个空间分量参与微分运算,可用有限差分法、有限元法、节块法(借鉴有限体积法的思路)等来进行近似处理。而方程中的一个能量变量仅参与积分运算,且中子通量密度随能的变化相当复杂(跨越数个数量级),一般用分群的方法处理,即将能量划分为若干段(群),利用相应积分等效原则确定各群的参数,再对各群求和代替对能量的积分。在方程中,还有两个方向分量参与积分运算,主要有离散纵标法和球谐函数法等处理方式,前者用一组离散方向的权重之和代替积分(比如使用高斯求积组),后者用一组完备正交的基函数(一般用球谐函数)展开并取有限阶近似(由于展开偶数阶遇到真空介质会出现奇异性,所以一般只取奇数阶)。最后,方程中还有一个时间变量参与微分运算,具体处理方法见 6.1.6 节。

早年在中子输运方程求解中曾研究过的特征线方法(method of characteristics,MOC)[4]在近十几年由于计算机硬件的发展及几何处理技术的进步受到了广泛重视,国内外陆续研发了多款计算程序,比如韩国的DeCART,美国的 MPACT 和 PROTEUS-MOC 等,国内西安交通大学的NECP-X、中国核动力研究设计院的 SHARK 等。该方法的基本思想也来自数学中求解双曲型偏微分方程的特征线方法。特征线在物理上可认为是中子飞行轨迹,从近乎无数条轨迹中离散地选出一小部分用于计算。该方法在方向处理上采用离散纵标法,然后在空间上,对于每个离散方向,它都用一系列平行射线(即特征线)来覆盖整个求解区域(见图 6-1),通过这些特征线与求解区域内各材料区的交点信息,再将中子输运方程转化为沿着某一特征线的一维常微分方程(对于稳态问题,或瞬态问题的单个时间点)。通过假设宏观总截面和源项沿特征线在每个网格内呈解析分布形式(如平分布或线性分布),推导得到该一维常微分方程的解析解形式,从而用于求得中子角通量密度在特征线上的分布,进而根据角度求积及空间体积求和,可得到各求解小区

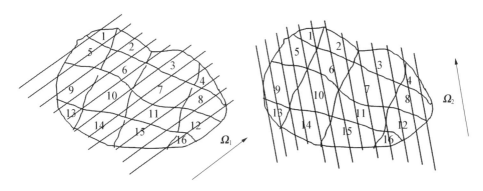

图 6-1　射线扫描示意图

域(或网格)的散射源、裂变源和中子标通量等信息。通过散射源的内迭代和裂变源的外迭代,最终完成对中子输运方程的求解。对于复杂几何中子输运问题,特征线方法比其他确定论计算方法适用性更好。

如果需要考虑热膨胀等几何变化问题,有限元方法可以更精准地处理,但比特征线方法更费机时。有限元方法可分为部分变量有限元方法(仅空间变量用有限元方法或仅角度变量用有限元方法)和全变量有限元方法(空间变量和角度变量都用有限元方法)。如式(6-1)所示的一阶中子输运方程是一个双曲型方程,不能直接使用标准的 Galerkin 有限元方法,否则会产生数值振荡现象,可采用间断有限元方法或稳定化有限元方法;把中子输运方程转换为二阶形式,变为椭圆方程,可采用标准的 Galerkin 有限元方法,而且二阶形式是自伴的,可以归结为求泛函的极值问题,计算效率相对更高,但不适用于含稀薄介质/真空问题。

然而,实际反应堆的尺度一般较大(相对于中子平均自由程而言),且几何结构和材料复杂。若精确应用上述各方法直接计算,即使利用世界上最先进的超级计算机也不可能胜任这一任务。因此,反应堆物理各种计算方法发展的核心问题在于,如何在现有计算机技术水平条件下,通过对中子输运方程进行恰当的近似和简化,并引入各种加速算法和更彻底的并行处理方法,在可接受的存储量和计算量下,尽可能地获得相对准确的结果。

加速算法是实现中子输运高效计算的必备手段。其中,思想最为简单的一类加速算法为松弛因子法或外推法。这类方法以引入松弛因子或外推系数的方式,综合相邻迭代过程中解的信息,预测迭代新值;当松弛因子或外推系数选取合适时,该技术可以起到加快迭代收敛速度的效果。这类方法实现简单,故应用广泛;但半经验性的松弛因子或外推系数选择往往影响其实际加速效果,因而此类方法常作为辅助加速技术使用。另一类加速方法为"高阶-低阶"交替法。其思想可简单归纳为将原来单纯的高阶算子求解转化为耦合的高阶算子与低阶算子的交替求解,通过高阶计算与低阶计算的相互结合,迅速消除迭代误差的高频分量与低频分量,从而达到加速迭代收敛的目的。在中子输运计算领域中,这类方法的具体实现形式有很多:有采用低阶中子扩散算子加速高阶输运的扩散综合加速收敛方法(diffusion synthetic acceleration, DSA);有采用粗网格计算加速细网格计算的粗网再平衡方法(coarse mesh rebalance, CMR);也有同时采用低阶扩散粗网加速高阶输运细网的粗网有限差分方法(coarse mesh finite difference, CMFD)及其变种方法;还有各种类型针对空间、角度、能量等变量的多重网格方法(multi-grid，MG)及其组合，均可归入此类。"高阶-低阶"交替法从数理模型出发，更贴近输运问题特性，实践中通常可以获得数倍至数十倍的加速效果，是中子输运计算效率提升的重要倚仗。除此以外，计算数学中一些先进高效的矩阵计算方法，如 Krylov 子空间法、Wielandt 变换方法等，也常用来减少中子输运方程求解过程中的矩阵运算量。

上述加速算法能够在不损失输运计算精度的前提下，实现计算效率的提升。而在特定的应用范围内，通过对输运方法模型引入适当的近似或简化，以少量的精度损失同样也可以换取效率的明显提升。以前述的 MOC 方法为例，堆芯规模的三维 MOC 输运计算是相当耗时耗力的。在实际应用中，可以通过将三维中子输运方程沿坐标轴方向积分，把三维 MOC 模型转化为相互耦合的径向二维 MOC 模型和轴向一维输运模型。这种称为二维(2D)/一维(1D)MOC 的算法具有更高的求解效率，同时兼顾了良好的精度与分辨率，已成功应用于压水堆的高保真中子输运计算中，二维/一维 MOC 算法思想如图 6-2 所示。再如，采用离散纵标法或球谐函数(SPn)法处理输运方程的方向变量，虽然精确但对于数字反应堆的堆芯规模问题计算代价巨大。而如果采用简化球谐函数的方法处理方向变量，通过将一维空间微分算子直接替换成三维空间微分算子，可将输运方程近似转化为一系列相互耦合的低阶扩散形式方程进行求解。这种简化既克服了传统角度处理方法公式复杂、计算量大的缺点，又最大限度地保留了输运计算的精度，通常被视为栅元级分辨率堆芯输运计算的高效优选方案。

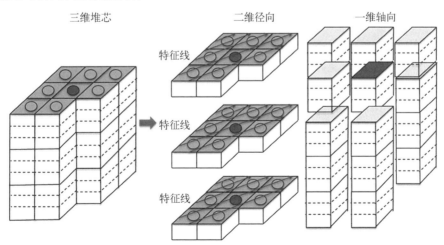

图 6-2 二维/一维 MOC 算法思想

但是不论如何在基本算法层面进行加速和改进,数字反应堆全堆芯高保真中子输运计算终究是一项内存量与计算量极度密集型的科学运算任务。因此,必须充分利用好现今快速发展的高性能计算平台。这就对并行策略及其实现技术提出了更高的要求。一方面,需要深入分析特定中子输运算法的可并行度。一般地,中子输运方程所包含的空间、角度、能量三类变量理论上均可做并行处理;特别地,对于某些具体算法,还可以提供额外的并行度,例如MOC方法中的按特征线并行。但考虑到并行计算的效率和可扩展性,应用最广泛的方案是空间区域分解、角度区域分解,以及针对 MOC 的特征线并行等。另一方面,还必须充分考虑高性能计算平台的架构体系和计算核心性能特点。对于现今普遍采用的多核化集群化超级计算机架构,MPI+OpenMP的混合并行策略应用广泛。MPI 技术用于处理分布式存储的进程级粒度并行,具有良好的可扩展性,但也需要解决通信延迟与负载平衡的问题,常用于大规模中子输运计算的空间区域分解和角度区域分解。OpenMP 技术用于处理共享式存储的线程级粒度并行,实现简单,可用于区域内部并行度如特征线的并行。进一步地,还可以利用不同计算核心的特性互补,实现中央处理器(CPU)与图形处理单元(GPU)的异构并行:CPU 重点处理逻辑控制与调度,GPU 则负责大规模的纯粹并发计算。此外,在具体实现中,还可以充分利用并行数学库、向量化操作、内存与缓存管理等技术与技巧提高运算效率,在此不再赘述。

蒙特卡罗方法属于计算数学的一个分支,也称随机模拟方法,1946 年由乌拉姆和冯·诺依曼首先在电子计算机上实现[5],用于模拟核领域的中子输运问题,目前已被广泛应用到各类科学研究和工程设计领域。在核领域,国外著名的程序包括美国的 MCNP 和 KENO、芬兰的 Serpent 等,国内有清华大学工程物理系与中国核动力研究设计院联合研制的 RMC、中国工程物理研究院的 JMCT、中国科学院的 SuperMC、西安交通大学的 MCX 等。反应堆堆芯中子输运问题的求解通常被处理为一个最大本征值的计算问题。从基本的物理图像出发,采用幂法(源迭代)求解是非常自然的选择。在给定源分布的情况下,输运问题就变成了固定源的输运问题。微分-积分形式的输运方程可以转化为等价的纯积分形式的输运方程,可以写为算子形式 $\phi = S + K\phi$,进而可以表示为诺依曼级数解的形式,$\phi = \sum_{i=0} K^i S = \sum_{i=0} \phi_i$。级数的每一项都是一个求积分问题,非常方便采用蒙特卡罗方法进行模拟,而且通过模拟一次裂变中子从产生到消失(泄漏、吸收)的过程,就完成一次考虑整个级数所有项的抽样。这一过程主要包括源抽样、飞行与碰撞过程模拟、计算结果与误差统计等关键技术环节。通过分析大量样本中子的统计学行为,获得中子通量密度、各类核反应率、系统反应性等关键物理量的数学期望,并给出与计算结果对应的统计涨落,如图 6 - 3 所示。对于最终关键物理量的统计,则常见碰撞估计法、吸收估计法、径迹长度估计法及综合估计法等;其中径迹长度估计法物理意义清晰,简单实用,在现今蒙特卡罗中子输运程序中应用最为普遍。

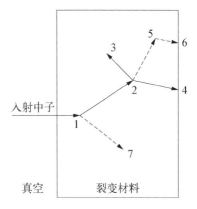

图 6 - 3　蒙特卡罗方法模拟中子输运过程的统计学行为示例

蒙特卡罗方法未引入对空间、角度、能量等关键变量的离散近似。因而,在输入参数质量有保证的前提下,这种方法理论上可以通过足够数量的粒子抽样,在不同堆型的材料、几何、中子能谱环境下,均能够获得十分精确的统计结果。

然而,单纯依靠海量中子输运过程的直接模拟总是非常低效的。尤其在数字反应堆应用领域,不仅目标堆芯规模大,而且对局部物理量的分辨率和统计精度要求也非常高。因此,在实际应用中必须采用适当的减方差技巧,以求在合理的样本数量下,获得理想的统计精度。目前可用的减方差手段也已十分丰富,常见如隐俘获、轮盘赌和分裂法、分层抽样法、偏倚抽样法等。

如前所述,蒙特卡罗程序在堆芯规模中子输运计算中遇到的首要问题就是远超出确定论程序的巨额计算代价,包括计算时间和内存消耗。好在蒙特卡罗方法具有天生的并行性,可以通过粒子并行和数据并行的方式在一定程度上解决时间和内存的问题。粒子并行通常采用空间区域分解方法;随着技术不断改进,目前基本能够达到在数千甚至上万处理器并行条件下的线性加速。数据并行通常对程序中关键的计数器数据进行分解,分散存储到不同的进程内存中,缓解压力。这些先进并行技术的应用使得蒙特卡罗程序也能够被逐步应用于数字反应堆高保真稳态甚至瞬态的输运模拟计算中。

6.1.2　微扰和广义微扰

在数学上存在共轭算子与共轭函数的概念,设有算子 A 作用于函数 ψ,同时有另一算子 A^* 作用于函数 ψ^*,若有以下内积关系成立:

$$\langle \psi^* , A\psi \rangle = \langle \psi, A^* \psi^* \rangle \tag{6-2}$$

则称 A^* 为 A 的共轭算子;ψ^* 为 ψ 的共轭函数。

将中子输运方程(6-1)的稳态形式表示为算子:

$$(L - \lambda F)\phi = M\phi \tag{6-3}$$

式中:L 为中子泄漏、吸收与散射算子;λ 为方程特征值;F 为裂变算子;M 为输运算子。

则根据共轭理论,中子输运共轭方程的形式为

$$(L^* - \lambda F^*)\phi^* = M^* \phi^* \tag{6-4}$$

式中:$*$ 表示各算子的共轭形式;中子(角)通量密度的共轭函数 ϕ^* 又称为共轭中子(角)通量密度。可以证明,共轭中子通量密度 ϕ^* 具有中子价值的物理意义,表征了临界反应堆中一个特定状态的中子在特定位置对稳定功率的贡献。

在反应堆物理领域,中子输运共轭方程及共轭中子通量密度的用途非常广泛,常见于动态参数、探测器响应、临界搜索等计算领域。同时,它们也是微扰理论这个重要研究方向的基石。

在反应堆物理实际计算分析中,时常需要确定系统对一些幅度微小但可能数量众多的扰动的响应结果。这些微小扰动可能是毒物或温度的微量变化,可能是局部很小体积内的冷却剂沸腾,也可能是人为强制引入的变化。此时,如果直接开展严格的中子输运计算虽然可以解决这一问题,但无疑是非常耗时的,尤其对数字反应堆来说。此时,可把系统的某种响应 R 表达为如下形式:

$$R = \frac{\langle \phi^* H_1 \phi \rangle}{\langle \phi^* H_2 \phi \rangle} \tag{6-5}$$

式中:H_1 与 H_2 分别为 R 的定义算子,是核反应截面的函数(例如当 R 表示有效增殖因子时,H_1 与 H_2 分别表示中子的产生率与消失率算子)。则响应 R 对扰动参数 α 的相对敏感性系数便可表达为

$$S = \frac{\mathrm{d}R/R}{\mathrm{d}\alpha/\alpha} \tag{6-6}$$

由式(6-5)和式(6-6)可知,在中子通量密度没有发生显著畸变的情况

下,仅利用扰动前系统的中子通量、共轭通量以及参数扰动值,便可快速获得具有较高精度的系统响应输出物理量。

　　然而在实际应用中,除了反应性响应可以直接用共轭通量表达并计算外,均匀化截面、归一化功率等物理量的敏感性系数往往具有更复杂的表达形式,因此经数学推导进一步引入了中子输运的广义共轭方程:

$$M^* \varGamma^* = \frac{H_1^* \phi^*}{\langle \phi^* H_1 \phi \rangle} - \frac{H_2^* \phi^*}{\langle \phi^* H_2 \phi \rangle} \qquad (6-7)$$

式中:广义共轭函数 $\varGamma^*$ 称为广义共轭通量。而利用了广义共轭通量表达复杂物理量敏感性系数的微扰理论,则称为广义微扰理论。

　　微扰理论和广义微扰理论的快速计算特性已广泛应用于敏感性与不确定度(sensitivity and uncertainty,SU)分析计算中,相对于直接数值扰动或统计学抽样方法具有明显的效率优势。

6.1.3　中子热化

　　能量较高的中子由于与原子核散射碰撞而降低速度叫作慢化,而中子和原子核之间的反应截面与中子能量(或速度)有关,因此影响反应率。在热中子反应堆中,能量低于分界能(取决于慢化剂温度等性质,压水堆约为 0.625 eV,高温气冷堆约为 2.5 eV)的中子的慢化则称为热化,因为此时中子能量与散射核的热能是可比较的,后者的热运动将使与其碰撞的中子既可能损失能量也可能获得能量。此外,如果原子核在分子内或晶体点阵内束缚,在受中子碰撞时它不能自由地反冲。最后,因为很低能量中子的德布罗意波长可与分子或晶体内核的间距相比较,所以与不同核散射的中子之间可能发生干涉。由于以上三种效应,使得热能区内中子输运方程使用的散射截面和散射函数将与散射材料的物理和化学形式及温度有关,在某些情况下还与材料相对于中子运动方向的取向有关。另外,由于束缚和干涉引起吸收的改变很小,吸收截面可以取作与自由核的相同。处理热化问题的散射核模型本身属于量子力学和固体物理的学科范畴[6]。反应堆物理计算前需根据计算对象选择恰当的散射核模型用于截面处理。

6.1.4　共振自屏

　　根据核物理理论,核反应有共振现象,即某些特定能量的入射粒子会与原子核结合形成亚稳态的复合核,当入射中子能量接近这些能量点时,反应截面急剧增大,呈现出共振峰。对于重核,通常在低能区和中能区的截面曲线上可见到这种共振现象,对于轻核一般要在比较高的能区(1 MeV 以上)才出现共振现象。图 6-4 所示为双对数坐标系下的 ^{235}U 的截面曲线,在共振能区出现一系列共振峰,在低能段尚可分辨,随着能量升高逐渐变得不可分辨。根据发生核反应的类型,共振有俘获共振、散射共振和裂变共振等。如 6.1.1 节所述,确定论方法对能量变量采用分群的离散方式,利用相应积分等效原则确定群参数,对于截面参数根据反应率等效原则采用群内中子能谱加权确定每群的谱平均截面(等效群截面)。在共振区以外的能区范围,当能群划分为数十群至数百群时,群内中子能谱与问题相关性较弱,等效多群截面可以预先使用典型能谱处理好,可在一定程度上适用于与典型能谱接近的不同问题的输运计算;但在共振区,由于截面随入射中子能量变化剧烈,群内中子能谱与问题强相关,使用典型能谱会带来非常大的误差,必须设法根据具体情况计算共振区内的各等效多群截面。

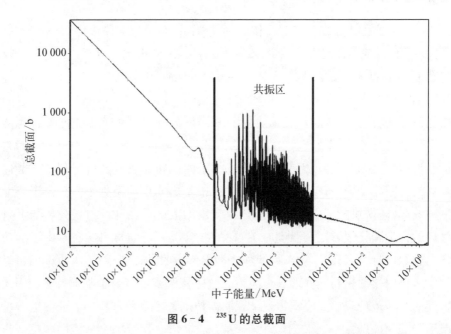

图 6-4 ^{235}U 的总截面

共振现象的微观物理规律极其复杂,受多种因素影响,但从宏观上一般可拆解为能量自屏、空间自屏/互屏、多普勒展宽、共振干涉等典型效应进行理解。首先,能量处于共振峰附近的入射中子有更大概率被共振核吸收,因此中子能谱在共振峰附近会被压制而呈现出"塌陷"的状态;共振核素的核子密度越大,能谱的整体塌陷程度越显著,但每个共振核的有效吸收反而减小,这称为能量自屏效应。再者,核燃料元件内部产生的高能裂变中子,经慢化剂减速慢化后重新穿入燃料元件,有更大概率被元件表面附近而不是元件中心附近的共振核吸收,因此相应能量区间的中子通量会呈现明显的"外高内低"形状,内部共振核的有效吸收更小,这称为空间自屏效应。此外,燃料元件所处的"环境",即燃料栅格的几何尺寸、材料布置等因素显然也可能会引发不同位置处中子吸收概率及共振能谱的显著差异,这称为空间互屏效应。然后,中子的能量是中子相对于靶核的动能;当介质温度升高导致靶核热运动能量增加时,原共振峰能量处的中子被吸收的概率就会有所减少,而原共振峰左右两侧能量的中子被吸收的概率会相对增加;这一随介质温度升高而共振峰截面峰值降低、能量跨度展宽的现象,称为多普勒展宽效应,如图 6-5 所示。这种效应可以使核燃料对温度变化具备负反馈性质,对反应堆安全的意义重大。最后,当两种或两种以上的共振核素出现在同一介质中时,共振能区内不同核素的共振峰分布彼此交错,互相干涉,无疑会改变中子发生共振核反应的概率,对共振能谱形状产生综合性影响,这称为共振干涉效应。

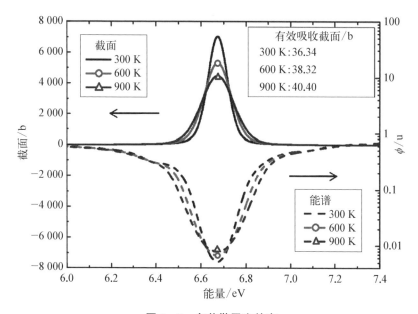

图 6-5　多普勒展宽效应

因为以上诸多因素的综合作用，所以必须采用合适的计算方法，并针对具体问题的实际情况，才能够准确估算出不同能量的中子在不同位置处与各种核素发生共振核反应的概率，即获取有效共振截面。这成为影响数字反应堆中子学数值模拟精度和适用范围的关键环节之一。

在传统"两步法"堆芯物理分析体系中，共振算法就一直在被不断地探索研究；而在先进数字反应堆的特殊需求下，共振算法又面临了很多新的挑战。

计算精度：在数字反应堆高保真中子学计算方法体系中，由于消除了"两步法"体系的大量误差来源，使得共振算法及与之匹配的多群数据库成为引入潜在不确定性最多的技术环节，直接决定了最终中子学结果的精度水准。要保证足够的共振计算精度，必须对空间自屏、共振干涉、共振弹性散射、多群等效等复杂效应进行合理准确的处理。

计算分辨率：传统"两步法"体系仅要求获得燃料元件平均的有效共振截面和反应率即可；而对于高保真中子学体系，必须要刻画出燃料元件内部各种物理量的分布。因此，这就要求高保真共振算法能够准确体现燃料元件局部的空间自屏、温度分布及核子密度分布效应。

计算效率：在传统"两步法"体系中，共振计算仅是在一维栅元模型或二维组件模型层面开展的；而在高保真中子学计算体系中，共振计算范围扩大至三维堆芯层面，规模增大了近 4 个数量级。因此，提高共振计算的效率，限制其对计算资源的消耗，也是十分重要的。

对象适应性：需要具备较强的几何与能谱适应性，方能支持各种目标堆型的应用。

概括而言，共振算法大体上可分为三类：连续能量类方法、等价理论类方法、子群方法。

最直观和精确的是连续能量类方法，包括连续能量展开方法和超细群（或点截面）方法。在共振峰的分布区间内，这类方法通过对共振能谱的连续函数展开或高密度分段逼近，获得共振能区的精细能谱，进而归并出高质量的有效共振截面。因为这类方法少有近似，所以能够相对精确地处理各种复杂的共振自屏效应，具有很高的计算精度和广泛的适应性。但由于巨大的计算量和内存消耗，直接将这类方法应用于堆芯计算显然是不够合适的。设法与其他类型共振算法进行有机组合以取长补短，是一条更为现实的路径。

等价理论类方法基于等价理论和有理近似建立,是最早应用于工业计算软件的共振算法。在总体思想上,这类算法将非均匀共振问题近似转化为若干均匀共振问题的组合。通过预置的均匀共振参数、首次飞行碰撞概率的有理近似表达,以及丹可夫(Dancoff)因子对空间互屏效应的刻画,实现有效共振截面计算目标。由于其对计算资源的消耗非常低,等价理论类方法在传统工业和教育软件中具有持久的生命力,获得了广泛应用和不断改进。然而,方法模型中大量的近似使得传统等价理论类方法难以直接匹配数字反应堆的高保真计算需求。

子群方法的主要思想是将关于能量的黎曼(Riemann)积分转换为关于截面的勒贝格(Lebesgue)积分,并将每一个截面区间称为一个"子群",以概率的方式来描述每一个子群在各个能群范围内的截面大小,如图 6-6 所示。子群方法较好地契合了共振峰的分布特点(尤其是在不可分辨共振区),能够较为准确地考虑复杂几何空间上的分布效应,并且离散变量数量合理,因而在精度和效率方面均表现良好。因此,国内外很多堆芯高保真中子学计算程序都采用了这种方法。当然,子群方法也在一定程度上引入了等价理论的思想,其精度受到子群参数制作方案的影响;同时,在处理多核素共振干涉现象时,也往往需要采用一定的技巧。

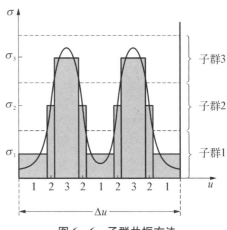

图 6-6 子群共振方法

近年来,国内外学术界又提出了诸如嵌入式自屏方法(Embedded Self-Shielding Method, ESSM)、全局-局部共振算法(Global-Local Self-Shielding Method, GLSSM)、基于栅元的点能量慢化方程法(Point-Wise Energy Slowing-down Method, PSM)等创新性的共振算法。这些算法本质上仍然以上述理论为基础,通过不同方法的组合和架构变化,来调节精度与效率之间的平衡点。

6.1.5 燃耗

在反应堆自持链式裂变反应不断放出核能的过程中,核素的成分和数量也随时间逐渐变化(一般以天或小时为单位来度量),这种现象称为燃耗。燃耗会导致中子输运方程中的宏观截面等发生改变,带来许多物理量的变化。根据核素密度的平衡关系可以建立一组关于时间和空间的燃耗方程组,其中每个核素的燃耗方程如下:

$$\frac{\mathrm{d}N_i(\boldsymbol{r}, t)}{\mathrm{d}t} = -[\lambda_i + \sigma_{i, a}\phi(\boldsymbol{r}, t)]N_i(\boldsymbol{r}, t) + \sum_j b_{j, i}\lambda_j N_j(\boldsymbol{r}, t) +$$

$$\sum_k \sigma_{k, i}\phi(\boldsymbol{r}, t)N_k(\boldsymbol{r}, t) + \sum_m Y_{m, i}\sigma_{m, f}\phi(\boldsymbol{r}, t)N_m(\boldsymbol{r}, t)$$

$$(6-8)$$

式中:N 为核素原子核密度;λ 为衰变常数;$\sigma_{i, a}$ 为核素 i 的单群微观吸收截面;ϕ 为单群通量密度;$b_{j, i}$ 为核素 j 衰变产生核素 i 的分支比;$\sigma_{k, i}$ 为核素 k 吸收中子产生核素 i 的单群微观反应截面;$Y_{m, i}$ 为重核素 m 裂变时产生核素 i 的裂变产额;$\sigma_{m, f}$ 为重核素 m 的单群微观裂变截面;方程左边表示核素 i 的核密度对时间的变化率;方程右边第一项表示核素 i 由于衰变和吸收中子而引起的总消失率;第二项表示由于其他核素衰变而变成核素 i 的产生率;第三项表示由于其他核素吸收中子而变成核素 i 的产生率;第四项表示由于裂变反应引起的核素 i 的产生率。

在实际计算时为了简化,通常把空间区域划分为若干燃耗区。在每个燃耗区内,近似认为中子通量密度和核素密度不随空间变化,从而消去燃耗方程中的空间变量,这种方法称为点燃耗方程。在时间上也划分为若干燃耗步,在每个燃耗步内,近似认为中子通量密度不随时间变化,从而消去点燃耗方程内中子通量密度对时间变量的依赖关系,使燃耗方程简化为常系数的一阶常微分方程组初值问题。然而,由于燃耗计算中涉及的核素种类多达上千种(即使燃耗链压缩后仍有数百种),并且不同核素的反应截面和半衰期差别很大,所以简化后的燃耗方程组在数学上还是具有规模大、刚性强的特点。对于此类问题的求解,主要有线性子链解析法、数值解法两大类。后者又可分为常微分方程组差分法和矩阵指数法等。

线性子链解析(Transmutation Trajectory Analysis, TTA)法将每个复杂的核素转换网络拆解成多条线性的子链,按顺序对每条子链分别解析求解,再将每条链的结果叠加得到最终结果,从而避免直接处理强刚性方程。反应链线性化过程比较烦琐,一般采用回溯算法自动搜索构建。要构建出全部线性子链进行求解将耗费相当多的时间,而其中大部分重要性很低,在实际计算中常设置一个截断阈值,舍弃低于阈值的子链。在遇到环形链时也根据阈值截断,否则将产生无限长的子链。TTA 法通过调整截断阈值的大小在计算速度和计算精度之间取得平衡。

常微分方程组差分法是一类利用特殊数值差分方法求解方程组的数值解法,包括指数欧拉法、隐式龙格-库塔法、变系数向后差分法等。这类方法计算速度快,但其计算精度对燃耗步长较为敏感。另一类方法难以直接处理整个燃耗系统,往往预先将短寿命核素从系数矩阵中移出以降低矩阵的病态性。接着,它们采用时间差分法求解仅包含长寿命核素的方程组。最后,通过"平衡假设"来近似计算短寿命核素的量。

矩阵指数法则将对点燃耗方程组的求解转化为对矩阵指数的计算 $N(t) = \mathrm{e}^{At} N(0)$,目前计算矩阵指数 e^{At} 的方法主要基于数值逼近理论。最直观的方法是对矩阵指数进行泰勒展开,但因燃耗矩阵刚性很强,导致展开式有严重的数值不稳定问题,需对短寿命核素按照截断阈值(一般为燃耗步长的 1/10)移出进行特殊处理,泰勒展开与截断法计算速度快、步长包容性好,但短寿命核素的近似处理导致精度损失。注意到燃耗矩阵 A 的特征值均分布在负实轴附近[7],可采用切比雪夫有理近似法(Chebyshev Rational Approximation Method,CRAM)对矩阵指数进行近似计算。CRAM 发展迅速,它可以克服刚性问题,不需要对短寿命核素单独处理,并且在较大时间步长下仍能得到很高的计算精度,近年来得到广泛使用。但是,对于纯衰变问题,TTA 法比 CRAM 更合适。

6.1.6 中子动力学

在反应堆的快速启动、停堆、快速调节功率和一些反应性引入事故中,中子通量密度和功率随时间发生快速变化(一般以秒或毫秒为单位来度量),这类问题称为中子动力学问题。此时,直接应用 6.1.1 节带时间变量的输运方程是不正确的,因为该方程假设所有裂变中子都是瞬发中子(即在裂变的瞬间发射出来,时间约 1×10^{-14} s),实际上还有不到 1‰ 的中子是缓发中子(主要是在裂变碎片衰变过程中发射出来的,可达数十秒)。尽管缓发中子的份额很小,但它们缓发的时间较长,会显著增加两代中子之间的平均时间间隔,从而滞缓了中子密度的变化率。此时,准确的处理方法是对瞬发中子和缓发中子分开考虑。对于中子和缓发中子先驱核,应分别建立平衡方程,得到中子时空动力学方程组,其形式为

$$\frac{1}{v} \cdot \frac{\partial \phi(\boldsymbol{r}, E, \boldsymbol{\Omega}, t)}{\partial t} + \boldsymbol{\Omega} \cdot \nabla \phi(\boldsymbol{r}, E, \boldsymbol{\Omega}, t) + \Sigma_t(\boldsymbol{r}, E, t)\phi(\boldsymbol{r}, E, \boldsymbol{\Omega}, t)$$

$$= \int_0^\infty \int_{\boldsymbol{\Omega}'} \Sigma_s(\boldsymbol{r}, E', t) f(\boldsymbol{r}; E' \to E, \boldsymbol{\Omega}' \to \boldsymbol{\Omega})\phi(\boldsymbol{r}, E', \boldsymbol{\Omega}', t)\mathrm{d}\boldsymbol{\Omega}'\mathrm{d}E' +$$

$$\frac{1}{4\pi}(1-\beta)\chi(E)\int_0^\infty \int_{\boldsymbol{\Omega}'} \nu(E')\Sigma_f(\boldsymbol{r}, E', t)\phi(\boldsymbol{r}, E', \boldsymbol{\Omega}', t)\mathrm{d}\boldsymbol{\Omega}'\mathrm{d}E' +$$

$$\frac{1}{4\pi}\sum_i \lambda_i C_i(\boldsymbol{r}, t)\chi_i(E) + s(\boldsymbol{r}, E, \boldsymbol{\Omega}, t) \qquad (6-9)$$

$$\frac{\partial C_i(\boldsymbol{r}, t)}{\partial t} = \int_0^\infty \int_{\boldsymbol{\Omega}'} \boldsymbol{\beta}_i \nu(E')\Sigma_f(\boldsymbol{r}, E', t)\phi(\boldsymbol{r}, E', \boldsymbol{\Omega}', t)\mathrm{d}\boldsymbol{\Omega}'\mathrm{d}E' -$$

$$\lambda_i C_i(\boldsymbol{r}, t), \ i = 1 \sim N \qquad (6-10)$$

式中：β 为缓发中子份额；λ 为缓发中子先驱核的衰变常数；C 为缓发中子先驱核的浓度；i 为缓发中子先驱核分组编号；其余符号含义同式(6-1)。对比时空动力学方程组与输运方程可见，时空动力学方程将瞬发中子和缓发中子的裂变源贡献区别对待，体现了缓发中子在反应堆动力学过程中的重要作用。

时空动力学方程的求解对核反应堆瞬态特性研究、事故分析、反应性测量与管理有重要意义。时空动力学方程相当于在稳态输运方程的基础上增加了时间变量，因此可通过一些针对时间变量的离散方法，将其转化为稳态输运方程形式后，采用第 6.1.1 节介绍的各种数值方法进行求解。但是，由于瞬发中子及不同组缓发中子寿命存在多个数量级的跨度，时空动力学方程组固有严重的刚性，这就要求时间变量的离散格式必须具有良好的收敛稳定性。

首先采用的是时间变量的直接离散方法。对时间变量的全隐式向后差分格式可以保证时空动力学方程的求解过程在数学上是无条件稳定的；离散后得到的时空方程与稳态方程相比仅增加了时间源项，便于求解。同时，可以采用时间积分法求解缓发中子先驱核浓度方程。全隐式向后差分格式简洁直接，长期以来一直被应用于工业软件中，并陆续演化出一些衍生算法。但这种方法在用于模拟快速反应性变化过程中往往需要采用极为细密的时间步长（毫秒级）以减少误差，这可能会对数字反应堆的动态计算带来大量负担。

另一类方法则对时间项采用间接近似离散，通常允许更大的时间步长，典型如改进准静态方法（Improved Quasi-Static Method，IQSM）。该方法采用因子分解的思想，将中子通量密度分解为"幅函数"与"形状函数"之积。根据反应堆瞬态特性，近似认为"幅函数"可能会随时间快速变化，而"形状函数"则与时间变量弱相关。因此,就可将主要误差限制要求集中于对"幅函数"的求解过程中,即采用较小的时间步长求解"幅函数",而采用很大的时间步长更新"形状函数"。求解"幅函数"的方程组具有点堆方程的形式,求解技术成熟、计算量非常小;而特别耗时的高保真堆芯输运"形状函数"计算,已通过改进准静态近似充分限定了运算次数,从而显著提高了动力学计算效率。在此基础之上提出的预估校正改进准静态方法(Predictor-Corrector Improved Quasi-Static Method,PCIQSM)通过对形状函数的预估,有效避免了形状函数参与迭代计算,不仅简化了计算流程,并且比 IQSM 具有更好的计算效率,是数字反应堆高保真动力学计算的一条可行路径。

6.2　热工水力与瞬态分析计算

核裂变发生后,需要通过冷却剂将反应堆产生的热量安全有效地移出堆芯,并通过传热设备将热量传递给能量转换系统。堆芯冷却剂热工状态、反应堆系统行为、安全壳热工行为等与核安全息息相关,反应堆热工水力与安全分析计算的核心问题就是预测在正常运行情况与事故工况下堆芯和系统行为,获得重要参数(温度、压力等)随时间/进程的变化趋势,为安全评估提供重要支持。

6.2.1　堆芯热工水力计算

堆芯热工水力研究的是如何将核燃料产生的热量安全有效地带离堆芯,因此重点需要针对反应堆堆芯的流动传热、水力特性等进行研究。

早期的堆芯热工水力通常采用单通道热工水力分析方法,仅对堆芯热通道内冷却剂进行热工水力分析,未考虑其他通道与热通道内冷却剂的交互作用,这种分析方法是较为保守的。为了释放热工分析中的保守裕量,把能够考虑多个通道的计算模型引入堆芯热工水力分析中。子通道模型将棒束堆芯分成大量平行的相互作用的子通道,子通道是棒束之间流道的自然几何划分,它由燃料本身和燃料棒之间的假想连线所构成。流体在这样的流道中流动,一方面与周围的燃料进行能量和动量交换,另一方面通过假想边界与相邻通道进行质量、能量和动量交换,子通道间的交混降低了热通道内流体的温度和焓,从而降低了燃料元件的温度,并提高临界热流密度(CHF)和最小烧毁比(DNBR)。

　　子通道分析软件是反应堆热工水力设计与安全分析的重要工具。目前，世界上核电发达国家均拥有各自的子通道分析软件，比如美国的 COBRA 系列、VIPRE 系列，法国的 FLICA 系列，加拿大的 ASSERT 系列等，这些子通道分析软件已在我国前期引进的核电站设计中得到了应用。随着我国核电技术的发展，国内启动了核电工程软件自主化研发项目，研发自主化核电设计软件，其中就包括堆芯热工水力分析程序（CORe Thermal-Hydraulic analysis program，CORTH）[8]。

　　在节块离散方面，CORTH 软件以子通道的形式模拟堆芯，即径向上可以划分为多个分离或相连的子通道，在轴向，每个子通道划分为不同节块。针对各节块进行基本方程的离散，包括质量守恒方程、轴向动量守恒方程、横向动量守恒方程、混合物能量守恒方程、液相能量守恒方程，形成控制方程。子通道模块划分与数据流向如图 6-7 所示。

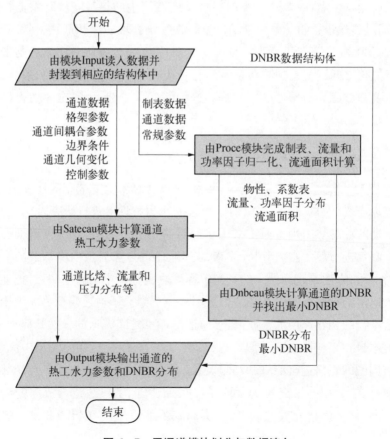

图 6-7　子通道模块划分与数据流向

根据工程设计需求,CORTH 软件主要包括以下功能:

(1) 能够考虑不同类型燃料组件格架对流动阻力的影响;

(2) 对于单相和两相条件下的压降、传热和空泡份额计算,包含多种经验关系式,适用范围覆盖压水堆稳态到事故工况;

(3) 可以通过设定范围,自动生成冷却剂物性查询表;

(4) 计算边界条件包括入口流速、出口压力、入口焓(或温度)和功率分布等;

(5) 包含多个适用于工程设计或特定燃料组件的临界热流密度关系式。

在程序验证方面,利用试验数据、国际基准题和核电站实测数据对软件进行了验证,结果表明 CORTH 软件的计算精度较高,能够满足核电站热工水力设计与安全分析的需求。

在堆芯建模方面,综合考虑计算精度的需求和计算资源的制约,堆芯子通道分析中可将最关心的热组件进行精细化子通道建模,其他组件则简化为若干集总通道建模[9]。通常在堆芯热工水力分析中采用这种建模方式,但这种建模方式无法满足核热耦合对全堆精细化热工水力分析的要求。为此对CORTH 软件进行了求解效率提升和并行化技术研究,从而能够实现全堆精细化热工水力分析,为全堆芯核热耦合精细化分析奠定基础。

另外,随着计算机数值模拟能力的快速发展,基于有限体积法(FVM)的计算流体力学(CFD)程序能够通过针对堆芯局部区域建立高分辨率网格,通过数值求解直接获得速度、压力、温度等参数精细化分布规律,已逐步应用于反应堆热工水力设计中,例如 ANSYS CFX、FLUNET、STAR - CCM+等。目前,基于 CFD 模拟分析的应用场景包括燃料组件流动传热与沸腾、压力容器下腔室流量分配、泵阀水力特性、硼扩散等,覆盖堆芯、反应堆冷却剂系统等,并且基于 FVM 的 CFD 平台能够便捷扩展其他计算工质、流动模型等。计算如图 6 - 8 所示。

目前,CFD 程序中描述湍流的数

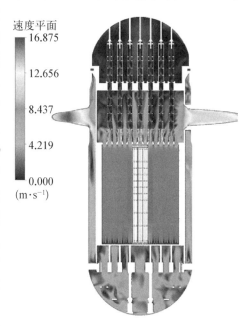

速度平面
16.875

12.656

8.437

4.219

0.000
(m·s⁻¹)

图 6 - 8　CFD 程序计算示意图

学方法有三类：直接数值模拟(DNS)、大涡模拟(LES)和雷诺时均(RANS)方法。

DNS方法不引入任何湍流假设，通过直接求解 Navier - Stokes 方程获得全部流动空间和时间尺度的信息，但是由于湍流存在多尺度、不规则等特性，对空间和时间的分辨率要求很高。根据 Kolmogrov 尺度理论和湍动能耗散率与产生率平衡的关系推论，DNS 计算需要的网格数量随雷诺数的增大呈指数级上升。因此，即使在低雷诺数下，DNS 的计算成本也非常高。对于在大多数工业应用情况中的雷诺数，DNS 方法尚不具备可行性。但 DNS 是湍流基础研究的有用工具，高置信度 DNS 可以认为是数字实验，获得实际实验中难以或不可能获得的信息，从而更好地理解湍流的物理性质。

LES 方法基于 Kolmogorov 自相似理论假设大尺度的涡受边界条件影响，小尺寸的涡表现为各向同性。因此，考虑对大尺度涡的湍流流动进行直接数值模拟，对小尺度涡进行模化，构建亚尺度模型模拟小尺度涡对大尺度湍流运动的影响。LES 对复杂流动现象具有较好的模拟能力，不仅能够获得精细的湍流信息，而且在计算成本上优于 DNS 方法。

RANS 方法是对 Navier - Stokes 方程进行时均处理的一种技术，湍流各流动参数可以写作时均值与脉动值之和的形式，通过求解时均化 Navier - Stokes 方程获得流动参数时均值，对原方程中对流非线性项时均化处理时产生方程中的不封闭项雷诺应力，反映了湍流脉动对时均流场的作用。准确的雷诺应力封闭模型，即湍流模型，是 RANS 方法获得精细化流场信息的关键。两方程模型是目前使用最为广泛的湍流模型，如 $k - \varepsilon$ 模型和 $k - \omega$ 模型，这些模型已经在工业应用中有效地解决了众多实际工程问题。

另外，反应堆流体系统通常还涉及复杂的两相或多相流动传热行为，一般采用欧拉-欧拉两流体模型或欧拉-拉格朗日模型进行模拟。欧拉-欧拉两流体模型将两相流场中各相均视作连续介质且充满整个流场，各相流动变量在交界上发生间断并产生质量、动量和能量传递现象。欧拉双流体模型是多相流中最复杂的多相流模型，其对每一相都建立动量方程和连续性方程，通过压力和相间交换系数的耦合来计算求解。由于流动沸腾过程中气泡与液态之间存在较强的相互作用力，因此更适合采用两流体模型描述。均相流模型通过合理定义两相混合的平均值，把两相流当作具有这种平均特性、遵守单相流动基本方程的均匀介质。因此，一旦确定了两相混合物的平均特性，便可以应用所有的经典流体力学方法进行研究，实际上是单相流体力学的拓展。其中相界面追踪(volume of fluid, VOF)模型是常用的一种均相流模型，可以通过求解一组动量方程并跟踪整个域中每种流体的体积分数来模拟两种或更多种不混溶的流体,采用这种模型在欧拉网格下完成表面追踪,可以得到一种或多种互不相溶流体间的交界面,VOF 模型广泛应用于层流、液体中大气泡运动、自由面流动和任意气液间稳态或瞬时分界面的计算中。欧拉-拉格朗日模型则是将流体相视为连续介质,而离散相则通过跟踪计算的流场中的大量颗粒、气泡或液滴来求解,两相之间可以有质量、动量、能量的交换,离散多相模型(DPM)是 CFD 软件中应用较多的欧拉-拉格朗日模型。在涉及气液相变的数值模拟中,需要使用相变模型计算传热传质源项并添加到相应的能量方程、质量方程中实现数值上"相变"的发生,在不同的两相流计算框架中较为经典的相变模型包括例如欧拉-欧拉两流体模型的壁面热流密度分配模型及 VOF 模型中处理蒸发冷凝的 Lee 相变模型等。

6.2.2　系统瞬态特性分析计算

系统安全分析的任务是评价在发生事故情况下反应堆冷却剂系统的状态规律,判断反应堆系统是否仍处于安全状态。核反应堆系统分析程序是反应堆设计和安全分析的基础支撑,用于模拟各种瞬态、预期事件及事故(严重事故除外)下系统或部件的瞬态响应特性,验证系统设计,评价反应堆安全水平。此外,系统程序作为反应堆系统精细化耦合分析的纽带,将反应堆及一回路系统设计串联起来,包括堆芯中子学、燃料、结构、力学、系统部件、控制系统、二回路系统和操作员动作等方面,通过单专业及多专业耦合来实现系统的改进优化和反馈,从而辅助反应堆系统的设计,能够实现实时与非实时计算,满足系统运行及多专业的设计验证及结果呈现。

从 20 世纪 60 年代起,美国、法国、韩国和日本等国家相继研发了第一代系统安全分析程序,用于系统热工性能评价和安全分析。进入 21 世纪后,他们又在第一代系统分析程序的基础上开发了新一代的先进分析程序[10],如 RELAP7、TRACE、CATHARE - 3 和 SPACE 等。从系统安全分析程序的发展历程来看,其发展主要有以下几个特点:① 从均匀流到两流体模型的发展;② 从一维到三维的发展;③ 从解耦分析到多物理场耦合的发展。这些特点在图 6 - 9 中得到了直观的展示。

在核反应堆系统安全分析的早期,分析模型主要基于三方程的均匀流模型,并基于该模型对系统部件和功能进行了充实和改进,例如 RELAP2 和 RELAP3。但均匀流模型假设将气液两相打混为一个整体,无法反映气液两

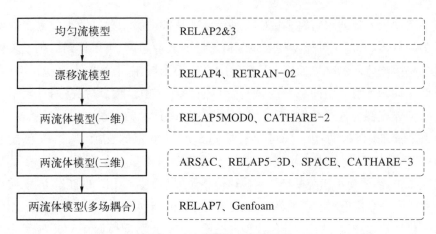

图 6-9 系统程序发展思路

相间的相对运动。因此,在后续的研究中,考虑气液两相之间的速度差,均匀流模型逐渐发展为四方程漂移流模型,例如 RETRAN-02。在四方程模型的基础上,假定两相动量处于不均匀状态,但气液两相流体具有不同的流动速度,假设气液两相处于热平衡状态,两相间不存在热量交换,开发了非均匀两相模型,即五方程漂移流模型,典型的代表程序为 ATHLET(五方程版)。为了进一步考虑气液两相间能量的非平衡性,两流体模型不断发展,并基于该模型,形成了当时主流的系统安全分析程序,例如 RELAP5。在两流体六方程模型的基础上,部分系统安全分析程序进一步考虑了液滴相,使用九个守恒方分别描述气相、连续液相和夹带液滴相,开发了两流体三场模型,例如 CATHARE-3。此外,由于两流体六方程是带有双曲特性的椭圆方程,其自身存在不适定性,为了解决该问题,假设气相和液相的压力不相同,并增加了气相压力和液相压力的方程,从而将原来不适定的六方程,变成适定的七方程,从根源上解决了程序适定的问题,典型的代表程序为 RELAP7。但是,无论是两流体三场模型还是双压力模型,为了封闭新引入的方程,需要增加相应的本构关系式,从而引入了更多的不确定性,因此在实际的系统安全分析中,上述两种模型应用相对较少。随着计算机技术的发展和分析要求的提升,传统基于一维两流体六方程的系统安全程序难以满足系统设计及安全分析的需求。在一维模型的基础上,开发了具备多维分析能力的系统安全分析程序,例如 ARSAC 程序[11],CATHARE-3 程序。

除了反应堆冷却剂系统,二回路系统的分析同样是安全分析中需要考虑的一个环节。但二回路系统重点关注其内部各个节点处的压力、温度和系统内的流量,对各系统设备内的流动换热机理过程不关注。因此,将二回路流体系统抽象为一个流体网络,将系统内部的流动问题简化为求解流体网络各个节点压力和各支路流量的问题。在热力系统中,压力和流量有着很强的水力耦合关系,并且压力具有双向传递性,故一个模块出口端上的压力和流量不可能同时由该模块的内部方程求出,因此流网中所有节点上的压力通过联立求解的方式求得。其中,系统中除氧器、汽轮机等较为复杂的设备则通过建立独立的模块进行求解。

另外,反应堆设计分析涉及众多学科,包括热工水力、中子物理、系统行为等,呈现出显著的多尺度多物理耦合效应,因此多专业多尺度的反应堆耦合程序开发也逐步发展为现今研究主流。目前,由于不同尺度不同物理现象的物理机制、本身物理模型简化程度和物理模型发展程度的差异较大且存在多样化,难以用一套方程(即一个集成程序)来直接求解,因此多专业程序耦合可以基于特定接口或基于统一耦合架构开展。根据不同的分析需求,中国核动力研究设计院依托自主化程序、商用程序和统一耦合框架等研究基础,完成了一系列多尺度多物理耦合程序开发,包括物理-热工耦合、热工-CFD 耦合、物理-热工-系统耦合等。多物理耦合思路如图 6-10 所示。

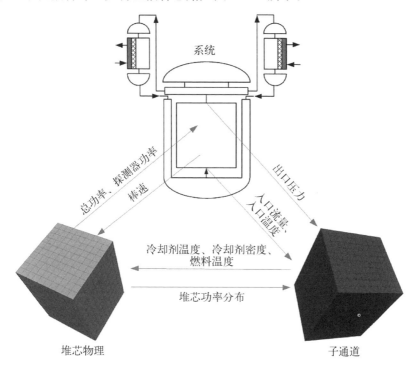

图 6-10 多物理耦合思路

6.2.3　安全壳热工水力计算

在发生失水事故(LOCA)或二回路破口事故后,高能一、二回路冷却剂通过破口释放到安全壳,导致安全壳压力迅速升高,严重时存在安全壳超压的风险,从而威胁安全壳完整性。安全壳响应分析程序用于计算事故后的安全壳温度和压力变化,确保安全壳的设计满足设计要求。

从 20 世纪 60 年代起,安全壳分析程序从集总参数法到精细网格法逐步发展。美国爱达荷国家实验室(INEL)研制开发 CONTEMPT‐LT 程序,其采用集总参数法,可以模拟安全壳液相区域、蒸汽区域、热构件、外部环境间的质量和能量传递。该类程序还包括法国 PAERO 程序、韩国 CAP 程序、中国 CONAC 程序等。随着研究不断深入,基于节点的安全壳分析方法逐步完善,计算考虑蒸汽、连续流、离散流的质量、能量、动量守恒方程,并且包含对流、冷凝或辐射等传热现象的不同模型,可用于核电站安全壳、辅助厂房和其他设施的热工水力行为分析,与之相关的程序包括:美国 NAI 开发的 GOTHIC 程序、德国 GRS 开发的 COCOSYS 程序等。

在国内,随着核电技术的逐步发展,开发了诸多安全壳响应程序。中国核动力研究设计院开发具有自主知识产权的先进安全壳响应分析程序(CONtainment Analysis Code,CONAC),现阶段该程序已经更新到 2.0 版本,在传统的安全壳响应相关模型的基础上增加了抑压水池模型,增加了对小型钢制安全壳的适用性。清华大学工程物理系和中国核动力研究设计院共同开发安全壳分析程序 PCCSAC‐3D,用于先进压水堆 AC600 非能动安全壳冷却系统性能分析,PCCSAC‐3D 采用 9 方程模型,把钢安全壳内部的工质分为水蒸气、不可凝干空气、连续相水和非连续相水,对主流的气体采用湍流模型,并且考虑了由浓度差引起的扩散效应。在华龙一号 HPR1000 的研制中,针对安全壳的热工水力特性和氢特性,开发了安全壳程序 ATHROC,该程序采用两种类型的体积流体,即大气体积流体和池体流体来模拟多相流的瞬态行为,同时该程序包含了流动模型、传热传质模型、工程安全特性模型等综合模型。

随着对于局部现象认知的深入,安全壳程序逐步向三维精细化发展,例如 GASFLOW[12][13]、CONTHAP 等程序,均是基于有限元的方法对笛卡儿坐标系或圆柱坐标系下的三维可压缩 Navier‐Stokes 方程进行求解,可用来计算低速的浮力驱动流及声波流或扩散主导的流动及在化学反应期间的气体动力学行为,从而预测和描述 H_2、CO、CH_4 等可燃气体的扩散、混合分布及分层,氢气燃烧及火焰扩散,不可凝气体的分布对本地凝结和蒸发的影响和气溶胶的夹带、输运与沉降等。安全壳响应分析程序计算如图6-11所示。

图6-11　安全壳响应分析程序计算示意图

6.3　核燃料性能计算

在燃料设计分析中,燃料性能分析程序扮演着至关重要的角色,通过模拟燃料在堆内复杂环境下的辐照-热-力学行为,获得重要参数(温度、应力、压力等)随辐照历史的变化,能够为燃料设计和性能评估提供重要支持。

6.3.1　燃料堆内运行的主要物理现象

把若干燃料元件按照一定的栅元排布方式组装成便于搬运及更换的组合体,称之为燃料组件。燃料组件是反应堆内的核心部件,其在堆内长期运行,经受高温、高压、高中子辐照、冲刷、水力振动等严苛的环境。压水堆普遍采用棒束燃料组件,由上下管座、骨架、燃料元件(燃料棒)、定位格架等部件组成。燃料元件是反应堆中的发热部件,由燃料芯块、包壳及上下端塞组成。燃料元件承担将裂变能量导出及包容裂变产物的功能,是燃料组件的核心部件。

燃料裂变反应所产生的热量需经芯块-芯块与包壳间隙-包壳-冷却路径导出,并得以利用。在上述路径中,芯块中的热量传递方式主要为导热,间隙换热则包含了辐射传热及气体导热现象,随后热量通过热传导由包壳导出,并以对流传热的方式由冷却剂带走。燃料元件在堆内受到内部气腔压力载荷与外部冷却剂压力载荷的共同作用,反应堆运行中的功率变化、工作温度及压力变化、辐照下芯块及包壳材料的堆内行为与力学性质变化,以及芯块与包壳接触后相互作用等都将影响燃料元件的力学性能。燃料元件堆内运行涉及的重要物理现象包括燃料密实化和肿胀、燃料芯块重定位、燃料裂变气体释放、包壳辐照蠕变、包壳辐照生长、包壳腐蚀吸氢。

1) 燃料密实化和肿胀

芯块受辐照后会发生两个影响相反的现象:密实化和肿胀。

密实现象因辐照和受热产生,主要是空隙湮灭。初开始时,大尺寸($>1\ \mu m$)的空隙立即消失,而中等尺寸($1\sim3\ \mu m$)的空隙逐渐消失。密实将导致燃料密度增大、体积减小。

受辐照时基体裂变产生的裂变产物分为两类,一类是固体裂变产物,另一类是气体裂变产物。其中,固体裂变产物的累积导致的燃料肿胀称为固体肿胀,该现象将导致芯块密度减小。研究表明固体肿胀可近似为燃耗的线性函数。应注意的是一小部分基体肿胀将被中等尺寸孔隙容纳,因此不同氧化物的固体肿胀情况可能不同。

相应的气体裂变产物引起的燃料肿胀称为气体肿胀。气体肿胀源自裂变气体原子形成的晶内气泡和晶界气泡,该现象十分复杂,涉及气泡的产生、生长、合并与连通,并对二氧化铀的蠕变和变形有所影响。

2) 燃料芯块重定位

运行初期,当线发热率(LHGR)超过 $4\ kW/m$ 时,燃料芯块就会因热应力而开裂。由于棒内存在一定的自由空间,比如初期燃料与包壳之间的间隙,芯块碎块将重新分布。初始的碎块迁移现象显著增加了芯块半径。在芯块与包壳接触后,由于包壳对芯块的作用力,芯块碎块将重新定位。包壳外径由于蠕变而持续缩小,然后在一段时间内保持稳定。最后,芯块推动包壳向外膨胀,直径增加。

3) 燃料裂变气体释放

燃料裂变气体释放的过程可分为热释放和非热释放两个主要部分。气体非热释放主要由反冲、击出机理引起;热释放的过程为,裂变气体原子在晶内随机产生后,以原子点阵扩散的方式抵达晶界,被晶界气泡吸收,后者逐渐长大并相互连接,形成与自由空间连通的蛇形沟道,从而被释放。

4）包壳辐照蠕变

应力引起的材料蠕变是与时间有关的塑性应变，同时也是关于热流密度或中子通量的函数。对于一种特定材料（同样的化学成分、微观结构、制造工艺）来说，蠕变应变可以表示为应力、温度、时间和快中子注量的函数。

5）包壳辐照生长

由于快中子产生的空位和间隙原子，材料在辐照下将产生自由生长，表现为体积的增大。对于锆合金材料，根据晶粒取向表现为沿制造时的最大应变方向出现正的增长并沿其余方向出现负增长。

6）包壳腐蚀吸氢

锆合金包壳与冷却剂发生腐蚀氧化，并伴随吸氢。包壳腐蚀通常认为存在两个阶段，腐蚀转折前由氧在锆中扩散的典型公式 Arrhenius 三次方关系式确定；转折后规律服从线性 Arrhenius 方程，代表了氧离子在氧化锆中的扩散。

6.3.2　燃料材料性能多尺度多物理场模拟

反应堆内高温、高中子注量及核裂变反应等复杂服役环境下，燃料内部发生着从微观原子尺度到介观晶粒尺度、再到宏观结构尺度的演化，这些物理过程涵盖了纳秒量级的微观响应到数年的服役周期。这些横跨多物理场、大时空尺度的特殊服役条件使得燃料性能/行为演化涉及大量相互关联的化学、辐照及热、力学效应，如图 6-12 所示[14]。

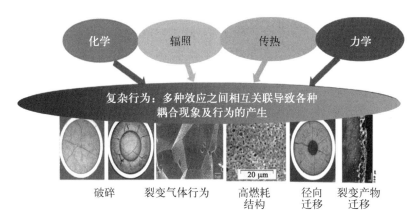

图 6-12　陶瓷氧化物燃料中的各种物理、化学及微结构演化

燃料性能模拟是一个复杂的多物理场、多尺度的问题。目前业内广泛使用的燃料性能分析程序，其分析框架限于一维半或二维模型；这些程序的材料模型以经验或半经验模型为主,模型的预测精度受限于试验数据。然而,对于燃料性能分析中需要考虑的中子物理、热工水力等方面的现象,往往采用解耦处理并基于简化模型计算。随着计算能力的飞速发展和分析手段的不断更新,国际上的燃料性能分析技术也在不断改进:分析框架由传统的一维半、二维分析逐渐向三维分析发展;材料性能模型由基于试验的经验关系式向基于计算材料学的多尺度机理性模型发展;由传统燃料单专业模型向燃料、物理、热工等多专业耦合发展。通过一系列高保真度的多尺度、多物理场建模仿真,模拟燃料的堆内行为,评价燃料堆内的服役性能是燃料研发的重要课题。法国基于 SALOME 开发了 PLEIADES 燃料模拟平台,主要包含三部分:统一的多场分析、数据交换及前后处理工具(基于 SALOME 实现);包含多种物理过程的模块库以模拟燃料的多物理场环境;支持多种形式燃料分析的通用计算模式,包括压水堆、钠冷快堆、熔盐堆等多种堆型。美国爱达荷国家实验室(INL)基于 MOOSE 平台开发了多款不同专业方向的分析程序,例如燃料分析程序 BISON、中子输运程序 RattleSnake、核材料相场分析程序 MARMOT、反应堆多物理场分析程序 MAMMOTH 等。中国核动力研究设计院开发了基于一维半计算框架的燃料棒性能分析程序 FUPAC、FUTRAN,分别能够快速地针对压水堆燃料棒开展稳态及一二类瞬态工况、基准事故工况性能模拟。针对燃料局部非对称问题,开发了三维燃料性能分析程序 FUPAC3D,能够精细化地模拟诸如芯块掉块、芯块偏心等局部燃料芯块和包壳的行为。目前,正在搭建燃料辐照性能模拟共性平台 FuelCore,在此基础上研发新一代的燃料性能分析程序,支持多种维度、多种类型燃料的性能模拟。在燃料材料多尺度模拟方面,正在研发燃料材料多尺度模拟软件包 SEMMP,基于相场法、速率理论和位错动力学等方法,研究燃料和包壳材料的堆内机理性行为。

1) 微观(原子)尺度

微观尺度主要涉及组成材料的原子和电子。微观尺度决定了材料热、力、光、电、磁等基本性质;同时,微观结构与中子辐照密切相关,因而微观尺度也是研究材料辐照效应的关键尺度;最后,微观尺度分析可为介观或宏观模拟提供必要输入。

材料微观尺度的模拟方法主要有基于电子结构方法的密度泛函理论(density functional theory, DFT)、基于经验势的分子动力学(molecular dynamics, MD)方法及基于随机过程的量子蒙特卡罗(Quantum Monte

Carlo，QMC)及伊辛模型(Ising model)等[15]，其中 DFT 和 MD 已成为原子尺度分析的有力工具，且已广泛应用于燃料及包壳材料结构演化、缺陷生成、裂变气体成核等研究中。

原子尺度方法考虑计算区域内每个原子的变化，首先进行局部(点)性能预测，并以此作为统计分析整体性能的基础。电子结构计算的目的在于描述能级或能带、结合能、晶格参数及声子散射等性质。这些微观性质可以传递给更高尺度分析方法，如经典分子动力学、动力学蒙特卡罗、团簇动力学等。电子结构计算基于量子理论，不依赖任何调整或经验参数，唯一的输入信息是构成系统的原子数目和一些初始结构信息。DFT 是最广泛采用的电子结构计算方法，可用于计算固体的结构参数或动力学性能参数，包括晶格结构、带电密度、磁化及声子谱等。DFT 用于模拟核燃料性能时面临的一个重大挑战是锕系核素 5f 电子轨道的强相互作用。

分子动力学模拟基于原子间相互作用势求解原子间相互作用及系统演化。MD 非常适合于研究辐照损伤的产生、与裂变气体原子的相互作用、气泡成核、晶粒边界对缺陷和气泡演化的影响等过程。MD 模拟中用到的相互作用势可由实验数据或电子结构计算的结果拟合得到，这也是影响 MD 模拟准确性的关键。建立适用于不同工况下的核燃料材料的相互作用势仍然是 MD 用于核燃料模拟的重要挑战之一。

F‑BRIDGE 项目的研究经验表明，现有的原子尺度模拟方法已经具有较高的成熟度，可用于模拟燃料内的微观过程演化，其结果有助于从机理上解释燃料堆内行为，同时可作为更高尺度模拟的输入。当然，还有大量需要完善的技术细节和理论挑战。

2) 介观(晶粒)尺度

介观尺度，即晶粒尺度或微结构尺度(微结构演化与材料响应尺度)，空间尺度涵盖了纳米到毫米量级。典型的材料微结构包括晶粒、相组织、亚晶位错结构、点缺陷团簇(point defect clusters)等。

燃料在介观尺度下的模拟主要围绕燃料在堆内辐照条件下的微结构演化而展开，例如点缺陷数目、缺陷团簇、裂变气体原子和气泡行为等。这些微结构演化直接影响材料性能或宏观行为。因此，介观尺度行为研究为燃料设计和安全评价提供了更深入的材料物理、化学和力学性能的机理性认识[16]。

介观(晶粒)尺度是实现燃料多尺度模拟的关键，因为介观尺度是连接微观和宏观的桥梁：一方面，介观分析所依赖的部分输入参数来源于原子尺度计算，因而体现了材料的微观效应；另一方面，介观模型或参数是宏观模拟的基础，其准确性直接决定了宏观或多尺度综合分析的可靠性[14]。

有许多方法可用于模拟材料介观尺度现象，并已在核燃料分析中得到了应用，例如相场（phase field，PF）、位错动力学（dislocation dynamics，DD）、速率理论（rate theory，RT）及动力学蒙特卡罗（kinetic Monte Carlo，KMC）等[15]。

基于速率理论（RT）的团簇动力学（cluster dynamics）是用于模拟材料内点缺陷和缺陷团簇演化的重要方法。在团簇动力学计算中，将系统看作不同尺寸空穴、间隙原子和溶质原子的集合，不考虑原子具体位置，系统性质通常取为空间平均值。此时，系统的演化可由一组关于组分浓度的微分方程描述[16]。团簇动力学计算中用到的主要参数是控制缺陷演化过程（扩散、俘获、热溶解等）的能量。因而，团簇动力学可用于模拟具有相同演化机制的多种过程，例如中子辐照、粒子束射入、愈合等过程[14]。

位错动力学（DD）可用于模拟材料塑性性能随微结构的演化，这也是唯一能够考虑大量位错整体效应的分析方法。DD模拟基于弹性位错理论，模拟中需要的所有数据可直接来自实验或原子尺度数值模拟。对于核燃料分析，目前还无法精确描述辐照导致的位错之间或位错与缺陷间的相互作用，这是制约DD方法应用于核燃料领域的主要因素[14]。

相场（PF）起源于用于模拟相变及超导的朗道理论，可模拟相变微观组织的演化过程。相场方法以Ginzburg-Laudau相变理论为基础，基于扩散界面模型，引入连续变量来描述新旧两相，用微分方程描述系统自由能的变化。在相变中，各相或者相的各变体是离散的物理量，各相或者相的各变体之间不存在连续变化的过程，相场模型将这些离散变量连续化，便于在数值上获取导数等信息。由于连续化的处理，各相或者各变体间的界面是扩散界面（diffuse interface），而不是尖锐界面（sharp interface）。然后，建立相场内的平衡微分方程，描述各相或各变体的演化，基于扩散界面模型建立界面能，描述相场内部序参量的变化。

材料介观尺度模拟需要大量描述辐照条件下的系统状态或特征的输入参数，例如点缺陷或缺陷团簇的形成/迁移/结合能、晶粒边界及扩展缺陷（extended defects）附近的迁移能、溶质原子在基质内或扩展缺陷（extended defects）附近的吸收和迁移能、缺陷的再结合/湮灭速率等热相关参数；此外，还有辐照损伤的产生、辐照导致的缺陷或溶质原子再溶解、辐照导致或强化扩散等辐照相关参数。这些数据可以通过原子尺度计算得到[16]。

3) 宏观(连续介质)尺度

宏观尺度现象由基于守恒定律(质量、动量和能量)建立的连续介质理论进行描述,包括热、力、流体、化学等多个物理场,通常涉及多组偏微分方程的求解。宏观物理过程的数学模型中包含了许多忽略结构低尺度效应或内部自由度的前提或假设,在通常情况下,方程的数目小于描述特定物理过程所需参数的数目,因此需要引入反映结构固有特征或内在属性的本构关系,以封闭控制方程组。有限元方法(Finite Element Method,FEM)、有限差分方法(Finite Difference Method,FDM)和有限体积法(Finite Volume Method,FVM)是常用的偏微分方程数值求解方法,其中有限元方法以其良好的几何适应性、高效的计算效率和令人满意的分析精度,成为力学分析中广泛采用的连续尺度求解算法[15]。

对于棒状燃料元件而言,传统燃料性能分析程序没有考虑离散的芯块而是将整个芯块摞当作一个圆柱,采用轴向分段堆砌、径向分环的准二维分析框架(又称一维半分析框架)。程序在轴对称圆柱形几何条件下求解热学问题,忽略轴向传热和方位角效应,基于平面应变假设建立力学方程,采用有限元或有限差分方法对热学方程及力学方程进行求解。每个时间步上分别对各轴向段进行计算,当所有轴向段计算完后,再对各轴向段进行耦合从而确定燃料棒内压和轴向摩擦力等。这其中有代表性的程序是 TRANSURANUS、FRAPCON、ENIGMA 等。

随着计算能力的飞速发展,基于 FEM 的三维高精度的燃料性能分析方法得到发展,已成功应用于芯块或元件级燃料宏观性能分析,例如 ABAQUS、ANSYS、COMSOL、MOOSE 等。基于 FEM 平台的燃料分析技术除了支持燃料内局部、非对称效应模拟外,还能够便捷地拓展到其他形式的燃料分析(如球形、板形、带涂层燃料等),这些精度及功能方面的提升可为耐事故燃料(ATF)等新型燃料的研发提供有力支持。

此外,基于 FEM、CFD 的三维精细化分析在燃料组件水力学性能、动力学响应行为、整体辐照变形行为数值模拟,以及关键部件辐照行为、力学及热工水力性能数值模拟和控制棒落棒行为动力学分析方面也逐渐得到了应用,为燃料组件性能优化提升奠定了良好的基础。

反应堆中燃料行为取决于很多因素,如燃料和包壳材料的热-力学特性、反应堆中子辐照、燃料棒周围冷却剂状态等。因此,燃料分析中需要考虑各类物理量之间复杂的相互关联：中子反应截面取决于燃料和冷却剂温度,中子辐照场受到附近冷却剂密度的影响,辐照截面影响局部裂变率(进而又会影响燃料温度)等。因而燃料行为模拟是典型的多物理场耦合问题。

传统的燃料模拟基于简化、解耦等策略,将不同专业问题分离或局部耦合求解,通常在专业内采用较精细的模型,专业外则采用解耦或简化较多的粗糙模型处理。为了实现精细化堆内行为模拟,有必要建立多专业耦合的燃料分析技术：

(1) 从堆芯整体角度出发,可实现多专业协同的精细化堆内行为预测,燃料程序可通过多个实例的方式由元件扩展到堆芯,为物理专业提供更准确的燃料温度、为热工专业提供更准确的功率密度和几何变形;

(2) 从燃料局部角度出发,传统燃料性能分析程序对于"外部"物理场采用简化模型,例如采用简化的流体模型处理燃料棒周围的冷却剂、采用有较大局限性的功率模型计算功率密度分布等,通过与其他专业程序耦合,燃料性能分析获得更准确的输入参数,提高燃料性能预测的可靠性。

4) 跨尺度耦合方法

多尺度分析的核心问题是多过程耦合和跨尺度关联,即桥接(bridging)。目前,还没有统一的桥接方法理论,仅在每个学科内部有各自的实现策略。

在连续固体力学中,两个常见的多尺度桥接策略是分级多尺度(hierarchical)和同步多尺度(concurrent)。分级多尺度指不同尺度的计算独立执行,不同尺度之间采用统计分析或均匀化等方法生成传递数据。同步多尺度指多个尺度的每一步计算在同一个程序平台、同一个时间步内执行。相对而言,分级多尺度是多尺度计算中常用的方式,更容易实现。

Tonks 等[17]提出了一个介观微结构尺度与宏观有限元分析的耦合实现策略,偏向于同步多尺度的思想：在宏观有限元计算的迭代过程中,实时给介观尺度传递计算所需的宏观参数如温度、中子注量等,基于介观模拟得到受辐照材料热导率随温度等参数的拟合关系,然后将该关系式用于宏观计算。分析中采用宏观燃料分析程序 BISON 计算芯块温度分布,采用介观相场模型在有限元网格的每个积分点上计算辐照后材料的热导率。为了减少介观尺度随机噪声对计算结果的影响,采用多维动态曲线拟合方法(例如最小二乘法)将介观模拟的数据点拟合为多项式曲面,宏观分析则采用拟合曲面上的值。图 6-13 是这一多尺度耦合分析策略的示意图。

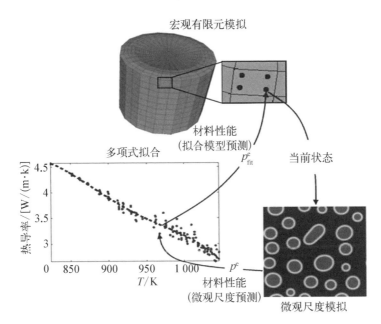

图 6‑13 多尺度分析策略示意图

6.4 系统与设备性能计算

为了支持反应堆在各类工况下导出能量并利用,需要配套各种设备和管系结构以满足各种功能要求,包括容器设备、换热设备、旋转机械设备、阀门、管道及附件、测量仪表、控制设备等,并组成不同层级的功能系统。

6.4.1 工艺系统性能仿真分析

工艺系统仿真程序用于系统和设备的稳态、瞬态运行特性仿真模拟、分析,其仿真计算是基于能量、质量、动量三大守恒方程进行数值求解。目前,国外主流的工艺系统仿真商用软件有 RELAP5、GES、Ebsilon、Apros、Flowmaster、CATHARE 等。

核反应堆工艺系统设备众多,流程复杂,工况多变,在工作过程中,存在着复杂的流动传热、能量转换过程,给系统设计分析带来很大困难。因此,为提高工艺系统设计效率,改善设计质量,分析验证系统在不同设计参数下的运行特性,须开展高效、可靠的工艺系统设计分析模型研究与程序开发。中国核动力研究设计院研发了基于 Modelica 语言的核反应堆汽水系统设计仿真平台 IDASP。

Modelica 是一种开放的、面向对象的、基于方程的多领域统一建模语言，适用于大规模复杂异构物理系统建模。其模型实质上是一种陈述式的数学描述，这种陈述式的面向对象方式相比于一般的面向对象程序设计语言而言更加抽象，因为它可以省略许多实现细节，比如不需要用编写代码的形式实现组件之间的数据传输。其技术特点主要在于：Modelica 的非因果建模技术可以大大降低对模型开发和应用人员的技术要求，不需要用户去推导复杂的方程系统；多领域统一建模技术允许用户在同一平台构建和分析不同专业组成的系统模型，避免分系统之间不同类型模型的复杂解耦，有效地改善模型的求解性和准确性；连续离散建模技术可以很好地处理系统仿真过程中的事件，较好地模拟设备在不同控制时序下的变工况运行；面向对象建模技术可以使得所开发的模型库具有极强的重用性和扩展性，方便了用户后续的使用、修改和完善。

因此，与前述仿真商用软件相比，核反应堆汽水系统设计仿真平台 IDASP 具有以下特点：拓展性强，可以较好地应对工程当中的定制设备；对各种物理系统支持性强，能够较好地仿真模拟一回路系统、电力系统、油压系统、机械系统，做到全系统全领域联合仿真；支持用户进行自定义开发，能较好地满足用户自定义需求；内核自主可控，能够满足用户日益增长的国产化需求和可控性要求。

核反应堆二回路汽水朗肯循环系统设计仿真平台总体框架如图 6-14 所示。该平台基于多领域统一建模方法，针对二回路汽水朗肯循环系统设计仿真需求，提供设计和仿真两种程序应用模式。

1) 系统热力设计分析

开展汽水朗肯循环系统热力设计分析的主要目的是确定系统在各种运行工况下的热功率、各耗汽设备的耗汽量和主要特性数据，以及系统整体热效率，为各子系统和主要耗汽设备设计提供设计依据。汽水朗肯循环系统热力设计主要流程如下。

(1) 根据所选择的汽轮机、凝汽器冷却水入口温度、蒸汽发生器进出口参数，确定总体参数。

(2) 利用模型库当中各个分设备模型，建立系统总体设计模型。

(3) 计算出每个设备之间的工质的流量及参数，比如由汽轮机进入凝汽器的乏汽流量，进入除氧器的给水流量和抽汽流量等，并通过设备与设备之间的连接关系及其工质流量、参数，绘制热力线图。

(4) 计算出汽轮机总体出力、蒸汽发生器吸热量、凝汽器换热量、抽汽系统回热量等参数，并计算出系统热效率、热耗等经济性指标。

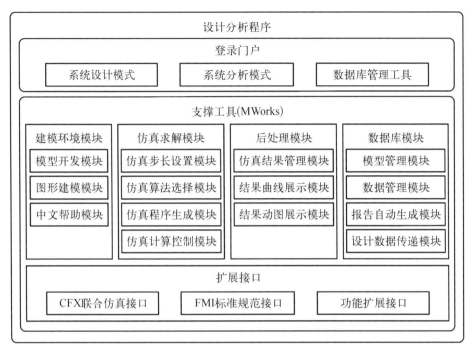

图 6‑14 核反应堆二回路汽水朗肯循环系统设计仿真平台总体框架

系统设计模型需要对几个关键参数进行假设并进行多次迭代计算,典型的系统总体热力设计的概要流程和详细流程如图 6‑15 和图 6‑16 所示。在

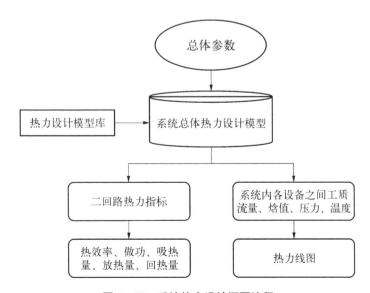

图 6‑15 系统热力设计概要流程

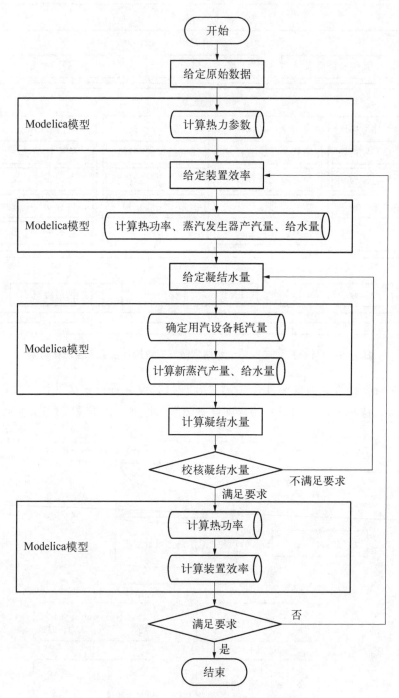

图 6 - 16　系统热力设计计算流程

输入相应的给定原始数据后,并给予关键参数假设迭代值后,用户可以调用其对应的计算模型,计算出新的关键参数的计算值,如果差距不大,则进行下一步计算,如果差距较大,则重新给予迭代值进行计算,典型总体热力设计分析模型如图 6 - 17 所示。

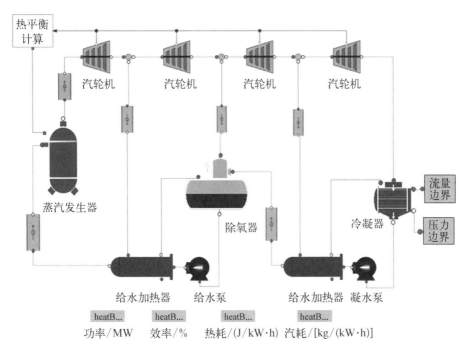

图 6 - 17　总体热力设计模型示意图

2) 系统保温设计分析

系统保温主要有两个目的: 一个是在人员可能接触的区域或者工艺需求,要求保温层外部温度不高于某值,此时应当用表面温度法计算保温厚度;另一个是在人员接触不到的区域,考虑热经济性,需要减少表面散热损失,此时应当根据保温计算模型计算保温层厚度。

模型支持多种保温形式计算,包括管道保温、设备保温等。使用热构件及保温模型,建立相应边界,热构件内边界为管道、设备的介质温度,热构件外边界为环境温度。根据已经确定的管道规格、设备尺寸等设定热构件集合参数,设定保温的结构形式、保温材料、计算方法(表面温度法、经济厚度法),可计算表面散热损失、表面温度、保温厚度等参数。保温计算如图 6 - 18 所示。

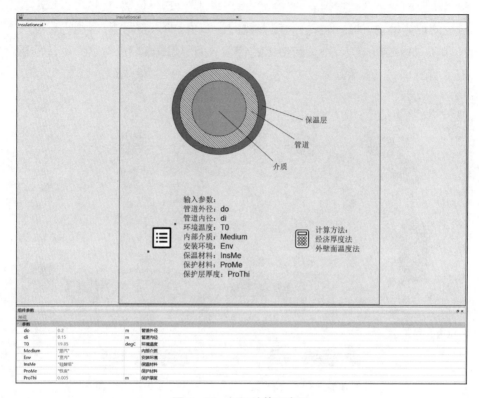

图6-18　保温计算示意图

3）系统水力设计分析

（1）管道规格计算。汽水管道规格计算是系统设计的重要步骤，其主要目的是选择合适规格的管道内径以满足工质的流通需求，选择合适的管道壁厚以满足系统安全性。在计算时拖入相应模型，输入管道内介质的压力、温度、焓、流量等参数。模型根据该系统对应的推荐流动速度范围，选取合适国标或其他标准的工程通径，并通过迭代计算，计算出管道的内径、壁厚等参数。管道规格计算流程如图6-19所示。

（2）管路阻力计算。管路阻力计算是系统设计的重要环节之一，为水泵等驱动设备的设计提供关键输入参数。图6-20所示为水力计算概要流程：根据系统工质流量、温度等参数，结合系统流程图，建立相应子系统的水力计算模型。输入管道规格参数、布置参数，如管长、弯头数目、高度差等，计算系统在不同工况下的流动阻力。

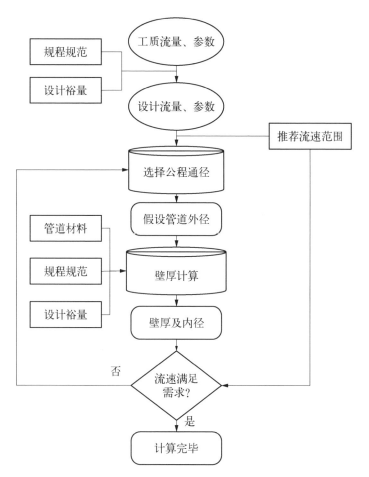

图 6‑19　管道规格计算流程

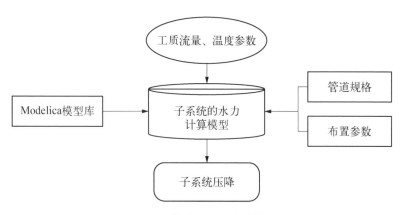

图 6‑20　管路流动阻力计算流程

4）系统运行特性分析

基于数字化平台开展系统运行特性分析技术研究是实现系统工程应用设计，充分释放系统设计风险，优化设计水平的有效手段，能够为系统设计提供科学的设计评价，并为系统运行控制方案设计与优化提供理论指导。

系统运行特性分析首先根据主要设备理论模型基础，通过研究设备内部质量、动量及能量在传热传质、功热转换等过程中的变化规律建立设备分析模型，主要包括泵、阀、换热器、除氧器、汽水分离器、汽轮机、管道和管件、容器等。基于设备分析模型进行拖动式建模，实现模型的实例化和图形化显示，按照系统流程实现模型自由组合，快速构建出系统分析模型。

在仿真平台完成系统分析模型的构建及调试后，可基于系统运行控制方案，对系统在各种工况下的运行特性进行仿真分析，包括稳态、升降负荷、启停及甩负荷等工况。

6.4.2　仪控系统和设备性能仿真分析

仪控系统和设备性能仿真分析程序包是为仪控各层级的性能仿真提供分析程序，中国核动力研究设计院在 Simulink、C++、开源软件等基础上，针对反应堆仪控特点，进行了定制开发，主要包括了仪控系统建模与仿真分析工具、过程仪表性能仿真分析工具、核仪表性能仿真分析工具、电气驱动设备性能仿真工具、棒控棒位设备性能仿真工具，满足了系统、分系统、设备多层级的仿真需求。

1）仪控系统建模与仿真分析

仪控系统建模时主要基于各子系统标准化规范化基础模型库（基础模型库中各模块应可以不断完善并持续更新），采用图形化参数化建模方式，支持用户以功能模块控件（系统内置或用户自定义）及连接线控件为基本建模单元，通过控件拖动放置、控件连接关系定义、控件整定常数配置等一系列基于直观图形化处理方式的程序操作，实现系统建模，如图 6-21 所示。

仿真程序提供支持仪控系统建模的内置模块，对不同的功能算法实现预先封装，供用户建模仿真时调用。此外，提供功能模块的用户自定义功能，支持用户利用仿真程序提供的接口，自行封装自定义功能算法，一并加入模块库中供建模仿真时调用[18]。

仪控系统模型在仿真平台中完成于控制对象模型的接口配置及调试后，可基于设计工况开展仪控系统的综合功能性能验证，并完成控制参数优化、功能逻辑验证及迭代。闭环动态仿真分析结果示例如图 6-22 所示。

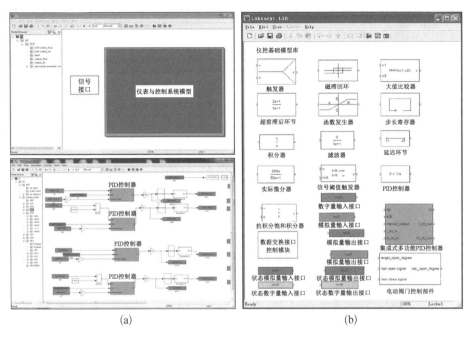

(a)　　　　　　　　　　　　　　　(b)

图 6‒21　仪控系统基础模型库与系统模型构建

（a）仪控系统模型；（b）仪控系统基础模型库

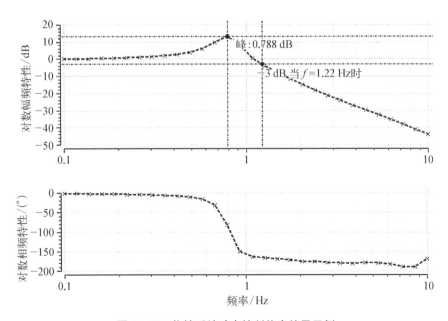

图 6‒22　仪控系统动态控制仿真结果示例

2）过程仪表性能仿真分析

通过输入典型过程仪表的几何尺寸、物理特性、温度压力、结构安装、仪表和电路相关参数，建立对应仪表的数学模型。数学模型的核心模型包含输出量-传感元件感应物理量之间的特性模型、动态时间响应模型等，这些模型中的相关参数可通过仪表相关参数建模计算获取。

以铂电阻温度计为例，铂电阻温度仪表建模技术路线如图 6-23 所示。

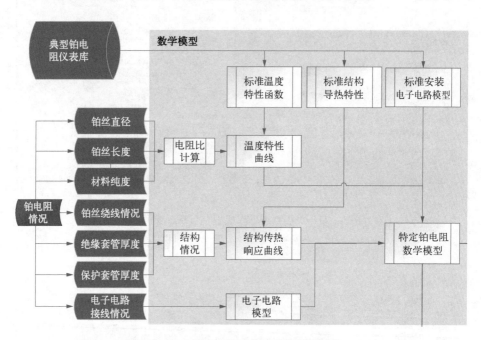

图 6-23　铂电阻温度仪表建模技术路线

对于铂电阻温度仪表性能模型（数学模型），通过建立标准典型铂电阻仪表的标准温度特性函数、标准结构导热特性模型和标准安装电子电路模型，获得典型铂电阻仪表库。对于外部输入的铂电阻参数（包含铂电阻尺寸参数、材料参数、安装参数和电子线路接线情况等）的设定，建立电阻比计算模型（输入参数有铂丝直径、铂丝长度和材料纯度等）和铂电阻结构模型（输入参数有铂丝绕线情况、绝缘套管厚度、保护套管厚度等），进而将其结果与标准温度特性函数结合获得该铂电阻温度特性曲线，将其与标准结构导热特性函数结合获得结构传热响应特性曲线，将其与标准安装电子电路模型（三线制/四线制）结合，通过以上三个模型共同作用，获得该铂电阻的数学模型。数学模型中输入为铂电阻传感器的型号和各层套管尺寸、材料和内外温度等相关参数，输出为对应的稳态输出电阻及其换算出的标准信号电流值及动态时间响应特性曲线。

对于标准铂电阻的动态导热特性,考虑其内部的传热过程,热量从温度较高的部分传递到温度较低的部分。可以将温度传感器测温部分整体看作圆柱体,传感器的物理模型可以简化成由保护套管、绝缘套管等组成的多层结构,每层均可看作圆筒,介质流动方向与传感器轴向垂直。

由于多层套管的圆柱壁面传热动态模型过于复杂,因此,应采取简化方案:当描述热电阻的动态特性和传递函数时,一般忽略内部的温度分布和热交换的误差,通过模型直接得到一般热电阻的能量平衡方程。当其周围的温度发生变化时,它的热平衡方程的公式为[19]

$$\rho V c_p \frac{\mathrm{d}T_j}{\mathrm{d}t} = \alpha A (T_g - T_j) \tag{6-11}$$

式中:ρ 为传感器的综合密度($\mathrm{kg/m^3}$);V 为传感器的体积($\mathrm{m^3}$);c_p 为传感器的综合比热容[$\mathrm{J/(kg \cdot ℃)}$];T_j、T_g 为传感器的温度和介质的温度($℃$);α 为传感器与介质的表面热交换系数[$\mathrm{W/(m^2 \cdot ℃)}$];A 为传感器的表面积($\mathrm{m^2}$)。

式(6-11)可以改写为

$$N_T \frac{\mathrm{d}T_j}{\mathrm{d}t} + T_j = T_g \tag{6-12}$$

其传递函数 $G_T(s)$ 表示为

$$G_T(s) = \frac{1}{1 + s N_T} \tag{6-13}$$

其中的 N_T 为化简过的值,就是传感器的时间常数:

$$N_T = \frac{\rho V c_p}{\alpha A} \tag{6-14}$$

当温度传感器选定后,其相应的尺寸也确定,N_T 可以作为一个常数,它就是所求的时间常数,是传感器动态特性的一个重要指标。铂电阻绝缘套管厚度和材料、保护套管的厚度和材料均会改变传感器的综合密度、综合比热容等参数,进而相应地改变传感器一阶动态响应的时间常数 N_T。该过程由于上述传感器内部圆筒结果温度分布的动态导热复杂性,拟通过仿真或者实验

方式获得 N_T 与各套管层厚度和材料相关关系,用内置曲线的方式写入热电阻数学模型中。该模型输入参数为标准热电阻型号(Pt100、Pt1000 等),内置特性模型会输出对应动态响应特性。

应用 Modelica 语言建立铂电阻 Pt100、Pt1000 结构导热特性方程,通过建模可得铂电阻 Pt100、Pt1000 温度动态响应曲线,输出结果示例见图 6 - 26,图中所显示的为铂电阻温度计测量温度从 25 ℃ 变化到 75 ℃ 的动态响应过程(图 6 - 24 中,T_g 为待测介质温度,T_j 为铂电阻 Pt100 温度计的测得温度值),铂电阻的温度响应时间常数符合工业铂电阻测温动态响应时间范围。

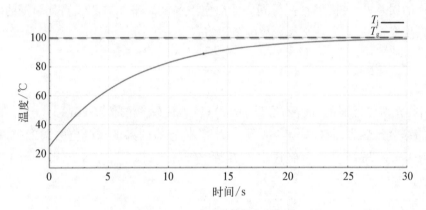

图 6 - 24　Pt1000 温度动态响应曲线示例

3) 核仪表性能仿真分析

核仪表由中子探测器、传输电缆、电子学等部分组成,其中中子探测器又分为中子探测器物理过程和探测器信号模拟计算过程,传输电缆和电子学可以统一采用传递函数表达,基于上述考虑形成了如图 6 - 25 所示的核仪表性能仿真原理图。

以圆柱形电离室中子探测器(涂硼正比计数管、涂硼补偿电离室、涂硼非补偿电离室和裂变室)为对象,采用模拟粒子输运过程的开源软件(如 Geant4[20])研究各类中子探测器在中子-伽马(n - γ)混合场中的相互作用过程,包括粒子和灵敏物质发生相互作用产生带电粒子,带电粒子入射至气体电离室发生电离反应等过程。

在中子探测器物理仿真模型中首先进行探测器模型和物理过程的定义:探测器模型描述了中子探测器的构造和工作参数,特别是探测器内的灵敏涂层、工作气体和电场强度等;物理过程描述了入射粒子和次级粒子与探测器模

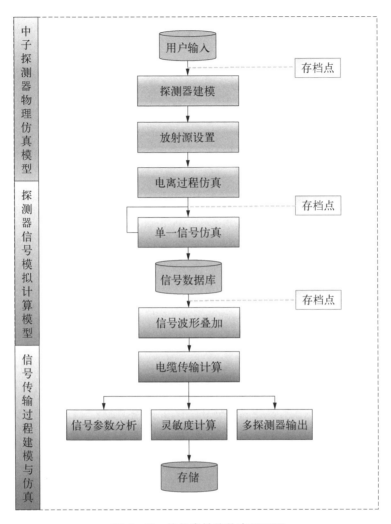

图 6-25　核仪表性能仿真原理图

型将发生的物理反应,是实现较高模拟精度的基础。带电粒子在电离室的气体中发生电离后会产生自由电荷,自由电荷在漂移的过程中将在阴极和阳极上感应出信号,信号的时间谱和电荷量等参数携带着中子的物理信息。

对于要传输的信号,先根据傅里叶变换分解成一系列正弦交流信号的形式,然后再分别传输之后叠加[21]。具体算法如下。

$x_i[n]$ 为信号传输前的时间序列;Δt 为离散时间步长;$x_o[n]$ 为传输后信号的时间序列;N 为信号时间序列的样本数。

首先,通过 FFT 将信号从时域转换到频域,得到不同频率的幅值信息。

$$X_i[k] = \text{DFT}\{x_i[n]\} = \sum_{i=0}^{N-1} x_i[n] e^{-j\frac{2\pi}{N}nk}, \quad k = 0, 1, 2, \cdots, N-1$$

(6-15)

再对不同频率的信号应用电报员方程在正弦交流信号下求解,并求和得到信号传输后的时间序列。

$$x_o[n] = \sum_{k=0}^{N-1} X_i[k] e^{-\alpha_k z} \cdot e^{j[\omega_k(n-1)\Delta t - \beta_k z]}$$

(6-16)

式中: $\omega_k = 2\pi f_k = \dfrac{2\pi k}{N\Delta t}$, α_k 和 β_k 分别为当 $\omega = \omega_k$ 时传输常数 k 的实部和虚部。

4) 电气驱动设备性能仿真分析

电气驱动设备对反应堆一回路系统各类泵阀,包括冷却剂泵、辅助泵、电动阀、电磁阀进行供配电、控制、状态监测等,从而实现对反应堆压力、水位等参数的调节,保障各类正常与事故工况下反应堆的安全稳定运行。

电气驱动设备控制逻辑、带载能力、输出波形等重要性能往往决定了设备能否实现对特定泵阀对象的正确与可靠驱动。在传统反应堆设计中,通过研制电气驱动设备,进行功能性能试验,可实现对电气驱动设备的性能验证、分析及改进。

在数字反应堆中,采用数字化建模与仿真的方式,搭建电气配电功能专用模型、复杂电力变换模块专用模型、典型电气负载模型,实现设备+负载的系统级联合仿真,对电气驱动设备的原理设计、关键参数设计、器件选型、带载能力等进行分析验证。

(1) 电气配电功能专用模型。以传统断路器、接触器开通关断特性及相关电气保护特性作为基础,搭建电气器件模型(见图6-26),并逐级构建具备配电功能的机箱或机柜设备单元,在功能验证过程中根据工艺系统配置、整定规则,优化设备设计原理及主要电气器件选型。

(2) 复杂电力变换模块专用模型。搭建承担变频驱动、调功型驱动、电源变换等复杂电力变换功能的专用模型[22](见图6-27),模型搭建以通用三相整流功率控制器功能性能参数作为技术指标,构建具备特定驱动功能的机箱或机柜设备单元。在功能验证过程中设计人员可根据工艺系统运行需求,调整专用模型运行参数,优化驱动模型工作模式。

(3) 典型电气负载模型。搭建异步工频电机、异步变频电机[23]、永磁同步电机、直流无刷电机等典型电气负载数学模型,模型搭建以各类负载功能性能

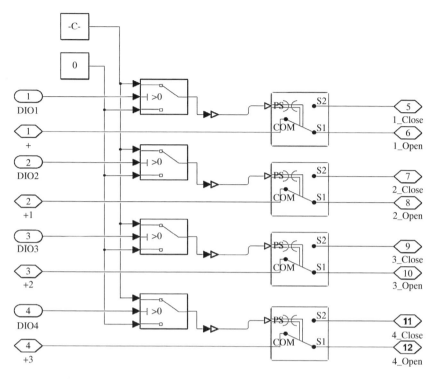

图 6－26 典型接触器仿真模型

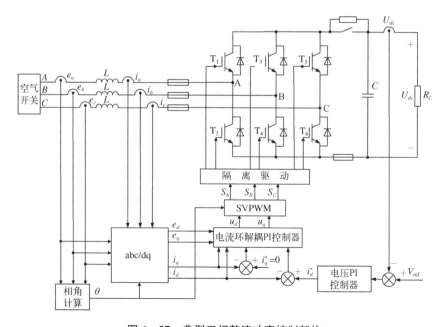

图 6－27 典型三相整流功率控制架构

参数作为技术指标,实现反应堆泵阀类设备关键电气参数模拟,配合驱动设备进行联合仿真,实现对驱动设备的功能性能验证分析。典型异步变频电机仿真模型如图 6-28 所示。

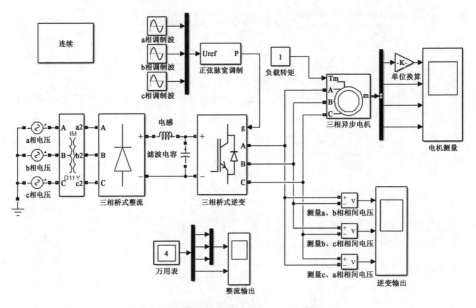

图 6-28 典型异步变频电机仿真模型

5) 棒控棒位设备性能仿真分析

棒控棒位设备对控制棒驱动机构进行控制及对控制棒高度进行测量,棒控设备对控制棒驱动机构控制性能及棒位设备对控制棒位置的测量精度是棒控棒位设备性能仿真分析的主要内容。

(1) 棒控设备性能仿真分析。棒控电源性能仿真采用了 Cadence/PSpice 与 MATLAB/Simulink 的联合仿真。电动机联合仿真电路与控制算法仿真模型如图 6-29 所示。通过使用该模型可以对不同控制参数下的棒控设备运行性能进行仿真分析。

(2) 棒位测量性能仿真分析。为对棒位测量性能进行仿真分析,利用 MATLAB/Simulink、ANSYS、Simplorer 软件搭建了棒位测量联合仿真模型。

通过设定材料参数、边界条件、激励参数及控制棒运动设置可获得次级线圈感应电压波形。根据 ANSYS 仿真结果,利用 MATLAB/Simulink 软件设计了基于次级线圈感应电压的棒位测量模块仿真模型。棒位测量模块仿真模型如图 6-30 所示。

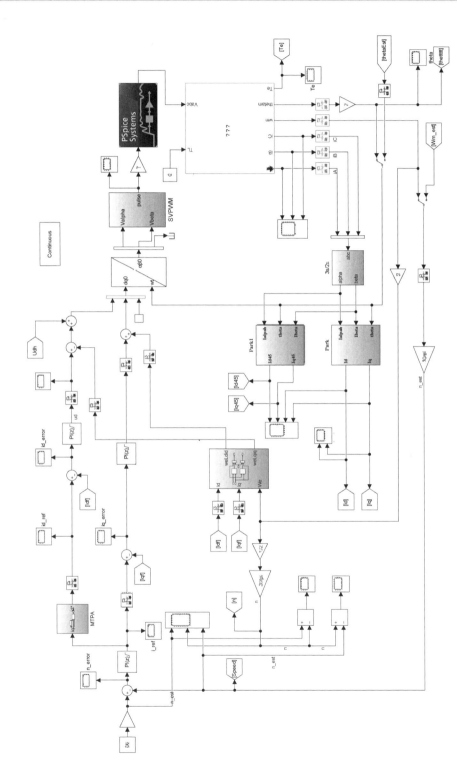

图 6-29　马达联合仿真电路与控制算法仿真模型

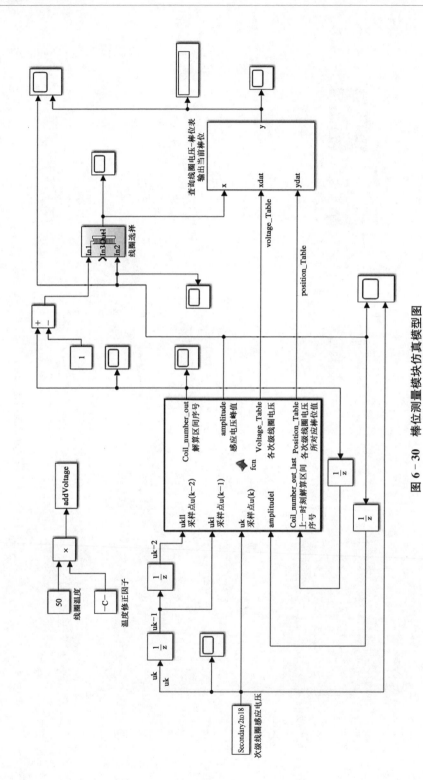

图 6 – 30 棒位测量模块仿真模型图

使用 Simplorer 建立 MATLAB/Simulink 与 ANSYS 的联合仿真模型。通过该模型可以对不同棒位探测器参数、不同测量算法下的棒位设备测量精度进行仿真分析。棒位探测器外电路激励如图 6-31 所示。

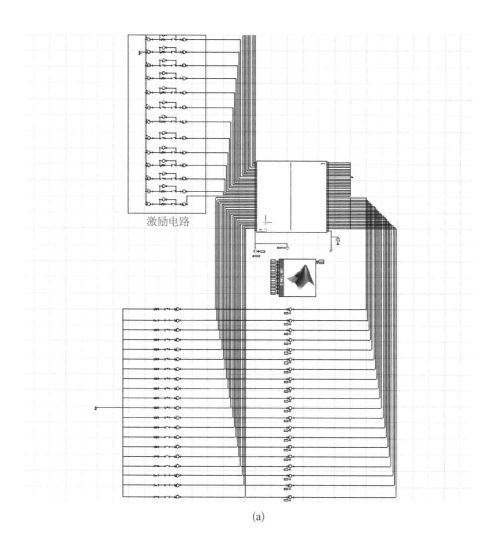

激励电路

(a)

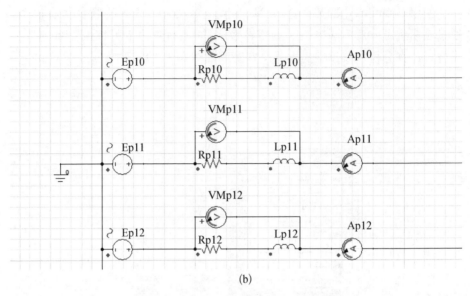

(b)

图 6 - 31　棒位探测器外电路激励示意图

(a) Simplorer 中激励电路图;(b) Simplorer 中激励电路放大图

6.4.3　反应堆控制棒驱动线性能分析

控制棒驱动线是反应堆内唯一具有相对运动的设备单元,是反应堆控制及核安全保护的执行单元,关系反应堆的启、停堆和功率调节,以及事故工况下的紧急停堆。在控制棒驱动线结构设计过程中,驱动线运行性能和性能参数必须经过评估与试验考验。囿于控制棒驱动线冷、热态性能试验的成本、周期,数值模拟手段常被用于控制棒驱动线性能分析,具体包括驱动线落棒行为数值模拟及驱动线公差分析等。

1) 控制棒驱动线落棒行为数值模拟

控制棒驱动线的落棒行为是指该设备单元在反应堆周期内,在高温、高压、高辐照以及流致振动条件下,当驱动机构释放后,控制棒组件(包括驱动杆等部件)在导向结构内的运动情况。在反应堆处于正常工作状态(满功率状态)时,驱动杆位于高位,星形爪在导向组件的顶部,而控制棒位于反应堆的顶部;在发生紧急状态、控制棒落下后,驱动杆进入导向管组件内,星形爪位于上堆芯板上,控制棒进入燃料组件导向管内。

控制棒驱动线落棒行为涉及边界运动问题,在 CFD 数值模拟中场采用动网格方法进行处理。

动网格适用于模型中有运动边界的情况,即模拟流场中流域边界随时间运动而导致流域变化的流场。动网格模型已应用在阀门启闭过程,泵、压缩机内部流场分析,翼型设计优化,流固耦合研究,气缸活塞运动计算,多体分离过程(如飞机投弹模拟)等领域。在 FLUENT 动网格中,网格重构方式分为 Smoothing、Layering 和 Remeshing 三种。

Smoothing(光顺法):分为弹簧光顺与扩散光顺,适用于小变形和小运动情况,在默认情况下,只支持三角形网格和四面体网格。

Layering(动态层法):主要用于棱柱网格区域(如六面体网格、三棱柱网格等)或四边形网格中,通过使用动态层法增加或去除与运动边界相邻的单元网格层数,以实现网格运动。

Remeshing(重构法):将超出网格偏斜度或尺寸标准的网格收集起来,并在这些网格或面上局部进行网格重构,若新网格单元质量达到网格质量标准,则进行网格重构,否则,新网格将会被丢弃。重构方式主要包括局部单元重构、局部区域重构、局部面重构(只用于 3D)、面域重构、cutcell 域重构(仅 3D)及 2.5D 面重构(3D 中)。

如何避免由于边界运动导致计算域网格质量严重恶化,是动网格计算过程中的一大难点。在实际应用中,常常由于动网格更新过程出现意想不到的网格变形,导致网格质量下降,最终计算被迫停止,因此需要大量的人为调试参数,来选取合适的网格重构控制参数。在一般情况下,控制棒落棒过程仅考虑垂直方向上的单自由度运动,因而选取 Layering 方式,使网格重构沿垂直方向上进行。

基于六面体结构化网格,在边界运动过程中动态层法只在垂直方向上增加或者合并网格,六面体网格形状没有出现扭曲,保证了计算域网格质量的可靠性,这也是采用结构化网格划分的核心所在。

采用商用仿真软件的数值模拟分析方法,具有应用面广、适应性强的优点,可得到落棒过程中流场的更多细节,包括速度场、压力场、温度场云图等,结果也更直观,方便对计算结果进行处理,而且便于对特定参数或结构进行修改,以分析不同优化结构、不同事故工况对落棒性能的影响。但是,由于控制棒驱动线结构的特殊性和复杂性,现有的数值模拟方法仍存在计算效率低、收敛速度慢、对硬件要求高等问题;为应对这些问题,研究者通过对结构的简化处理,如构建二维轴对称模型,简化结构或形状,以及将部件拆分进行单独分析,也得到了较好的仿真效果。

2) 控制棒驱动线公差分析

在机械设计过程中，为保证产品各组成零件合适、恰当的功能，对各组成零件所定义的允许的几何参数和位置上的误差称为公差。公差的大小不仅影响制造成本和装配过程，还影响产品的功能和性能；公差精度定得越高，加工的难度越大，制造成本也就越高；但若公差精度定得过低，则可能导致零件之间配合得不好，达不到设计指标和技术性能的要求。因此，公差设计成为产品设计阶段的一项重要内容，对产品装配质量及成本有直接的影响。

控制棒驱动线涉及的零部件数量较多，配合关系复杂，为了避免运动部件和导向部件之间产生干涉，必须对控制棒驱动线错对中进行细致的公差分析，消除干涉源，在设计上确保反应堆的正常运行。

传统的反应堆控制棒驱动线公差分析（错对中值的计算）方法概括如下。

(1) 由具有丰富工程经验的工程师，根据反应堆结构特征和工程经验，确定公差分配方案。这里包括将反应堆控制棒驱动线的公差分配给反应堆压力容器、堆内构件、燃料组件、控制棒组件、可拆接头组件、CRDM 等相关设备或部件。

(2) 对堆内构件与反应堆压力容器的安装提出安装指标要求。

(3) 将相关组件安装技术要求中规定的装配公差和个别特征的公差作为输入，分别计算控制棒驱动线的冷态极限错对中值和冷态均方根错对中值，以及控制棒驱动线的热态极限错对中值（包括由温度、压力引起的错对中值）。

(4) 通过反应堆控制棒驱动线的冷、热态试验对不同错对中值下的落棒时间进行验证。

计算机辅助公差分析技术能够从产品全生命周期的角度处理产品公差设计问题，保证了产品的可制造性和可装配性，将计算机辅助公差分析技术应用于反应堆控制棒驱动线的公差分析，进而提高分析效率、研究零部件误差累积对性能的影响，以及更合理地优化分配公差，具有重要的意义。随着商用公差分析软件的出现，研究人员通过对其结果可信度进行研究验证之后，已经开始将其应用于指导工程实践。目前，主流的计算机辅助公差分析（Computer Aided Tolerancing，CAT）软件有 VSA（Variation System Analysis）、CETOL、DCS 和 Tol‑Mate，广泛应用于航空、汽车、计算机等领域。上述商用软件在功能上基本相似，以 VSA 为例，VSA 是一个实时数字孪生体公差分析系统，主要用于模拟制造过程和装配过程并预计偏差的大小、分布及成因，能够逼真且顺畅地展示产品装配过程、静态和动态装配尺寸链跟随零部件制造偏差和装配工艺能力的波动而变化的过程、柔性件和几何特征由于装配约束而产生的尺寸变形等。利用 VSA 建立的装配公差仿真模型中包括了全面的几何描述、加工偏差(公差)、装配过程偏差(装配顺序、装配约束关系的定义)及分析尺寸。VSA 主要采用 MonteCarlo 算法,能得到工艺敏度、公差分布、产品合格率、工艺能力等多项工艺指标。VSA 的公差分析结果采用图形化输出,很直观,容易理解。如图 6-32 所示为控制棒驱动线计算机辅助公差仿真优化分析流程。

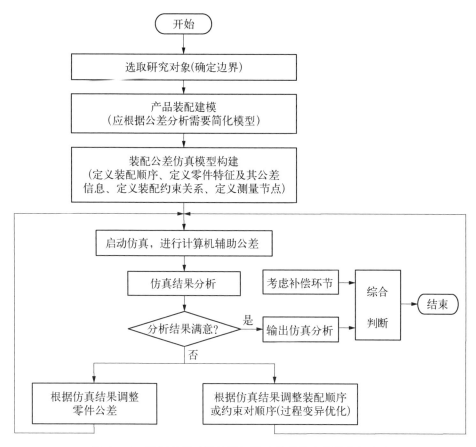

图 6-32　控制棒驱动线计算机辅助公差仿真优化分析流程

常用的公差分析技术及其对比见表 6-1。其中,MonteCarlo 模拟法和数值积分法对设计函数、组成环分布及环数都没有要求,所以它们的适用范围都很广;同时,它们的分析结果都受各组成环平均值漂移及分布形状变化的影响,所以它们的分析结果与实际更为接近。

表 6‑1 各种公差分析技术的对比

方 法	对设计函数的要求	对各组成环分布要求	对环数的要求	各组成环平均值漂移对分析结果有无影响	各组成环分布形状变化对分析结果有无影响
极值法	线性	无	无	无	无
方和根法	线性	环数小时为正态,其余无	一般大于 10	无	有
(基于二阶)可靠度	无	正态分布	无	有	有
扩展 Taylor 公式法	非线性	无	无	有	无
数值积分法	无	无	无	有	有
Taguchi 试验法	无	正态分布	一般小于 10	有	有
MonteCarlo 模拟法	无	无	无	有	有

6.4.4 蒸汽发生器性能分析计算

蒸汽发生器是压水堆中一、二回路之间的枢纽,是反应堆冷却剂系统中最关键的设备之一。作为热交换设备,它可以将一回路冷却剂携带的热量传递给二回路给水,此外,它还是承压边界,对反应堆一回路放射性产物起到了屏蔽的作用。蒸汽发生器对于整个核电站的安全运行十分重要,而在整个一回路压力边界中,传热管的传热面积占了 80% 左右,传热管管壁又很薄,一般只有 1 mm 左右,并且由于一、二回路压差很大(10 MPa 左右),水质也很复杂,在蒸汽发生器长时间的运行过程中容易出现传热管的振动、磨损、疲劳,甚至管道破裂,影响蒸汽发生器的安全可靠性。实际运行经验也表明,核电站中很多事故的发生都与蒸汽发生器有关。多数核电站蒸汽发生器的运行时间远未达到设计的寿命,就因传热管严重破损而不得不更换。

基于三维流场的蒸汽发生器热工水力模型可以准确地描述蒸汽发生器在

不同工况下热工水力状态,利用模型获得的流场数据不仅能够优化蒸汽发生器的传热性能,大幅提高设备的紧凑性,而且能为化学腐蚀分析、污垢沉积分析、流致振动分析提供关键的计算输入,从而提高设备的可靠性和安全性。因此,有必要开发高保真的蒸汽发生器三维热工水力分析程序,以获取其内部一次侧、二次侧准确的三维流场信息,一方面用于热工计算分析,另一方面为安全分析程序(如沉积、流致振动等)提供输入参数。但蒸汽发生器内部管束众多且结构复杂,从微观角度对其进行精确结构的整体模拟需要千亿量级的网格,在工程应用中很难实现。

考虑到传热器管束布置规律,通常采用多孔介质方法简化管束结构,获得基于宏观尺度网格的传热器内部流场。Patankar 和 Spalding 最早采用多孔介质方法模拟管壳式传热器的壳侧流场,Sha 等采用多孔介质模型及分布阻力概念研究金属增殖快堆中间换热器和蒸汽发生器内部的流动传热特性,Prithiviraj 和 Andrew 同样采用多孔介质方法和分布阻力研究管壳式换热器内的两相热工水力特性。西安交通大学和中国核动力研究设计院基于主流商用 CFD 程序(ANSYS FLUENT),采用多孔介质方法对一次侧上万根传热管进行简化,采用多孔介质内的单相流模型描述蒸汽发生器一次侧的传热及流动状态,采用多孔介质内的漂移流模型描述蒸汽发生器二次侧的传热及流动状态,选择适用于一次侧单相流及二次侧两相流传热和流动经验关系式,开发一次侧及二次侧三维能量耦合模块,进一步拓展程序的计算域至汽水分离器部分(包含旋叶式汽水分离器、波形板干燥器、重力分离空间、流量限制器),并实现对其分离效率和阻力的计算,最终开发出一套适用于典型压水堆核电站立式自然循环蒸汽发生器一次侧、二次侧三维全流域覆盖的热工水力耦合分析的计算软件包。

6.4.4.1　典型核电蒸汽发生器计算建模

1) 蒸汽发生器结构

蒸汽发生器结构示意图如图 6-33 所示,选用核电系统常用的倒 U 形管自然循环式蒸汽发生器为例。由于涉及蒸汽发生器两侧流域,因此在流域选取时需要对两侧的流域分别进行选取,并分别做相应的简化。

二次侧水位示意图如图 6-34 所示,蒸汽发生器二次侧给水从主给水接管嘴流入给水环,经给水环分配后,向下流入下降段,并与汽水分离器疏水混合,混合后的过冷水沿下降段向下流动,在流动过程中,流体因为下降段出口周向压力分布不均,出现横流和流速调整,之后流体沿围板与管板之间缺口折

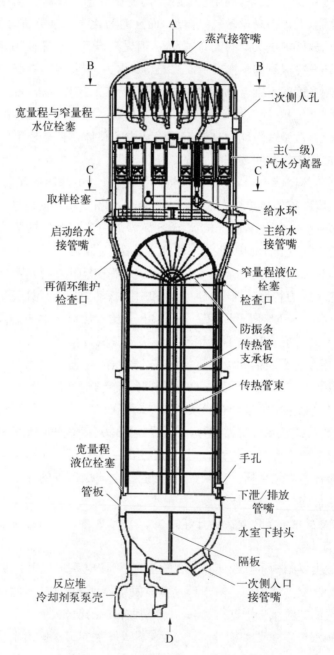

A

蒸汽接管嘴

B — — B

二次侧人孔

宽量程与窄量程
水位栓塞

主(一级)
汽水分离器

C — — C

取样栓塞

给水环

启动给水
接管嘴

主给水
接管嘴

再循环维护
检查口

窄量程液位
栓塞
检查口

防振条
传热管
支承板

传热管束

宽量程
液位栓塞

手孔

管板

下泄/排放
管嘴

水室下封头

隔板

反应堆
冷却剂泵泵壳

一次侧入口
接管嘴

D

图 6-33　蒸汽发生器结构示意图

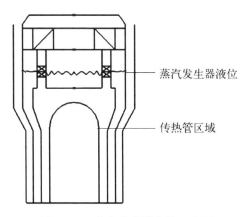

图 6 - 34　蒸汽发生器水位示意图

流流入管束区,在管束区沿管束向上流动并被加热发生相变,汽水混合物流出U 形管束,流经管束与汽水分离器之间的空腔,之后进入汽水分离器,汽水混合物在汽水分离器中进行一级分离,疏水经汽水分离器疏水槽流入下降段,与新给水混合,高干度蒸汽向上进入干燥器,之后沿蒸汽出口管嘴流出蒸汽发生器。设计运行状态下,水位淹没给水环及汽水分离器疏水槽出口。旋叶式汽水分离器的蒸汽出口在液位以上。

2）计算域选取

蒸汽发生器结构需要同时计算一次侧及二次侧,对两侧的几何参数均进行保留。一次侧流域主要由管束、管板、下封头、进出口管道组成的封闭腔室组成;二次侧主要包括给水管道、给水下降段、管束外气液两相流段、蒸汽上升段、一级汽水分离器、重力分离段、波形板干燥器及顶盖组成。由于蒸汽发生器结构较为复杂,采用多孔介质方法对管束区的几何进行简化,还对其他部分进行了适当几何简化,具体如下。

二次侧主体计算域选取为从液位所在截面为下降段入口截面,到汽水分离器与液位同高度截面为出口截面,图 6 - 35 为其几何示意图。

对于汽水分离装置,由于波形板干燥器中的波纹通道,目前尚无全尺寸且全组件的 CFD 研究,同时现有机理研究发现其压降损失与流速呈现二次函数关系。通常将其简化为多孔介质流域,利用多孔介质模型中的压降模型模拟流体经过波形板通道时的压降损失;同样地,利用试验验证的半经验公式在UDF 中完成分离效率的计算。上述提到的汽水分离装置的简化及相应几何模型如图 6 - 36 所示。

图 6‑35　几何建模和二次侧支承板示意图

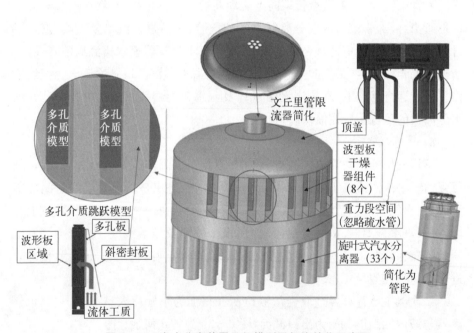

图 6‑36　汽水分离装置几何模型及相应简化示意图

6.4.4.2　蒸汽发生器三维全流域热工水力模型

蒸汽发生器三维全流域热工水力模型主要有多孔介质内单相流模型,以及一次侧、二次侧三维传热耦合模型。

1) 多孔介质内单相流模型

下面分一次侧流域、二次侧流域以及数学物理模型三个方面介绍多孔介质内单相流模型。

（1）一次侧流域。蒸汽发生器一次侧流域主要包括三大部分：进出口管道及其相连的下封头、管板、管束。由于核电蒸汽发生器设备一般含有大量的传热管束，考虑到本耦合程序的计算量，首先采用多孔介质方法对其几何部分进行简化。图 6-37 给出了经过几何简化后的一次侧流域，对下封头处如人孔等，由于它们不会对一次侧流域产生影响，因此，在简化过程中并未考虑在内。

图 6-37　简化后的一次侧流域

（2）二次侧流域。二次侧流域主要包括给水下降段、管束外段（包含管束支承板）、流域中，管束上方蒸汽上升段、汽水分离器入口段。图 6-38 为二次侧流域的几何示意图。二次侧冷却剂首先通过给水管进入，经环形下降腔室折流，进入管束外换热区域，在该区域，冷却剂吸收热量并相变为蒸汽，随后流入汽水分离器入口。

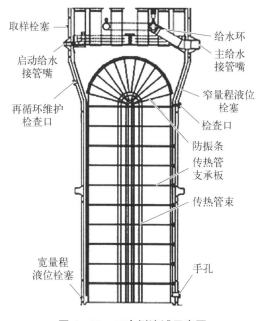

图 6-38　二次侧流域示意图

（3）数学物理模型。蒸汽发生器一次侧冷却剂为单相强迫流动，为高流速的湍流流动,在其流动过程中将热量经传热管壁传递到二次侧,一次侧数学模型为单相流动模型,二次侧为汽水两相流过程,与常规流体的两相流动类似,宏观尺度的多孔介质内的两相流动研究方法也分为三种:均相流模型、漂移流模型和两流体模型。在早期的研究工作中,为简化计算,多采用均相流模型,如CALIPSOS、THEDA-1、THEDA-2等程序。

2) 一、二次侧三维传热耦合模型

图6-39给出了三维耦合计算程序开发流程图,一次侧、二次侧均进行三

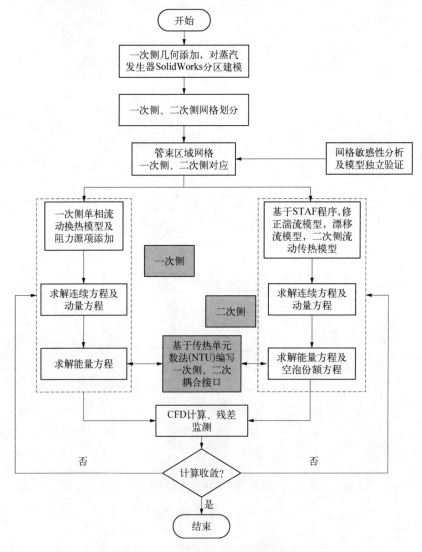

图6-39　SG三维耦合计算程序开发流程图

维模型建立,开发的一次侧、二次侧三维能量耦合模块能够实现一次侧与二次侧经传热管壁面的实时能量交换功能,经过数次迭代,能够获得在稳态工况下两侧流场及热工参数场的分布。

一次侧与二次侧在管束换热区域计算节点布置相同,能够根据相同空间位置下的两侧流体的温度差获得每个迭代步下每个计算节点处的能量交换源项,通过多次迭代获得稳态工况下的热交换源项分布,最终获得两侧较为精确的三维热工参数分布。

6.4.5　反应堆主设备辐照性能分析

核反应堆安全稳定运行的最关键因素是确保提供动力的核反应堆主设备正常服役。在反应堆运行环境中,通过核反应形成的载能中子与材料中的原子发生碰撞,形成两种主要的辐照损伤:① 通过能量传递,诱发材料离位损伤,形成缺陷,这些缺陷的动力学演化造成材料微观结构的变化;② 通过嬗变反应,形成新的杂质元素,例如通过 (n, α) 和 (n, p) 反应,形成氦和氢等元素,同样会造成材料中微观结构的演化。这些离位缺陷及形成的氦/氢的杂质元素,在反应堆的高温、高压、辐照、腐蚀、循环载荷及交变热载荷的作用下,发生形核、扩散、反应及长大过程,形成过饱和、大尺寸的空洞、位错环、沉积相及氦泡和氢泡,导致辐照硬化、脆化、肿胀、腐蚀、疲劳及蠕变等性能退化,从而导致材料力学性能降低,影响反应堆设备的服役寿命。因此,理解由辐照损伤造成的材料性能退化,一直是核能材料领域重点和难点工作之一。

对材料辐照性能的研究涉及多个时间尺度和空间尺度,时间尺度从载能中子与材料相互作用发生能量传递的 10^{-18} s 到反应堆的运行周期(数十年),空间尺度从原子相互作用的 10^{-10} m 到反应堆宏观尺度(10 m)。在这些时空耦合尺度内,均有缺陷演化及对材料服役性能的影响。对这种时空跨尺度过程的研究,需要发展相应的研究方法,例如通过实验方法,人们已经从宏观尺度到了纳米尺度,在时间尺度上,实现了长时间到微秒、纳秒及皮秒的观测,目前也开始了利用自由电子激光探索 10^{-15} s 的测试,但是如何把时空尺度耦合起来,目前仍在探索中。除了时空尺度的限制,结构材料辐照损伤还受到多物理场耦合作用的影响,例如反应堆中的高温、高压、强辐照、腐蚀和循环载荷及交变热载荷的共同作用,对材料中辐照缺陷的形核、演化及对材料性能均有耦合作用,从而使得对底层物理机制的理解比较困难。由于跨时空尺度及多物理场耦合过程的影响，导致辐照损伤形成比较复杂的辐照效应，造成材料服役性能退化，如上面所述的辐照硬化、脆化、肿胀、疲劳、蠕变及氦脆、氢脆等现象均可能出现。需要注意的是，由于这些效应均是由辐照缺陷的形成、扩散、反应而造成的最终宏观表现，因此，不同效应之间也存在相互耦合，例如硬化与脆化、肿胀与蠕变之间，均存在相互影响。

到目前为止，对于材料辐照性能的研究主要有实验、理论研究和计算模拟等方法，如图 6‑43 所示。在理论研究方面，由于上述的跨时空尺度物理过程及多物理因素的耦合影响，理论模型研究比较困难，并且在已知的物理模型中，所需要的关键参数基本都是依赖实验测试及计算模拟。在实验研究方面，研究人员已经完成了对一般非辐照样品及低能离子辐照样品的微观结构分析表征及相关力学测试，实现了对材料抗辐照性能的初步评估，但是由于这些材料均需要在中子辐照环境下服役，因此，对通过初步评估和筛选的材料，还需要采用关键中子辐照实验获得最直接数据。目前，对于反应堆用材料采用中子辐照开展相应的实验，由于能够提供中子进行材料实验的反应堆、中子源非常有限，导致中子辐照实验费用非常高，同时，中子辐照后的样品具有放射性，由于热室资源有限，对这些样品进行相应的测试，需要较长的时间，并且由于缺乏对放射性样品开展球差透射电子显微镜（TEM）、三维原子探针等高精度微观结构表征的技术支持，导致难以获得定量的数学依赖关系，实现对微观结构到宏观力学性质演化对应关系的精确描述。在计算模拟方面，同样由于时空跨尺度及多物理因素的耦合效应，需要不同尺度的计算模拟方法，进而确保各个尺度方法之间的数据精确传递，以及在计算模拟尺度从微观到宏观的链接过程中，建立不同尺寸辐照缺陷关键数据（形成能、结合能及迁移能等）间的依赖关系，这些仍旧是制约计算模拟到工程实际应用之间的关键科学问题。

在数字反应堆中，针对反应堆设备材料的辐照效应开展数值模拟研究，在理论分析和计算的基础上，对材料辐照效应的机理进行研究，建立相应的计算模型、方法和计算模块。由于材料辐照效应是一个跨越时间、空间的多尺度过程，目前数值模拟的研究在不同尺度上会用到不同的理论和方法，包括速率理论或速率方程（RE）、分子动力学（MD）、二元碰撞近似（BCA）、动力学蒙特卡罗（KMC）、离散位错动力学（DDD）、密度泛函理论（DFT）、时变密度泛函理论（TDDFT）和晶体塑性有限元方法（CPFEM）等。到目前为止，均基于各个方法开展了对辐照缺陷的研究，而由于辐照损伤的跨时空尺度和多物理场的耦合影响,开展跨尺度模拟将成为理解辐照损伤的关键技术方法。

反应速率理论或速率方程一般用于解缺陷密度的连续微分方程来模拟它们的扩散。因此,这种方法原则上与扩散理论本身一样"古老",可以追溯到 19 世纪 50 年代。速率理论方法的优点是,它可以跨越很长的时间、空间和能量范围,研究从级联缺陷的产生到宏观性质的变化。缺点是它只能给出平均缺陷浓度信息。原则上,KMC 方法也可以做同样的事情,包括描述每个单独的缺陷。而至少对于一维空间描述,RE 方法比 KMC 方法更加有效,因此该方法仍在使用中。这些方法都有一个共同的特点,那就是 RE 的输入可以与 KMC 的实验数据、MD 或 DFT 数据相同[24]。

分子动力学模拟是一种研究分子或固体中原子运动的方法。该方法主要依靠牛顿力学模拟分子体系的运动,旨在通过从分子体系的不同状态构成的系统中抽取样本,从而计算体系的构型积分,并以构型积分的结果为基础,进一步计算体系的热力学量和其他宏观性质。对于由原子核和电子构成的多体系统,分子动力学模拟通过求解运动方程,成为一种能够解决大量原子组成的系统动力学问题的计算方法。它不仅可以直接模拟物质的宏观演变特性,得出与试验结果相符合或相近的计算结果,还可以提供微观结构、粒子运动,以及它们和宏观性质关系的明确图像,从而为新的理论和概念的发展提供有力的技术支撑[25]。

二元碰撞近似中,高能粒子或反冲核在物质中的运动被看作是一系列独立的二元碰撞事件。对于每一次碰撞,通过求解经典散射积分,可以得到样品原子的散射角和能量损失的具体数值。BCA 方法常用于模拟材料中高能粒子的射程剖面、溅射现象和能量沉积等物理过程[26]。

在长时间的辐照之后,金属的损伤主要由位错决定,它们的行为将决定材料最终的力学性能变化。在离散位错动力学中,位错被看作是一组连接的线或曲线段,它们通过弹性应变能而相互作用。能量在节点之间产生弹性力,然后可以用分子动力学算法来模拟位错的运动。由于缺陷周围的应变场衰减缓慢,该方法计算量相当庞大,因为它需要综合所有其他位错相互作用。最常用的 DDD 方法是利用各向同性介质的弹性方程来解决各段之间的相互作用。

DFT 的想法最初是在 1964 年和 1965 年由 Hohenberg、Kohn 和 Sham 提出的,从那时起发展成为物理学、化学和材料科学的一个关键方法,Kohn 因此在 1998 年获得了诺贝尔化学奖。简单地说,DFT 解出了非相互作用电子的电子密度(而不是多体波函数)的类薛定谔方程,然后用一个特殊函数来修正假设的非相互作用电子最初使用时的错误。经过近60年的发展,DFT算法已经在许多固态和分子体系中变得相当精确,DFT根据定义是一种电子基态方法,因此不直接适用于模拟非平衡辐照效应。此外,它的计算要求很高,因此即使在今天,大多数DFT模拟仍然局限于几百个原子的体系。然而,DFT也广泛用于辐照效应,在很多方面可帮助理解辐照效应。因为DFT是一种非常广泛使用的方法,而且还有许多不同的编码,因此这对于解决经典MD中原子势选择的不确定性是非常有帮助的。在辐照损伤研究领域,广泛使用的程序有VASP、SIESTA和QuantumEspresso[27]。

TDDFT方法旨在求解原子和电子系统的含时薛定谔方程。然而,就像与时间无关的DFT方法一样,TDDFT求解的也不是真正的薛定谔方程,而是它的近似值。因此,不能保证其解决方案符合现实。尽管如此,该方法已广泛应用于模拟材料和分子中的电子激发过程。在原理上讲,TDDFT可以完全从第一性原理描述电子停止和电子-声子耦合现象。由于这个原因,自1995年以来,它在研究辐照效应方面的应用强劲增长。但TDDFT模拟往往局限于100个或更少原子的系统,这自然使得模拟电子停止或电子-声子耦合非常具有挑战性。最近,TDDFT模拟也被用来深入了解电子-声子耦合,尽管模拟可以处理的原子数量很少,使得模拟声子具有挑战性。很明显的是,在效应模拟中,TDDFT方法的使用将会不断增加。然而,由于TDDFT方法目前仍处于强有力的发展阶段,我们不能断言将会有广泛使用的"标准程序"出现。

晶体塑性理论将位错滑移机制与晶体的塑性变形行为有机地结合起来,为晶粒尺度内的塑性变形提供了基本理论框架。晶体塑性有限元方法是基于晶体塑性理论的一种有限元计算方法。近年来,为了研究和预测辐照损伤导致的材料力学性能的变化,在传统晶体塑性理论的基础上,增加了对辐照硬化的考虑,衍生出一系列的辐照晶体塑性模型,它们可以描述杂质缺陷、析出相、晶界、位错等的相互作用关系,允许囊括各种力学机制。基于这些辐照晶体塑性模型,CPFEM方法可以研究晶体层面的结构演化,如晶粒尺寸效应、晶界效应、织构演化等,也可以预测辐照材料的力学行为,如硬化、蠕变、疲劳等。CPFEM方法的优势不仅体现在处理复杂边界问题的高效率上,也在于在晶体尺度建立本构关系的灵活性,前者是有限元计算的优势,后者是晶体塑性理论的固有优点。

在数字反应堆中,针对反应堆设备辐照性能研究,利用多尺度模拟计算技术发展趋势,开发可用于反应堆材料性能预测、反应堆延寿、反应堆新材料研发的多尺度材料计算技术,将考虑多尺度和多因素的反应堆材料计算所需的各种计算方法模块化,利用计算平台将各模块之间的接口关系打通,实现拖曳式流程设计和分析计算,从而可较为方便地实现反应堆材料长周期、复杂环境、多因素耦合条件下的使役性能的分析预测,为设备设计、运行、老化管理、延寿提供技术手段,此外还可用于敏感元素影响分析、材料改性分析及新材料的研发设计。图 6‑40 展示了目前初步搭建的反应堆关键结构材料集成计算平台的多尺度计算数据传递原理。

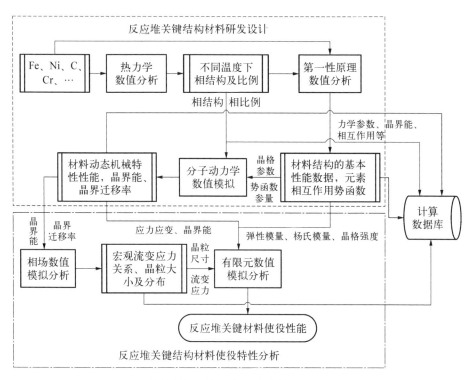

图 6‑40　反应堆关键结构材料集成计算平台数据传递原理图

中国核动力研究设计院构建了一个集成软件计算平台和数据库架构,该平台融合了多尺度数值模拟软件及核结构材料数据库。在软件方面,该平台包括第一性原理计算软件 VASP、分子动力学计算软件 LAMMPS、热力学计算软件 JMatPro、相场软件、有限元软件 MATLAB&ABAQUS 等计算软件,以及 Atomsk、Ovito 等建模和后处理软件;数据库包括核结构材料的基本信息、成分、力学性能、牌号等数据。目前,多尺度计算的耦合策略如下:输入材料成分,通过 JMatPro 计算得到材料相成分以及元素比例,将元素比例输入 VASP 中计算得到稳定结构,并计算得到势函数,然后用 LAMMPS 计算材料的各种基本性能参数,再输入相场、有限元软件中得到材料的拉伸等宏观性能数据。

中国核动力研究设计院利用微观、介观研究成果,开发了堆内构件材料(FeCrNiC 合金)辐照促进应力腐蚀开裂(IASCC)宏观分析软件,研究堆内构件用不锈钢材料(FeCrNiC 合金)发生 IASCC 的微观机理。通过第一性原理、密度泛函理论,采用 VASP、AMS‐ADF 软件,通过大规模计算,得到反应力场势函数开发训练集。通过蒙特卡罗方法优化得到 Fe‐Cr‐Ni‐C‐H‐O 势函数,并将势函数进行短程修正。基于分子动力学计算得到的关键参数、耦合自由能泛函,建立腐蚀动力学模型,研究在应力作用下的腐蚀行为;基于塔曼定律,考虑辐照导致的元素偏析效应,并考虑辐照脆化影响,研究堆内构件材料(FeCrNiC 合金)IASCC 行为。

中国核动力研究设计院开发了反应堆压力容器材料辐照行为多尺度计算软件。首先,通过第一性原理构建了反应堆压力容器(508‐3 材料)的势函数,获得了辐照缺陷形成能、迁移能、结合能等。然后,基于第一性原理的计算数据,采用蒙特卡罗方法计算了在中子能谱条件下的初级离位原子(PKA)能谱,以 PKA 能谱为输入条件,构建了级联碰撞的分子动力学模型,获得空位缺陷浓度、缺陷大小等信息,结合空位缺陷信息构建溶质原子动力学演化过程模型(动力学蒙特卡罗),得到缺陷演化参数,如空位、溶质扩散系数等。再基于以上的初始缺陷信息和扩散系数,采用团簇动力学进一步得到尺寸较大的缺陷信息,如位错环、团簇等信息。最后,基于晶体塑性有限元模拟辐照缺陷与基体之间的相互作用得到应力‐应变曲线,用于辐照硬化评价;同时,用断裂力学得到辐照脆化后的韧脆转变温度(DBTT),用于辐照脆化评价。

6.5　辐射源项与屏蔽计算

核能与传统能源最大的区别在于放射性,核反应堆既是发热源又是放射性水平极高的辐射源,合理的屏蔽设计既是核反应堆正常运行的基本要求,也是工作人员辐射安全的根本保障。辐射源项与屏蔽计算的核心问题就是预测在各种工况下放射性的水平与分布,并通过屏蔽计算使放射性达到可接受的水平。

6.5.1　辐射源项数值计算

核反应堆在运行过程中,由于核反应(裂变、活化等)的存在,不可避免地会产生各种各样的放射性核素,这些放射性核素会存在于核燃料、结构材料、冷却剂、回路系统、厂房气空间等,有些还可能排放到环境中,将这些放射性核素统称为辐射源项。辐射源项分析是反应堆辐射防护的基础。

依据反应堆的运行状态,辐射源项可划分为正常源项和事故源项。依据源项存在的位置及形态,正常源项可划分为堆芯积存量(燃料中的源项)、冷却剂裂变产物源项、冷却剂腐蚀活化产物源项、冷却剂活化源项(N - 16、H - 3 和C - 14)、厂房气载源项、三废源项、排放源项等。事故源项可划分为设计基准事故源项和设计扩展事故源项,依据反应堆具体的事故工况,设计基准事故源项又可划分为失水事故源项、蒸汽发生器传热管破裂(SGTR)事故源项、主蒸汽管道破裂(MSLB)事故源项、弹棒事故源项等。

各种类型的辐射源项分析都遵循基本的物质守恒方程,但不同源项的产生和迁移机理不同,因此需要单独分析。同时,随着人们对于物质迁移机理认识的加深及计算机技术的提升,源项分析的模型以及技术手段都在不断趋于精细化。

1) 堆芯积存量分析

在反应堆运行中,堆芯的裂变反应、活化反应等会产生大量放射性核素,包括裂变产物、锕系核素和活化产物,这些放射性核素主要存在于燃料组件及相关组件中,简称堆芯积存量。反应堆停堆后,这些放射性核素会通过衰变释放热量,简称衰变热;同时,这些放射性核素的衰变也会释放大量 γ 射线和中子射线,简称停堆辐射源。

堆芯积存量、衰变热和停堆辐射源的计算可采用美国橡树岭国家实验室(ORNL)的 ORIGEN 系列软件和中国核动力研究设计院的 FARST 软件。ORNL 最早于 1973 年研发了 ORIGEN 程序,于 1980 年发布了 ORIGEN2 程序,后续又发布了 ORIGEN - S 程序[28] 和 ORIGEN - ARP 程序[29]。ORIGEN - ARP 程序的核心为 ORIGEN - S,包含了可视化界面和各种类型反应堆的截面库。

FARST 软件能够模拟反应堆燃料,以及结构材料中各种核素与中子的核反应、核素自身的衰变、人为去除和补充等各种过程,从而计算这些因素引起的核素含量的变化,给出堆芯裂变产物、锕系核素和结构材料活化产物的量,根据核素自身特征给出质量、放射性活度、γ 源强、中子源强、衰变热、中子吸收率、裂变率以及化学毒性等数据,具备分批组件模式自动计算功能和单组件模式自动计算功能。FARST 软件可计算 689 种轻核、129 种锕系核素和 879 种裂变产物的堆芯积存量。FARST 软件的源项计算具有燃耗链齐全、数据库齐全、计算精细化、数据处理自动化等特点。

FARST 软件通过考虑堆芯中核素的产生和消失过程,可以得到以下核素平衡方程:

$$\frac{\mathrm{d}N_i}{\mathrm{d}t} = \sum_{j \neq i}(l_{ij}\lambda_j + f_{ij}\sigma_j \phi)N_j(t) - (\lambda_i + \sigma_i \phi)N_i(t) + S_i(t)$$

$$(6-17)$$

式中:N_i 是核素 i 的数目;λ_i 是核素 i 的衰变常数;l_{ij} 是核素 j 衰变生成核素 i 的份额;f_{ij} 是核素 j 与中子反应生成核素 i 的份额;σ_i 是核素 i 的单群中子吸收截面;ϕ 是中子通量密度;t 是燃耗时间点;S_i 是核素 i 的补充率。

通过求解上述方程,可以得到堆芯各个核素含量随时间的变化,与物理设计中关注高的中子吸收截面的核素不同,源项分析中主要关注放射性较强或者挥发性较强的核素。求解方法与 6.1.5 节燃耗方法是相同的,在 CRAM 算法的基础上,源项计算中还采用了一些独特的计算理念,确保计算结果的保守性。

2) 冷却剂系统裂变产物源项分析

在核电站运行中,由于各种原因(元件制造、磨蚀、腐蚀、偏离泡核沸腾等),反应堆内可能会出现燃料棒包壳破损的情况,裂变产物或燃料碎片会通过燃料棒包壳破口进入冷却剂系统,会使冷却剂系统及相关系统受到污染,从而使电厂工作人员和公众的受辐照风险增加。目前,核电站燃料棒破损的概率很低,但偶尔还是会出现燃料棒破损的情形。

燃料棒破损后,裂变产物的释放可划分为两个过程:裂变产物首先由燃料芯块释放到燃料棒的气隙,接着又通过破口释放到冷却剂中。

冷却剂系统裂变产物源项的计算可采用法国原子能委员会(CEA)的 PROFIP5 程序和中国核动力研究设计院的 FPA 程序。其中,FPA 程序是在压水堆核电站燃料组件试验和运行经验反馈的基础上进行研制并经过验证的裂变产物源项的计算程序。该程序可以模拟裂变产物在燃料内的产生、逃脱以及通过缺陷包壳向一回路冷却剂迁移的过程,还包括在反应堆冷却剂系统中的行为。

　　裂变产物产生于燃料芯块中,它由燃料芯块释放到燃料棒气隙中,包含反冲、击出和扩散三种机理[30]。反冲和击出属于非热释放,与燃料芯体的温度无关;扩散属于热释放,与燃料芯体的温度密切相关。

　　(1) 反冲释放。裂变碎片通过反冲逃离燃料芯块的份额为

$$\left(\frac{R}{B}\right)_{\text{rec}} = \frac{1}{4} p \left(\frac{S_{\text{g}}}{V}\right)_{\text{fuel}} \tag{6-18}$$

式中:p 为裂变碎片在 UO_2 中的射程;$\left(\dfrac{S_{\text{g}}}{V}\right)_{\text{fuel}}$ 为燃料芯块的表面积与体积之比;1/4 表示在反冲区域内产生的裂变碎片从燃料芯块外表面释放的概率为 1/4(考虑裂变发生的位置和裂变碎片的方向)。

　　(2) 击出释放。击出释放的释放份额为

$$\left(\frac{R}{B}\right)_{\text{ko}} = \frac{S_{\text{t}}}{V} \mu_{\text{ko}} I(H) \tag{6-19}$$

式中:$\dfrac{S_{\text{t}}}{V}$ 为燃料芯体的总表面积(包含裂缝和缝隙)与体积之比;μ_{ko} 为高级次铀原子的射程(约 50 Å);$I(H)$ 为击出积分。

　　(3) 扩散释放。扩散是指裂变产物在温度和温度梯度的驱动下由燃料内向燃料外迁移,扩散释放采用 Booth 模型[31],与 Booth 模型不同的是,裂变产物扩散到小球外表面后,通过击出机理释放。扩散模型为

$$\frac{\partial C_i(r, t)}{\partial t} = y_{j,i} f(t) + D \frac{1}{r^2} \frac{\partial}{\partial r}\left(r^2 \frac{\partial C_i(r, t)}{\partial r}\right) - \lambda_i C_i(r, t)$$

$$\tag{6-20}$$

式中:$C_i(r, t)$ 是 t 时刻燃料小球半径为 r 处裂变产物 i 的浓度,cm^{-3};$y_{j,i}$ 为可裂变核素 j 裂变产生的裂变核素 i 的产额;$f(t)$ 为 t 时刻燃料的裂变反应率,$\text{cm}^{-3} \cdot \text{s}^{-1}$;$D$ 为裂变产物在燃料小球内的扩散系数,cm^2/s。

　　裂变产物由气隙释放到冷却剂系统包含两个过程,一是气隙中的裂变产物扩散到有破口的地方,二是裂变产物从破口处释放出去。第一个过程进行的快慢与裂变产物的物理和化学性质有关,由于燃料棒内温度较低区域对挥发性物质(如碘、铯等)的吸附作用,挥发性物质到达破口的速率要慢于惰性气体。第二个过程的快慢与破口尺寸有关,破口越大,裂变产物越容易释放。

　　裂变产物在气隙中的平衡方程为

$$\frac{\mathrm{d}N_{\mathrm{gap}}}{\mathrm{d}t} = R_{\mathrm{fuel}} + \sum_{p=1}^{k} \Gamma_p K_p N_{\mathrm{gap}}^p - (\lambda + \sigma\phi)N_{\mathrm{gap}} - R_{\mathrm{gap}} \qquad (6-21)$$

式中：N_{gap} 为气隙中裂变产物核素的总数目（包含吸附在低温表面）；R_{fuel} 为裂变产物由芯块释放到气隙的速率；R_{gap} 为裂变产物由气隙释放到冷却剂系统的速率；S 为燃料棒内低温区域的表面积；V 为气隙的体积；n_i 为燃料气隙单位体积的裂变产物的数目（cm^{-3}）；m_i 为燃料气隙低温区域单位面积的裂变产物的数目（cm^{-2}）；λ 为对应核素的衰变常数；σ 为对应核素的微观辐射俘获截面；ϕ 为中子通量密度；Γ_p 为 $C_p \rightarrow C$ 转化的分支比；K_p 与转化方式有关，$K_p = \lambda_p$（衰变），$K_p = \sigma_p \phi$（俘获中子）。

$$N_{\mathrm{gap}} = Vn_i + Sm_i \qquad (6-22)$$

$$R_{\mathrm{gap}} = \frac{\nu_{\mathrm{g}}}{1 + \alpha\left(\dfrac{S}{V}\right)_{\mathrm{gap}}} N_{\mathrm{gap}} \qquad (6-23)$$

式中：α 为吸附系数；ν_{g} 为单位时间内燃料气隙中裂变产物核素由气隙释放到一回路的份额（即逃逸率系数，s^{-1}）。将 $\alpha\left(\dfrac{S}{V}\right)_{\mathrm{gap}}$ 定义为有效吸附系数。有效吸附系数用于表征燃料棒内低温表面对裂变产物的吸附程度。

3）冷却剂系统腐蚀活化产物源项分析

腐蚀活化产物是反应堆冷却剂系统中的重要辐射源项，是核电站工作人员受照剂量的最主要来源，是放射性废物管理、环境影响分析及职业照射分析关注的主要辐射源项。通常在压水堆核电站中，70%～90%的职业照射是由腐蚀活化产物造成的。

在反应堆运行过程中，冷却剂系统设备材料表面会受到冷却剂的不断腐蚀。随着材料科学的快速发展，结构材料的耐腐蚀性能与早期的电厂相比大为改进，但由于冷却剂系统材料的浸润面积非常大，即使腐蚀速率很小，腐蚀产物的产量仍然相当可观。这些腐蚀产物以可溶、胶质或不溶解颗粒形式在主冷却剂中输运，在堆芯中被中子活化而变为放射性核素，继而在冷却剂系统中迁移和沉积。

冷却剂系统腐蚀产物源项计算可采用法国 CEA 的 PACTOLE 程序和中国核动力研究设计院的 STAP 程序。STAP 程序通过模拟冷却剂与沉积物之间的物质交换、冷却剂对携带于其中的物质的输运作用，以及暴露在中子照射条件下的活化作用等物理化学过程,描述系统中主要腐蚀活化产物的产生、运送、活化和沉积效果,最终得到主要腐蚀产物在系统中的分布情况。

腐蚀活化产物迁移的物理过程[32]包括以下过程。

(1) 氧化,即腐蚀过程。基底金属的氧化导致双层氧化层的形成,氧化产物主要以 M_3O_4 的形式存在。氧化层的形成主要包括两个步骤。

基底金属的溶解及 Fe^{2+} 的产生:

$$Fe + 2H_2O \rightarrow Fe^{2+} + H_2 + 2OH^- \tag{6-24}$$

部分 Fe^{2+} 的氧化形成氧化层:

$$Fe^{2+} + 2OH^- \rightarrow \frac{1}{3}Fe_3O_4 + \frac{1}{3}H_2 + \frac{2}{3}H_2O \tag{6-25}$$

金属表面实际上有两层物质:靠近金属表面的氧化层和氧化层上面的沉积层。沉积层又被人为地分为两层:贴近氧化层的一层是比较致密的内层,直接与水接触的是外层,并且只对外层中的沉积物进行溶解和侵蚀计算。沉积物的内层和外层可以相互转化。如果外层消耗殆尽,内层的一部分或全部就会成为外层;反之,如果外层厚度比较大,则会有一部分外层物质转化为内层。

(2) 金属核素的释放。释放就是金属在孔隙底部的溶解,其动力学包括金属核素通过扩散迁移到孔隙出口处,以及从孔隙出口处向冷却剂的迁移。

两个动力学过程之间的粒子流:

$$J_R = \frac{1}{S_m}\frac{dm}{dt} = \rho_d \frac{dx}{dt} = \gamma \frac{1}{\frac{1}{h} + \frac{x\sqrt{2}}{ZD}}(C_{eq} - C_y) \tag{6-26}$$

$$D = \frac{kT}{3\pi\eta D_p} = \frac{1.465 \times 10^{-9}(T + 273.16)}{D_p \eta} \tag{6-27}$$

式中: ρ_d 为氧化物的密度; x 为氧化层厚度; γ 为氧化物孔隙度; Z 为金属原子数; h 为质量迁移系数; D 为扩散系数; C_{eq}、C_y 为离子平衡浓度和冷却剂中离子的浓度; S_m 为浸润面积; V 为该区域的体积。

(3) 溶解过程。溶解过程是指微粒或沉积物在冷却剂中的溶解过程。溶解速度与沉积物和冷却剂之间的浓度梯度成正比。假设在靠近管壁处,冷却剂中物质与沉积的氧化物达到平衡。在这种情况下,溶解的离子流为

$$J_D = h(C_p - C_y) \tag{6-28}$$

该公式也可写为

$$v_y \frac{\mathrm{d}C_y}{\mathrm{d}y} = h \frac{M_z A_s}{V}(C_p - C_y) \tag{6-29}$$

式中：y 为到管壁的距离；v_y 为流体流速；M_z 为 Z 核素在沉积层中的质量；A_s 为沉积物比面积；V 为溶剂体积。

（4）析出过程。当冷却剂中物质的浓度大于该物质的平衡浓度时便发生析出过程。这是一个快速的过程，特别是当温度变化的时候，例如当冷却剂从一个区域流到另一个区域。如果考虑管壁温度的话，在系统中的某些区域将会产生很大的温度梯度。

析出过程可以通过下式来描述：

$$J_P = D_B \frac{\mathrm{d}C_y}{\mathrm{d}s} = h(C_y - C_{eq}) \tag{6-30}$$

该公式可以转换为

$$v_y \frac{\mathrm{d}C_y}{\mathrm{d}y} = h \frac{S_m}{V}(C_y - C_{eq}) \tag{6-31}$$

（5）沉积物的形成。粒子主要通过对流和湍流扩散沉积在管壁或材料表面。对于粒子流可以用下式来描述：

$$J_d = \frac{1}{S_m} \frac{\mathrm{d}N_y}{\mathrm{d}t} = hN_y \tag{6-32}$$

式中，N_y 表示以粒子形态析出的腐蚀产物的量。

（6）沉积物的侵蚀。在冷却剂系统中冷却剂的流速很快，处于湍流状态，这在一定程度上限制了沉积物的厚度。侵蚀力主要来源于摩擦力和压降。影响沉积厚度限值的因素有三种：管壁的表面粗糙度 R_W、流体在管壁附近的流动效应 R_U 以及流体在其流动状况下（以雷诺数 Re 来反映）的流动效应 R_{UF}。这三个因素中的最大值就是沉积厚度限值。

流体在管壁附近的流动效应 R_U 的公式如下：

$$R_U = 8.4 \times 10^{11} \left(\frac{\rho_{PA}}{\rho}\right)^3 \left(\frac{\eta_{PA}}{\eta}\right)^{1.8} \frac{D_{IAM}}{v^6} \tag{6-33}$$

式中：ρ_{PA} 是分区壁面平均温度下的流体密度；ρ 是分区流体平均温度下的流体平均密度；η_{PA} 是分区壁面平均温度下的流体黏度；η 是分区流体平均温度下的流体黏度；D_{IAM} 是分区的当量直径；v 是分区的流体流速。

4）事故源项分析

事故源项计算可采用美国橡树岭国家实验室的 TACTⅢ程序和中国核动力研究设计院的 ASTA 程序。TACTⅢ程序是用来预测堆芯事故释放造成的放射性和剂量水平，评价专设安全设施对事故后果的缓解作用的。ASTA 程序通过模拟事故情形下放射性核素的迁移释放过程，同时考虑衰变、净化、通风等因素的影响，计算放射性核素向厂房空间或环境的释放量。

事故源项分析是在事故分析基础上研究放射性核素的迁移释放过程，给出放射性核素的环境释放量。基于事故中放射性核素的迁移途径，将空间划分为多个节点，假设每个节点内放射性核素均匀分布，节点内放射性核素的平衡方程如下：

$$\frac{dN}{dt} = J_{in} - J_{out} + P - (\lambda + \mu)N \tag{6-34}$$

式中：N 为当前节点内某放射性核素量；J_{in} 和 J_{out} 分别为流入当前节点和流出当前节点的核素量；P 由当前节点当前核素的母核衰变产生；λ 为对应核素的衰变常数；μ 为当前节点内核素的去除率常数。

6.5.2 辐射屏蔽计算

具有放射性是核能有别于其他能源的重要特征，反应堆辐射屏蔽通过设计合适的屏蔽结构并布置相应的屏蔽材料，保障人员和设备免受或少受中子、γ 射线等辐射危害。

6.5.2.1 理论基础及方程

辐射屏蔽计算的基本方程与反应堆物理的相同，如 6.1 节式(6-1)所示，均为描述粒子输运过程的玻尔兹曼方程，主要差异在于屏蔽设计需要考虑整个核设施的粒子分布情况，问题规模特别大，屏蔽计算一般不考虑系统的本征值及中子通量随时间的变化，在输运方程右侧直接使用反应堆物理计算的裂变源分布，减少源迭代引起的计算量增加。因此，许多屏蔽计算软件的核心求解器与反应堆物理计算相同，但为了适应屏蔽计算的特点做了许多适用性修改。

6.5.2.2 计算方法及国内外计算软件

由于屏蔽计算规模庞大且注量率随空间变化显著，早期的屏蔽设计过程中只能使用非常简化的计算方法,例如中子的分出截面方法、矩方法,以及使用一维、二维叠加获得三维计算结果的方法等。随着计算机技术的发展,除了单独的光子输运计算点核积分方法仍在少数大规模计算领域有应用外[33-34],目前广泛采用的屏蔽计算方法都直接进行中子-光子耦合输运方程的求解,主要为三维离散纵标方法和蒙特卡罗方法两大类。由于光子的行为相对简单,并且在反应堆屏蔽问题中,穿透一定深度的屏蔽体后的光子主要为中子产生的次级光子,因此通常首先关注中子输运的高精度计算问题。

1) 离散纵标方法

离散纵标方法实际是对输运方程中的角度变量进行离散的一种方法,它是一种确定论方法。该方法需要对输运方程的所有变量均进行离散以便求解。该方法将角度变量 Ω 直接离散成若干离散的方向,使用数值积分方法得到总通量,因此,角度变量在方程中就可以变成一个常量。相较于最早使用的球谐函数法,离散纵标方法的优点是各离散方向在实际计算中实际是独立的,方程求解简单,并且可以编写适用于不同离散方向的通用程序。

离散纵标方法对在能量 E 的离散上通常采用多群近似方法。能量离散的难点主要在于群常数的获得。为了计算群常数,首先要知道中子通量密度 $\Phi(r, E, \Omega)$,而它恰恰是所要求解的函数。因此,严格讲,这是非线性问题。如何采用最佳的近似方法是该研究的重点。现有屏蔽计算用截面库的制作都会首先使用近似与能量无关的多群截面库进行典型屏蔽结构的屏蔽计算,以获得各个典型区域的能谱。随后,对多群截面进行并群后获得宽群截面,用于后续的屏蔽计算。目前,广泛采用的屏蔽计算用截面库包括美国的 BUGLE-96 数据库,中国原子能科学研究院研制的 CEN-1.2 数据库,以及西安交通大学研制的 Shield 数据库等[35]。

离散纵标方法对于空间 r 的离散,最为常用和有效的方法是采用有限差分方法,并使用菱形差分等各种差分格式建立网格通量与面通量之间的关系。目前广泛使用的程序包括美国橡树岭国家实验室研制的 TORT 程序,以及西安交通大学与中国核动力研究设计院联合研制的 Hydra 程序[36]等。然而,有限差分方法的主要问题是它通常只能使用结构化网格,其几何适应能力不足。为了克服这一限制,间断有限元方法成为输运计算应用最广的非结构化网格方法之一。该方法使用与网格相对应的形函数将中子通量在有限元子空间内展开,并利用伽辽金变分法或最小二乘变分法来求解相应的展开系数。子空间的阶数是可以任意增加的,以提高计算结果的精度。该方法使用的内存空间较有限差分法高得多,但对计算精度和几何适应性的提高可以克服这些不足。最新 NEWT 程序中有使用伽辽金变分法的间断有限元模块,已有部分基于有限元方法的商业软件取得了一定的成功,如美国爱德华国家实验室所研制的 ATTILA 程序。ATTLIA 程序使用三维 CAD 程序 SolidWorks 进行建模,建模中可以对材料、边界条件等进行定义。由于使用间断有限元方法,不同的区域可以使用不同的网格,例如堆芯等较为规则的几何结构可使用矩形网格,堆外构件可使用非结构化网格。计算结果可以通过三维的方式绘制出来,各种实验相关基准题的计算表明了该程序计算的准确性。国内中物院高性能数值模拟软件中心开发了基于间断有限元的离散纵标方法计算程序[37],西安交通大学开发基于最小二乘法的有限元计算程序[38],但由于没有很好的商业配套 CAD 程序,目前商业应用较少。

在过去的几年中,Krylov 子空间方法对离散纵标方程的求解产生了巨大的影响,已成为离散纵标方程的主流求解方法之一。现在开发的离散纵标方法求解器大多基于 Krylov 方法的前处理。Krylov 方法的基本思想是将中子通量在 Krylov 子空间中展开,但其具体的计算方法存在很多分支,不同的计算方法在使用时千差万别,具体方法不在此展开描述。SCALE6 中的 DENOVO 模块使用的是该计算方法,PARTISN 使用的也是该计算方法,Hydra 程序也具备 Krylov 方法的处理能力。目前新开发的离散纵标程序中都会带有该计算模型,该方法取得成功的重要原因之一是研究证明使用 Krylov 方法可以使得 DSA 方法取得绝对加速的效果。

2）蒙特卡罗方法

蒙特卡罗方法是一种通过重复的随机抽样和统计实验来求解问题的近似解的方法,它特别适用于问题本身就具有一定的概率属性的问题,如中子输运问题。蒙特卡罗方法可以适用于真实的复杂几何结构,并且可以使用连续能量的截面库,因此,可认为是中子输运方程求解的终极手段。然而,蒙特卡罗方法的计算过程往往非常耗时,尤其是在处理屏蔽深穿透问题时,当粒子衰减超过 5 个数量级时,使用传统无偏的直接模拟方法几乎不可能在合理的时间内获得有效的计算结果。

方差降低技巧可能是近几十年来蒙特卡罗方法发展最重要的部分。其中,轮盘赌和分裂是使用该技巧的基本要素,而重要性抽样则是蒙特卡罗方法中降方差的一种有效技巧。另一种降方差技巧是分层抽样,蒙特卡罗方法计算的实际是问题的积分值,分层抽样方法将积分问题分成不同的层,然后通过对每层分别进行蒙特卡罗计算得到最终的计算结果。目前的发展趋势是,越来越多的商业软件开始带有自动方差降低方法,如 SCALE6 的 MAVRIC 序列已经集成 CADIS(Consistent Adjoint Driven Importance Sampling)方法,MCNP 程序作为全球范围内应用最为广泛的蒙特卡罗程序之一,自带了基于相空间重要性的权窗产生器。此外,西安交通大学开发的 MCX 程序也自带与MAVRIC 程序相当的 CADIS 计算方法,并且在计算使用过程中吸收了Serpent 的经验,具备一定的网格简并能力,中国核动力研究设计院开发的屏蔽深穿透计算程序 PSTC 也具备相应的计算功能。

3) 蒙特卡罗-离散纵标耦合计算方法

越来越多的研究都逐渐意识到,单纯地依靠确定论方法或者蒙特卡罗方法本身都很难在现有计算机条件下实现优异的高精度计算。针对蒙特卡罗方法在深穿透问题中收敛困难、减方差参数难以设置的问题,近年来,广泛采用的方法是蒙特卡罗-离散纵标耦合计算,使用确定论的计算结果加速蒙特卡罗方法的收敛。

(1) 降方差技术基本原理。蒙特卡罗方法以积分形式的中子输运方程为基础,进行随机模拟,与 6.1 节中式(6-1)积分-微分形式的中子输运方程等价的积分形式的中子输运方程为

$$\phi(r, E, \Omega, t) = \int_0^\infty \exp\left[-\int_0^l \sum_t (r - l'\Omega, E) \mathrm{d}l'\right] Q(r', E, \Omega, t') \mathrm{d}l$$

$$(6-35)$$

式中:$Q(r', E, \Omega, t')$ 为总源项或称发射密度,满足如下方程:

$$Q(r, E, \Omega, t) = q(r, E, \Omega, t) +$$

$$\int_{4\pi} \int_0^{E_{max}} \sum_s (r, E', \Omega' \rightarrow E, \Omega) \phi(r, E', \Omega', t) \mathrm{d}E' \mathrm{d}\Omega' \quad (6-36)$$

也可以写成

$$Q(P) = \int K(P' \rightarrow P) Q(P') \mathrm{d}P' + q(P) \quad (6-37)$$

式中:$Q(P)$ 为相空间 P 的粒子发射密度;$K(P' \rightarrow P)$ 为粒子从相空间 P' 转移到相空间 P 的概率;$q(P)$ 为相空间 P 的源强。

现有蒙特卡罗计算软件大多基于该方程进行粒子输运过程的模拟,求解积分量:

$$R = \int g(P)\phi(P)\mathrm{d}P \qquad (6-38)$$

带有统计方差：

$$\int g^2(P)\phi(P)\mathrm{d}P - R^2 \qquad (6-39)$$

当通量的被积函数为 1 时，统计结果即为通量。为了增加粒子径迹的长度，增加获得计数的可能，现有主流的屏蔽计算用蒙特卡罗程序在中子输运过程通常不会使用直接俘获模型，而是采用隐式吸收的方式。这种方法在碰撞时减小粒子的权重，而不是直接杀死粒子。因此，在蒙特卡罗输运模拟中，到达所关心区域的中子并非只有到达或者未到达两种情况，而是体现为粒子权重的一个分布函数。这就为采用偏倚抽样的方式减少输运计算的方差提供了可能。若构造一个概率密度函数 $f(P), f(P) > 0$ 且 $\int f(P)\mathrm{d}P = 1$，使得

$$R = \int g(P)\frac{\phi(P)}{f(P)}f(P)\mathrm{d}P \qquad (6-40)$$

$$\mathrm{var}(R) = \int \left[\frac{g(P)\phi(P)}{f(P)}\right]^2 f(P)\mathrm{d}P - R^2 \qquad (6-41)$$

如果能够通过选择合理的 $f(P)$ 使得 $\int \left[\frac{g(P)\phi(P)}{f(P)}\right]^2 f(P)\mathrm{d}P$ 的值较 $\int g^2(P)\phi(P)\mathrm{d}P$ 小，就能够实现 R 的统计方差的减少。

(2) CADIS 方法。CADIS 方法就是一种偏倚抽样的方法[39]。此类计算方法的核心思想就是每个区域粒子抽样的概率应当与粒子对探测器产生贡献的可能性成正比，利用伴随通量的定义，计算关心的响应有以下两种求解方式。

$$R = \int g(P)\phi(P)\mathrm{d}P = \int \phi^+(P)Q(P)\mathrm{d}P \qquad (6-42)$$

从式(6-42)可以看出 $\phi^+(P)$ 具有从相空间 P 发射的粒子对最终响应 R 的贡献的物理意义，也就是说伴随通量代表了粒子的重要性。根据前面介绍的减方差基本原理，可以构造一个新的抽样函数，使得每个源粒子都能获得相近的统计结果。

$$\hat{q}(P) = \frac{Q(P)\phi^+(P)}{R} \qquad (6-43)$$

此时,统计误差就会变为

$$\mathrm{var}(R) = \int \left[\frac{Q(P)\phi^+(P)}{\hat{q}(P)}\right]^2 \hat{q}(P)\mathrm{d}x - R^2 \qquad (6-44)$$

从物理上说,这种抽样方式可以理解为构造一种重要性抽样的方式,使得对计数贡献较大的粒子的抽样概率增加。

根据积分形式的中子输运方程可知,一个相空间内的源包括外源和散射源两部分,式(6-49)是对外源部分的偏移,对于粒子输运过程也可以进行如下偏移:

$$\hat{Q}(P) = \int K(P' \rightarrow P)\frac{\varphi^+(P)}{\varphi^+(P')}\hat{q}(P')\mathrm{d}P' + \hat{q}(P) \qquad (6-45)$$

由于精确获得问题的伴随通量分布几乎是不可能的,因此一般使用计算速度相对较快且一次计算可以获得整个辐射场的确定论方法进行伴随通量的求解,再加工为蒙特卡罗程序中的源偏移设置和权窗设置。目前,SCALE 程序中 MAVRIC 序列基于 DENOVO 程序和 monaco 程序实现了 CAIDS 方法的计算。MCNP6 程序中有相应的模块能够实现 MCNP 计算模型向 Paritisn 模型的转换。国内自主研制的 MCX 程序则通过内置模块与 Hydra 程序耦合实现 CADIS 算法。JPTS 程序通过分别调用 JMCT 和 JSNT 程序实现了 CADIS 算法的深穿透计算。PSTC 程序通过分别调用 RMC 和 Hydra 程序实现 CADIS 算法。

(3) FW – CADIS 方法。FW – CADIS(Forward-Weighting Consistent Adjoint Driven Importance Sampling)主要应用于多探测器问题的同步收敛。FW – CADIS 方法与 CADIS 方法的主要差别在于伴随源的确定方法[40]。蒙特卡罗程序模拟的计数可以写成如下形式:

$$R = \frac{\sum\limits_{i=1}^{N} x_i}{N} = \frac{\sum\limits_{i=1}^{N} m_i w_i}{N} \qquad (6-46)$$

式中:R 是蒙特卡罗程序模拟的响应;m_i 是通过探测器形成的径迹长度(对于体探测器)或者为 1(对于面探测器);w_i 是到达探测器的第 i 个粒子的权重,w_i 可以通过权窗控制为常数 w。一般认为,多个探测器如果在到达探测器的粒子的权重变化不太剧烈的情况下,如果径迹数量基本一致则相对方差也基本一致。根据式(6－46)可知,若使得各个探测器位置 $w \propto R$,则可使得探测器一致化收敛。在 CADIS 方法的设置中,为了保证抽样的无偏性,$w \propto \dfrac{1}{\varphi^{+}(P)}$,$\varphi^{+}(P)$ 与伴随通量源的设置成正比,若令各个探测器位置在进行伴随通量的设置时都将伴随源设置为 $\dfrac{1}{R}$,则使得 $w \propto R$,满足以上条件,各个探测器接受的粒子数径迹基本一致,计数均匀收敛。其物理意义可理解为在每个位置的源都应当根据其到达各个探测器的概率基本相同的方式进行偏倚抽样,使其到达各个探测器的概率基本一致。

(4) MR－CADIS 方法。MR－CADIS 方法是 CADIS 方法的另一个变种[41],其核心思想认为最终计算的目标是统计方差的降低,因此应当把统计误差也加入伴随通量和偏倚的设计中,使得相对误差近似一致地下降,算法的核心仍是伴随通量的粒子价值,这里不再详细说明。

6.5.2.3　屏蔽设计精度分析

由于屏蔽计算涉及的问题通常具有较大的几何规模,中子注量率存在数个量级的变化,几何尺寸的误差、截面库的误差及中子输运方程数值求解过程的误差随着问题规模的扩大而不断累积,导致同样求解玻尔兹曼输运方程,屏蔽计算的误差一般大于反应堆物理计算的。早期屏蔽设计过程中由于计算量的问题,大量使用了分出截面法等大幅简化的方法,导致计算误差的进一步扩大。为了验证屏蔽计算的准确性,OECD/NEA 和 ORNL/RSICC 联合建立 SINBAD(Shielding Integral Benchmark Archive Database)屏蔽基准问题库,该数据库主要包括:反应堆屏蔽(现合计 47 个)、聚变中子学屏蔽(现合计 31 个)和加速器屏蔽(现合计 23 个)三部分内容,涵盖低能和中能粒子应用,从文献资料中可以看到使用三维离散纵标方法及蒙特卡罗方法后,屏蔽计算精度较原有计算方法大幅提升,许多基准检验的误差都小于 20%,能够满足高精度屏蔽设计的要求。

6.6　力学计算

力学数值计算的主要目的是应用工程力学一般原理和方法,验证核反应堆设计的安全性和合理性,按照分析对象可分为系统和设备的动力分析(主要有抗震分析、流固耦合分析等）、结构和部件的应力分析（主要有应力与疲劳分析、断裂分析等）、核级管道的力学分析［主要有管道应力分析、破前漏（LBB）分析等］。采用的分析方法主要包括理论分析、有限元法及实验研究，其中理论分析方法和实验研究主要用于在特定条件下的结构完整性评价、结构特性参数测量、功能性验证等，有限元法最为通用，是力学数值计算最主要的技术手段，基于有限元的力学分析计算、仿真在反应堆设计中获得了广泛应用。力学分析除了在反应堆设计中是必不可少的一项重要内容，在设备的制造（不符合项处理）、现场安装，以及电站的日常运行维护（无损检测）、技术改造、电厂延寿等方面都发挥着重要的作用。

6.6.1　反应堆系统应力与疲劳分析

本节主要介绍基于弹性分析方法的应力与疲劳分析相关内容，其目标为确保核电站有关结构、系统和部件在总体塑性变形、棘轮和疲劳这三种失效模式下具有适当的安全裕量。

应力分类，不同类型的应力重要程度不同，对应的上述失效模式也不同，并且各国规范还对不同类型的应力给出了不同的限值。因此，设计人员有必要根据弹性应力域分解出设计所需的应力类型，再分析各种应力对结构失效的影响，采用指定的许用应力极限值进行强度校核。下面对三种不同类型的应力进行简要介绍。

1）一次应力

一次应力包括内（外）压力、质量及其他外载所产生的任何法向或剪切应力。一次应力是结构在载荷作用下为了保持各部分平衡所必须具备的应力。核电站中典型的一次应力例子为内压在反应堆压力容器筒体中引起的总体薄膜应力。

2）二次应力

二次应力是指由于结构本身或相邻材料的约束而产生的法向或剪切应力。与一次应力不同，二次应力是为了满足变形协调条件所产生的应力，它具有局部性，因此又称为自限性应力。

3）峰值应力

峰值应力是指由局部不连续或局部热应力影响而引起的附加于一次应力与二次应力之上的应力增量。峰值应力产生于载荷或结构形状突然改变的局部区域，在应力与疲劳分析中，这类应力不引起显著变形，而危害在于可能导致部件疲劳裂纹的萌生。

载荷输入，根据堆型、部件、工况和应力类型的不同，设计人员进行应力与疲劳分析时须考虑多种输入载荷，这其中主要包含设计（最高）压力、设计（最高）温度、自重、外部机械载荷（系统管道的自重、压力、热膨胀等），以及温度和压力瞬态等。

分析模型，对反应堆系统相关部件进行建模时应尽可能降低模型的复杂度，重点关注承压边界。例如，对"反应堆压力容器顶盖-筒体法兰-主螺栓"这类具有高度对称性的结构，只需对整个结构的 $1/N$ 进行建模。设计人员应注意对模型进行适当延长以消除边界条件的影响，在此基础上建立合理的边界条件。对于典型的开孔结构（如反应堆压力容器顶盖），可根据开孔结构排布和当量实体在同样的载荷条件下其总体变形一致的原则，将开孔区域简化为等效的无孔区。

针对力-热耦合问题，设计人员可分别采用力分析单元和热分析单元进行建模和分析，再将结果进行线性叠加。在涉及如反应堆压力容器密封、人孔密封等接触问题时，还需根据具体问题进行接触单元的定义。在实际工程应用中，力载荷常通过在模型边界或内部施加压力、面力或体力实现，而对施加于管嘴等特殊结构的力矩载荷，往往设置刚性节点对整个截面进行绑定后再进行加载，并需要注意载荷的平移以消除弯矩的影响。

评定内容，根据设备和工况的不同，设计人员须进行的评定内容不同。六种典型的核反应堆工况分别为设计工况、正常运行工况、一般事故工况、稀有事故工况、极限事故工况和水压试验工况。以安全一、二、三级设备和支承件为例，在各种工况下设计人员需要进行评定的内容一般包括以下内容。

（1）设计工况。一次应力，包括总体薄膜应力、局部薄膜应力、弯曲应力和三向应力；支承应力。

（2）正常运行和一般事故工况。一次应力，包括总体薄膜应力、局部薄膜应力、弯曲应力和三向应力；二次应力；支承应力；疲劳与棘轮。

（3）稀有事故工况。一次应力，包括总体薄膜应力、局部薄膜应力、弯曲应力和三向应力；支承应力。

（4）极限事故工况。一次应力，包括总体薄膜应力、局部薄膜应力和弯曲应力；支承应力。

（5）水压试验工况。一次应力，包括总体薄膜应力、局部薄膜应力、弯曲应力和三向应力；支承应力。

应力评定,核电站相关结构大多采用各类钢或合金研制而成,属于塑性材料,因此在设计中往往采用第三或第四强度理论对各类应力进行限制,这实际上是在用 Tresca 或 Mises 屈服准则进行限制。

对于一次应力强度评定,一次应力为结构承受外载产生的应力成分,其强度极限值一方面与材料的机械性质(含制造与检验水平)的基本安全系数有关,另一方面还与结构局部塑性变形所导致的应力重分布潜在能力相关。一次应力强度以极限分析原理为依据来确定许用应力,评定标准为

$$S_p = \lambda S_m \qquad\qquad (6-47)$$

式中:S_p 为一次应力强度;S_m 为设计应力强度;λ 为破坏载荷与发生初始屈服载荷的比值。S_p 衡量了屈服后由于应力重新分布而使结构承载能力的增长程度,它取决于截面上弹性应力的分布模式。

对于二次应力强度评定,当一次应力可确保结构在承受外载时的安全性,并且材料有足够好的塑性时,那么二次应力水平的高低对结构承载能力几乎无影响。但如果载荷是多次循环、交变的情况,二次应力可能会导致结构失去安定性。安定载荷是结构开始进入缓慢破坏的一个临界值,它与极限载荷不同。安定载荷是二次应力强度评定的基础。

对于疲劳评定,ASME Ⅷ中弹性疲劳分析方法采用弹性应力分析,在塑性范围内则假设应力应变满足线弹性关系,将应变乘以弹性模量得到虚拟的应力,求得有效的交变等效应力幅,并采用疲劳强度减弱系数 K_f 等系数对有效交变等效应力幅进行调整。对数值模型中未考虑局部缺口或焊缝的影响,则应引入疲劳强度减弱系数。

6.6.2 反应堆系统断裂力学分析

反应堆冷却剂系统中承压边界(包括设备和管道)是确保核安全的重要防线。承压边界中存在裂纹或类似裂纹的缺陷会使得结构的承载能力明显降低,影响核设备的安全运行。断裂力学分析的目的就是对包含裂纹的结构出现非稳定扩展的风险进行评估,以保证结构的完整性。

裂纹出现的原因主要分两种。第一种是制造加工安装过程中出现的缺陷,在出厂或役前检查中未被发现,在设备使用过程中逐渐扩展,从而在在役检查中被发现。第二种是由于在设备使用过程中的循环载荷(如冷却剂温度变化、机械振动、磨损等)或运行环境(腐蚀环境)导致裂纹萌生并扩展,从而在

检查中被发现。制造安装出现的初始缺陷且未被无损检测发现并不是小概率事件,包含初始缺陷的设备管道往往容易在缺陷处产生超出预期的应力集中,进而加速出现疲劳损伤,使得初始缺陷相对快速的生长发展成为宏观缺陷,周期性停堆检测的目的之一就是为了应对以上情况。第二种情况的出现则有两种可能的原因,第一是因为设计分析受限于当时的分析认识水平没有正确的评估产生裂纹的风险,第二则是因为使用过程中出现了预期外的事件或运行环境。无论裂纹是何种原因产生的,它都将对结构完整性造成较大的威胁,需要对其进行评估。

此外,设备或管道材料在运行过程中将无可避免地出现老化而使韧性下降,加剧了断裂失效的风险。反应堆压力容器采用低合金钢材料,处于快中子辐照较为明显区域的堆芯段筒体在中子辐照和运行温度下抗断裂失效的能力明显下降。管道和某些设备采用铸造奥氏体不锈钢材料,其热老化现象使得材料的韧性明显下降。某些奥氏体不锈钢管道焊缝采用手工电弧焊(SMAW)或埋弧焊(SAW)的焊接方式,也有可能存在热老化现象。早期设计工程界往往并未对材料的老化现象有足够的认识,但从经济角度考虑已经服役的机组不能轻易淘汰停用,对断裂风险的判断还需根据断裂力学分析进行评估。

总体而言,用断裂力学对含缺陷结构进行风险评估涉及三个因素,即缺陷、载荷和材料韧性,三者缺一不可,如图 6-41 所示。反应堆冷却剂对断裂失效风险的抵抗力也与这三个因素息息相关,好的设计往往能够使得运行载荷小,材料学的进步能使材料具备更好的韧性和抗老化的能力,而优秀的加工、制造、安装和运行使得出现缺陷的概率大大降低。对于力学分析工作而言,如何能更准确地对断裂失效风险进行计算评估才是更为实际的考虑。

图 6-41　缺陷断裂失效风险评估的三个要素

从断裂力学技术的维度可以将断裂力学分为四类,分别是线弹性断裂力学、弹塑性断裂力学、时间相关断裂力学和极限载荷法(或称为净截面屈服)。如图 6-42 所示。

线弹性断裂力学适用于相对脆性的材料,脆性可能来自材料自身、环境或老化等,脆性材料构件的裂纹在失效前裂尖的屈服区域相对较小。线弹性断

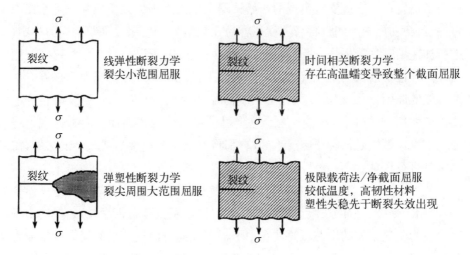

图 6‑42 断裂力学方法分类

裂力学计算裂尖应力强度因子 K 并与断裂韧性 K_{IC} 进行比较,以获得脆性断裂失效风险。线弹性断裂力学在工程界是广为认可和使用的分析方法,在 ASME 和 RCC 系列规范中也提供了基于线弹性断裂力学的工程方法。

对于韧性相对较好的材料,断裂失效前裂尖出现较大范围的屈服,此时线弹性断裂力学将不再适用,应采用线弹性断裂力学将材料的非线性特性考虑在内。对于韧性相对较好但未达到高韧性的材料,在一定的载荷下裂纹将出现扩展,载荷较大时裂纹的扩展可能是不稳定的撕裂,载荷较小时将是稳定而小量的扩展。不同设计规范对以上两种扩展的接受程度是不同的,这体现了不同的设计理念。

当材料韧性进一步提升达到高韧性时,如锻造奥氏体不锈钢,在断裂失效出现前整个承载截面将进入塑性流动达到塑性失稳,此时弹塑性断裂力学将无法正确评估其失效,应采用基于净截面塑性崩塌的极限载荷法进行计算评估。

高温(金属熔点的 $40\%\sim50\%$)下金属材料将出现蠕变等特性,即使承载截面大部分区域在弹性范围也将产生蠕变应变,裂尖的塑性区受蠕变影响也将扩大范围。压水堆的运行温度均在材料的显著蠕变温度之下,因此无须考虑蠕变效应。

进行断裂力学分析离不开计算结构的应力、应变、应力强度因子 K 或 J 积分等断裂力学参量。对于规则的结构和理想化的裂纹,可采用理论公式、规范方法或断裂力学有限元计算确定断裂力学参考,而对于复杂结构或非标准形状的裂纹则只能应用有限元计算。与常规有限元相比,断裂力学有限元对裂尖的单元有特殊的处理,以表征裂尖的奇异性或塑性条件下的钝化。

6.6.3　反应堆流固耦合数值分析

反应堆中大量结构的运动受冷却剂的影响,例如蒸汽发生器传热管、燃料棒、堆内构件等结构的流致振动分析。在此类结构的设计过程中,需要考虑流固耦合效应。流固耦合属于多物理耦合问题,在核能发展初期,受限于算力,大多采用简化和等效的处理方法。随着计算能力的提升,在目前分析中,可以同时对结构和流场建模仿真,更准确地考虑反应堆相关设备中的流固耦合效应。

流固耦合机理受结构动力学特征和流动状态的影响。以蒸汽发生器传热管和燃料棒的流固耦合为例,在流体力作用下,结构振动情况随流速的变化而变化,如图 6-43 所示。

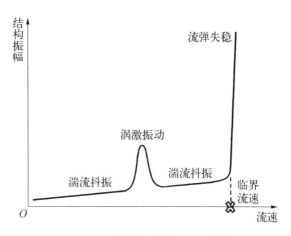

图 6-43　运动振幅随来流速度的变化

在不同流速下,流固耦合机理不同。图 6-43 表明,在绝大部分速度范围内,流固耦合表现为湍流抖振,结构在湍流作用下的振动幅度较小。因此,对于湍流抖振的分析,一般忽略结构运动多流场的影响,因此可采用单向流固耦合的计算方法。

涡激振动和流弹失稳则属于强流固耦合过程。涡激振动是流速处在特定范围时,结构表面规律性的旋涡脱落与结构之间产生共振。旋涡脱落会产生周期性激励,当激励频率和结构固有频率接近时,结构运动和旋涡脱落之间相互"锁定",发生共振。流弹失稳是指结构因流体作用而发生的运动失稳,当流速超过某一临界值后,流体对结构管做正功,结构不断从流体中吸收能量,如果这部分能量大于耗散掉的能量,则使结构发生运动失稳。

可从结构动力学方程的角度来讨论流固耦合问题:

$$M_s \ddot{x} + C_s \dot{x} + K_s x = F \qquad (6-48)$$

$$F = -M_f \ddot{x} - C_f \dot{x} - K_f x + G \qquad (6-49)$$

式中:M_s、C_s、K_s 分别为结构的质量矩阵、阻尼矩阵和刚度矩阵;M_f、C_f、K_f 分别为结构的附加质量矩阵、附加阻尼矩阵和附加刚度矩阵;F 为流体载荷向量;G 为与结构运动不相关的载荷向量。式(6-48)与式(6-49)将结构受到的流体力分解成两个部分,一部分与结构运动相关,一部分与结构运动不相关。不同的流固耦合数值模拟方法本质上的区别就在于如何处理上述流体力,可以通过理论分析和数值模拟两种方式对流体力进行处理。

理论分析方法,这里的理论分析方法指借助理论推导得到式(6-49)中的 M_f、C_f、K_f,利用这些参数修正结构动力学模型,修正后的计算模型就可以考虑流固耦合效应。其中,最典型的代表便是反应堆系统抗震中的附加质量问题。

以堆内构件抗震为例,堆内构件和压力容器通过两者间隙内的冷却剂发生流固耦合,流固耦合对结构抗震有较大影响。理论分析方法可将堆内构件视为同心圆柱结构。基于势流理论,通过在同心圆柱结构中求解压力拉普拉斯方程可得到内外圆柱对彼此的影响。这种影响以附加质量的形式体现流固耦合效应。

流固耦合数值模拟方法,基于流固耦合的强弱程度,可将其分为单向耦合法和双向耦合法。

单向耦合法。结构在流体作用下会发生运动、变形,结构的运动和变形将影响流体流动。当流体或结构对其中一方的影响较小时,可采用单向耦合的方式模拟。常见的基于计算流体力学(CFD)和计算结构动力学(CSD)的分析方法大多属于单向耦合法,以堆内构件流致振动分析为例,首先采用 CFD 计算结构表面的流体载荷,然后将流体载荷映射到结构表面,开展结构振动计算。

由于单向耦合分析方法中流体力和结构响应计算是独立进行的,单向耦合法中的"耦合"技术主要体现在流体力向结构的插值映射这一步,由于双向耦合也涉及这部分内容,因此关于载荷插值的介绍详见下文。

双向耦合。如果结构和流体对彼此的影响均不可忽略,则需要采用双向耦合算法进行模拟。例如,在蒸汽发生器传热管流弹失稳的模拟中,就需要使用双向耦合方法。双向耦合算法在一次计算中同时求解结构运动方程和流体动力学,并在两者的方程中考虑彼此的相互作用。

双向流固耦合适用于强流固耦合问题的分析,从算法的角度,还可以进一步分类为完全耦合法和迭代耦合法。

完全耦合法。完全耦合法是一种同时求解结构和流场的控制方程的方法。它联立结构和流体的控制方程,在同一求解器中完成计算,属于方程级别的耦合(这与下文的迭代耦合算法不同)。由于流体流动通常使用欧拉描述,而结构运动常使用拉格朗日描述,因此,完全耦合法需要对方程做适当的变换,将两者的描述方法统一。完全耦合法常用于求解强流固耦合和强非线性问题。

迭代耦合法。迭代耦合法是一种处理流固耦合问题的方法,它可以对流场和结构场分别进行求解。迭代耦合法先计算其中一个物理场,然后用该物理场在耦合面上的计算结果作为边界条件去求解另一个物理场。迭代耦合法的主要挑战包括耦合算法、数据映射方式、动网格技术等。

迭代耦合法基于数据传递的方式来模拟流固耦合过程。与完全耦合法相比,迭代耦合法更为灵活,由于迭代耦合法对流场和结构场分开计算,因此可以对流体和结构的控制方程采用不同的描述方式、不同的求解器、不同的离散算法、不同的网格划分方式,是可以充分利用现有流场和结构的成熟求解技术。

按照数据交换频率的不同,可进一步将迭代耦合法分为紧耦合法和松耦合法,前者在一个时间步内,在流场和结构求解器之间多次交换数据进行计算直至求解收敛,后者仅在每个时间步完成后在流场和结构之间交换一次数据,这两种耦合算法又可以分别称为隐式耦合法和显式耦合法。

紧耦合一般有两种实现方式。一种是对流体控制方程和结构运动方程的时间项均采用二阶后差格式,并同时引入虚拟时间导数项和内迭代技术,结构和流动在内迭代(虚拟时间)的层面上进行数据交换。当内迭代收敛后,流固耦合的整体时间精度可以达到二阶[42-44]。但这种方法要求每个内迭代步均要网格变形,效率较低。另一种是在物理时间步的层面上引入子迭代技术,直到当前时间步(t_{n+1})的流动力和结构位移收敛,如果流动和结构均采用二阶时间格式,再通过该耦合方式实现流动/结构时间同步,那么整体时间精度也能达到二阶[42-44],该法的优点是允许流动和结构采取不同的时间离散方式,适用于不同类型的 CFD 求解器和不同类型的 CSD 求解器之间的耦合。紧耦合的时间精度较高,但是由于紧耦合算法在每个时间步需要多次的流体-结构迭代求解,对于复杂的工程问题来说计算量仍然较高。紧耦合方法如图 6 - 44 所示。

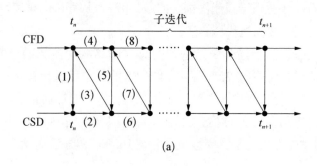

(a)

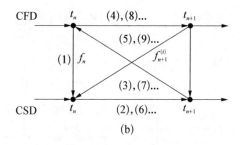

(b)

图 6 - 44　紧耦合方法

(a) 紧耦合方法 1;(b) 紧耦合方法 2

与紧耦合相比,松耦合不需要在每个时间步内进行交错迭代,而是在求解器计算完毕后再进行数据交换。传统松耦合在一个物理时间步内仅交换一次信息,流固耦合的整体时间精度只有一阶[45];改进型松耦合算法将流动与结构相错半个时间步,采用 t_n 时刻的结构位移和速度去计算 $t_{n+1/2}$ 时刻的流动网格位移,改进型松耦合算法时间精度为二阶[46-48]。由于松耦合求解过程中流体和结构并不同步,因此通常要选取较小的时间步长来保证流体和结构耦合求解的时间延迟。松耦合算法的计算量远远小于紧耦合算法的计算量。松耦合方法如图 6 - 45 所示。

数据映射/传递方法,对于常用的迭代耦合算法,流体和结构通过在两者

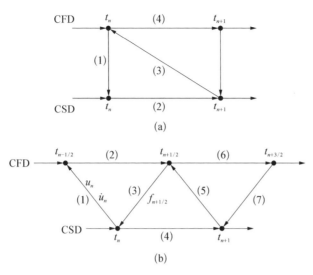

图 6 - 45　松耦合方法

（a）传统型；（b）改进型

交界面上交换数据的方式完成耦合，具体包括流体向结构传递载荷数据，结构向流体传递位移和速度。考虑到流动和结构运动各自拥有不同的时间和空间尺度，流场与结构分析对网格的要求不同，通常流场网格和结构网格的尺寸存在巨大的差异。因此，需要借助合理的插值映射算法在流场和结构网格之间传递数据。下面对几种数据映射方法进行介绍。

为了方便描述，将图 6 - 46 中的黑实线网格定义为背景网格，其节点编号为 1、2、3、……、i、……；虚线网格称为目标网格，其节点编号用字母 A、B、C、I 来表示。多项式插值算法的工作原理是，首先在目标节点周围，按照预先设置的距离，搜索背景网格的节点，然后用背景网格节点与目标网格节点的距离的倒数作为加权系数，将背景网格节点的物理量插值到目标网格节点上。插值公式为

$$p_A = \sum_{i=1}^{N} w_i p_i \qquad (6-50)$$

$$w_i = \frac{1/d_i}{\sum_{i=1}^{N} (1/d_i)} \qquad (6-51)$$

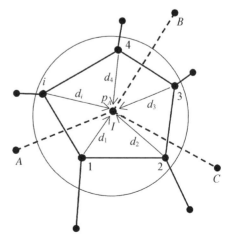

图 6 - 46　多项式插值算法示意图

式中：p_i 代表背景网格上的物理量（如流场网格点上的压力）；p_A 为映射到结构网格节点后的物理量；w_i 为加权系数；d_i 为相对节点距离；N 为参与插值的节点数。

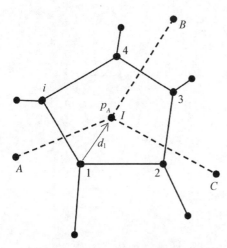

最近点插值算法。顾名思义，最近点插值算法就是将背景节点中离目标节点最近的节点的值赋予目标节点，如图 6－47 所示。假设背景网格中点 1 离目标网格中点 A 最近，插值公式为

$$p_A = p_1 \qquad (6-52)$$

图 6－47　最近点插值算法示意图

基于有限元形函数的插值算法，对于从结构有限元网格向流体网格插值的情况，可以利用结构单元的插值形函数向流体网格插值，如图 6－48 所示，虚线的结构网格中心为 S，实线流体网格中心为 F。F 点的位移插值函数为

$$u_F = \sum_i u_i N_i(\xi_F, \eta_F, \chi_F) \qquad (6-53)$$

式中：N_i 为节点 i 的形函数，N_i 的表达式取决于单元的具体形状；u_i 为结构单元的节点位移，(ξ_F, η_F, χ_F) 为 F 点在结构单元中的局部坐标。

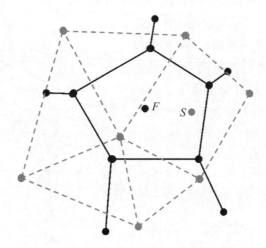

图 6－48　基于有限元形函数的插值算法示意图

动网格技术。动网格技术通常用于模拟与固体结构之间的相互作用,特别是在流固耦合问题中。在流体动力学中,流体大多采用欧拉描述,即在固定参考坐标系中开展计算。对于一些流固耦合问题,固体结构的运动使流体求解域发生变化,因此,需要对流体的控制方程进行相应的调整。某些采用完全耦合算法计算流固耦合问题的求解器(如 ADINA、COMOSOL)对流体采用与结构相同的拉格朗日描述。对于迭代耦合算法,流场和结构场通常采用不同的求解器进行计算,因此,流场和结构场可采用不同的描述方式。此时,可采用动网格技术来模拟结构的运动和变形对流体求解域造成的改变。动网格方法包括滑移网格法、嵌套网格法、网格变形法和网格重构法等。其中,滑移网格法和嵌套网格法更适合模拟结构在流场中做刚体运动的情况。网格变形法在模拟结构弹性变形扰动流场时应用较多。考虑到燃料组件的双向流固耦合模拟通常涉及弹性体在流场中的运动问题,因此,采用网格变形法更适合。

网格变形法不改变流体网格的拓扑结构,而是采用适当的算法将流固耦合面上的网格运动向流体网格其他区域传递,目的是使流固耦合面附近的流体网格不会因为结构的运动和变形发生不可接受的网格质量劣化。一种算法借助 Laplace 方程将流固耦合面网格运动进行扩散,控制方程如下:

$$\nabla \cdot [\nabla \gamma \boldsymbol{u}^m] = 0 \qquad (6-54)$$

式中:$\boldsymbol{u}^m$ 为网格位移;γ 为扩散系数。方程(6-54)的边界条件是流固耦合面上的结构位移。通过选取不同的 γ 可以控制网格运动的方式。另一种算法将网格看作弹性体,利用线弹性体的控制方程模拟流体网格的变形,相应的控制方程如下:

$$\nabla \cdot \boldsymbol{\sigma} = 0 \qquad (6-55)$$

$$\boldsymbol{\sigma} = 2\mu\boldsymbol{\varepsilon} + \lambda\nabla \cdot \boldsymbol{u}^m \boldsymbol{I} \qquad (6-56)$$

$$\boldsymbol{\varepsilon} = \frac{1}{2}[\nabla \boldsymbol{u}^m + (\nabla \boldsymbol{u}^m)^{\mathrm{T}}] \qquad (6-57)$$

其中,式(6-55)为(等效弹性体的)平衡方程,忽略了惯性力和体积力,$\boldsymbol{\sigma}$ 为柯西应力张量。式(6-56)为(等效弹性体的)本构方程,$\boldsymbol{\varepsilon}$ 为应变张量,μ 和 λ 分别为(等效弹性体的)剪切模量和第一拉梅常数。式(6-57)为几何方程。

对于边界运动较大的情况,网格变形法很难得到质量较好的网格,此时部分网格质量严重退化,导致计算发散。对于因为结构变形导致畸变的网格,可同时结合网格重构技术的解决办法是对局部网格重新剖分,确保新网格具有较高的质量。

计算要点:迭代耦合算法要求结构场和流场在流固耦合面的几何结构相同。双向耦合计算过程中需要实时用结构运动去更新流场网格,由于流固耦合面较为复杂的结构,例如燃料组件的流固耦合问题,在格架区域结构较为复杂,棒束和刚凸之间间隙较小,在双向耦合计算过程中,容易发生结构运动导致的流场网格畸变从而产生收敛性问题,需要对小间隙做合理的处理。燃料组件的流场扰动主要来自格架,格架的扰流部件包括搅混翼片、弹簧、刚凸等。为了尽量降低模型的复杂程度,在建模过程中,需要尽量对部分次要扰流特征进行简化处理。

为了防止结构产生较大的运动,在迭代耦合计算开始并向结构施加流体力时,最好采用斜坡加载,防止结构突然受到较大的载荷产生较大的结构位移,从而导致流体网格过于扭曲使计算发散。

6.6.4 反应堆系统抗震分析

核安全有关的结构、系统和部件的设计必须确保在遭受已经考虑到的地震时,核电站能维持反应堆系统压力边界的完整性不受影响,使反应堆安全停堆并维持在安全停堆的状态,同时有效排出余热,并确保放射性物质的外逸不超过可接受的限值。

核电站的地震设计要考虑两个地震等级:运行安全地震动 SL‑1 和极限安全地震动 SL‑2。

反应堆系统中重要设备或部件应优先考虑试验考核,在设备或部件设计时一般先开展抗震分析,满足相关评价要求后再开展试验考核;对于未开展分析但试验考核通过的设备或部件,一般不再强制开展分析法设计。

地震输入。核电站一般采用 NRC R. G. 1. 60 标准反应谱或其改进型作用在构筑物的基础底面,地面峰值加速度根据厂址地震条件选取。分析时可将标准反应谱转为两个水平方向和一个竖直方向(分别代表 X、Y、Z 三个方向)人工拟合地震加速度时程,也就是设计加速度时程。各条设计地震加速度时程之间的标准化互相关系数均小于 0.16,即它们之间均可认为是统计独立的。由设计加速度时程计算得到的平均功率谱密度应包络目标功率谱密度的 80%,结构的阻尼比根据 GB 50267—1997《核电站抗震设计规范》规定选取。

分析模型。反应堆系统的抗震分析应考虑厂房的影响,应优先考虑与厂房建立耦合模型。分析模型应尽可能降低模型复杂度,主要考虑设备的整体模态。分析模型应包括所有主要部件和承力部件,应考虑支承构件刚度、附属构件和构件中液体质量、液体晃动等对系统动力响应的影响。

分析方法。抗震分析方法主要包括时程法、反应谱法、等效静力法。

推荐采用完全二次组合(CQC)和最大振型反应的平方和平方根法(SRSS)进行模态组合,响应谱法忽略了设备的非线性特性对分析的影响,对于一些高度非线性的设备计算结果的误差可能会较大。

当模型存在非线性因素(如材料非线性、结构非线性等)时,采用时程法分析可使计算结果更为准确,但时程法的计算时间和成本较高。采用时程法分析时,时间步长应足够小,以准确反映系统的高频响应。非线性系统的分析应采用直接积分法,线性系统的分析可采用振型叠加法。

等效静力方法适用于单质点模型或单梁模型等模拟的设备。静力法的计算结果往往偏于保守,一般只适用于结构非常简单的设备,在实际工程中应用较少。

分析结果,反应堆系统的抗震分析的输出内容主要包括结构固有频率和主要振型,重要位置的力、力矩、位移的峰值,支承载荷,时程分析时给出一些关键位置的力、力矩、位移、速度、加速度等时程结果。

地震动力三个方向的分量所造成结构最大的反应用平方和的平方根法进行组合。

地震效应与各种工况下的荷载效应(包括正常运行荷载、预期运行事件引起的附加荷载和事故工况引起的附加荷载等)进行最不利的组合。

6.6.5 管道力学模型与计算分析

管道是核反应堆系统的重要组成部分,对反应堆的正常运行、减轻或缓解事故后果有重要作用。为保证管道在各种载荷作用下的结构完整性,需要对管道开展力学分析,并在必要时对管道上支承的位置和功能进行优化,使得管道、管道支承、特殊管件针对不同类型的失效模式具有必要的安全裕度。

分析载荷。管道系统力学分析所需考虑的载荷主要包括静力载荷(如自重、内压等)、动力载荷(如地震、阀门排放力等)、时程载荷(如温度和压力瞬态等)。

失效模式。管道的失效模式主要包括过度变形和塑性失稳、弹性失稳或弹塑性失稳（屈曲）、交变载荷作用下的渐进性变形、疲劳（渐进性开裂）、快速断裂等。

评价准则。管道一般根据其规范等级或安全等级确定分析评价所使用的方法。对于核级管道，一般采用 RCC‑M 规范、ASME 规范中的核 1/2/3 级管道分析评价方法进行分析评价。对于非核级管道，一般采用 ASME B31.1 中的方法进行分析评价。

支吊架的力学分析和评价涉及型钢结构、标准件、预埋板、底板和膨胀螺栓等。型钢结构采用结构力学或有限元方法进行，其评价准则为 ASME Ⅲ NF‑3600 或 RCC‑M 附录 Z Ⅵ。标准件、预埋板、底板和膨胀螺栓的评价准则由标准件供货方提供评价标准。

建模方法。管道系统之间相互连接组成庞大的管网结构，在进行力学分析时须进行解耦分析，主要的解耦方式包括固定点解耦、与固支设备相连时解耦、大小管解耦。其中，大管分析时可不考虑小管的影响，但小管分析时必须考虑大管的影响，可采用单振子方法得到大管上与小管接口位置的动力响应谱。

传统管道和支架力学分析模型一般采用手工建模，为提升布置与力学的自动数据传递，中国核动力研究设计院开发了布置软件 PDMS、Croe 与管道和支架力学分析软件 PEPS、GTStrudl 之间，以及不同管道力学分析软件 PEPS 和 ANSYS 之间的模型转换程序，实现了力学模型的自动生成，大幅提升了管道和支架的力学分析效率。

分析方法。对于静力载荷，采用静力分析方法进行分析。对于动力载荷，可以采用等效静力法、响应谱法、时程法等进行分析。对于温度和压力瞬态时程载荷，主要用于管道的疲劳分析，通过时程分析计算瞬态所产生的应力。

多层级设计方法。管道的力学分析评价涉及的范围广、内容多，在梳理各种分析评级要求的基础上，开发管道不同分析方法间载荷和模型传递的多层级力学分析接口程序，实现管道系统、管件结构、支架等评价信息的自动传递，并与优化程序结合，实现管道力学性能的自动优化。

管道的走向和支承设置在空间上受限较多，同时需要确保管道在各载荷作用下满足相应设计规范要求，因此需要对管道走向、支承位置和功能等进行分析和优化。中国核动力研究设计院的管道力学性能优化经历了人工试算优化、采用遗传算法进行优化、布置与力学协同优化、人工神经网络优化等阶段，优化的效率和效果均得到大幅提升。

　　管道破前泄漏(LBB)设计。对高能、中能管道,必须考虑发生破裂时的后果及采取防护措施。管道破裂的后果包括水淹、射流冲击、隔间增压、管道断裂反作用力、瞬时压降等。对于在运行过程中材料退化不显著的高能管道,采用 LBB 的方法可以消除管道破裂动力效应。LBB 的基础是,管道的初始缺陷在外载等因素作用下形成贯穿裂纹和介质泄漏,在泄漏被探测到后管道仍有足够的承载能力,需要经历足够长的时间管道才会发生断裂。LBB 评估包括材料选择、检查、泄漏探测和分析,已经被工业界和核监管当局的理论研究和试验验证证明是有效的。

6.7　多物理场多尺度耦合技术

　　在所有耦合程序的研发过程中,均需要解决三个共性问题:① 不同物理场耦合后的迭代收敛策略与收敛条件;② 耦合数据在不同网格之间映射和传递;③ 耦合子程序的调用接口及调用顺序。因此,耦合共性技术主要包括耦合迭代算法、映射算法及耦合控制流程。

6.7.1　反应堆中的耦合问题

　　核反应堆是一个包含多个物理过程、多个回路和多个子系统的庞大系统,并且各个物理场、系统和回路之间相互影响、相互关联,最终交织成一个非常复杂的耦合网络。回路和系统包括反应堆系统、管路系统、蒸汽发生器一、二次侧回路、余热排出系统、蒸汽发电回路等,而涉及的物理场又包括反应堆中子通量场、堆芯燃料温度场、慢化剂温度场、冷却剂速度场及压力场等,以及各个反应堆结构的应变场。蒸汽发生器的一、二次侧回路包括流量场、温度场以及化学腐蚀等多个方面。并且各个物理场通过热量传递和物性参数紧密耦合在一起。例如,中子通量场为反应堆提供核功率,它将热量传递给燃料的温度场,而燃料的温度场又通过影响中子通量场的反应截面影响中子通量场核功率的产生。同样,冷却剂系统管路及蒸汽发生器一次侧流场分布和温度场的分布也取决于反应堆的核功率、蒸汽发生器二次侧的给水流量、温度等。此外,不同的物理过程、不同的回路系统随着时间变化的快慢程度也不相同。例如,中子通量场是一个快速变化的过程,而燃料或者慢化剂的温度场则是一个变化相对缓慢的过程,而对于先进反应堆的设计与模拟,反应堆多物理耦合过程更加复杂与独特,如液态燃料熔盐堆中,由于燃料和冷却剂一起流动,导致该反应堆内中子物理模型和热工水力模型都与传统的固态燃料堆有很大的不同。燃料的流动使得缓发中子先驱核也随之运动,堆芯燃料熔盐作为冷却剂的同时也作为直接释放核热能的热源,热工流体学特性与中子物理特性等耦合现象更加复杂。因此,核反应堆是一个多物理场、多回路、多尺度耦合类型共存的复杂、非线性、多维、耦合系统。

目前,联立求解反应堆等这样一个复杂的核能耦合系统存在诸多挑战,是目前国际核能领域研究的难点和热点。无论是目前流行的压水堆,还是新一代先进堆型,如高温堆等,现有的设计和安全分析程序通常采用固定点迭代的思路对复杂的核电站耦合系统进行求解。具体来说,就是将相互耦合的复杂问题分解为多个子物理场或者多个子问题,针对各个子物理场或子问题分别单独求解,通过界面传递边界条件或者耦合参数的形式,最终达到耦合计算的目的。而这样的处理通常弱化了各个物理场之间的耦合作用,没有像真实物理过程一样来同步更新所有物理量,并且其存在计算精度低、计算效率差,尤其是收敛性无法得到保证等问题。从而使得固定点迭代处理思路目前仅仅能够实现少数几个物理场或者少数几个子系统的耦合求解,很难推广到大型复杂耦合系统,尤其是整个核电站耦合系统。此外,现有分析程序对不同的物理场进行计算时,采用不同的离散格式,使得各个物理场之间的网格划分不同,从而导致各个物理场之间离散变量的传递需要复杂网格映射关系,并且网格映射关系的选取是否合理将严重影响耦合系统的求解精度。

随着核电安全性、经济性及设计要求的提高,核电领域希望通过高性能计算、先进的数值计算方法和高精度的模型等方式,来更加精确、快速、真实地模拟复杂核电站耦合系统的运行状况,揭示更多现象的本质,强化科学依据,尽可能避免使用过去依据经验和保守假设等设计思路,从而能够确切地预测和提高核反应堆的安全性、可靠性及经济性。由于现有耦合计算方法存在的种种问题,使得要想实现上述目标,核心的任务之一就是探索和开发适用于求解更加复杂核能系统的多物理场高精度耦合方法和统一求解平台。

6.7.2 耦合共性技术

1) 耦合迭代算法

现有的设计和安全分析程序的耦合方式根据核能耦合系统计算程序的数

据传递方式的不同,可分为外耦合和内耦合两种方式。外耦合方式采用第三方接口链接各个针对单个物理场开发的计算程序,通过读取输入、输出文件来完成数据的往返传递,最终实现多个物理场之间的耦合计算;内耦合方式是指将各个子物理场对应的计算模块以子函数的形式内嵌在同一个耦合平台上,通过内存的直接访问和子函数的直接调用来完成数据传递和多物理场耦合求解。

早期开发的核能耦合系统计算程序普遍采用的是外耦合的模式,其中具有代表性的程序为耦合计算程序 RELAP5/PARCS 和 TRACE‑M/PARCS[49]。这类计算程序是 1998—1999 年 Downar 团队与美国核管会合作,基于 PVM(Parallel Virtual Machine)通用模块,通过读写数据文件的外耦合方式,将三维时空动力学程序 PARCS 分别与热工计算程序 RELAP5、TRACE‑M 耦合在一起,所开发的相应耦合计算程序。但是,外耦合方式由于无法深入到各个物理场的底层设计进行方法改进和效率优化,它属于一种松耦合方式。因此,这种耦合方式仅仅能够计算一些弱耦合问题,普遍缺乏针对大规模的复杂耦合问题的计算能力。

随着计算能力和设计要求的提高,21 世纪初核能耦合问题开始陆续采用内耦合方式,且各个子物理场逐渐采用更加精确的模型和高效的数值计算方法,在很大程度上提高了耦合问题的计算能力。比如:2004 年,Downar 团队将 PARCS 程序嵌入 TRACE 程序,作为 TRACE 的子函数进行调用;2001—2004 年,由阿贡国家实验室、韩国原子能研究机构、普渡大学及首尔大学联合发起的 INER‑项目,将全堆芯中子输运程序 DeCART、热工水力 CFD 程序(STAR‑CD)及结构力学程序 NEPTUNE 嵌套在统一耦合平台上;2014 年,密歇根大学和橡树岭国家实验室分别将中子输运程序 MPACT(特征线法)和 Denovo(离散纵标方法)与子通道程序 COBRA‑TF 嵌套在 VERA 耦合[50]平台上,实现了三维全堆芯计算。在新一代反应堆的耦合程序开发中也普遍采用内耦合迭代求解思路,如用于高温堆冷却剂系统的热工流体计算的系统分析程序 THERMIX,目前已获得德国核管会和我国核安全当局认证,作为高温堆主要的安全分析程序之一。THERMIX 程序主要包括堆芯物理计算模块 KINEX、堆芯流体温度和流场计算模块 KONVEK、固相温度计算模块 THERMIX、回路管网计算模块 KISMET 及蒸汽发生器计算模块 BLAST。各个模块均以子函数的形式存在,两两之间可以相互调用。其中,堆芯物理计算模块 KINEX 采用了简化的点堆中子动力学模型,而并没有考虑中子的空间效应,无法精确模拟中子通量在堆芯不同区域的具体分布,从而限制了THERMIX程序的计算精度。

无论是内耦合方式还是外耦合方式,数学上普遍采用的是算符分裂的耦合计算方法,即将复杂的多物理场耦合问题分解为多个子物理场,分别逐次求解各物理场,之后通过耦合边界或耦合源项来传递参数,反复迭代上述过程,最终达到耦合求解目的。如图6-49所示,经过研究和总结,可大致将其分为三类方法。

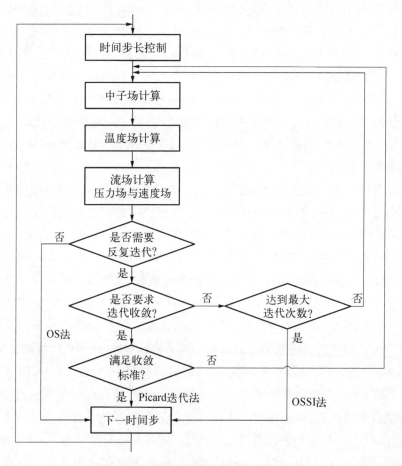

图6-49 算符分裂耦合思路流程示意图

简单算符分裂(operator split,OS)法:表示在每个时间步内各物理场按照顺序求解一遍,并且在求解每个子物理场时,其他物理场均采用上一时间步的值,而不进行迭代,就直接进入下一时间步。算符分裂半隐式(operator split semi-implicit，OSSI)法：在 OS 的基础上，对部分子物理场采用隐式求解，并且各个子物理场之间进行反复迭代，但并不要求在每个时间步内所有物理场迭代收敛，当达到最大迭代次数即可进入下一时间步。

　　Picard 迭代法：利用固定点迭代过程将非线性耦合问题线性化，之后在每个时间步内各个物理场之间迭代，更新迭代参数，直到所有物理场收敛，才进入下一时间步，最终实现所有物理场的全隐式求解。这也是目前采用算符分裂求解思路应用最为成熟的耦合求解方法，但是在耦合求解中往往面临过度求解与松弛因子选取等收敛性问题。上述的算符分裂思路计算方法是随着反应堆设计和安全要求的提高和模拟计算能力的发展而逐渐发展起来的。

　　相对于传统的算符分裂思路，近几年国际上开始尝试 JFNK[51-53] 全局求解思路的新耦合方法，它是 Newton 法、Krylov 子空间法及 Jacobian-free 三种方法的巧妙结合，表现出了更好的计算精度和收敛性，其中的主要求解框架建立、残差方程及预处理算子的构造、全局收敛方法等关键技术，也进行了大量研究和分析，从而为真实复杂的核能耦合系统的模拟与程序开发提供了更多理论依据与方法参考。

　　JFNK 方法在数学上是一种较为成熟的非线性问题求解方法。目前这一求解方法因其具有较好的收敛速率（即具有局部二阶收敛速率），以及较为成熟的求解技巧与方法，如采用 Krylov 子空间求解方法作为线性方程组的求解器，而具有较高的计算效率。此外，采用 Jacobian-free 方法，可以避免显式构造、存储 Jacobian 矩阵，具有内存资源耗费较少，程序开发难度较低等优势。目前，JFNK 方法已经广泛应用于高能物理、流体力学计算等领域。而作为一种非常有潜力的耦合计算方法，核能领域针对 JFNK 方法也开展了一系列的多物理场耦合求解的研究。

　　2）耦合网格映射算法

　　在反应堆多物理场耦合计算中，涉及不同的物理量，其网格模型也不一致。网格映射旨在实现物理场数据在不同网格模型间的传递，且保持物理场原有的分布，以满足耦合计算的需求。按照网格类型来说，网格可以分为结构化网格和非结构化网格。结构化网格数据结构简单，网格区域内所有的内部点都有相同的毗邻单元，网格映射算法相对简单，但其适用范围较窄，只能描述简单的模型；而非结构化网格的适用范围广泛，但其数据结构也复杂，需要单独存储每个网格单元的数据，涉及的网格映射算法也十分复杂。

　　一般来说，网格映射过程都可以归结为

$$\boldsymbol{\phi}_t = \boldsymbol{W} \cdot \boldsymbol{\phi}_s \qquad (6-58)$$

式中：$\boldsymbol{\phi}_s$ 为离散在源网格中的源物理场；$\boldsymbol{\phi}_t$ 为网格映射后离散在目标网格中的目标物理场；$\boldsymbol{W}$ 则为网格插值映射矩阵。网格映射的关键在于根据源场、目标场的属性及其离散类型，选取合适的算法计算出相应的网格插值映射矩阵。

反距离加权（inverse distance weight，IDW）插值法[54]是一种使用已知离散点进行多元插值的确定性方法。IDW 假定每个已知点都有一种局部作用，而这种局部作用会随着距离的增加而减小，因此离插值点最近的已知点权重最大，其他已知点的权重随着距离的增加而减小。对于空间中任意一点(x_i, y_i)，已知离散点对其的权重由式（6-59）确定。

$$W_i = \frac{d_i^{-p}}{\displaystyle\sum_{j=1}^{n} d_j^{-p}} \qquad (6-59)$$

式中：d_i 为已知离散点(x_i, y_i)到插值点的距离；p 为正实数，通常取 2。图 6-50 表明了 p 的取值对权重的影响。

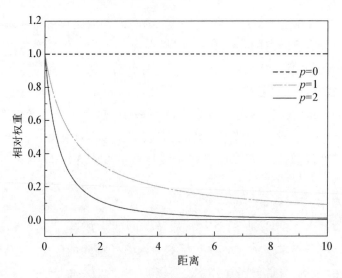

图 6-50　IDW 中幂参数取值对权重的影响

如果 $p=0$，则表示距离不变，每个已知离散点有相同的权重；随着 p 的增大，较远数据点的权重会迅速降低，因此需要进一步强调邻近点的作用。因此，p 的选取需要综合考虑样本的分布、密度及允许单个样本影响周围样本的最大距离等因素。

体积(面积)权重法是使用网格相交的体积作为插值权重的映射算法,其插值映射矩阵根据物理场属性和插值准则而有所差异,如表 6 - 2 所示。

表 6 - 2　体积权重法插值映射矩阵计算公式

原　　理	强　度　量	广　延　量
守恒定律	$W_{i,j} = \dfrac{\mathrm{Vol}(T_i \cap S_j)}{\mathrm{Vol}(T_i)}$	$W_{i,j} = \dfrac{\mathrm{Vol}(T_i \cap S_j)}{\sum\limits_{T_i} \mathrm{Vol}(T_i \cap S_j)}$
最大值原理	$W_{i,j} = \dfrac{\mathrm{Vol}(T_i \cap S_j)}{\sum\limits_{S_j} \mathrm{Vol}(T_i \cap S_j)}$	$W_{i,j} = \dfrac{\mathrm{Vol}(T_i \cap S_j)}{\mathrm{Vol}(S_j)}$

表 6 - 2 中,T_i 为编号为 i 的目标网格单元,S_j 为编号为 j 的源网格单元,$\mathrm{Vol}(T_i \cap S_j)$ 为目标网格单元 T_i 和源网格单元 S_j 相交部分的体积,$\cap$ 为求交集的运算符。由此可见,网格插值映射矩阵的求解,其关键在于计算源网格中一个单元与目标网格中一个单元之间的相交体积。一般来说,该步骤可以分为两步:判断是否相交和计算相交体积。

在二维网格中,三角化方法是一种常用的求交方法。任意二维网格单元都能分解成一系列三角形单元,通过计算两三角形单元的边边相交情况和节点内外关系,来计算这两个三角形单元的相交面积。相交多边形的面积计算可以转化为若干三角形面积的计算,任意三角形 $S_{\triangle OAB}$ 面积由式(6 - 60)确定。当源网格和目标网格都由三角形单元构成时,该方法具有很高的效率。如图 6 - 51 所示。

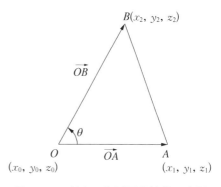

图 6 - 51　任意三角形面积计算示意图

$$S_{\triangle OAB} = \frac{1}{2} \, |\overrightarrow{OA}| \cdot |\overrightarrow{OB}| \sin\theta = \frac{1}{2} \, |\overrightarrow{OA} \times \overrightarrow{OB}|$$

$$= \frac{1}{2} \begin{vmatrix} \boldsymbol{i} & \boldsymbol{j} & \boldsymbol{k} \\ x_1 - x_0 & y_1 - y_0 & z_1 - z_0 \\ x_2 - x_0 & y_2 - y_0 & z_2 - z_0 \end{vmatrix} \qquad (6 - 60)$$

在三维网格中,多面体相交计算的三角化方法基于 Grandy 提出的方法[55]。该方法通过仿射变换后计算单位四面体与多面体中面三角形(多面体中的任意面都可以分割成若干个三角形)间的边-面相交情况,来计算一个四面体目标网格单元与任意多面体的相交部分体积。使用分割技术,可以将两个一般多面体相交计算的问题转换成为多个四面体-多面体相交计算的问题,如图 6-52 所示。而相交多面体的体积计算可以分割成若干个四面体的体积计算,与三角形面积计算类似,空间中任意四面体 $V_{O\text{-}ABC}$ 的体积由式(6-61)确定。

$$V_{O\text{-}ABC} = \frac{1}{3}\left(\frac{1}{2}\ |\overrightarrow{OA}|\,|\overrightarrow{OB}|\ \sin\alpha\right)(|\overrightarrow{OC}|\ \cos\theta)$$

$$= \frac{1}{6}\ |(\overrightarrow{OA}\times\overrightarrow{OB})\cdot\overrightarrow{OC}| \tag{6-61}$$

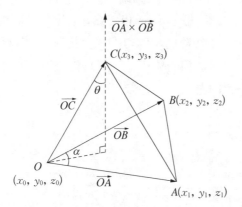

图 6-52　任意四面体体积计算示意图

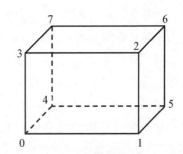

图 6-53　任意六面体分割示意图

任意多面体都可以分割成若干四面体,以六面体为例,有两种分割方法可以将六面体分别分割成 5 个或 6 个四面体。如图 6-53 所示。

方法一,分割成 5 个四面体:0152、0457、0372、5672、0257。

方法二,分割成 6 个四面体:0156、0216、0546、0476、0326、0736。

欧洲 NURESIM 项目 SALOME 平台中的 MEDCOUPLING 库[56]提供了丰富的网格和物理场生成与处理工具。MEDCOUPLING 库支持结构化网格和非结构化网格等网格类型,同时提供了多样的网格相交算法,如三角化方法、点定位方法、二维几何方法等,还能够实现不同网格间不同性质物理场的高效串、并行插值映射。

3）耦合流程控制

耦合流程控制总体可以分为子程序封装和解析、流程建立和耦合程序运行三大部分，如图 6-54 所示。

（1）子程序封装和解析。子程序封装主要是将算法按照约定的格式封装成动态库，方便耦合平台加载封装后的动态库执行实际运算，这样做一方面隐藏了算法的实现细节，可以保护知识产权，另一方面可防止因用户对算法的随意修改而造成的潜在错误。

子程序解析主要是完成对封装后算法库的加载和算法相关信息的解析。对 C++子程序（代码）而言，就是将头文件中文本形式的算法（函数、类的方法等）信息，如函数名、形参列表、返回值、是否静态函数等转化为可视化的算法"节点"。这些可视化算法"节点"及其储存的信息为

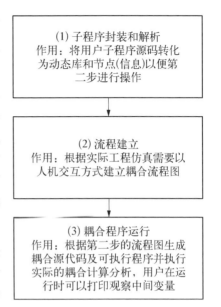

图 6-54　耦合流程控制示意图

耦合平台提供了建立耦合流程并进行控制的基础元素。解析的算法需包括用户专业子程序、网格库、迭代算法库等。

（2）流程建立。流程建立即用户以可视化的形式拖动、连接算法节点和流程控制节点等构建耦合逻辑流程图。流程图参考 C/C++程序语言的流程控制，支持顺序结构、分支结构和循环结构，使用可视化图形节点表示各种算法和流程控制。核心思想是自顶向下，逐步细化，将复杂问题分解和细化成由若干节点组成的层次化结构。

节点之间的连接（以可视化的连接线表征）包括控制流和数据流。控制流连接两个节点的控制槽，其中一个槽为控制输出槽（或内部控制槽），另一个槽为控制输入槽。流程图的逻辑是按照控制流自顶向下的顺序执行的。数据流连接两个节点的数据槽且两数据槽的数据类型一致，其中一个槽为数据输出槽，另一个为数据输入槽，用数据流表示数据在节点之间的传递。对于数据输入槽，除了可以与其他节点的数据输出槽进行连接之外，还可以由用户指定输入参数，如时间步长、收敛准则等。

一个完整的耦合流程图可能包括：① 算法节点，如专业子程序的函数、方

法,可执行程序等;② 流程控制节点,如 for、while 循环,if、else 分支选择,switch-case 开关选择等;③ 起始/结束节点,如 Start 节点、End 节点。

(3) 耦合程序运行。用户建立完耦合流程后可以自动生成源代码,经编译后生成可执行的耦合程序。耦合程序从 Start 节点按照控制流的流向依次执行直到 End 节点完成整个耦合流程的运算。

运算的时间步和收敛准则等参数在第 2 步的流程建立过程中进行设置。用户可以指定某些参数如中间变量等在运行过程中进行打印输出以便观察计算过程是否合理。

(4) 耦合框架技术。目前,由于不同尺度不同物理现象其物理机制、本身物理模型简化程度和物理模型发展程度差异较大且存在多样化,难以以一套方程(即一个集成程序)来直接求解。多专业程序耦合可以基于特定接口或基于统一耦合架构开展。

传统的程序耦合技术往往是针对特定的一对或一组程序来开发耦合接口。其耦合接口在添加新的程序时常常需要对其耦合接口进行大量的适应性修改。为了更好地处理反应堆多场多尺度耦合工作,目前国际上提出了众多统一耦合开发架构,例如法国的 Salome、美国的 SHARP/MOOSE[57]、瑞士的 OpenFOAM、德国的 MPCCI/PRECICE[58] 等。以法国 Salome 为例,如图 6‐55 所示,统一耦合架构基于程序封装规范 ICoCo、数据映射传递模型 MED 及耦合调度程序 Supervisor 来开发。

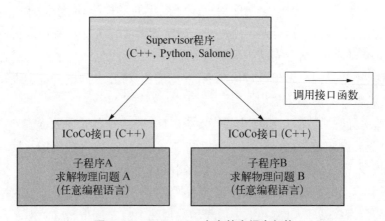

图 6‐55 Supervised 方案基本耦合架构

ICoCo 封装规范是法国 CEA 提出的通用接口封装理念。其要求每个程序能够实现一系列事先定义好的接口函数来分别完成相应的功能。这些功能包括初始化程序、计算时间步长、以时间步长初始化计算、求解/迭代求解时间步、提取输出场、设置输入场和终止程序。按照 ICoCo 说明书的建议,单个程序的 ICoCo 接口函数都是程序对应类的成员函数,而程序对应类是基类 Problem 的派生类。系统级耦合的各耦合子程序均根据 ICoCo 封装规范开发了各自的耦合接口,从而供系统级耦合程序调用。

　　MED 数据格式用于统一各耦合子程序的输入输出数据格式。MED 库是由法国 CEA 开发的网格/场数据格式和映射传递库,它允许程序可以将网格/场数据存储到内存或文件中,并且支持非匹配网格上的场数据映射。图 6 - 56 给出了 MED 库的开发架构。目前,在系统级耦合程序中,各子程序的 ICoCo 接口函数中也都实现了其内部数据格式和 MED 数据格式的相互转换,即支持 MED 数据格式作为各耦合子程序耦合接口的输入输出数据。

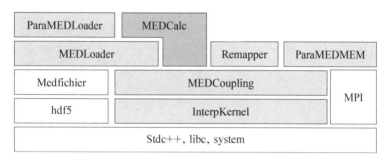

图 6 - 56　MED 库的开发架构

　　Supervisor 程序即耦合调度程序。在系统级耦合程序中,具体的耦合方案只需在 Supervisor 程序调用,包括程序间耦合计算流程和程序间数据映射传递方法等两方面的内容。

　　与反应堆单专业计算相比,耦合软件的实现在一定程度上对原有软件的计算流程、数据传递进行了改变,甚至会改变原有软件的数值求解过程,比如采用 JFNK 方法进行全耦合时,需各软件先提供方程残差,再进行联立求解。因此,耦合计算软件或系统的测试与验证应集中在耦合流程设置的合理性、耦合数据交互的正确性、程序实现的一致性上。

　　以典型的堆芯物理-热工耦合计算软件为例,传统的耦合实现途径为将热工软件作为模块嵌入到物理计算软件中,由热工软件提供三维的热工参数,如燃料温度、慢化剂密度等。物理软件基于热工软件提供的热工参数,进行截面更新。基于更新后的截面求解中子输运方程或中子扩散方程,得到堆芯三维的通量分布和功率分布,将功率传递给热工软件,从而实现物理-热工三维耦合计算。在上述过程中,如何将热工软件嵌入到物理计算软件中,准确地根据物理软件提供的功率计算堆芯三维的热工参数,并将热工参数传递给物理计算模块,以及如何退出物理热工耦合迭代,或在物理热工耦合迭代收敛不佳时如何调整是实际开发耦合软件中必定遇到的问题,这也是耦合软件测试与验证必须回答的问题。首先,如何实现嵌入与软件本身的特征相关。如果两个软件采用相同编程语言,则可采用以下方法:① 源代码联合编译;② 将其中一方以库的方式进行连接;③ 均以库的方式进行连接。如果两个软件采用不同的编程语言,则可考虑采用以下方法:① 源代码联合编译;② 将其中一方以库的方式进行连接或采用可执行程序进行调用;③ 均以库的方式进行连接,实现混编运行。由于不同的嵌入方式会涉及耦合软件如何编译、接口如何开发,这对耦合软件的运行精度、效率及维护存在一定程度的影响。因此,在耦合软件测试时应客观评价或量化分析嵌入方式带来的影响。此外,如何控制热工模块获取功率、提供热工参数并进行参数转换,直到物理模块能够正确使用,以及耦合迭代如何合理地终止,这些都是耦合流程控制的重要内容,耦合流程控制的合理性将影响耦合计算收敛速率及收敛精度,如何评价耦合流程是耦合软件测试与验证的核心内容。

6.7.3　数值耦合程序类型

反应堆设计分析涉及众多学科,包括热工水力、中子物理、结构力学、材料和水化学等。反应堆中呈现显著的多尺度多物理耦合效应,因此需要多个层次多种组合的耦合数值计算程序,如物理-热工耦合、核热力耦合、系统-堆芯-CFD 耦合、冷却剂系统-能量转换系统耦合、系统-安全壳等。

1)物理-热工耦合

在核反应堆研究早期,研究人员就已经意识到中子物理与热工水力耦合的重要性。但是,受到当时计算机能力的限制,耦合计算需要耗费大量的时间,因此该时期三维物理-热工耦合并未成为主流。

20 世纪 70 年代末至 80 年代初,三维物理计算方法有了较大的发展,特别是粗网节块法的提出,同时热工水力相关模型也有了较大的改进,研究人员开始将热工水力计算模块引入三维物理程序中。这个时期所开发的典型耦合程序主要包括 MEKIN、IOSBOX/FRANCESCA、HERMITE、ANTI、COTRAN、PARADYN 和 TITAN 等。这些程序都具备了基本的耦合分析能力,可谓是三维物理-热工耦合研究的开端。但是,到了 80 年代中后期,大型热工水力系统程序(如 ATHLET、RELAP5 和 TRAC 等)有了很大的发展并成功地用于安全分析,对三维物理-热工耦合程序的需求不是很迫切,从而导致三维物理-热工耦合研究步伐减缓。进入 20 世纪 90 年代后,计算机技术和数值方法都有了进一步的发展,再加上人们对核电站安全性和经济性要求的逐渐提高,国外许多研究机构和大学又纷纷转向三维物理-热工耦合研究。90 年代初期的研究延续了以往的方法,即只针对堆芯部分的耦合,但是在程序开发方法上有所不同,开始直接利用已有的程序进行耦合。同一时期,为了对耦合程序进行验证,在 NEACRP 的组织下针对堆芯耦合分析,建立了轻水反应堆三维堆芯瞬态基准题。

近年来,热工水力系统程序开始引入三维物理-热工耦合研究中,如 TRAC - PF1/NEM、PANTHER/RELAP5 和 DYN3D/ATHLET 等。这样的耦合程序便能够分析涉及系统的瞬态或事故,极大地扩展了耦合分析的范围,随即便成为耦合程序发展的方向。OECD/NEA 组织开展了 CRISSUE - S 项目,重点讨论三维物理-热工耦合分析所需的基础数据,给出了有必要进行耦合分析或用于验证的瞬态和事故列表,并详细地总结了耦合研究中的关键技术。为了对新开发的耦合程序进行验证,在 OECD/NEA、USNRC 和 PSU 等研究机构和大学的组织下,建立了一系列基准题,尤其是非对称弹棒事故工况(NEACPR C1 工况):以三哩岛核电站(TMI - 1 NPP)设计和运行数据作为参考的 PWR 主蒸汽管道破裂(MSLB)事故;基于美国桃花峪核电站(Peach Bottom NPP)实测数据的 BWR 汽轮机跳闸(TT)瞬态;以保加利亚 Kozloduy 核电站(KNPP)第六机组为参考的 VVER - 1000 冷却剂瞬态;球床模块高温气冷堆(PBMR - 400)耦合分析;基于俄罗斯 Kalinin 核电站(Kalinin - 3)的正常功率下关闭四台主泵之一的瞬态等。NEACPR - C1 典型计算如图 6 - 57 所示。

目前,国内外对三维物理-热工耦合的研究较为成熟,开发的耦合程序可应用的范围几乎覆盖了全部核电站堆型,并且有的已经成功应用于具体的工程实际,比如在比利时 Doel 核电站功率提升和蒸汽发生器更换项目中,对蒸汽管道破裂(SLB)事故的分析就采用了 PANTHER/RELAP5/COBRA 耦合程序。采用三维物理热工耦合程序开展堆芯热工水力设计,与传统设计方法进行对比分析,对计算方法进行改进和完善,实现精细化堆芯热工水力设计方法的建立,提高热工安全分析精度。

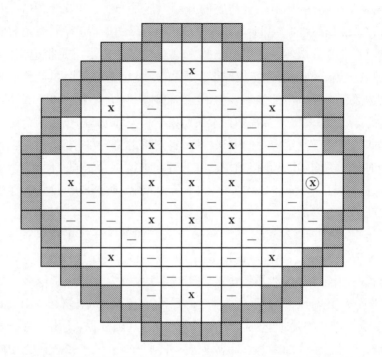

ⓧ 弹出的控制棒		
控制棒类型	X	—
棒位(步)	0	228

图 6 - 57　NEACPR - C1 工况的初始棒位(HZP)

2) 系统-堆芯-CFD 耦合

为了能够在获取反应堆系统整体热工水力状态参数变化的同时,获得更加准确、更加真实的堆芯热工水力特性和腔室热工水力特性,有必要开展系统+堆芯+CFD 的耦合工作。为此,中国核动力研究设计院专门开发了热工水力多尺度耦合软件 TMSCS - V。

TMSCS - V 的目标是开发系统、部件、局部等不同尺度热工水力程序的数据接口,通过接口数据交互的形式实现各个程序之间的耦合分析,在尽可能平衡计算精度和计算速度的前提下,使得反应堆稳态与瞬态分析更加全面化、精细化,尽可能与真实情况一致,减少设计分析过程中的保守性假设,从而挖掘相关设计裕量。

TMSCS‑Ⅴ软件的总体流程如图 6‑58 所示,包括输入部件、耦合计算部件、输出部件。耦合计算部件包括耦合主控制部件、系统尺度热工水力计算部件、部件尺度热工水力计算部件和局部尺度热工水力计算部件。

输入部件为耦合计算部件中耦合控制部件、系统尺度热工水力计算部件、部件尺度热工水力计算部件和局部尺度热工水力计算部件提供输入。输入部件具体形式为文本文件输入或通过图形界面设定。

耦合计算部件基于各个部件的前期输入来开展耦合计算。在耦合控制部件的控制下,各计算部件被启动而开始运行,读取相应输入文件,开展计算,生成各自的输出文件。耦合计算采用显式耦合方案(即各

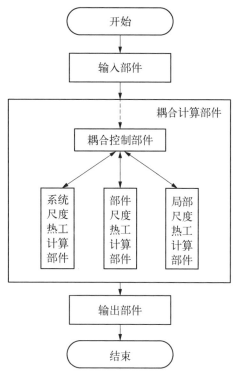

图 6‑58　TMSCS‑Ⅴ软件总体流程

程序每经过各自的一次时间步长计算交换一次数据),计算部件以并行方式运行。

耦合控制部件除了控制各计算部件的启动和停止外,还负责处理各计算部件产生的输出文件,读取数据并生成其他计算部件需要的输入文件,实现计算部件间基于文本文件的数据传递。需要启动的计算部件、各计算部件的工作路径、各计算部件用于耦合数据传递的输入输出文件、各计算部件间耦合的数据传递关系。

在具体的耦合方案中,同一尺度热工水力计算部件也可以开展耦合,从而在一定程度上可以有助于同一尺度热工水力计算部件基于计算域分解的并行计算,有助于加快计算速度。

输出部件为耦合计算部件中系统尺度热工水力计算部件、部件尺度热工水力计算部件和局部尺度热工水力计算部件各自的耦合接口数据传递记录文件和结果输出文件。输出部件具体形式为文本文件或是特定数据文件格式。特定数据文件格式是指,CFX 程序的输出结果会以某些专用的网格/场数据文

件格式存储,需要特定的后处理工具才能读取。这些后处理工具包括 ANSYS CFD-POST 和 Tecplot 等。

在 TMSCS-V 软件中,基于各热工水力计算部件的耦合接口程序将要传递的温度、压力和速度等热工水力参数写入耦合输入、输出文件。耦合控制程序通过读取处理写入输入、输出文件里的数据信息,从而实现计算部件间的数据传递。

3) 系统-安全壳耦合

在传统的反应堆安全壳响应分析中,将整个核电站不同部分分割,同时将不同部分交由对应的计算程序(如系统程序、安全壳分析程序)计算,然后将系统程序计算得到的参数作为安全壳分析程序的输入。实际上不同系统进行模拟时候没有任何的交互。在某些特殊应用场景下,需要将系统程序和安全壳分析程序耦合起来,从而得到更准确的分析结果。

系统与安全壳多尺度耦合技术方案主要有两类方法。第一种分类方法的依据是数据交互的时间选择,据此,可分为同步(synchronous)耦合和异步(asynchronous)耦合。同步耦合会强制统一计算的每一个时间步长,并且在每一个时间步长中交换数据。在异步耦合中,程序的时间步长一般不会受干扰,但是在某一个特定时间点上会进行交互。第二种分类方式的依据是数值解法的耦合类型。依据该分类方法,耦合则分为显式、半隐式、全隐式。对于半隐和全隐解法来说,只能进行同步耦合,但对于显式解法来说,同步和异步都可选择。这种分类方法还可以进一步细化。

在系统与安全壳多尺度耦合中,核心关注点为在耦合中处理的两类问题:流动问题和传热问题。对于水力流动问题,在程序两边采用时间相关控制体耦合。耦合接口传递温度、压力、相组成等参数。此外,要注意的是,一方的流动接管必须也采用时间相关接管,其流速由另一边的普通接管指定。这么做的原因在于,虽然指定上下游的状态参数和流动通道集合参数就能确定流量,但由于耦合程序间本身存在差异,该流量也常常难以保证一致性。当流量不能保证一致性时,系统的质量守恒就会被破坏,这有可能让后期整个稳态计算失去意义。因此,确保流量值按某一程序计算是十分重要的。对于传热问题,在程序两边指定特殊条件的热边界进行耦合,耦合接口可以传递热流密度、温度等参数。传热问题的耦合相较于水力学问题简单得多,原因在于传热问题只涉及能量转移,而水力学问题涉及质量、能量和动量转移。传热结构耦合如图 6-59 所示。

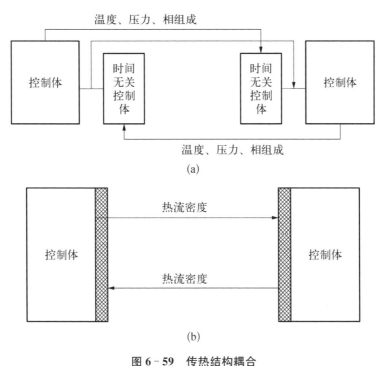

图 6‑59　传热结构耦合

（a）控制体耦合路线；（b）热构件耦合路线

4）冷却剂系统‑主蒸汽主给水系统耦合

传统的计算分析方法中采用冷却剂系统程序加主蒸汽主给水系统边界保守假设的方式进行系统瞬态行为的求解，此求解方式对事故分析而言是保守的，同时冷却剂系统程序较高的求解精度可以满足对瞬态工况下关键热工水力现象的认知。但传统计算方法对冷却剂系统‑主蒸汽主给水系统之间存在强耦合效应的瞬态运行分析则不够现实，这使得控制系统的设计和验证无法通过数值计算的方式实现，较依赖试验。

冷却剂系统‑主蒸汽主给水系统耦合是一种更先进的计算分析方法，可以在满足求解精度的前提下实现更现实的主蒸汽主给水系统瞬态热工水力行为的模拟，它通过耦合冷却剂系统程序和主蒸汽主给水系统程序。冷却剂系统程序具备较高的求解精度和较慢的求解速度。由于蒸汽系统设备众多、流动传热现象复杂，为提升计算效率，在耦合计算中将蒸汽流体系统抽象为一个流体网络，求解各个节点压力和各支路流量。

冷却剂系统程序为一维最佳估算程序，基于非均相非平衡态模型，程序采用半隐式的数值解法求解两流体的系统瞬态行为,通过求解 8 个方程来获得 8 个变量的取值,包括压力、内能、空泡份额、液相流速、气相流速、不可凝气体、质量份额和硼浓度,独立变量为时间和距离。差分方程组包括了针对气相和液相的连续性方程组、针对气相和液相的动量方程组,针对气相和液相的能量方程组、针对气液相转化的能量平衡方程及气液相的能量耗散方程。两流体动量方程是系统程序热工水力模型的基础,对于存在横向梯度的现象,例如摩擦、传热等采用主流物性结合经验关系式的方式进行求解,而对于不能采用此方式进行求解的现象,例如过冷沸腾等,则采用专门开发的模型进行求解。

主蒸汽主给水系统程序重点关注内部各个节点处的压力、温度和系统内的流量,对各系统设备内的流动换热机理过程不要求了解。将蒸汽流体系统抽象为一个流体网络,将系统内部的流动问题简化为求解流体网络各个节点压力和各支路流量的问题。在热力系统中,压力和流量有着很强的水力耦合关系,并且压力具有双向传递性,故一个模块出口端上的压力和流量不可能同时由该模块的内部方程求出,其中之一只能由下游模块的方程计算或由边界条件决定,如阀门出口压力、管道出口流量等。因此,流网中所有节点上的压力通过联立求解的方式求得。其中,系统中除氧器、汽轮机等较为复杂的设备则通过建立独立的模块进行求解。

冷却剂系统程序和主蒸汽主给水系统程序实现耦合。系统耦合点定位在蒸汽发生器二次侧的蒸发器入口节点和出口节点,采用压力-流量耦合方法,一次侧与二次侧互为压力、流量边界。一次侧计算蒸汽发生器的实际过程。数据传递过程为,一次侧蒸汽发生器出口侧由二次侧给定压力,一次侧蒸汽发生器入口侧由二次侧给定流量和温度;二次侧蒸汽发生器出口侧由一次侧给定流量和温度,二次侧蒸汽发生器入口侧由一次侧给定压力。冷却剂系统程序和主蒸汽主给水系统程序同步计算,通过统一的调度程序控制两个系统程序计算进程,在规定计算时间进行耦合点数据传递,实现系统的耦合计算。如图 6-60 所示。

5) 反应堆多物理耦合框架 MORE

纵观国内外,反应堆耦合分析技术的发展路线主要包括以下几个阶段:从单专业计算软件的定制化耦合,到计算程序的基于框架的多场耦合,中国核动力研究设计院在反应堆耦合分析技术方面的发展也遵循了相似的路径。在 2018 年之前,耦合程序的研发主要以定制化耦合为主。之后启动自主知识产

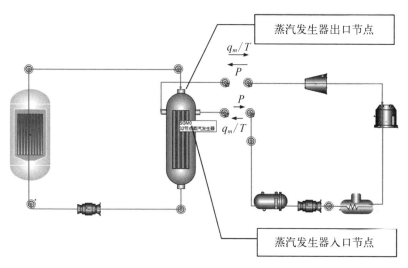

图 6 - 60　一次侧和二次侧耦合点

权反应堆耦合框架 MORE 的研发工作,目前 MORE V1.0 已正式发布。已完成耦合的程序包括系统分析程序、子通道计算程序、中子物理计算程序及燃料分析程序。MORE V1.0 主要由图形界面及流程控制层、应用封装及接口层、网格映射与数据处理层、耦合迭代算法及通用求解库层等部分组成,框架结构如图 6 - 61 所示。

　　反应堆多物理耦合框架图形界面及流程控制层具备可视化搭建内耦合、外耦合等多种耦合方式的能力,并能够将图形化流程转化为 C++/Python 的耦合主程序源代码;应用封装及接口层通过制定的统一耦合封装与接口规范,可集成反应堆物理、热工、燃料等多个专业软件;网格映射与数据处理层可实现大规模的结构化、非结构化等多种类型交叉网格之间高精度高效率的映射,以及物理场在不同类型网格之间的传递,其中网格映射模块可支持亿级网格映射(见图 6 - 62),千核并行效率不低于 50%;耦合迭代算法及通用求解库层,基于对算符分裂、Picard、Newton 等方法及其收敛性关键技术和优化方法的研究,形成各类算法功能模块,提供了更稳定高效的非线性迭代算法及串并行线性求解器,更好地保障耦合程序计算的稳定性与效率。

　　MORE 用于解决耦合程序开发中网格映射与数据传递复杂、流程控制困难等关键问题,可以提高耦合程序的开发效率,降低耦合程序的开发难度,扩展耦合程序的适应性,加快工程应用。

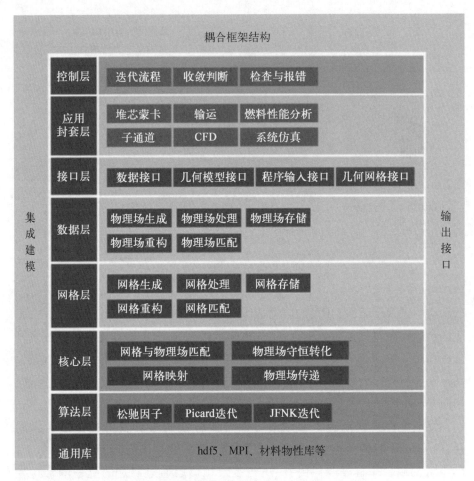

图 6-61 多物理耦合框架 MORE 结构示意图

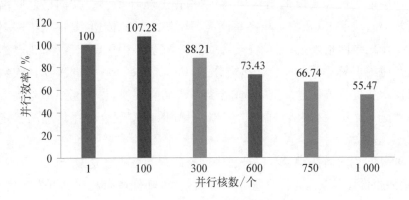

图 6-62 亿级网格并行映射效率

6.7.4 发展趋势

随着耦合计算软件在反应堆设计、分析领域的广泛应用,耦合计算软件的深入发展将成为国内外的必然趋势。为了满足不同堆型、不同用户、不同现象的多专业耦合模拟需求,反应堆耦合计算软件的发展正朝着平台化、精细化、多样化的方向快速推进。

平台化:以 MOOSE、SALOME 等为代表的耦合计算平台正受到国内外研发人员的广泛关注,耦合平台为耦合软件的开发提供了必要的底层支撑和共性技术,为开发人员提供了配套开发工具、降低了开发难度,比如 MOOSE 和 SALOME 都提供了支持各种类型网格映射的函数库,以及为用于耦合软件开发的模块封装及流程调度框架等。平台化为耦合软件的多样化提供了基础,使得单专业软件能够以类似"app"的形式被集成到这些平台上,从而更加方便地实现不同软件之间的耦合计算。

精细化:早期受计算资源的限制,一般模拟反应堆物理现象的计算软件的网格及模型均不够精细,随着超级计算机的快速发展,具备了向网格精细化、模型精确化方向发展的条件。美国爱达荷国家实验室基于 MOOSE 框架开发了以 RattleSnake 等为代表的超精细计算软件,涵盖了反应堆物理、系统、燃料性能等专业,并以此为基础形成了超精细的多专业耦合计算系统。在探索燃料性能、挖掘堆芯裕量方面体现出新的作用。

多样化:随着对反应堆各种现象的深入认识,国内外开发了大量的计算软件,并尝试针对不同的现象开展不同需求的多专业耦合计算软件,即使针对同一现象,也采用不同软件开发了大量的耦合计算软件,特别是堆芯物理-热工耦合计算软件、设备结构与流体耦合软件。大至整个反应堆系统,如系统级耦合软件,小至一个燃料栅元,如燃料栅元的性能评价。耦合软件实现的方式也呈现多样化,从早期的接口式耦合软件,到近期的代码级耦合,再到现在逐渐流行的框架式耦合。耦合软件正向越来越专业、越来越精细的方向快速发展。

6.8 数值计算开发框架技术

中子物理、传热、流体、固体力学等反应堆相关专业偏微分方程的求解具有共性,数值计算程序的开发主要涉及网格单元、场数据结构、算子离散(连续有限元、有限体积、间断有限元等)、并行计算、用户使用接口等。若是针对不同专业方程都重新开发相关模块,会造成巨大重复性工作且开发效率较低,无法根据需求进行快速迭代开发。

目前,行之有效的方法是研制数值计算程序开发框架,针对应用领域提取问题求解的通用模式,通过分层的软件架构和抽象的接口,屏蔽共性的数据结构、网格、数值离散和并行算法,提供面向用户的简单接口和友好界面,让程序开发者只关注具体物理模型,通过"少量代码编程"即可实现专业领域程序的开发。

数值开发框架一方面建立在超级计算机提供的通用并行编程模型,例如MPI 和 OpenMP 等,对运行时优化、数据通信、负载平衡、并行 I/O 等高性能计算相关工作进行抽象,为应用领域专家屏蔽超级计算机体系结构和显式并行编程的复杂性,另一方面对应用软件的数据结构、算子离散方式、函数库和流程龙骨进行抽象[59],为大型复杂应用软件的可扩展研制提供编程的标准和规范。

6.8.1 多物理场面向对象仿真模拟平台 MOOSE

多物理场面向对象仿真环境(The Multiphysics Object Oriented Simulation Environment,MOOSE),旨在通过为偏微分方程、边界条件、材料属性和数值模拟等方面提供规范化的接口来实现灵活的开源数值计算工具开发,而无须考虑内部处理的并行、自适应、非线性、有限元求解[60]。通过使用接口和继承,仿真工具的每个部分都可重用和可组合,从而允许不同的研究团队共享代码并创建一个不断增长的"生态系统",降低创建多物理场仿真代码的难度。简单地说,MOOSE 框架提供了一个插件基础设施,可简化物理、材料属性、多物理耦合和后处理的定义,方便开发人员专注于科学工作,而无须了解并行计算的复杂性。其基本功能包括自动微分、多核分布、混合并行性和网格自适应性。

在工程应用上,MOOSE 已帮助国内外科研人员开发多个应用程序,并广泛应用到不同场景的仿真研究中,如传热学、弹性力学、扩散流体、化学、中子物理等领域。MOOSE 本质上是一个以开源有限元基础库 libMesh 为核心的平台,在其中封装了一层更易于用户使用的接口,并扩展了相关功能,如加入了有限体积内核 FVKernel。

MOOSE 框架层级如图 6-63 所示。MOOSE 框架包含 3 个层级:

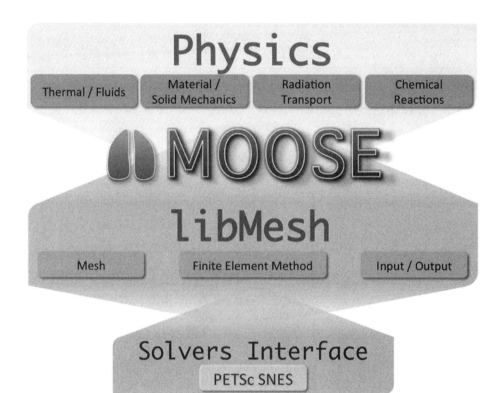

图 6-63　MOOSE 框架体系结构

　　第1层级为工程开发的物理层,即在 MOOSE 框架下构建具体物理问题;

　　第2层级为中间层,主要是 MOOSE 框架内的通用接口,包括已定义模块、多物理场耦合接口、通用的边界条件、残差和雅克比矩阵估算、缩放等;

　　第3层级为核心层,即底层,主要由 LibMesh 有限元库、PETSc 等组件构成,MOOSE 继承开源库 LibMesh 进行网格读入、有限元离散、残差矩阵形成和结果输出,PETSc 求解器、Trilinos 求解器求解残差矩阵,Hypre 预处理多重网格,MPICH、OpenMP 进行并行计算。

　　MOOSE 的核心是内核(Kernel)系统。Kernel 是一种 C++类,它继承自 MOOSEObject,并用来对偏微分方程(PDE)进行体积积分[61]。用户可以自开发 Kernel,也可以继承 MOOSE 开发者社区已经写好的一些典型物理场通用的 Kernel。目前,MOOSE 团队已经内置了包括热学、化学、N-S 方程、接触力学、弹性力学、时间处理等在内的多种 Kernel。在具体的应用程序代码中,用户可以通过继承、交换或者耦合这些内核,来构建符合自己需求的物理模型。

MOOSE 封装性较好,大多数情况下,用户几乎不需要编写太多代码,有限元方程用户只推导到弱形式这一层,即可采用 MOOSE 框架接口进行开发。

6.8.2　开源场运算与处理软件 OpenFOAM

开源场运算与处理软件(Open-source Field Operation and Manipulation, OpenFOAM),是一款基于 C++语言开发的连续介质力学问题数值模拟软件[62]。其代码在 GNU 协议下开源,主要支持有限体积方法并用于 CFD 领域。

OpenFOAM 的历史最早可追溯至 20 世纪 80 年代。2004 年,英国帝国理工大学的 Weller 和 Jasak 将代码整理完善并发布了 1.0 版本,后续在 OpenFOAM 基金会、OpenCFD 公司和 Wikki 公司等多个机构的支持下不断发展,经过近 20 年的努力,它已成为当前领先的开源 CFD 软件,为复杂流体模拟提供了广泛支持,包括化学反应、湍流、热传递、声学、固体力学和电磁学等领域。

OpenFOAM 在设计上充分发挥了 C++高度模块化和面向对象特性,大量使用了运算符重载、模板元编程、工厂类方法等技术;为用户提供了友好的偏微分方程描述语言。OpenFOAM 具备非结构、多面体、动态的网格处理能力,通过简单的前处理和后处理可以轻松地进行并行化应用,其物理模型涵盖了主流的应用需求。OpenFOAM 框架设计堪称 C++的典范,自身在有限体积方法的应用上取得了巨大的成功,同时也为其他软件的开发提供了参考借鉴。

如图 6-64 所示,OpenFOAM 中与 FVM 离散紧密相关的核心代码主要集中在下述的 OpenFOAM 的三层结构。

最底层是 OpenFOAM 的基础通用数据结构,负责执行文件读写、数据构造等功能,并未被赋予数学物理含义。一方面包含简单的几何单元,如点、线、面、体等,向上支持了通用的网格、边界的数据;另一方面包含简单的单元数据,比如标量、向量和张量,并以此为基础构建通用的场和矩阵结构。这些数据结构的显著特点是提供了大量的模板参数,支持代码重用,灵活度高,可通过实例化来适应具体的需求。

中间层为 FVM 相关的数据结构与方法,在继承基础数据结构的基础上,提供 FVM 离散的支持。主要包含四个部分:首先是 FVM 网格结构 fvMesh,在 polyMesh 基础上添加了 FVM 离散必备的信息,比如法向量、单元的面积、

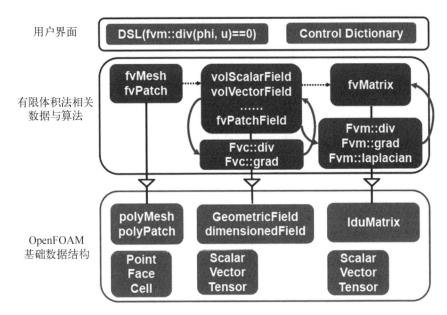

图 6 - 64　OpenFOAM 框架体系结构

体积等信息;其次是通过实例化 GeometricField 得到的体场等 FVM 场数据,存储着未知量和边界条件,并提供场数据的邻居索引信息;再次是针对 FVM的矩阵 fvMatrix,在底层 lduMatrix 的基础上增加了未知量、源项的成员,并提供了求解的接口;最后是离散方法类,包括显式算子和隐式算子,涵盖了常见的离散操作,包括时间导数、梯度、散度、拉普拉斯算子等。这四个部分组合在一起,便集齐了 FVM 离散的所有要素,包括相关数据和基础离散方法。值得一提的是,中间层的设计充分考虑了可扩展性,边界条件和离散算子都是基于工厂类方法构建,使得不同的边界条件类型和算子实现能够通过统一的抽象接口进行调用,使得功能扩展变得便捷,上层的开发也因此更加简洁。

上层为用户接口层,OpenFOAM 设计了独特的领域特定语言(Domain SpecificLanguage,DSL)来描述偏微分方程,使得代码与传统的数学标记语法类似,降低编程的难度,同时提高了代码的可读性。

每个算子的计算结果通过操作符重载合并生成最终的线性系统。接口的另一部分是配置字典,可以控制物理参数配置、矩阵求解器类型、边界条件设置等,并通过运行时选择机制来控制 CFD 模拟的迭代过程。除此之外,OpenFOAM 还有大量的代码来构建不同的物理模型,比如多相流、内燃机、湍流模型、化学反应等,还有代码用于支持动网格、负载均衡、前后处理等,这些属于外围功能性代码,都是基于离散内核提供的接口构建的。

6.8.3　自适应非结构网格应用框架 JAUMIN

北京应用物理与计算数学研究所于 2011 年启动了自适应非结构网格应用框架(J Adaptive Unstructured Meshes Applications INfrastructure, JAUMIN)。该框架集成了高效非结构网格的数据结构及索引算法,具备有限元计算支撑、扫描计算、接触计算、移动网格、线性/非线性/特征值解法器等功能[63],同时它提供屏蔽并行实现的编程接口,以支撑领域专家快速研制能高效使用现代高性能计算机的大规模并行应用软件。

JAUMIN 框架的软件架构分为并行自适应支撑、数值共性和应用接口三个层次,如图 6 - 65 所示。其中:并行自适应支撑层封装了非结构网格数据结构、并行通信算法、负载平衡方法、网格自适应方法,以及内存管理、并行 I/O、重启动等辅助工具;数值共性层封装了非结构网格几何拓扑管理、并行扫描算法、(非)线性解法器、特征值解法器、时间积分算法,并且提供了面向实际应用的辅助工具(如可视化输出、数据查询等);应用接口层面向非结构网格应用,提供构件化编程接口。

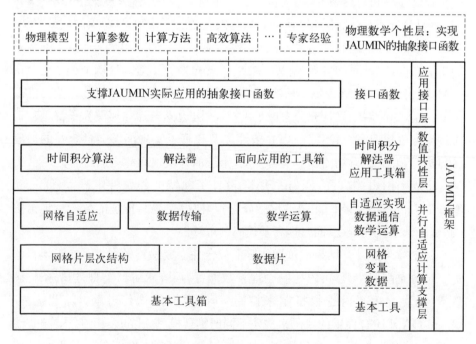

图 6 - 65　JAUMIN 架构图

目前,JAUMIN 框架的最新版本是 1.2,该版本的功能特色:支撑多种网格类型,包括任意多边形/多面体,如三角形、四边形、四面体、六面体、三棱柱等,以及混合网格和板、壳、杆等结构单元;支撑多种计算方法,包括有限元方法、有限体积方法、ALE 方法、扫描输运、接触碰撞;此外,JAUMIN 框架集成多种实用功能,包括线性/非线性/特征值解法器、动态负载平衡、重启动等。

JAUMIN 框架已成功应用于重大科学装置结构力学分析与优化设计、裂变能源粒子输运模拟、物理弹塑性流体力学等领域的数值模拟。目前,基于 JAUMIN 框架重构和发展了 6 个非结构网格应用程序,这些程序都具备在成千上万处理器核上进行大规模并行计算的能力。特别地,基于 JAUMIN 框架研制的结构静力与模态分析软件 PANDA‑StaVib,在 10 240 个 CPU 核上,完成了神光Ⅲ 靶球振动响应分析前 100 阶模态的模拟,计算规模达到 1.3 亿自由度。冲击动力学模拟软件 PANDA‑StaVib 在 JAUMIN 框架研制支撑下,具备了在数千 CPU 核上大规模并行接触-碰撞计算能力。

6.8.4　反应堆数值计算共性开发框架 WINGS

在反应堆领域,需要针对中子物理、热工流体、燃料等不同学科涉及的偏微分方程进行求解,程序底层开发平台对此具有极大需求。WINGS 是中国核动力研究设计院自主研发的非结构网格数值程序开发框架,主要支撑反应堆领域各学科专业程序的快速研发。

WINGS 开发框架支持有限元、有限体积、间断有限元等方法数值离散,支持三角形、四边形、六面体等常用单元。体系较为庞大,采用层次化、模块化的软件工程架构。该开发框架可分为数值解法器层、并行实现层、基础数据结构层、单元抽象层、时空离散层、用户接口层。如图 6‑66 所示。

(1) 数值解法器层。数值解法器层提供大规模线性/非线性方程组求解。有限差分、有限体积、连续有限元或间断有限元等数值计算方法最终都是通过时间或空间离散将整个偏微分方程转变为线性代数方程组,再利用数值解法器集成常用的求解算法,如基本迭代法中的 Jacobi 迭代、Gauss‑Seidel 迭代、逐次超松弛迭代、Krylov 子空间方法、多重网格法等。

框架提供独立的数值解法器接口屏蔽数值算法的具体实现,用户只需要提供矩阵向量和解法器必需的控制参数便可完成计算,以达到对解法器和算法的分离。同时,设计上预留有设置领域专用预条件/迭代算法的接口,便于

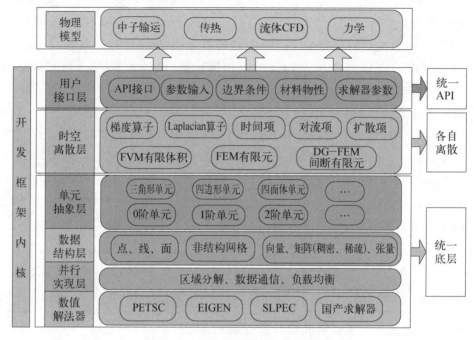

图 6‑66 开发框架架构方案示意图

高级用户进行个性化程序的开发。

大规模稀疏系统的并行求解经过数十年的发展，已经出现了效率非常高的开源解法库，如 Hypre、PETSc、SuperLU 等，这些求解器非常高效，可集成到开发框架内。但从代码结构角度不能直接与框架代码发生关系，而是要封装一层接口，开发框架调用封装好的接口，这样有助于求解器参数设置及求解器的更换或升级。

（2）并行实现层。并行实现层提供了现代高性能计算机求解的能力。并行计算一般为通用的技术，与具体的数值求解方法无关，它主要实现了网格空间区域的划分、网格数据的通信、计算负载均衡等功能。该层一般不直接面向用户，或者说，在实际编程过程中，用户可以屏蔽具体并行编程的细节，而在底层实现。用户只需在接口层预留相关参数即可。随着高性能计算机全面转向 E 级计算能力，开发框架不仅需要考虑传统的 MPI/OpenMP 并行方式，还需要从 E 级计算架构上，研究探索 CPU＋GPU/FT＋Matrix 等大规模异构协同计算等技术。

（3）基础数据结构层。基础数据结构层提供了基础的通用数据结构。该层并不含有任何数据物理上的含义,仅仅是一个纯粹的存储层。比如,它定义了简单的几何单元,如点、线、面、体等,这些基础几何单元向上支持了通用的非结构网格和边界的数据结构。此外,该层还定义了简单的结构数据,比如标量、向量、张量等,并以此为基础构建通用的场和矩阵结构。该层的实现较为关键,因为它直接影响着整个框架的性能。因此,基础数据结构的设计必须符合现代高性能计算机体系结构的要求。

（4）单元抽象层。单元抽象层是在网格层之上进行封装,该层与网格层的区别是,封装了离散必备的信息。比如在有限体积法中,这包括法向量,单元的面积、体积等信息;在有限元法中,包括形函数、高斯积分点等。有限元法与有限体积法可以基于物理网格实现一套单元层,只是在个性部分进行区分,主要体现在单元节点的数据存储及离散方式上。有限体积法一般将数据存储在单元形心（cell-centered）,而有限元一般将数据存储在节点上。

（5）时空离散层。时空离散层负责相关算子的离散化,如梯度算子、拉普拉斯算子,该层需要基于不同单元实现有限体积离散、连续有限元离散、间断有限元离散等方法。

（6）用户接口层。用户接口层分两部分:一部分是用户编程的 API 接口,这些接口实质上是一些抽象类或函数接口,用户可以通过调用这些接口来实现相关功能;另一部分是参数的输入接口,用于获取用户定义的参数。

6.9　不确定性量化技术

早期,由于对反应堆物理现象认知不够充分,且受计算机技术的限制无法开展大规模计算,所以在反应堆系统设计分析中,大量采用了保守的分析程序和方法。当前,通过对反应堆系统先进模型和高性能计算方法研究,结合高性能计算资源,人们已经获得了一系列适用于反应堆物理、热工、燃料等单专业和多专业耦合的最佳估算程序。与传统的保守模型、方法相比,最佳估算程序使用了更合理、更逼真的现实物理模型,因此,可以更准确地描述反应堆复杂动态响应行为。同时,不确定性量化方法可以对程序分析结果与真实值间的差距进行界定。不确定性量化也用于最佳估算程序进行验证和确认（Verification & Validation,V&V）,以评估程序计算结果的准确性。若预测结果的不确定性较大,则说明需要进一步开发和改进程序模型,以得到更可靠的结果[64]。

最佳估算程序存在由模型、算法等带来的计算不确定性。不确定性量化分析,是以统计方法或试验外推的方法考虑可能导致程序计算不确定性的因素,并定量地给出程序预测结果的不确定性范围,使程序预测结果具有统计学意义的准确度(如满足双95%概率要求)。在大量单项试验数据和综合运行数据的基础上,通过验证和确认技术来验证反应堆数值模拟程序研发的正确性,并给出反应堆中关键参数的计算不确定度。这为反应堆数值模拟在工程中的应用提供了置信度依据[65]。

本节主要对不确定性量化相关的几种分析方法进行介绍,包括敏感性分析方法、模型不确定性分析方法、程序验证与不确定性量化分析方法,以及最佳估算加不确定性量化分析方法。

6.9.1　敏感性分析方法

最佳估算加不确定性(Best Estimate Plus Uncertainty, BEPU)分析中包含不确定性分析和敏感性分析两个重要部分。其中,敏感性分析旨在评估输入参数对输出的影响大小,它与不确定性分析高度相关。

敏感性分析根据其性质可以分为确定性方法和统计学方法,亦可根据其特征分为局部分析方法和全局分析方法。其中,确定性方法是指使用特定的数学推导计算(如求导计算)确定输入参数对输出的影响大小,而统计学方法则依赖于随机抽样计算,无须过多考虑模型本身结构。局部分析方法主要分析输入参数在整个输入空间内局部点(如名义值点)或者轨迹附近对输出的影响大小,而全局分析方法则能覆盖整个输入空间,分析过程中不仅仅只考虑输入参数局部的影响大小,而能够考虑所有输入参数在其不确定性分布区间内对输出的影响大小。在实际使用中,确定性方法多用于局部敏感性分析,而统计学方法可适用于局部或全局分析[66]。

确定性方法常用于关系式明确的模型的敏感性分析,主要包含有微扰法、直接法、格林函数法、前向敏感性分析法、共轭敏感性分析法等局部方法[67]。

全局确定性方法十分少见,目前能被用于核反应堆系统的方法为全局共轭敏感性分析法(GASAP),但使用该方法的前置成本十分高。Ionescu-Bujor 将该方法与 RELAP5/MOD 3.2 程序相结合,为了引入 GASAP 方法,Ionescu-Bujor 推导了 RELAP5 程序中两流体模型所有方程的共轭导数形式,并全面修改了 RELAP5/MOD 3.2 程序的模型源代码。由于确定性方法要求对模型结构有清晰明确的了解,因此在复杂核反应堆系统中得到的应用较少，这类方法大多仅在一些简单的模型中得到应用。

由于核反应堆系统结构功能十分复杂，因此用于模拟核电站运行的最佳估算程序亦十分烦琐。相比于确定性方法，统计学方法能够更好地适用于核反应堆系统敏感性分析，因此得到了广泛的发展和应用，主要包括统计学局部敏感性分析与统计学全局敏感性分析。

6.9.1.1　统计学局部敏感性分析

1）回归分析

回归分析是一种确定变量间相互依赖关系的定量方法。回归分析的主要目的在于确定输出与输入间的定量关系表达式，即回归方程。在敏感性分析中，常使用输入与输出参数间的线性回归方程的参数系数作为敏感性度量的指标。此外，当目标分析模型包含多个参数时，同时涉及所有变量的回归分析往往会变得十分困难，此时可使用逐步回归分析。

2）相关分析

相关分析侧重于分析输入输出参数间的相关程度。相关分析主要包含线性相关、复相关及偏相关分析等方法，其中以线性相关分析方法使用最多。

在线性相关分析中，常使用相关系数来表征参数的敏感性度量。当相关系数大于 0 时，表示输入与输出间呈正相关关系；当相关系数小于 0 时，表示输入与输出间呈负相关关系；而当相关系数等于 0 时，则表示输入与输出间无关系。常见的线性相关系数包括 Pearson、Spearman、Kendall 相关系数等。其中，Pearson 相关系数适用于线性系统，Spearman 和 Kendall 相关系数由于在计算过程中包含秩转换处理，因此适用于线性和单调系统。

由于核电站事故分析计算十分耗时，因此许多国内外研究中常使用线性相关分析进行参数的敏感性分析，因为这类方法要求的程序运行次数与输入参数的数目无关，并且整体计算量较小。

3）可靠性分析

可靠性分析在材料学、结构力学等领域有着广泛的应用，其可以分析得到系统在整个输入空间内最有可能失效的局部点，而后在局部点附近开展输入参数对失效概率的影响分析。常用于敏感性分析的可靠性分析方法包括一阶可靠性方法、二阶可靠性方法等，但这些方法在核安全分析的应用较少。

4）贝叶斯集成

在将局部敏感性分析应用于核系统中时，往往难以取得准确的结论，一种改善方法是使用贝叶斯集成来综合考虑不同局部方法的结果。然而，由于不同方法原理不同,难以直接基于贝叶斯公式构建似然函数。为此,提出了一种方式,通过使用三个敏感性度量相近的方法独立进行敏感性计算,即输入显著性、海林格距离及 Kullback - Leibler 散度。而后基于贝叶斯公式集成三种方法的结论。该框架已用于核反应堆严重事故中裂变产物释放的模拟,同时应用于 AP1000 非能动安全壳冷却系统和 Zion 压水堆 LBLOCA 的安全分析。

6.9.1.2 统计学全局敏感性分析

由于核反应堆系统复杂,分析中包括高度非线性项及参数间的相互作用,因此有必要使用全局敏感性分析。使用全局方法相对局部方法更准确。然而,由于全局方法的实现依赖于大量的程序计算,因此在核反应堆系统分析中往往由于计算成本过大而无法被接受[68-70]。

1) 基于方差的方法

基于方差的全局敏感性分析方法主要用于计算输入参数在整个输入空间内对目标输出方差的影响大小。根据原理,基于方差的方法可分为基于相关比例方法和方差分解方法,而方差分解方法主要包含 FAST 和 Sobol 两种。其中,基于相关比例法主要评估控制单个输入参数不变时输出的条件期望方差与预测总方差的相对大小,定义该相对大小为相关比例。方差分解法则通过将目标输出的方差展开为一系列一阶项及高阶项之和,从而得以评估单个参数或多个参数相互间对目标输出方差的影响。

Sobol 敏感性度量的计算依赖抽样计算。该方法早先的计算量大致为 $N(k+2)$,其中:k 为输入参数数目;N 为抽样矩阵中单个参数的抽样次数,推荐取值为 $N > 500$。随后,Saltelli 等提出了一种矩阵交换计算的方法,该方法能够更加准确地计算敏感性度量,同时计算成本变为 $N(2k+2)$。

2) Morris 筛选设计

局部一次一步法(one-at-a-time,OAT)筛选设计主要用于评估输入参数在名义值附近对输出的影响。然而,为了克服这一局限性,提出了全局 OAT 筛选设计方法(亦称基础效应方法)。该方法考虑了各输入参数区间内多个“参考点”处的敏感性信息,并通过平均计算得到定性的敏感性度量。Morris 全局筛选设计方法所需的程序计算次数一般为 $2kN$,其中:k 为输入参数数量;N 为每个输入参数选取的“参考点”数量,N 越大,得到的结果越可靠,一般取 $N > 100$。Morris 方法是一种定性方法,其能得到具有一定参考价值的输入参数重要性排序,但无法给出定量的敏感性度量,因此常用于筛选不重要的参数。

3）矩独立方法

基于方差的方法仅能评估输入参数对输出方差（二阶矩）的影响。然而，在某些情况下，使用二阶矩不能充分描述输出参数的实际分布，这会导致全局敏感性分析的结果不够充分。为解决此问题，研究者提出了矩独立的敏感性度量 δ_{PDF}。矩独立敏感性度量旨在评估输入参数对输出参数概率密度函数（PDF）的影响，通过计算输出参数的无条件 PDF 及固定单个输入参数的条件 PDF 间的偏差值来量化该输入参数对输出参数的影响程度。由于矩独立敏感性度量具有广泛的适用性并在近年得到了大量工程应用。由于得到准确的输出 PDF 要求大量的计算，后续提出了一种使用输出累积分布函数（CDF）计算矩独立度量 δ_{PDF} 的方法，并进一步提出了一种新的用于评估输入参数对输出 CDF 影响的全局敏感性度量 δ_{CDF}。

然而，实际应用矩独立方法的难点在于其要求大量程序计算用以估计输出参数的 PDF 或 CDF，该计算过程涉及两个嵌套循环抽样过程，所需计算成本十分巨大。

6.9.2　模型不确定性分析方法

模型不确定性分析方法主要有前向不确定性量化方法与反向不确定性量化方法[71]。

6.9.2.1　前向不确定性量化方法

1）简单数据评估法

简单数据评估法十分简单，即使用简单的数据统计对模型的不确定性修正因子进行不确定性评估。通过对比实验值与对应的程序模拟值，可以得到一系列不确定性修正乘子的数值，通过使用频率/频数分析的方法简单确定修正因子的概率密度函数，并进一步进行积分加和计算确定修正因子的累积分布函数，最后按照要求选择合适的区间即可，如对于单侧 95% 置信上限，只需取百分位数的 95 对应的数值即可。

2）假设检验法

假设检验是用来判断样本与样本、样本与总体的差异是由抽样误差引起还是本质差别造成的统计推断方法。其基本原理是先对总体的特征做出某种假设，然后通过抽样研究的统计推理，对此假设应该被拒绝还是接受做出推断。

根据假设检验的基本原理，其在统计学中常用于检验一组离散数据是否服从某一特定分布。当应用至模型不确定性量化方法时,其可以用于确定不确定性乘子是否服从某一特征分布。其中,最常用的假设检验方法之一为 Kolmogorov‐Smirnov (K‐S)方法。Kolmogorov‐Smirnov 方法的基本思想是比较某一离散分布与常见分布(如正态分布、对数正态分布、泊松分布等)之间的差距,如果两个分布的差距很小且满足接受准则(一般取 p 大于 0.05),则可以认为该离散分布为目标常见分布。

3) 非参数曲线估计法

典型非参数曲线估计方法包括通用正交序列估计(OSE)法、核密度估计(KDE)法以及一种 OSE 和 KDE 的综合方法(KDEose 法)。三种方法中,OSE 方法能够很好地还原参数的概率密度分布。但是,由于其采用的余弦正交基的固有缺陷,它在边界处的概率密度趋势会出现振荡甚至为负值的情况;KDE 计算得到的概率密度曲线比较光滑。但是,KDE 对带宽的计算要求较高,如果使用固定的带宽计算公式可能无法还原原始的概率密度曲线;而 KDEose 这种综合方法则很好地结合了 OSE 和 KDE 的优点,既能够高度还原原始概率密度函数曲线,也规避了出现边界振荡的情况。

6.9.2.2 反向不确定性量化方法

1) CIRCE 方法

CIRCE 方法是由法国 CEA 开发的,用于量化非独立模型不确定性的方法,也可用于量化独立模型重要参数的不确定性,该方法在 PREMIUM 项目中得到了很好的评估和利用。CIRCE 方法的原理为期望最大化,即最大似然原理与贝叶斯期望估计的综合。该方法使用实验值和计算值之间的差值推导计算非独立模型各子模型或重要参数不确定性的均值及标准差,是一种反向不确定性量化方法。

使用 CIRCE 方法前需对模型有一定的先验认知,并在使用该方法后进行假设检验,不满足假设的模型则不应使用该方法量化不确定性。由于 CIRCE 方法的限制较多,故实际情况中其适用范围较小。

2) FFTBM 方法

基于快速傅里叶变换方法(fast Fourier transform based method,FFTBM)是由意大利比萨大学 GRNSPG‐UNIPI 开发的不确定性量化方法 UMAE 的一部分[72]。

物理模型输入参数不确定性的量化是通过单参数变化来进行扰动计算,应用基于快速傅里叶变换方法(FFTBM)来量化(与实验数据相关的)计算响应的不确定性。FFTBM 方法原理是通过单参数变化来进行扰动计算以量化模型输入参数的不确定性,同时使用快速傅里叶变换方法以量化计算响应的不确定性,并进一步比较从扰动计算获得的 AA 值(无量纲数,代表频域上的相对偏差)与标称计算的 AA 值之间的差别。输入参数的变化范围是根据 AA 值与参考值之间的最大允许偏差建立的标准得出的。

3) MCDA 方法

通过数据同化进行模型校准(model calibration data assimilation,MCDA)方法由韩国 KAERI 开发。该方法原理是通过调整参数值以校准目标参数,进而达到实验测量值和模拟响应值之间具有更好的一致性,该过程也可称为数据同化,校准的参数分布称为参数的后验分布。

MCDA 方法可分为两部分,分别为适用于线性系统的确定论方法和适用于非线性系统的统计学方法,因此使用该方法前需要进行假设,并在使用该方法后进行假设检验。

4) DIPE 方法

确定输入参数经验性质(determination of input parameters empirical properties,DIPE)方法由法国 IRSN 于 PREMIUM 项目期间基于 CATHARE 程序开发。DIPE 方法基于试验设计(DOE)原理,通过不断改变输入参数的不确定性区间,以找到覆盖 95% 的目标实验数据的输入参数范围。因此,这种方法不能给出输入参数的内在不确定性,仅能给出适用于工程应用的一个模型不确定性区间。

通过一次试验的过程,可以调整区间值进行多次试验设计过程,并得到多条伪累积分布函数曲线,最后对各曲线进行平均,即可得出最终结果。

当考虑两个参数时,给定第二个参数在其变化范围内的值,对第一个参数执行上述过程,而后控制第一个参数,对第二个参数执行上述过程。同理,可推广至多参数模型。

5) Tractebel IUQ 方法

Tractebel 反向不确定性量化(Tractebel inverse uncertainty quantification,Tractebel IUQ)方法是由比利时 Tractebel 公司基于使用 DAKOTA 程序开发的基于抽样的反向不确定性量化方法。该方法原理与 DIPE 方法类似,也是基于试验设计的方法,但该方法中使用了 DAKOTA 抽样的不确定性量化功能以量化模型的不确定性,实现了程序的自动计算处理功能。

使用基于试验设计的方法获得的模型不确定性区间无法适用于其他对象

或者工况,对于不同的对象和工况需要单独进行计算,因此该类方法获得的不确定性评价结果只适用于工程应用,无法推广于研究。

6) PSI 方法

PSI 方法是由瑞士开发的基于专家判断的模型不确定性量化方法,其最早是基于 RETRAN－3D 程序开发的,并在 PREMIUM 项目期间基于 TRACE 进行了进一步开发[73]。PSI 方法的基本原理是贝叶斯推断,这是一种数据同化方法,它采用概率框架描述和更新模型的不确定性。贝叶斯推断方法要求对假设的不确定模型参数的 PDF 进行先验估计,使得能够包含有关参数的可用背景信息,而后基于贝叶斯公式计算其后验分布。

由于 PSI 方法仍处于早期发展阶段,因此关于该方法的具体实现流程尚不明确,在本书中仅提及 PSI 方法作为参考。

7) 最小二乘校准方法

最小二乘校准方法亦为一种反向校准方法,其基于实验值与计算值的差值来反向获取输入参数的不确定性分布。相比于 MCDA 方法中采用的基于贝叶斯理论的 MCMC 方法,该方法是基于普通最小二乘(ordinary least square,OLS)方法建立的。

OLS 方法中通常假设输入参数的不确定性服从正态分布。因此,只需通过大量校准计算即可获取使得残差平方和取最小值时的输入不确定性分布。基于这个特点,OLS 方法又可分为两类,即基础 OLS 和联合 OLS。

基础 OLS 方法的原理基于输入参数独立性假设。它单独为每一个参数进行最小二乘校准计算,从而依次得到每个输入参数的不确定性正态分布。而联合 OLS 方法为所有参数分配一个联合正态分布,而后通过校准计算,获得该不确定性联合分布。相比于基础 OLS 方法,联合 OLS 方法所需计算成本较大,但是结果相对而言更加可靠。

6.9.3　程序验证与不确定性量化分析方法

在专业分析程序验证与不确定性量化方面,主要涉及几方面的工作:首先,进行通用的不确定量化方法研究,关注通用的不确定性分析量化方法、数学统计抽样方法研究,包括高效的抽样技术、不确定性统计分析方法、参数/现象重要性排序、不确定源评价方法等;其次,对各专业程序进行验证与不确定量化分析研究,对典型程序进行验证,通过建立的不确定性量化方法,将影响程序计算结果的重要不确定性因素以统计方法进行考虑,定量得到结果的不确定性带,将真实值框定在合理可信的范围内;最后,对耦合程序进行集成验证与不确定性分析,对多物理耦合框架的功能、计算结果、稳定性、适用性等方面开展验证,针对典型稳态及瞬态工况,实现对耦合程序的不确定性分析[74-75]。

　　数理统计分析软件为不确定性量化过程参数抽样提供重要支撑,主流的数理统计分析软件有 DAKOTA、URANIE、SPSS、OPENTURNS、R、SAS 等,各软件的抽样算法及敏感性功能算法对比如表 6-3、表 6-4 所示。

表 6-3　各统计软件实训抽样功能的算法

软　件	抽样功能的实现
DAKOTA	MC 抽样、LHS 抽样、增量抽样、自适应抽样-基于代理项的自适应抽样和基于掷镖的自适应抽样、重要性抽样-基于可靠性方法的重要性抽样和高斯自适应重要性抽样
URANIE	SRS 抽样、LHS 抽样、maxmin LHS 抽样、准蒙特卡罗抽样-规则采样方法(Sobol 序列、Halton 序列)、稀疏网格采样
OPENTURNS	MC 抽样、LHS 抽样、准蒙特卡罗抽样—规则采样法(sobol 序列)
SPSS	简单随机抽样、分层抽样、系统抽样、整群抽样
SAS	简单随机抽样(有无放回)、分层抽样、系统抽样、分层系统抽样、比例抽样
R	简单随机抽样、分层抽样、系统抽样、整群抽样

表 6-4　各软件实现敏感性分析功能的算法

软　件	敏感性分析功能
DAKOTA	Pearson 相关系数、偏向相关系数、Spearman 秩相关系数、偏向秩相关系数
URANIE	Morris 方法(基本效应法)、基于方差分解的敏感性分析、FAST 方法、Sobol 敏感性测试、标准回归系数法(SRC)、偏相关系数法(PCC)、排名标准回归系数(SRRC)、偏相关系数(PRCC)
OPENTURNS	标准回归系数 SRC、Sobol 敏感性测试
SPS、SAS、R	提供敏感性指数的计算函数、金融领域定义的敏感性分析

　　不确定性分析方法总体来讲分为两大类：基于统计学方法的程序输入不确定性传播方法和输出不确定性的传播方法。

　　基于统计学的程序输入不确定性传播方法：该方法建立在输入不确定性的传播基础之上，其输入不确定性主要包括程序模型和电厂真实状态等因素所带来的不确定性，然后通过统计方法得到输出结果的不确定性。如图 6-67 所示。

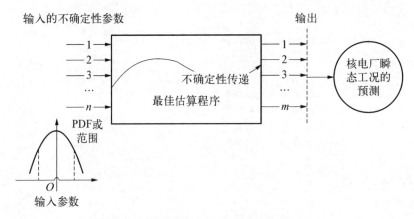

图 6-67　基于输入不确定性的传播方法

　　基于输出不确定性的传播方法：通过相关变量的试验值和计算值的比较，从而给出程序预测值的不确定性。计算的不确定性从试验设施外推到研究系统。该方法的主要特点是基于输出不确定性的传播，从开始模拟的相关试验数据进行不确定性的外推，得到研究系统的不确定带。如图 6-68 所示。

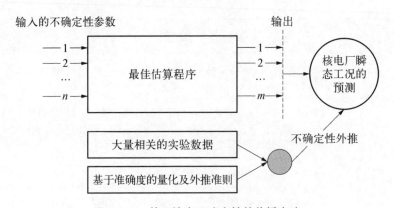

图 6-68　基于输出不确定性的传播方法

目前,经比萨大学的 UMAE 方法采用程序输出不确定性传播,其他不确定性分析方法基本都采用的输入不确定性传播方法,如 CSAU、GRS、ASTRUM 等。

1) 基于输入的不确定性分析方法

CSAU(Code Scaling Applicability and Uncertainty)方法成了法规可接受的认证级的最佳估算的方法。CSAU 方法论采用三个要素,每个要素由几个必要的步骤组成,每个步骤都叙述了适当的方法[76]。

第一部分:需求和程序能力。这部分主要是通过对所研究的目标电站特定事件的分析及对所选程序的资料确认,以确定该程序的可用性。其中,最重要的步骤是对目标电站系统在特定的事故工况下的现象和过程进行分析,形成事故现象确认与排序表(PIRT)。然后,选定一个固定版本的最佳估算程序,根据完整的程序资料对程序模型及关系式的描述等,从而确定程序对该事故序列模拟能力的可用性。

第二部分:评估和参数的排序。这部分一方面通过实验数据来评估程序建模及模拟计算的能力,另一方面为下一部分的不确定性分析提供参数评估矩阵。首先对电站系统进行程序建模和节点划分,采用适当的分离实验数据和整体实验数据来与程序计算结果进行比较,确保模型节点划分的正确性,然后以此节点划分为计算基准,以尽量减少因模型节点划分带来的额外偏差。程序计算和实验数据对比的差异则量化为程序能力精度、模拟比例影响造成的偏差及其分布,以评价程序能够正确预测瞬态中所有现象的能力。

第三部分:敏感性和不确定性分析。这部分通过对不确定性来源因素(包括程序计算的偏差,试验误差及比例影响和电站状态参数偏差等),进行相关的敏感性计算分析等,并考虑无法定量化的重要额外分离偏差,从而综合得到总体计算的不确定性,形成总平均和 95% 置信度的不确定性范围,给出最终不确定性评价结果。

CSAU 方法综合使用了"自上而下"的方法来确认重要的热工水力现象,以及"自下而上"的方法来量化不确定性,适用于各种电站、事故序列和计算程序。CSAU 方法具有两个重要特点,一方面采用 PIRT 来确定重要的热工水力现象,另一方面使用响应面(response surface)统计方法进行不确定性的定量化计算。如图 6-69 所示。

总的来说,CSAU 方法提供了最佳估算程序验证的基本框架流程,该方法是一种结构化的、可追踪的、实用的不确定性分析方法。在随后发展中,一系

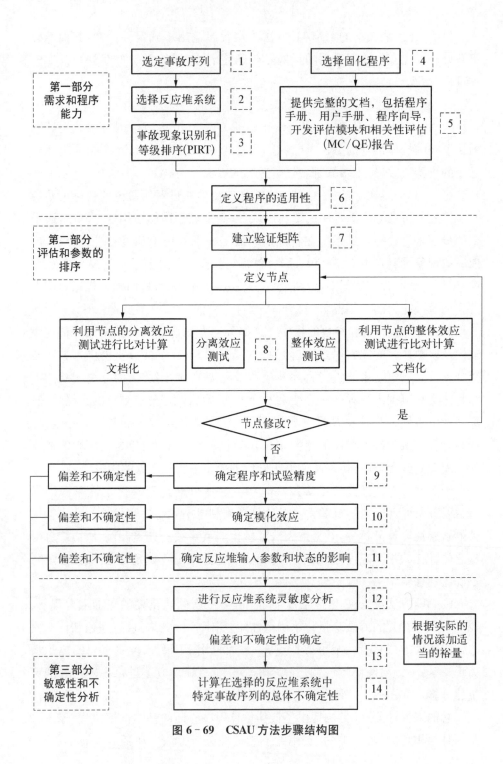

图 6‑69　CSAU 方法步骤结构图

列的不确定性分析方法,如西屋公司的 ASTRUM 方法、德国的 GRS 方法等都是在 CSAU 方法基本框架的基础上进行局部改进发展而来的。然而,CSAU 方法只是提供了一个基本的逻辑思路框架,并未详细规定具体的执行方式。尤其对于第三部分的不确定性量化分析,在实际应用中不局限于传统CSAU 所使用的响应面法,通常需要结合其他一些有效的统计分析方法来具体量化计算结果的置信度。

2) 基于输出的不确定性分析方法

输出不确定性的分析方法并不关注引起结果不确定性的来源,而是直接对比实验数据与计算结果之间的误差,以此对模拟的准确度进行量化,并制定外推准则。通过将准确度从整体性实验到全尺寸电厂的外推来得到最终的输出不确定性。计算的不确定性从试验设施传播到参考系统,主要通过比较相关变量的测量值和计算值来进行。这种方法利用准确性的外插得到不确定性,从而给出不准确性的特性。该方法的基本假设为具有相关的试验数据,包含几乎所有在参考瞬态中预期出现的不确定性的来源。对于其他的不确定性来源,则必须另外通过合理的偏差进行考虑。该方法的主要特点是基于输出不确定性的传播,从先前模拟的相关试验数据进行误差的外插。目前,只有意大利的 UMAE/CIAU 方法是基于输出不确定性的外推。

基于“输出不确定性传播”的方法的基本思想是不关注输入的不确定性,而是在尽量保证程序准确模拟的基础上,将程序计算的输出结果与大量相关的实验数据库进行对比来量化程序的精确性,最后通过一定的精确性外推方式从而得到输出参数的总体不确定性。

UMAE 的基本思想如下:通过比较得到相关试验数据值与计算预测值的准确性,在此准确性基础上加以应用。因为试验数据必须来自相关的试验设施,计算结果必须来自合格的程序和节点,所以不需要选择输入的不确定性,并且最终的不确定性范围来自处理的结果,不需要主观的评价。

不确定性的内部评价 CIAU 方法的思想源于 1996 年,并受到 UMAE 方法的启发[77]。

CIAU 方法的灵感来源于核电站的状态管理方法(类似状态导向规程SOP 相关概率)和临界热量密度查询表(CHF LOOK‑UP TABLE),这两种方法都与核电站的安全性和可靠性评估密切相关。

CIAU 包括两个主要部分:方法的建立和方法的应用。方法的建立依赖于合格的试验数据、系统程序计算结果和假想的瞬态场景。

合格的系统程序计算结果和假想的瞬态,瞬态包括电厂状态的定义,以及与不确定性计算相关的变量选择。合格的程序结果则表示:合格的程序在合格的计算机/编译器上运行,合格的使用者使用合格的节点进行计算。程序结果的合格水平通过定性和定量的方法进行评价,可以使用FFTBM。

该方法的主要缺点:结果无法得到不确定性的来源(不可能分辨出输入对输出误差带的影响),另外,结果的准确性受现有的误差数据库的大小所限。

6.9.4 最佳估算加不确定性量化分析方法

失水事故(loss of coolant accident,LOCA)是压水堆设计基准事故(design basis accident,DBA)中最严重的一种。失水事故会严重限制反应堆运行功率的提升。研究表明,若失水事故中燃料包壳峰值温度(peak cladding temperature,PCT)降低100 ℃,则电厂运行功率可提升10%,将产生巨大的经济利益。

早期由于计算机技术的限制及实验数据的缺乏,核电站的安全分析依赖于保守分析,以保守的程序、输入数据及系统可用性假设开展电厂的事故工况模拟,以牺牲电厂安全裕量的方式规避复杂的不确定性的处理过程。随着相关技术和数据的积累,新的分析方法不断得到发展。IAEA将用于核电站的安全分析方法分为四个选项[78],如表6-5所示。

表6-5　核电站事故安全分析方法分类

选　　项	计算机程序	系统可用性	初始/边界条件
(1) 保守法	保守	保守假设	保守输入
(2) 结合法	最佳估算	保守假设	保守输入
(3) 最佳估算法	最佳估算	保守假设	真实不确定性输入
(4) 风险指引法	最佳估算	PSA	真实不确定性输入

目前,国内电厂执照申请过程中使用的方法大多为选项(2)对应的方法,即使用最佳估算程序或含保守评估模型的程序开展保守的程序计算。而国外主流为IAEA推荐使用的第3个选项,即使用最佳估算程序,并结合实验数据量化输入参数的不确定性,开展核电站运行及事故安全分析。选项(3)对应的

方法称为最佳估算加不确定性（BEPU）分析方法，国外目前已有如 CSAU、GRS、ASTRUM、UMAE、IPSN、ENUSA、AREVA RLBLOCA、KINS - REM、DRM 等诸多 BEPU 方法。国内关于 BEPU 方法的研究起步相对较晚，并且长期受到实验数据匮乏、安全分析软件空白及国外技术和数据封锁等限制，难以开展完整的 BEPU 方法论开发工作。

BEPU 方法论存在几个"核心"。第一是 PIRT，在传统方法中，PIRT 的建立很大程度上依赖于专家经验。然而目前国内由于缺乏相关积累，很多情况下依旧依赖于参考国外类似的 PIRT。第二是最佳估算程序。最佳估算程序是 BEPU 方法论中的关键工具，用于模拟核电站的运行和事故情况，提供更准确的分析结果。第三是实验数据库，不确定性分析方法的发展依赖于大量的实验数据。无论是最佳估算程序的开发及验证、核电站程序评估矩阵的建立，抑或是输入参数及程序模型的不确定性评价，均依赖于实验数据。第四是先进的数学方法，在参数或模型的不确定性评价、不确定性传播计算及敏感性分析过程中均会使用大量的统计学方法，先进的方法不仅能提高分析效率，亦能提高结果准确度。

1988 年，美国核管理委员会（NRC）发布修订的 10CFR50.46 规定，在认证级失水事故（LOCA）分析中，保守 LOCA 分析方法和现实 LOCA 分析方法都被视为可接受。目前，我国的核电站（NPPs）在 LOCA 分析上仍采用保守分析方法，而国外已经有相当一部分核电站采用了现实 LOCA（如最佳估算＋不确定性，即 BEPU）分析方法。国际上关于最佳估算＋不确定性（BEPU）的分析已经成为一种趋势。普遍认为，现实 LOCA 分析可提供更大的包壳峰值温度（PCT）裕量。

最佳估算加不确定性分析方法是国际原子能机构推荐的核电站执照申请安全分析方法，目前已大量应用于研究论证及核电站执照申请，如 AP1000 大破口失水事故分析中已采用的不确定性自动统计处理方法（ASTRUM）。通过最佳估算加不确定性方法，能够去除目前方法所带来的过度保守性，挖掘更多的安全裕量，有助于提高核电站的功率水平，增强运行灵活性，提高燃耗。

除保守及最佳估算加不确定性两种方法外，也开展了中间技术路线，即在最佳估算计算程序 RELAP5 平台上，修改相关模型或关系式，使其满足有关法规（10CFR50 附录 K）的保守评价模型要求，进而形成认证级 LOCA 分析工具。对比附录 K 的要求，主要的修改工作包括裂变产物衰变热标准、临界热流密度关系式、临界后传热模型、再淹没之前返回核态沸腾和过渡沸腾的计算逻辑、喷放模型、锆-水反应率模型、堆芯应急冷却剂旁通现象、压水堆再灌水和再淹没相关模型。

基于不同分析方法和程序下的 LOCA 分析裕量不同，以最为重要的 PCT（符号用 T_{PC} 表示）来说，$T_{PC,真实} < T_{PC,估算} < T_{PC,保守} < 1\ 477\ K$，而以基于先进平台的附录 K 保守评估法得到的 PCT 则介于 PCT 估算值与 PCT 保守值之间。

参考文献

[1] 杨立铭,于敏. 原子核理论讲义[M]. 重排本. 北京：北京大学出版社,2014.

[2] 杜书华,张树发,冯庭桂,等. 输运问题的计算机模拟[M]. 长沙：湖南科学技术出版社,1988.

[3] 黄祖洽,丁鄂江. 输运理论[M]. 2 版. 北京：科学出版社,2008.

[4] Askew R. A characteristics formulation of the neutron transport equation in complicated geometries[R]. UK：UK Atomic Energy Authority, 1972.

[5] 裴鹿成,张孝泽. 蒙特卡罗方法及其在粒子输运问题中的应用[M]. 北京：科学出版社,1980.

[6] 贝尔 G I,格拉斯登 S. 核反应堆理论[M]. 千里,译. 北京：原子能出版社,1979.

[7] Pusa M, Leppanen J. Computing the matrix exponential in burn-up calculations [J]. Nuclear science and engineering, 2010, 164(2)：140 - 150.

[8] 刘余,谭长禄,潘俊杰,等. 子通道分析软件 CORTH 的研发[J]. 核动力工程,2017, 38(12)：157 - 162.

[9] 于平安,朱瑞安,喻真烷,等. 核反应堆热工分析[M]. 上海：上海交通大学出版社,2002.

[10] Glenn A R. Theory and implementation of nuclear safety system codes e Part I：Conservation equations, flow regimes, numerics and significant assumptions[J]. Progress in Nuclear Energy, 2014, 76：160 - 182.

[11] Deng J, Ding S, Li Z, et al. The development of ARSAC for modeling nuclear power plant system[J]. Progress in Nuclear Energy, 2021. 140：103880.

[12] Xiao J, Travis J R, Breitung W, et al. Numerical analysis of hydrogen risk mitigation measures for support of ITER licensing[J]. Fusion Engineering and Design, 2010, 85：205 - 214.

[13] Travis J R, Jordan T, Royl P, et al. GASFLOW：A computational fluid dynamics code for gases [R]. Aerosols and Combustion. User's Manual, vol. 2. KIT Report, 2011.

[14] NEA/OECD. State-of-the-art report on multi-scale modeling of nuclear Fuels[R]. Paris：NEA/OECD, 2015.

[15] TMS. Modeling across scales：A road mapping study for connecting materials models and simulations across length and time scales[R]. Pittsburgh：TMS, 2015.

［16］　Bertolus M，Freyss M，Dorado B，et al．Linking atomic and mesoscopic scales for the modeling of the transport properties of uranium dioxide under irradiation［J］．Journal of Nuclear Materials，2015，462：475 – 495.

［17］　Tonks M，Gaston D，Permann C，et al．A coupling methodology for mesoscale-informed nuclear fuel performance codes［J］．Nuclear Engineering and Design，2010，240：2877 – 2883.

［18］　侯东，林萌，许志红，等.用 Simulink 扩展 RELAP5 的控制与保护系统仿真功能［J］.核动力工程，2007，28(6)：112 – 116.

［19］　翁润滢.热电阻温度传感器动态特性研究［D］.杭州：中国计量大学，2019.

［20］　Agostinelli S，Allison J，Amako K，et al．GEANT4 – a simulation toolkit［J］．Nuclear Instruments and Methods in Physics Research A，2003，506(3)：250 – 303.

［21］　Muthuviswadharani S，Prabhakar G，Selvaperumal S．Analysis on soft sensor design in Simulink［C］．2016 International Conference on Advanced Communication Control and Computing Technologies（ICACCCT），Ramanathapuram，India，2016：372 – 375.

［22］　吕昊，张怀亮，江能军，等.用于感应电机驱动的变频器建模方法综述［J］.机电设备，2017，34(3)：43 – 46.

［23］　仲大庆，饶顶，孙欢欢.基于 Simulink 的三相异步电机的研究与仿真［J］.电气传动自动化，2016，38(4)：14 – 17.

［24］　Wirth B D，Odette G R，Marian J，et al．Multiscale modeling of radiation damage in Fe-based alloys in the fusion environment［J］．Journal of Nuclear Materials，2004，329：103 – 111.

［25］　Stoller R E，Golubov S L，Domain C，et al．Mean field rate theory and object kinetic Monte Carlo：a comparison of kinetic models［J］．Journal of Nuclear Materials，2008，382(2 – 3)：77 – 90.

［26］　Frenke L D，Smit B．Understanding molecular simulation：from algoritms to applications［M］．San Diego：Academic Press，2001.

［27］　Stoltze P．Simulation methods in atomic-scale materials physics［M］．Denmark：Polyteknisk Forlag，1997.

［28］　Heermann D W．Computer simulation methods in theoretical physics［M］．Berlin：Springer，1986.

［29］　Hermann O W，Westfall R M．ORIGEN – S：Scale system module to calculate fuel depletion，actinide transmutation，fission product buildup and decay，and associated radiation source terms［R］．USA：NRC，2000.

［30］　Bowman S M，Leal L C．ORIGEN – ARP：Automatic rapid process for spent fuel depletion，decay，and source term analysis［R］．USA：NRC，2000.

［31］　Tigeras M．Fuel failure detection，characterization and modeling：effect on radionuclide Behavior in PWR primary coolant［D］．France：Polytechnic University of Madrid and Paris XI University，2009.

［32］　Booth A H．A Method of calculating fission gas diffusion from UO_2 fuel and its application to the x – 2 – f loop test[R]. Canada：Atomic Energy of Canada, 1957.

[33] Rafique M. Review of computer codes for modeling corrosion product transport and activity build-up in light water reactors[J]. Nukleonika 2010;55(3)：263 – 269

[34] 吴和喜,刘义保,杨波,等.基于等比级数公式的积累因子拟合[J].原子能科学技术, 2010,44(6)：654 – 659.

[35] 胡二邦,高占荣.广东大亚湾核电站周围建筑物辐射屏蔽因子的计算[J].辐射防护, 2003,(2)：74 – 83.

[36] 舒文玉,曹良志.基于 CENDL – 3.2 的宽群屏蔽数据库开发与验证[J].原子能科学技术,2022,56(5)：978 – 987.

[37] Zhang G C, Liu J, Cao L Z, et al. Neutronic calculations of the China dual-functional lithium – lead test blanket module with the parallel discrete ordinates code Hydra[J]. Nuclear Science and Techniques, 2020, 31(8)：1 – 12.

[38] 魏军侠,阳述林,王双虎,等.非匹配网格上中子输运方程的间断有限元方法[J].核动力工程,2010,32(增刊2)：25 – 28.

[39] 巨海涛,吴宏春,姚栋,等.三维中子输运方程的非结构网格离散纵标数值解法[J].西安交通大学学报,2007,41(3)：363 – 366.

[40] Wagner J C. Acceleration of monte carlo shielding calculations with an automated variance reduction technique and parallel processing[D]. Pennsylvania：Pennsylvania State University, 1997.

[41] Wagner J C, Peplow D E, Mosher S W, et al. FW – CADIS method for global and regional variance reduction of Monte Carlo radiation transport calculations[J]. Nuclear science and engineering, 2014, 176(1)：37 – 57.

[42] Kim D H, Kim S H. A proposal on multi-response CADIS method to optimize reduction of regional variances in hybrid Monte Carlo simulation[J]. Annals of Nuclear Energy, 2017, 104：282 – 290.

[43] 杨国伟.计算气动弹性若干研究进展[J].力学进展,2009,39(4)：406 – 420.

[44] Jirásek A, Dalenbring M, Navrátil J. Computational fluid dynamics study of benchmark supercritical wing at flutter condition[J]. AIAA Journal, 2017, 55(1)：153 – 160.

[45] Chen X, Zha G C, Yang M T. Numerical simulation of 3-D wing flutter with fully coupled fluid-structural interaction[J]. Computers & Fluids, 2007, 36：856 – 867.

[46] 杨国伟,钱卫.飞行器跨声速气动弹性数值分析[J].力学学报,2005,37(6)：769 – 776.

[47] Lesoinne M, Farhat C. Higher-Order subiteration-free staggered algorithm for nonlinear transient aeroelastic problems[J]. AIAA JOURNAL, 1998, 36(9)：1754 – 1757.

[48] 安效民,徐敏.一种几何大变形下的非线性气动弹性求解方法[J].力学学报,2011, 43(1)：97 – 104.

[49] Farhat C, Lesoinne M. Two efficient staggered algorithms for the serial and parallel solution of threedimensional nonlinear transient aeroelastic problems[J]. Comput.

Methods Appl. Mech. Engrg. , 2000, 182: 499 - 515.

[50] Marina G F, Carles M, Teresa B, et al. Validation of 3 - D neutronic-thermalhydraulic coupled codes RELAP5/PARCSv2. 7 and TRACEv5. 0P3/PARCSv3. 0 against a PWR control rod drop transient[J]. Journal of Nuclear Science and Tedhnology, 2017, 54(8): 908 - 919.

[51] Kernner K, Montgomery R, Maldonado G I. Modeling an iPWR startup core cycle with VERA[J]. Transactions of the American nuclear society, 2014, 111(1): 1388 - 1390.

[52] Knoll D A, Keyes D E. Jacobian-free Newton-Krylov methods: A survey of approaches and applications[J]. Journal of Computational Physical, 2004, 93(2): 357 - 397.

[53] Willert J, Park H, Knoll D A. A comparison of acceleration methods for solving the nuetron transport k-eigenvalue problem[J]. Journal of Computational Physics, 2014, 274(1): 691 - 694.

[54] Guo L J, Lu C, Huang H, et al. Reactive transport modeling using a parallel fully-coupled simulator based on preconditioned jacobian-free Newton-Krylov[C]. ⅩⅨ international Conference on Water Resources, CMWR, 2012.

[55] Peng X J, Wang K, Li Q. A new power mapping method based on ordinary kriging and determination of optional detector location strategy[J]. Annals of Nuclear Energy, 2014, 68: 118 - 123.

[56] Grand J. Conservative remapping and region overlays by intersecting arbitrary polyhedra[J]. Journal of Computational Physics, 1999, 148(2): 433 - 466.

[57] Nunio F, Manil P. SALOME as a platform for Magneto-Mechanical simulation[J]. IEEE Transactions on Applied Superconductivity, 2012, 22(3): 4904904.

[58] Permann C J, Gaston D R, Andrs D, et al. MOOSE: enabling massively parallel Multiphysics simulation[J]. Software X, 2020, 11: 100430.

[59] Bungartz H J, Lindner F, Gatzhammer B, et al. preCICE - A fully parallel library for multi-physics surface coupling[J]. Computers & Fluids, 2016, 141(15): 250 - 258.

[60] 莫则尧. 高性能数值模拟编程框架研究进展[J]. 科研信息化技术与应用, 2015, 6(4): 11 - 19.

[61] Gaston D, Newman N C, et al. MOOSE: A parallel computational framework for coupled systems of nonlinear equations[J]. Nuclear Engineering and Desigh, 2009, 239(10): 1768 - 1778.

[62] 刘浩. 基于 MOOSE 框架的多物理场耦合仿真方法研究[D]. 成都: 电子科技大学, 2019.

[63] 徐利洋. HopeFOAM 间断有限元高阶并行计算框架关键技术研究[D]. 长沙: 国防科技大学, 2019.

[64] Liu Q, Mo Z, et al. JAUMIN: a programming framework for large-scale numerical simulation on unstructured meshes [M]. Springer Singapore, 2019.

［65］ Wickett A J，Yadigaroglu G. Report of a CSNI workshop on uncertainty analysis methods［R］. London，March，1994：1 - 4.

［66］ 邓程程,常华健,陈炼.小破口失水事故最佳估算的不确定性和敏感性分析［J］.原子能科学技术,2016,50(7)：1224 - 1231.

［67］ 靖剑平,贾斌,高新力,等.最佳估算加不确定性分析方法在我国核安全审评中的应用［J］.核安全,2016,15(4)：11 - 17.

［68］ Ionescu-Bujor M，Cacuci D G. A comparative review of sensitivity and uncertainty analysis of large-scale systems — Ⅰ：Deterministic methods［J］. Nuclear Science and Engineering, 2004，147(3)：189 - 203.

［69］ Cacuci D G. Global optimization and sensitivity analysis［J］. Nuclear Science and Engineering, 1990，104(1)：78 - 88.

［70］ Cacuci D G，Ionescu-Bujor M. A comparative review of sensitivity and uncertainty analysis of large-scale systems — Ⅱ：statistical methods［J］. Nuclear Science and Engineering, 2004，147(3)：204 - 217.

［71］ 熊青文.基于模型评价和全局敏感性分析的 BEPU 分析方法研究［D］.西安：西安交通大学,2021.

［72］ 李冬.最佳估算模型的不确定性量化方法研究及再淹没模型评估的应用［D］.上海：上海交通大学,2017.

［73］ Kovtonyuk A，Petruzzi A，D'Auria F. A procedure for characterizing the range of input uncertainty parameters by use of the FFTBM［C］. Proceedings of the 2012 20th ICONE. California，USA，July 30 - August 3，2012.

［74］ Reventós F，de Alfonso E，Mendizábal R. General requirements and description specification of methodologies and experimental data to be used in PREMIUM benchmark［C］. PREMIUM Kick-Off Meeting，Paris，February 2012.

［75］ 刘勇,曹良志,吴宏春,等.核数据敏感性与不确定性分析及其在目标精度评估中的应用［J］.原子能科学技术,2019,53(1)：86 - 93.

［76］ OECD. PREMIUM, a benchmark on the quantification of the uncertainty of the physical models in the system thermal-hydraulic codes：methodologies and data review［R］. Paris：OECD，2016：1 - 132.

［77］ Boyack B E，Catton I，Duffey R B，et al. Quantifying reactor safety margins Part 1：An overview of the code scaling applicability and uncertainty evaluation methodology ［J］. Nuclear Engineering and Design，1990，1(119)：1 - 15.

［78］ D'Auria F，Giannotti W. Development of a code with the capability of internal assessment of uncertainty［J］. Nuclear Technology，2000，131(2)：159 - 196.

［79］ International Atomic Energy Agency. Accident analysis for nuclear power plants ［R］. Vienna：Safety Reports Series No. 23，IAEA，2002.

第 7 章

数字化制造

制造业作为国家重要的支柱产业,受到了全球各国的关注,被认为是振兴实体经济和新兴产业的核心,是提升国家核心竞争力的关键。随着新一代信息技术的蓬勃发展,信息技术正加速向制造业各领域渗透。信息化和工业化在更广范围、更深程度、更高水平上融合发展已成为制造业发展的大势所趋。在此背景下,数字化制造与智能制造成为制造业发展的两大关键主题,两者紧密结合,共同推进制造业转型升级。数字化制造是指利用数字技术和信息化手段对制造业进行全方位的数字化、网络化和智能化升级,实现从产品设计、生产制造、供应链管理、售后服务等各个环节的数字化、自动化和智能化。在《国家智能制造标准体系建设指南(2021 版)》中,将智能制造定义为"智能制造是基于先进制造技术与新一代信息技术深度融合,贯穿于设计、生产、管理、服务等产品全生命周期,具有自感知、自决策、自执行、自适应、自学习等特征,旨在提高制造业质量、效率效益和柔性的先进生产方式"。数字化制造与智能制造是工业 4.0 的核心内容,是推动制造业转型升级、提高制造业竞争力的重要途径。

核反应堆数字化制造具备产品价值高、技术资金密集、产业关联度高等特征,主要包括了以虚拟制造为代表的数字化工艺设计、以增材制造为代表的智能制造设备、以数字化工厂为代表的数字化生产运营等。其中,虚拟制造以数字化建模技术、虚拟装配技术、加工工艺仿真技术、焊接仿真技术为代表,为核反应堆虚拟制造平台的搭建提供技术基础。增材制造可大幅提升核反应堆及相关装置的技术性能,其全数字化技术为核反应堆的数字化转型提供了极佳的应用场景。数字化车间为核反应堆制造的数字化协同研制能力、数字化生产制造能力、数字化试验检测能力和数字化科研生产管理能力的提升提供重要支撑。

7.1　虚拟制造

自 20 世纪末开始,随着世界各国市场趋于向动态多变的转变,对工程产品的快速响应、提前预判等提出了更高的要求。由于传统的制造模式为串行模式,生产过程完全按照产品设计、工艺设计、试制及制造的顺序进行,因此存在以下问题:在设计制造过程中,各个环节之间的信息反馈不及时且缺少联系、优化目标不整体且缺少协同、突发反应不迅速且难以调整,这些问题导致传统制造模式无法迅速响应市场的需求,且无法通过更直观的手段预测制造效果,从而影响到产品整体研制水平、生产效率和最终质量[1]。

为减少产品的开发时间、提高产品质量、降低生产成本,有必要引入新的理念和技术。随着信息技术的迅猛发展,以虚拟制造为代表的先进制造技术逐渐成为主流,引领制造业的数字化、信息化。不同于传统的全实际制造,虚拟制造是借助计算机技术和信息技术,对所有的制造活动进行建模与仿真[2],包括虚拟工艺设计、虚拟制造、虚拟生产等,在实际制造之前完成对制造过程可行性、产品性能等方面的评估,在虚拟环境中实现产品设计、性能分析、工艺决策、制造装配和质量检验[3-5]。从而有效提升制造过程的预测和决策能力,对提升反应堆工程制造水平具有重要意义。

7.1.1　数字化建模技术

数字化模型是虚拟制造的基础,也是整个数字化制造的核心基石。数字化建模技术主要是将实物转化为数字化信息,在 CAD 等软件中通过数字化模型来描述、存储和表达现实产品形状、结构与状态等信息。

随着 CAD 技术的发展,目前数字化建模技术主要包括特征建模、参数化建模及逆向建模等技术。其中,特征建模主要是指将实体依据一定的分类方法分解为基础的特征,如凹腔、孔、槽等几何拓扑信息,以及材料信息、尺寸、形状公差信息等非几何信息,通过特征来表达实体各部分的信息和实体间各部分的连接信息。参数化建模则是以用户输入的参数为起点,经过软件内部逻辑的分析处理,为参数赋值,形成参数化模型,最终生成模型对象的过程。特征模型及参数化都属于正向建模,是先设计出一些简单及结构规则的特征,然后通过布尔运算及曲面合成为复杂实体,"从分到总"是三维模型设计的核心理念。而逆向建模主要是指通过激光扫描和点采集等手段,获取产品的三维数据和空间几何形状,进而把获取的数据通过专业 CAD 软件处理为三维数字化模型,并应用到后续制造的过程。

同时,为了更好地在设计和制造过程中应用数字化模型,技术人员从初期的建模转换为基于模型的数字化定义(MBD 技术),将产品的所有相关的工艺描述、属性、管理等信息都附着于产品的三维模型上[6],从而形成产品完整的数字化信息。在此基础上,MBD 数据集可分为 MBD 的零部件数据集和 MBD的装配数据集。零部件的 MBD 数据集主要包括实体几何模型、坐标系统、尺寸、公差和标注、工程说明及其他相关定义数据;装配数据集包含了装配过程中的产品模型、工装模型、工序信息,装配顺序信息等工程要求文件,是后续进行虚拟装配和公差仿真分析的依据[7]。

7.1.2　虚拟装配技术

虚拟装配是装配过程在计算机上的本质实现,它基于产品的数字化实体模型,在计算机上分析与验证产品的装配性能及工艺过程,从而提高产品的可装配性。装配包括双重含义,一是由零部件组成的静态的装配体;二是该装配体的形成过程。在计算机软件环境中,通过调用产品和资源的三维模型,设计各部分的装配工艺过程,并利用软件模拟零件、组件、部件等数字模型的移动、定位、夹紧、装配、下架等工序过程。通过产品的上架装配和拆卸的三维装配仿真,验证检查产品、资源设计和工艺设计的缺陷,从而及时发现问题和优化工艺设计,得到最佳的方案[8]。

虚拟装配一般包括装配建模、装配路径规划、装配干涉分析和人因工程分析,其中装配建模主要是指在零部件数字化模型基础上增加零件间的位置关系、配合关系等零部件的内外关联关系,从而表达出零部件的装配关系;装配路径规划主要指在数字化环境中规划装配的路径,确定各零部件的装配前后顺序,从而表达出实际装配顺序的逻辑关系;装配干涉分析则主要是指在装配过程检测零部件之间可能出现的重叠、碰撞等干涉,从而验证装配的合理性;人因工程分析则是指在虚拟装配中引入人的因素,分析人员操作的可能性、可行性、便捷性,同时分析操作对人员身体状态的影响,进一步提高装配的合理性。

在实际工程中,国内外研究人员在各类装备研制过程中相继全面地采用了先进的虚拟装配仿真和验证技术,这一设计的应用使得设计阶段能够提前发现各类问题,因此,设计变更大大减少,缩短了工艺规划时间,消除了装配缺陷,从而提高了产品质量、生产效率,并降低了经济成本[9]。

7.1.3 加工工艺仿真技术

加工工艺仿真包括数控刀具轨迹仿真和加工工艺过程仿真。前者主要针对刀具轨迹和运动过程干涉检测进行运动学仿真,用于加工工艺规划;后者主要对加工特性和加工过程物理量进行动力学仿真。

数控刀具轨迹仿真是将数控加工程序在数字化环境进行调试,以三维动画的形式模拟零件与机床在加工过程中的相对运动状态,从而观察零件数控加工的全过程,并检测加工过程可能的干涉、碰撞等现象,将加工的不安全因素在实际加工之前充分识别和排出,从而提高数控加工的安全性和加工程序的合理性。

加工工艺过程仿真则专注于模拟加工过程切削力、切削温度及刀具磨损情况,基于材料本构模型和切削过程摩擦模型建立加工工艺过程仿真模型,实现对切削过程各物理量的模拟,可以较为精确地掌握加工过程的切削力、切削温度、表面残余应力、反作用力等,为加工工艺的优化提供参考。

7.1.4 焊接仿真技术

焊接仿真是在焊接实施前,通过三维建模和数值模拟对焊接过程进行模拟仿真。它分析焊接过程中温度场、应力场、组织场等物理量变化,从而掌握焊接过程的组织变化、温度分布、应力分布和变形等物理信息。利用这些信息,可以快速实现焊接工艺参数的优化,提高焊接质量。

针对焊接领域的数值模拟,由于焊接过程涉及传热、结构、流体、金相变化及电弧物理等多方面的现象,根据焊接过程的作用过程及金属变化过程,可以将焊接过程分为流场、应力应变场、温度场及显微组织场的模拟。这些场之间存在相互影响关系,但在焊接过程这类多物理场耦合分析中,焊接温度场和显微组织场由于相变、热膨胀等因素会直接影响到应力应变场及流场。然而,由于应力产生的相变及变形产生的热都比较小,甚至可以忽略,因此在分析中常常直接忽略掉应力应变场对温度场及显微组织场的影响[10]。

有限元方法因其在温度场、应力应变场模拟的优势成为焊接仿真的主流方法,目前,基于有限元法的焊接仿真商用软件有两类,一类是如 ANSYS、ABAQUS 等通用有限元软件,另一类是如 SYSWELD、MAGSIM 等焊接专用有限元软件,均可以较好地模拟出焊接过程的应力场、温度场及应变等信息,为焊接工艺的优化提供参考。

7.1.5　虚拟制造在核能领域的应用

虚拟制造在核能领域的应用主要依托于虚拟制造平台的搭建,依托核反应堆关键设备制造过程数字化的需求,开展核反应堆虚拟制造平台框架设计、软硬件设计和详细设计,搭建核反应堆关键设备数字化制造平台,提供产品制造可视化、交互式的数字仿真环境,为核反应堆数字孪生体提供支撑[11]。

7.1.5.1　虚拟制造平台的搭建

针对新型核反应堆研发、在役反应堆工程保障与改进的需求,以数字反应堆集成应用平台为基础,构建关键设备仿真系统、数字化虚拟制造系统及工艺和性能数据库,开展反应堆关键设备的数字化虚拟制造、关键设备工艺性能仿真技术应用研究,为反应堆工程的设计制造协同、工艺验证与优化、反应堆运行保障维护与应急响应等提供精确、高效与集成的先进技术手段。通过构建反应堆关键设备数字化制造平台,实现反应堆关键设备虚拟装配、虚拟加工、虚拟焊接、虚拟维修、虚拟检测及制造流程的仿真,建立制造工艺数据库。在该系统上开展反应堆关键设备的虚拟装配、虚拟加工、虚拟焊接、虚拟检测技术、制造流程仿真技术研究,建立制造工艺数据库,通过反应堆关键设备的虚拟制造技术研究,减少研发周期,提升新型设备的工艺设计水平,提升产品的研发能力[12]。

7.1.5.2　虚拟制造平台设计与搭建

根据反应堆关键设备制造过程数字化的需求,研究、分析和确立数字反应堆虚拟制造系统平台应具备的系统功能,据此开展平台框架设计、平台软硬件设计和平台详细设计。技术路线如图 7 - 1 所示[13]。

1) 系统平台设计

系统平台设计遵循以下原则:具有功能完整性,即可实现反应堆各类关键设备的虚拟制造;具有扩展性、开放性、集成性,并且具备安全可靠性和可维护性。系统平台设计主要分为两大阶段:针对设计输入分析结果,开展平台框架设计;开展系统平台详细设计,包括子系统、系统流程、工艺数据库等规划设计。

(1) 系统平台框架设计。本项目整体架构以平台集成工具的模式搭建,采用软件作为工艺数据管理平台,对工艺设备设计模块、虚拟装配模块、制造公差分析模块、粉末混合仿真模块,以及制造有限元分析模块的流程、数据和资源进行协同管理。

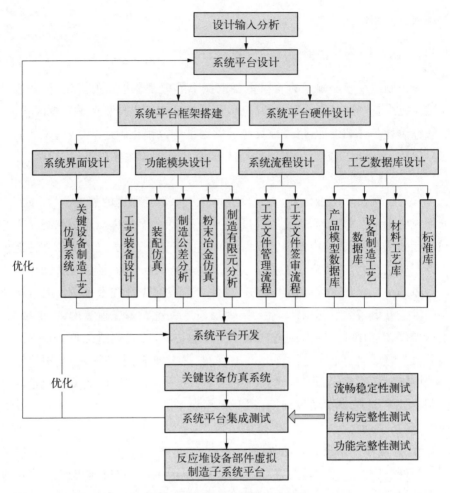

图 7 - 1 虚拟制造系统平台概览

（2）系统平台详细设计。在系统平台的整体框架基础上，开展系统平台详细设计。主要包含系统界面设计、功能模块设计、系统流程设计及工艺数据库等设计。

系统界面设计：系统平台设计总界面，在总界面中规划设置多个入口，在各个界面的内部，有各自相关子系统的入口界面。

功能模块设计：系统功能模块作为实现系统平台基本功能的基础，围绕反应堆关键设备部件制造工艺仿真功能进行设计。包含工艺设备设计模块、公差分析模块、装配仿真模块、粉末混合仿真模块、有限元分析等五个模块。

系统流程设计：系统流程设计主要是指工艺文件管理流程和工艺文件签

审流程。通过流程设计,实现工艺设计文件信息在各工艺设计者之间传递,实现工艺文件的系统管理。通过顺畅的编写、校对、审核等流程,实现工艺设计快速反馈。

工艺数据库设计:工艺数据库作为平台的真正内核,保证了平台各部分独立的数据支撑及相互之间的数据关联。工艺数据库主要包含产品模型数据库、设备制造工艺数据库、材料工艺库和标准库等数据库及其子库。

系统平台硬件设计:根据系统平台基础平台软件和各功能软件对运行环境的要求,开展系统平台硬件设计,工作站和服务器的操作系统须符合软件的使用要求。

2）系统平台搭建

在设计系统平台框架基础上,开展反应堆设备部件虚拟制造子系统平台搭建。主要分为系统硬件平台搭建,系统基础平台软件开发,系统功能性模块开发和集成三个部分。

（1）硬件平台搭建。根据系统平台管理软件与工艺软件的运行需求,搭建数字化虚拟制造子系统硬件平台,后期通过性能改造从而实现与超算等系统的协同应用。

（2）系统基础平台软件开发。开发系统平台的数据接口,使之能够适配各工艺软件。

（3）系统功能性模块开发与集成。以三维设计建模软件、虚拟装配软件、3D 公差分析软件、有限元分析软件等软件为基础,在系统基础平台软件上开发系统功能性模块,包括工艺设备设计模块、3D 公差分析模块、装配仿真模块、有限元分析模块、工艺数据管理子系统模块等,各个模块通过系统基础平台软件的工艺数据管理功能进行管理。

工艺设备设计模块:工艺设备设计模块主要用于在产品三维模型的基础上开展制造工艺所需的工艺设备设计。

3D 公差分析模块:公差分析模块的功能是结合机械加工、组装、焊接等工艺产生的公差,对设计公差进行优化,提高产品的装配成功率。采用市场上主流的三维公差软件 3DCS,通过二次开发与系统平台进行集成,实现数据的统一管理。

装配仿真模块:装配仿真模块的功能是对产品制造工艺中的装配工艺进行验证,同时对焊接、检测工艺的可视性、可达性、可操作性进行验证。

有限元分析模块:有限元分析模块的功能是对产品制造工艺中的焊接工

艺进行模拟,掌握焊接变形趋势和应力分布。

工艺数据管理子系统模块:系统对工艺设备设计、虚拟装配、制造公差分析、制造有限元分析等子系统产生的文档、图纸、BOM、流程、仿真、工艺及资源数据进行管理。

(4) 系统平台的业务流系统开发。根据数字反应堆制造工艺研发特点,开展了工艺研发过程的系统流程设计,包括工艺方案审查、工装设计、三维模型、工艺评定等文件的编写、校对、审核、质量和批准的流程设计,解决了传统工艺文件纸质文件签审带来的各种问题。

其中,图文档管理开发是数字化制造系统的重要组成部分,它主要对蒸汽发生器及燃料元件工艺过程中产生的模型、工艺参数、工艺规程、图纸等文件进行管理,开发电子签审流程,实现工艺研发过程的无纸化流程,提高研发效率,提升研发质量。

同时,搭建的数字化虚拟制造系统将原本分散在企业内各处的各种产品文档实现集中统一管理,保证文档的安全性和有效性,并通过电子流程来管理文档的审核与分发,同时开发强大的数据查询功能。

通过系统流程设计,文档之间、文档与物料、产品 BOM 之间均可建立关联关系,由点及面地管理数据。将文档分类并与系统文件夹相结合,实现按类存储,各类型的文档支持业务属性定义,以通过文档对象体现更多的业务信息。工作区、文件夹、项目库等存储文档的空间均可施加权限管理策略,也可对具体的某份文档单独定义访问权限。提供多样化的搜索功能,比如可通过类型、属性、全文搜索等方式从智能研发平台中查找文档。支持基于业务定义文档的生命周期状态、业务流程等业务管控信息。版本管理,记录文档的历史变化信息。同时,提供文档在线打印功能。

通过二次开发,实现文档的创建、下载/更新上传,以及搜索和在线浏览,在线浏览仅针对 PDF、Word 和三维模型等常用文件类型,不涉及与设计工具端的直接集成。以文件夹形式,增加资源库文件夹选项,并按照需求类型分类搭建好结构树。

7.1.5.3 工艺仿真的应用

以反应堆关键设备为对象,在反应堆设备部件数字化虚拟制造子系统上开展制造工艺过程的塑性成形加工仿真、虚拟装配仿真、基于 3D 的制造公差分析和焊接仿真研究,建立制造工艺仿真验证评估方法,提高装配工艺设计水平。具体应用如下所述。

可以利用模拟软件模拟工艺过程,模拟时可以考虑前后工艺条件、工艺参数等对结构的影响,从而丰富前处理模型,获得高质量的后处理效果。

针对模型的具体工艺参数,将其作为优化分析的输入条件,通过搭建工艺联合仿真平台,使用联合仿真平台的迭代优化功能,整合工艺仿真分析,得到精确的仿真结果。这种方法可有效降低产品的生产成本。作为一种虚拟制造技术,相当于把试验过程放到了虚拟环境下进行,这样减少了材料、设备和人员成本,降低了废品率,并缩短了整个试制和优化加工周期,从而大大提高了劳动生产率。

应用工艺联合仿真平台对于工艺的传承也极为有益。通过模拟,可以将工艺仿真分析流程进行固化,使得过去的一些抽象的经验变为简单明了的流程模板进行记载和保存,有利于技术和人员经验的延续与资源共享。

1) 虚拟装配技术

虚拟装配技术是一项在汽车、航空等领域已经得到成熟应用的计算机辅助制造技术。它通过计算机建立产品的数字孪生体,将产品的最终成型状态展示给产品制造人员。产品制造工艺人员能够在虚拟的三维环境中对产品进行拆解和分析,制定装配、焊接等工艺。在虚拟装配软件的辅助下,工艺设计者能够完成装配工艺详细设计,并且通过动态仿真进行工艺验证,提升产品制造效率[14]。

在开发的反应堆设备部件虚拟制造子系统平台,选择反应堆设备部件制造全过程装配为研究对象,通过虚拟装配子系统模块,开展反应堆关键部件组装工艺的虚拟装配研究,对反应堆关键部件全周期的装配过程进行仿真演示,验证并优化工艺方案。制定反应堆关键部件组装工艺虚拟装配技术研究路线如图 7 - 2 所示。

通过虚拟装配技术,在设备组装前,可以开展设备整体结构分析、装配方案制定、装配工艺设计及装配动态仿真验证,通过整体结构分析校核尺寸,验证设计是否存在缺陷;通过制定装配方案,并完成工装设计;通过装配工艺设计,完成设备整个装配流程的设计和工艺制定。生成工艺库、PERT 图和 PPR 结构树等工艺数据,为装配顺序和装配路径的详细设计提供指导;通过装配动态仿真验证,模拟设备的装配过程,验证整台装配顺序和装配路径的可行性,以及装配过程中是否产生干涉;确定关键部位采用的焊接工艺,根据焊接工艺建立焊接工装,开展焊接空间仿真,验证关键部位焊接的可达性;从而有效指导反应堆关键设备的制造工艺优化[15-16]。

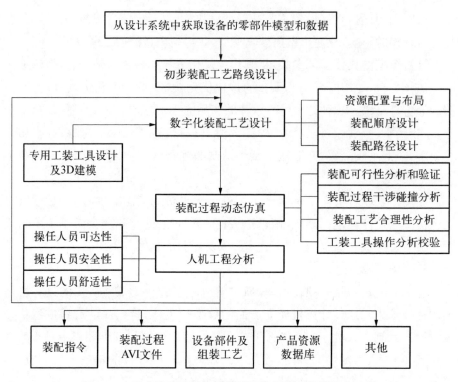

图 7-2 反应堆关键部件组装过程虚拟装配技术研究路线

2）三维公差分析技术

三维公差分析技术在分析零部件尺寸及设计公差信息的基础上,结合工艺流程偏差的统计分析结果,采用空间尺寸链原理建立三维公差分析模型,对现有方案进行公差分析,并找出对装配质量影响较大的偏差进行有针对性的优化,从而获得合理的公差优化方案,以适应现场装焊生产需求,为提高产品质量和装焊效率提供有效的技术指导。

在开发的反应堆关键设备部件虚拟制造子系统平台,选择关键典型零部件的组装过程为研究对象,通过制造公差分析子系统模块,采用 3DCS 为工具,开展制造公差分析技术研究,验证并优化工艺方案。制定制造公差分析技术研究路线如图 7-3 所示。

通过三维公差分析技术可以在组装前分析现有公差方案的可行性,通过构建设备三维公差模型,预测并获得设备制造过程的偏差统计结果,根据结果进行公差分析,找出对产品质量影响较大的公差并进行有针对性的优化,最终形成合理可行的优化方案,指导制造工艺的优化。

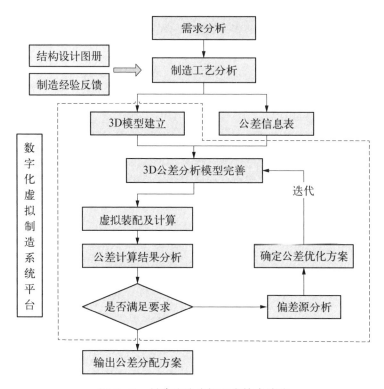

图 7 - 3　制造公差分析研究技术路线

3）焊接仿真分析技术

"焊接仿真"是基于有限元分析发展出来的一种针对焊接过程的数值分析方法，其基本原理是通过离散化的手段把焊接结构分析转化为有限个节点相连接的单元组合，基于物理特性结合材料属性、接触关系、载荷及边界条件，建立不同的平衡方程并进行数值计算，从而求解出复杂过程的近似解，并将解转换为位移、应力、应变、温度等结果，最后在相应软件上，使用图形技术将结果直观地显示出来，从而有效分析焊接过程的各项机理。

本研究选取反应堆关键设备部件关键焊缝为研究对象，在开发的反应堆关键设备部件虚拟制造子系统上，通过"制造有限元分析子系统模块"，开展关键焊缝焊接仿真分析计算分析研究，掌握焊接顺序、焊接工艺参数等对焊接变形、应力的影响，完成工艺优化。总体技术路线如图 7 - 4 所示。

采用有限元仿真的方式模拟出焊接过程，并能计算出焊接过程及焊接后的瞬态温度场、应力场及变形的分布规律，可以更好地了解焊接过程中结构各部件的温度变化及应力变化情况，并通过多次计算分析不同焊接工艺对焊接

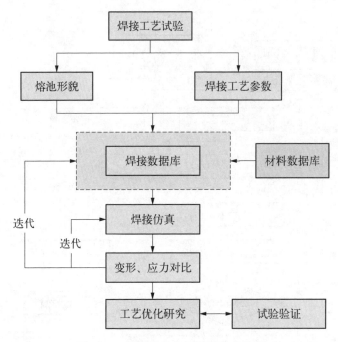

图 7-4 焊接仿真分析计算技术路线

质量的影响规律,从而有效指导焊接工艺的优化。

随着计算机技术和信息技术的快速发展,通过数字化手段赋能制造形成以虚拟制造为代表的先进制造技术,提供了一个从产品概念形成、设计到制造全过程的可视化、交互式仿真环境,为产品的高效生产提供了关键路径。虚拟制造技术在工业发达国家已经得到了较高程度的研究和应用,如今,多数发达国家在核试验、大型设备研制等多个领域充分应用虚拟制造技术[17]。虚拟制造技术可在很大程度上助力数字反应堆建设,为反应堆全数字孪生体提供数据支撑。

7.2 增材制造

增材制造能够改变传统设计理念,实现从"制造约束设计"向"功能引领设计"的转变。基于正向设计理念与一体成型制造工艺等技术,增材技术可能产生颠覆性的各类新产品、新结构设计方案,从而极大地释放设计自由度。它能够生产传统工艺无法制造的新产品,开发前所未有的新材料,实现降低重量、缩小体积、提高性能效率,以及减少周期成本等目标。增材技术具有的全数字化优势使得产品设计、产品分析评价、工艺设计、工艺研发、打印制造的全流程均可以实现全数字化。这种全数字化的流程能够有效优化生产流程、提高生产效率、改善产品质量,从而形成数字化、强韧性、易复制、安全可靠的产业链供应链。此外,增材制造还支撑起数字仓储、远程保障、分布制造的全新工业供应链模式,被视作数字化转型的最佳场景之一。

7.2.1　增材技术在核能领域的应用价值

总结国内外增材技术发展应用现状及核能领域研究现状,可以看到,增材技术在核能领域具有极为广阔的应用价值,包括以下方面。

1) 加速核动力技术敏捷研发迭代

核能技术创新研发一直以来面临研发、验证周期长,投入高等典型问题,增材制造有望解决这些问题。增材制造快速制造原型和模具的特点为设计快速迭代提供了极佳的便利条件。通过增材制造实现原型、试验样件、模具、工具等的快速制造,可显著缩短研发周期,降低研发成本,实现设计、试验的快速迭代和优化,提高新产品开发能力,不断推出新的产品。

2) 创新设计引领核反应堆性能跃升

在新时代,核反应堆应用场景得到了极大的拓展。先进核电的应用对核反应堆的经济性、可靠性提出了更高的指标;同时,新兴的应用场景对核反应堆的小型化提出了更高的要求。基于传统技术开展核反应堆的设计优化已难以实现大幅提升,而基于增材思维的设计则可能为核反应堆的性能提高、重量体积降低带来全新的解决方案。设计的革新意味着从产品需求出发,基于增材制造技术特征,改变传统产品设计理念,全面升维至基于 3D 打印思维的设计技术(DfAM),主要包括拓扑优化设计技术、创成式设计技术、晶格点阵设计技术、复杂结构强化传热设计技术、功能梯度材料设计技术、虚拟 3D 打印技术。这些技术将从“制造约束设计”向“功能引领设计”转变,充分利用增材制造为设计带来的自由度,研发全新的核能型号及产品。通过这些技术可以实现多件合一和结构功能一体化,使产品在重量、体积、性能、经济性等方面实现显著提升[18-19]。如果将基于增材思维的设计理念从部件向设备、系统等更高层级推进,从更高的视角全面审视先进制造技术带来的价值,将有望带来核反应堆设计的二次革命,实现核反应堆性能的跨越式提升。

3) 微区冶金破解核能领域材料难题

传统制造中,材料通过熔炼、铸锭、锻造、热处理流程制造。由于这些过程中,受铸锭、锻造、热处理等物理机理的限制,材料均匀性的控制难度较大,零部件中材料性能的离散度较大,并且难以进一步提升。增材制造的材料性能形成则是一种全新的模式。增材制造将能量可控地集中投射到微小区域内,通过微区内材料的可控熔化及凝固过程,获得高性能材料。增材制造技术天然具有更好的材料均匀性,微区冶金的原理使材料性能摆脱了部件厚度的限制。其快速制造的特性可大幅降低制造周期,而更好的材料性能控制手段则可以有效提高合格率,降低制造成本。增材制造微区冶金的特点、材料性能数字化调控的特性,可能为传统材料性能提升、新材料全新研发、高熵合金、梯度材料、超材料等的研发应用带来更好的解决方案,有望解决核能领域大量的材料难题。

4)解决核反应堆表面工程问题

增材制造的激光熔覆技术可以将耐磨耐腐蚀的特种材料极薄涂层涂覆于基材表面,由于增材"微区冶金"机理,涂层致密、与基材结合紧密,且不影响基材性能,从而可为驱动机构、泵、阀等运动部件的摩擦副耐磨问题、铅铋等特殊介质中材料的相容问题,以及设备内外表面在恶劣环境下的长期耐腐蚀问题,提供更好的解决方案。

5)数字赋能创新核反应堆制造范式

增材制造是全数字化的智能制造技术,它可以轻松地将模型、工艺等通过数字化进行表达。通过数字化供货技术、打印过程智能监测技术以及 3D 打印智能系统的研究,形成包括产品数据、制造过程数据、制造结果数据的全数据链条,可实现基于增材制造产品研发的全流程数字孪生,提升设计研发效率。同时,通过 AI 等下一代数字化技术赋能,预期可实现制品性能的智能调控,包括缺陷智能识别、性能智能预测、工艺智能迭代和材料智能研发等功能。这将推动全数字工艺、数字质量、远程无人制造的新范式发展,并为新材料、新工艺开发中的 AI 辅助创新提供新模式[20]。

6)增材赋能革新核反应堆保障能力

修复/再制造技术是增材制造的关键技术之一。由于增材制造能量密度高,热影响区小等特点,可以实现高质量维修。此外,增材制造系统简单,灵活布置,无人操作,这些特点使其有望解决核反应堆修复/再制造的难题。增材制造的数字化智能制造属性可以轻松支撑全新的装置保障应用场景,通过数字化仓储、分布式敏捷柔性制造方式,引入基于区块链技术的分布式制造系统,大幅降低备品备件及消耗品的制造周期与成本,提高保障能力。

7）绿色制造降低核反应堆制造成本及周期

核反应堆的制造属于高端重型装置制造。传统制造技术工序复杂,制造流程缓慢,需要大量的工装模具,过程中会浪费大量材料,由此带来制造周期、生产成本的上升。增材制造可以实现净成形/近净成形,无须制造生产模具,工序极简。这可以大幅节省原材料,节约制造过程中整体能量消耗,从而能够将生产成本,尤其是小批量产品的成本大大降低,对核能制造从粗放型传统制造向绿色低碳可持续制造转型意义重大。

8）提升核反应堆供应链水平、保障供应链稳定

核反应堆的制造技术复杂,供应链冗长,加之对产品性能要求高、批量小、监管严格以及长寿期(数十年)等的特点,使得核反应堆的供应链的稳定性一直备受关注。当核反应堆运行几十年后需进行维保时,原供方早已不存在的例子屡见不鲜。增材制造可以实现工艺完全数字化并基本摆脱对人员技术的依赖,制造流程由传统冗长流程变为数字化的精简流程,可以便利地实现技术转移及储存,便于供应链安全的控制。

9）推动核能产业转型升级

传统核反应堆制造技术工艺流程复杂,供应链冗长,制造周期长、流转效率低、材料浪费大、数字化水平低、对人员技术依赖大,造成企业转型提升乏力。增材制造具备完全数字化、技术易转移的特点,且利用现有的相关研究成果,包括成套装置、智能系统、制造工艺等,可以整体向传统制造企业转移,帮助其建立增材制造智能工厂;将基于增材思维开发的创新产品交由这些制造企业负责批量制造,牵引核能高端制造业的转型升级,可最大限度地使增材制造这一创新技术红利在核能产业领域共享。

7.2.2　核能增材智造协同数字平台总体规划

核能领域是对国家能源安全与战略安全有重大影响的关键领域,增材制造能够改变传统核能设备设计制造理念,实现降低重量、缩小体积、提高性能效率,减少周期成本等目标。增材制造技术与核能技术深度融合后,有望从设计、研发验证、制造、运维等方面对核能领域产生全面的颠覆影响。

增材技术具有全数字化优势,产品设计、产品分析评价、工艺设计、工艺研发、打印制造的全流程均可以是全数字化的。通过数字赋能,有望成为核能数字化转型的标杆及利器,发挥巨大价值。以核能领域需求为牵引,有望打造国际领先的核能增材智造协同数字平台。基于增材制造全数字化的特点,打通

数据孤岛,充分利用5G、工业互联网、大数据、数字孪生、区块链等数字技术赋能,研发自主工业软件,实现从产品设计、仿真、工艺分析、打印制造、过程智能检测与控制、优化反馈、产品检验到使用维护的全生命周期数字化管理和闭环反馈,掌握数字产品、核心数据、智能算法等核心数字资产,实现核级产品设计研发的全数字化管理和闭环反馈,加速产品迭代优化,支撑构建包含全要素、全产业链、全价值链的核能制造数字转型解决方案。

核能增材智造协同数字平台连通数字反应堆研发数字主线(见图7-5),成为数字反应堆总体数字主线向制造业的延伸及与现实世界连接的纽带,其具备以下特征。

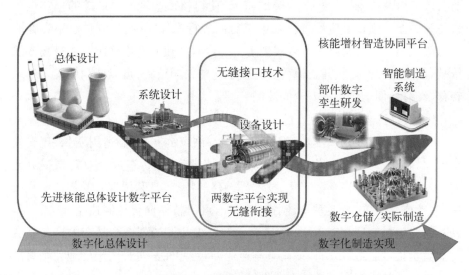

图 7 - 5　核能增材智造协同数字平台

统一架构:平台内实现统一贯通的数据流程,构建边缘、雾、端协同的架构,打通数据孤岛。

数字赋能:通过平台的制造端,广泛收集有效数据到雾端存储,充分应用新一代数字技术(AI,大数据)赋能驱动。

智能制造:支撑智能研发、智能反馈、智能排产,全面支持分布式智能制造黑灯工厂。

数字业态:利用核动力增材中心作为示范田充分迭代优化,相关系统具备支撑远程分布式柔性制造功能,支撑构建数字融合发展的新型行业生态。

自主可控:平台在开源或自主系统中运行,平台内软件实现自主可控。

核能增材智造协同数字平台总体架构如图 7 - 6 所示。

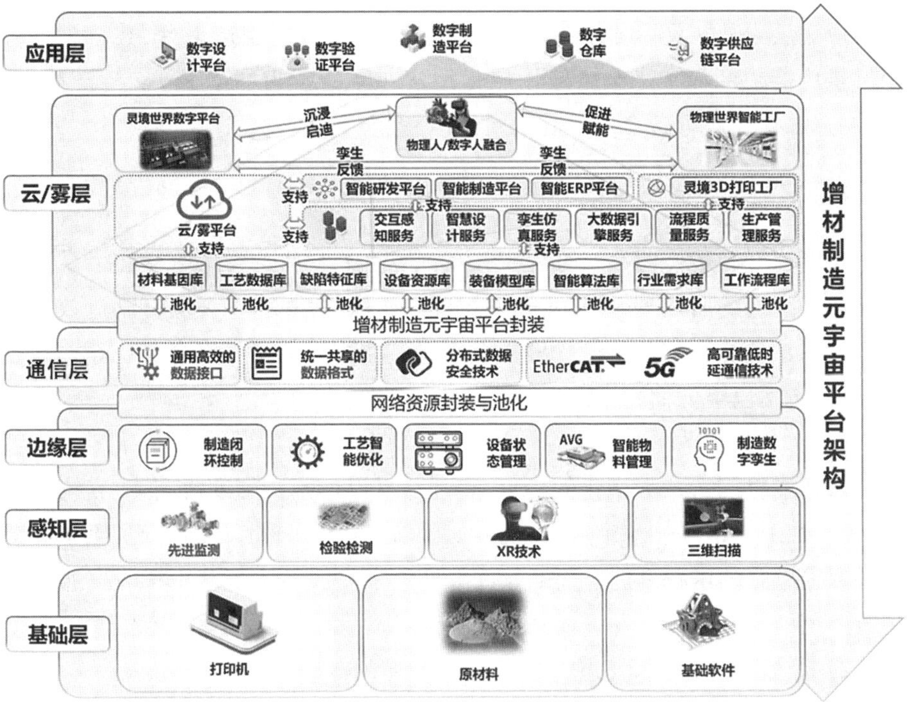

图 7 - 6　核能增材智造协同平台架构

核能增材智造协同平台包含以下框架。

基础层：提供物理的制造基础，包括 3D 打印机、原材料和基础软件。这是整个制造过程的物质基础，决定了实际产品的制备和形态。

感知层：实现对制造过程的实时监测和数据采集，通过先进检测、检验检测、XR 技术和三维扫描等手段，获取关键的生产数据，为后续优化、验证和控制提供基础。

边缘层：对制造现场进行实时控制和优化，确保制造过程的高效性和质量。边缘层处理来自感知层的实时数据，实现制造闭环控制、工艺智能优化、设备状态管理、智能物料管理和制造数字孪生等功能。

通信层：提供设备之间、层与层之间的可靠通信，确保数据的流畅传输。重点是形成通用数据接口和统一共享的数据格式，这是各个层次协同工作的桥梁，以促进信息的共享和协同操作。

云/雾层：提供高级数据分析、模型训练和存储等服务。云/雾平台支持全局性的数据管理和计算需求，共同实现对整个制造流程的全局监控和控制。

应用层：提供数字设计平台、数字验证平台、数字制造平台、数字仓库和数字供应链平台等子平台。应用层是用户与系统交互的界面，支持设计、验证、制造和供应链等各个阶段的协同工作。

7.2.3 核能增材数字主线

核能增材制造协同数字平台建设的关键，在于完成核能增材数字系统端到端数字主线的研发，形成自主知识产权工业软件系统，掌握增材制造数字工艺规范、数字产品规范、质量标杆数据规范、打印监控数字传输规范等关键数字规范，包括以下方面。

1）数字主线建设

依托增材制造全数字化的特点，实现增材设计制造高度协同，攻克统一平台、统一数据接口等技术难点，打通数据孤岛，实现数据链路的贯通，建立基于统一数据链路的增材制造全周期软件平台数字主线。实现基于统一贯通数据主线的核能增材产品研发设计制造协同模式。

2）增材制造数字工艺规范及数字产品规范建立

增材制造是全数字化制造技术，其工艺开发验证完成后，制造工艺以数字文件形式进行完整的记录，具备极佳的迁移复用条件。在制造产品时，打印服务商在满足数字许可情况下，可以利用工艺包中的信息根据制品物理模型进行制造前处理，将经研发验证的工艺要求应用到产品生产制造过程中。增材制造完全数字化，研发产品信息（包括结构信息、摆放支撑信息、打印工艺信息、扫描路径信息等）均包含在数字文件中，在满足数字许可情况下，将该文件传输到满足要求的打印机中，即可以在远程完整复现研发阶段的制造过程，实现高质量分布式柔性制造。

目前，全球范围内增材制造数字工艺规范、数字产品规范均未形成通用的标准，已有国外企业的工艺文件内容差别较大、互不通用、架构封闭，造成工艺研究鉴定工作大量重复开展，浪费效率与资源。

结合核级增材产品制造需求及国内增材制造产业发展情况，应制定具有自主知识产权的通用增材制造数字工艺包格式规范，研究并确定数字文件构架、内容格式、接口要求、可扩展性要求、封装要求等。同时，这些数字工艺包应具备数字签名、数字授权、防篡改、防逆向等功能。

7.2.4　增材制造过程数字质量监测技术

增材制造已经最大限度地减少了人因对打印过程的影响,材料基础性能可以通过与产品同板打印的试样进行验证,产品内部较大的缺陷可以通过 CT 检测进行验证。但在增材打印制造过程中,可能出现一些小概率打印异常事件,如刮粉时粉末铺设不均匀、熔池不稳定、温度漂移等。这些小概率异常可能影响产品性能,或者产生微缺陷,但又无法通过现有检测手段有效检测。为了解决增材制造质量控制问题,采用在线手段进行过程实时监控,通过先进监测技术实时获取增材制造信息,从而形成制品质量评判的依据,成为国际上广泛开始研究的方向。

由于核反应堆对制品性能有极高的要求,相关技术势必成为增材制造在核能领域应用的关键。例如,美国"转型挑战反应堆"(TCR)项目,明确提出利用过程监测叠加 AI 技术,确保制品的核级质量。过程监测技术有望成为核级增材制品质量控制的关键技术之一,其所获取的过程数据将成为核级产品过程质量控制的载体、质量评价标杆及依据。

当针对熔池这一与增材制品性能有直接关系的对象进行监测时,信号将与制品性能产生关系,利用监测收集到的数据,有望实现对产品性能的预测,或辅助新材料开发等功能,使 AI、大数据等技术为增材制造数字系统赋能带来非常大的可能。基于这方面的优势,过程监测系统将成为增材制造技术后续数字系统发展的中枢,体现关键的价值,如图 7-7 所示。

中国核动力研究设计院开展了 3D 打印过程智能监测系统研发,突破了高性能熔池质量监测传感技术、高频率信号采样存储技术、人工智能信号评价分析技术等关键技术,完成了 3D 打印过程智能监测软硬件系统的设计、样机制造,并在国产 3D 打印机上完成了测试,如图 7-8 所示。智能监测系统可实现打印缺陷智能识别,通过对产品数据、过程数据、结果数据的闭环分析挖掘,预期可实现性能智能预测、工艺智能迭代等功能。

总的来说,增材制造在核能领域的应用大有可为,促进核能技术与增材制造技术的深度融合,可大幅提升核反应堆及相关装置的技术性能,预计将充分发挥增材数字优势,从设计、研发、验证、制造、运维等方面对核能领域产生全面影响,带动核能技术及核能产业快速升级换代。为贯彻落实党的二十大关于深入实施创新驱动发展战略、开辟发展新领域新赛道、塑造发展新动能新优势的部署,需要重点关注增材技术发展,集中力量推动增材制造与核能技术融合,充分发挥增材数字赋能优势,尽快利用增材技术助力核动力性能大幅提升。

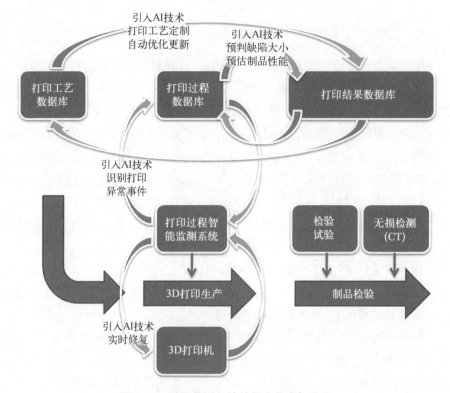

图 7-7　过程监测系统的数字化中枢作用

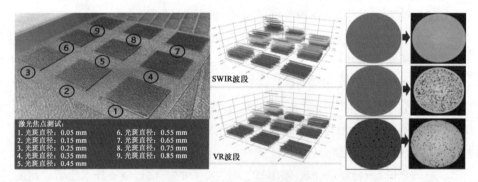

图 7-8　3D 打印过程智能监测系统

7.3　数字化车间

　　核反应堆系统是一个复杂巨系统,涉及上百台套设备、上万零部件,由于具有多物理场、结构复杂、高安全可靠性等特点,其关键产品的制造过程难度极大,以燃料元件为例,工艺过程包含了增材制造、化工、粉冶、压力加工、热处理、焊接、装配、机加等各种加工类型,生产阶段关键工艺攻关、工程化试制、规模化生产多个阶段,生产模式混合"流程制造＋离散制造"。此外,为不断追求反应堆更高的安全可靠性,反应堆技术高速发展,正向、敏捷研发模式进一步对生产制造提出了更高要求。基于此,需要建设满足多类型产品复杂管理要素,符合安全保密要求及质量管理要素的智能制造平台,支撑实现反应堆相关部件制造运营管理向数字化、智能化方向转变,全面提升数字化协同研制能力、数字化生产制造能力、数字化试验检测能力和数字化科研生产管理能力。

7.3.1　顶层架构

　　反应堆相关部件数字化制造能力总体设计如图 7 - 9 所示,共分为两大部

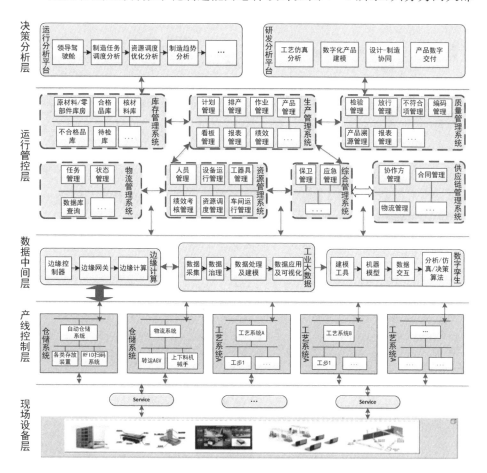

图 7 - 9　总体设计示意图

分、五个层级。两大部分分别为决策运行管理端(办公内网)和生产现场车间端(工控网)。由于两大部分之间因网络管理标准要求不同,须借助网闸进行两网通信,制造运营管理平台分别部署于管理端与车间端,成体系化管理。其中,所级管理层和车间管理层属制造运营管理平台的核心功能板块。

生产现场车间端包括图 7-9 所示车间管理层、基础平台层、工业大数据平台、现场物联网系统及现场层。车间管理包括了车间计调管理、过程质量管理、车间资源管理等模块,实现对车间生产执行的全过程管理和对车间的精细化管理。基础平台支撑提供了技术中台、数据中台和业务中台能力,支撑了车间级、所级业务的实现。通过现场物联网系统实现现场物理设备、数字化仪器仪表等资源的数据采集,并通过工业大数据平台进行存储和处理,为车间与所级质量数据收集和分析提供数据基础。通过科研生产数据中心的构建,支撑所级制造可视化和全面的决策分析。

7.3.2 业务架构与功能研究

反应堆相关部件智能制造平台围绕产品特点、制造特点、生产运行特点,通过对制造管理活动和技术活动的数字化,形成工艺管理、制造管理、质量管理、供应链管理等核心数字化能力,主要包括设计制造协同功能、制造执行功能(MES)(包含部分 ERP 功能)、质量管理系统(QMS)、库存管理系统(WMS)、供应链管理系统等,贯通了基于模型和数据驱动新型数字化模式,整体形成了反应堆关键部件数字化运营管控平台。同时,伴随数字化能力构建,构建融合"管理+数字化"的数字化运营能力,完善标准规范、制度机制、人才队伍、硬件设施等,形成一体化的能力体系。业务体系主要分为以下几个部分。

决策层:面向科研生产管理人员,形成科研生产驾驶舱、运行指标分析、数据报表、现场可视化和安全环保监控预警等数字化应用能力。

管理层:面向产品科研生产全过程管理人员,建设所级项目管理、制造模型管理、质量管理、物料管理等集成数字化制造环境,通过制造运营管理平台实现多项目、多维度的全面管理。

车间层:支撑多车间运行管理,建设基于计调管理、车间物流管理、车间资源管理、过程质量管理,形成车间执行层面的数字化应用能力。

现场层:支撑多工段业务流转,支持离散制造过程与流程制造过程的混合制造模式,通过与现场设备、数字化资源的物联组网,实现现场执行情况和问题的实时反馈。

7.3.3　数据架构与建设研究

反应堆相关部件制造数据架构主要以"数据共享、数据协同、数据驱动"为方向,通过数据与应用解耦、数据标准与应用系统同步建设,形成完整的研发研制数据体系,包括采集来自 OT、IT 系统的数据,集成于高性能存储和数据中台,强化数据治理的同时,输出形成了产品数据库、质量数据包、关键数据标准等数据资产,分析应用已有数据资产形成了知识管理系统和辅助分析决策等。

决策数据:主要包括年度指标、管理指标、业务指标、质量指标、技术指标等。

管理数据:主要包括项目管理数据、质量管理数据、供应链管理数据、资产管理数据等。

研制数据:主要包括科研生产相关活动过程数据,如研发设计数据、生产仿真数据、生产制造数据、试验测试数据和服务保障数据等。

产品数据:根据产品范围,构建包括体系模型、需求模型、功能模型、产品模型、仿真模型、工艺模型、制造模型、实作模型和交付模型等在内的产品数据。

基础数据:主要包括标准规范数据、知识经验数据、基础资源数据和组织人员数据等。

主数据:主要包括客户、供应商、产品、物料、项目、资源、设备、人员等主数据。

7.3.4　技术与网络架构

反应堆相关部件智能制造平台技术架构主要以"平台＋APP"的形式构建。面向业务应用需求,基于微服务架构的 ASP＋平台提供统一门户、业务中台、数据中台、技术中台及各类技术服务,提升平台的适用性、健壮性、稳定性、可用性和安全性,支撑信息化异构系统、设备硬件、车间运行主数据的集成与融合。基于"平台＋APP"的形式实现系统的高扩展性和灵活性。微服务架构支撑平台的分布式部署和灵活的业务构建,更能满足反应堆相关部件制造柔性化、灵活化的生产模式,以及多品种试制业务数字化中台构建的需求。

针对核加工车间分级网络管理策略,构建了一套数据采集网络架构,按照层级分为设备网、工控网、办公网三层,如图 7 - 10 所示。设备网是自动化生产设备的控制网络,在工业领域起着至关重要的作用。连接设备控制与运动单元,包含 PLC、变频器、传感器、仪表、控制器、工业机器人等,设备网使用各种协议和通信标准,如 Modbus、OPC UA、Ethernet/IP 等,以确保设备之间的兼容性和互操作性。工控网连接制造车间各个检测单元,涉及多道检验工序。工控网包含设备工控机、数据采集工控机、工控网交换机、数据处理服务器、临时主题库服务器等。由于网络安全分级要求,工控网不能长期存储管理生产数据,因此搭建临时主题库服务器,通过安全网闸向数据中台提供数据服务。办公网为生产管理网络,给研发、生产、质量等管理人员提供办公网络服务。办公网内主要搭建有数据中台服务器,是数据管理的关键服务,实现统一的数据管理与数据建设,为其他业务系统提供安全、稳定的数据服务。通过分层网络架构设计,保障了制造车间的设备安全、生产安全、网络安全,实现了设备网、工控网、办公网的数据互通,为数据采集与处理过程提供了坚实的连接支撑。

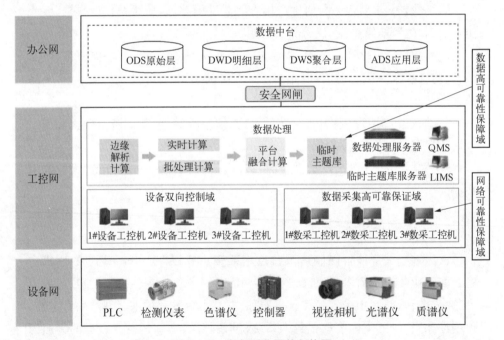

图 7 - 10　数据采集网络架构图

7.3.5　反应堆关键部件数字化车间智能物流建设

车间的调度问题指通过对可用共享资源进行调配及生产任务的排序,满足指定的生产性能要求。车间调度的内容主要由三个方面组成：分配决策（根据产品需求合理分配工件加工设备）、时间决策（使产品加工时间最短）、路径决策（规划工件加工顺序及加工顺序）。车间作业调度的最终目的是通过对有限资源的优化配置实现生产效益的最大化。

1）反应堆关键部件车间物流特点

柔性车间的调度过程具有复杂性、离散性、约束性、多目标等特点。在复杂性方面，柔性车间作业不仅要考虑生产资源、加工设备及转运系统之间的相互影响，还要分析工件的加工时间、加工顺序和工艺流程等参数，因此，柔性车间的调度问题相当复杂。车间调度问题是在等式或不等式约束下对各项指标进行优化，其计算量上往往是多项式非确定性（non-deterministic polynomial，NP）完全问题级别的。当车间规模扩大时，计算量急剧增加，利用常规计算方法无法解决问题。即使是针对单个加工设备，如果有 n 个工件，而每个工件只考虑加工时间，以及与操作序列有关的安装时间，其复杂程度就等同于 n 个城市的旅行商问题（traveling salesman problem，TSP）。对于柔性制造系统而言，问题便更加复杂。在离散性方面，柔性制造系统中工件到达加工设备时间具有不确定性，并且实际工件的加工时间也有一定随机性。系统中常有突发事件发生，如设备的维护和故障、急加工件到来都增加了系统的不确定性。在约束性方面，车间调度过程中的约束条件主要包括生产资源规模、缓存的容量、工件交货时间及工件的加工顺序等。此外，还包括一些人为因素，如要求各加工设备的负荷平衡等；在多目标方面，柔性车间调度的目标基于多种考虑，AliS. Kiran 等将调度目标分为基于工件加工时间的目标、基于工件交货截止期的目标及基于生产成本的目标等。在实际调度问题中需将不同目标结合分析，并解决为达到不同目标产生的冲突。在分层性方面，车间生产指令的下达和优化调度求解过程之间存在着层次，车间调度往往是分层进行的。一项调度任务按照一定的步骤分解开或者由上到下、由高到低、由简单到复杂按照一定的计划逐步进行"调兵遣将"执行并最终完成某项工作。

对于中试车间调度系统，在以上特点的基础上，还存在着工艺不稳定引起的工艺调整和产品变化。上述特点不能准确概括中试车间的调度特征，中试车间调度系统还应具有以下特点。

模块化：中试车间的调度系统构件应采用模块化的设计，可进行生产过程、生产功能和生产能力的模块化组合。当生产任务发生变更时，可在原有系统的基础上，将模块化单元取代或升级以适应新的生产需求，而且系统中各模块应满足低成本和易于维修保养的要求,同时新的替代件和升级产品必须能易于集成到新的系统中去。

可改变性:可改变性要求系统对产品、加工工艺和过程变化具有高柔性的适应能力。在利用现有生产线生产不同产品和进行产品更换时,系统重构和调整应能尽快完成,以有利于保证最小化生产停工期的原则。在构造完成的同时,系统还需要进一步完善诊断方法和控制方法,使其本身具备自我管理和自我校准的功能。

协调性:中试车间调度系统中各制造单元的任务和目标各不相同,同时各任务的目标之间往往会形成冲突,并且其上层分析元的目标可能冲突,这就需要在系统目标的约束下通过协调来消除这些冲突,在各制造单元的局部调度的基础上,通过各制造单元之间的相互协作,以实现整个系统的最优调度。

由中试车间调度系统的特点可以看出,在调度过程中充分利用和体现相关特点可使调度问题的求解达到最优。因为中试车间存在的工艺不稳定性,所以相应的调度系统必须具有良好的适应性。物流转运系统的各项模块可以根据产品要求、生产工艺流程等改变而灵活变化,从而提高制造系统的生产效率和柔性。

2) 系统的体系架构设计

为及时响应工艺调整、产品调整而引起的小车数量、路径变化,需对车间调度系统进行适应性开发。保证调度系统的地图模型在准确反映车间实际环境的基础上,具有灵活性和可更换性;同时,要求地图模型更新后,系统根据稳定算法快速计算自动导向车(automated guided vehicle,AGV)行驶的最优路径;此外,还应选用合适的 AGV 导航方式,以确保在预设路径发生变化时,AGV 可准确行驶到目标工位。

本次调度管理系统根据以上要求进行了开发,系统基于 NET 框架平台,采用 C/S + WCF 的架构进行设计,从总体上可划分为基础平台和应用程序两部分,如图 7-11 所示。

对图 7-11 中描述的调度系统设计架构进行分析,基础平台在进行通信时主要用到 Telnet、AVG 管理功能,在设计过程中为有效地适应各种 AGV 运行环境对应的路况,系统建立了地图管理模块用于编辑、修改地图和基于地图信息中 AVG 路径进行建模。

AGV 信息交互、调度引擎、动态监控过程中则用到显示功能。在进行信

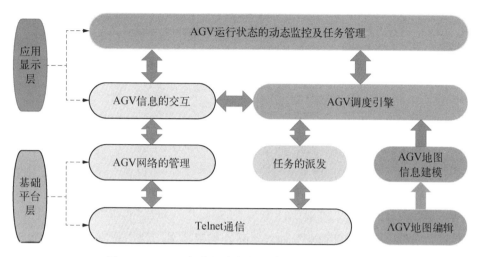

图7-11 AGV智能调度与数据管理平台的设计架构

息交互时,需要通过 Telnet 技术发送车辆状态信息,为相关管理和调控提供支持;AGV 调度过程中用到了智能算法,而相关动态监控则是在交互信息基础上实现,可以高效地更新 AGV 相关状态信息。

从 AGV 调度管理系统的整体要求来看,系统的主要功能可以概括为三大类,即地图管理、调度管理和系统管理。AGV 调度管理系统的功能组成如图7-12 所示。

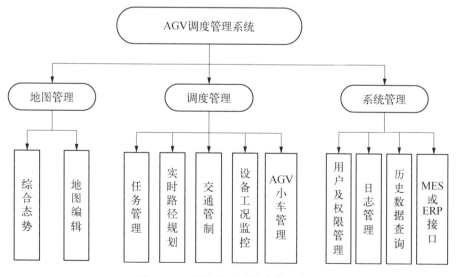

图7-12 调度管理系统功能组成图

基于以上系统设计架构,本次中试车间调度系统的适应性开发主要针对地图编辑模块、实时路径规划及 AGV 导航方式进行适应性开发。

3) 环境地图建模

中试车间的生产调度首先要对车间环境地图进行建模,环境地图根据 AGV 在车间行驶区域的实际环境信息建立,其作用确定 AGV 所在区域及行驶区域附近的作业点位置,是路径规划及生产调度的前提。

物流路线布局是地图建模的基础,一般与系统的总体方案同时确定。布局规划时,主要考虑 AGV 的实际数量、车身条件、行走指标及场地的实际情况等因素,并尽可能使 AGV 的行驶路径畅通无阻,即尽量使行走的路线简单(少交叉口)、规范(直线形、圆弧或直角)。在完成物流布局后,可将车间 AGV 视作一个点,忽略其尺寸的影响,通过建立环境电子地图快速获取不同节点的距离信息。

传统的环境地图建模方法主要有栅格法和拓扑法,其中栅格法形式主要为四叉树和八叉树,其通过将车间 AGV 的工作环境分解成具有二元信息的网格单元建立地图模型。把作业点标记为拥有较高灰度值的栅格,自由路段标记为拥有较低的灰度值的栅格,从而将车间环境转换为如图 7-13 所示的栅格地图模型。

0	0	0	0	0	0	0	0	0	0	0	0	0
0	1	1	0	1	1	0	1	1	0	1	1	0
0	0	0	0	0	0	0	0	0	0	0	0	0
0	1	1	0	1	1	0	1	1	0	1	1	0
0	0	0	0	0	0	0	0	0	0	0	0	0
0	1	1	0	1	1	0	1	1	0	1	1	0
0	0	0	0	0	0	0	0	0	0	0	0	0
0	1	1	0	1	1	0	1	1	0	1	1	0
0	0	0	0	0	0	0	0	0	0	0	0	0

图 7-13　栅格地图

但该种方式产生的栅格地图只对作业点和自由路段进行了区分,无法准确获得作业点对应的工序信息,在工艺流程发生变化时需对地图重新建模。因此,本书中试车间采用拓扑地图法进行车间环境建模。如图 7-14 所示,拓扑地图法以图的形式来表现车间环境的连通性,不同字母表示不同的加工工位,两点之间的连线表示特定点之间的路径连通。通过拓扑信息和长度信息的融合保证车间环境的准确描述,同时在工艺流程和产品信息发生变化时,只需在原来拓扑地图的基础上增减工位点,并对工位信息进行更新,即可满足新的生产要求,极大提高了调度系统的适应性。

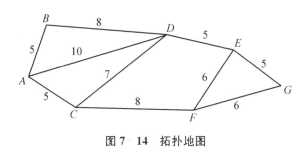

图 7-14　拓扑地图

4) 路径规划算法优化

在建立环境地图后,需根据拓扑地图计算出 AGV 行驶的最优路径。针对中试生产线产能不稳定的情况,调度管理系统按多车运行和单车运行分别设计路径规划方案。

单个 AGV 的路径规划过程中,主要是确定出在特定约束条件下从起点到终点的最优路径。根据环境状态进行划分,可以将这种规划划分为全局路径规划和局部路径规划两类。在进行前一种规划时,主要是在确定环境状况基础上,对各种可能路线进行搜索,从而获得最优路径;而后一种规划设计则没有预先获取完整的路径信息,需要通过自动导航车的传感器实时采集和规划相关的信息,并通过算法处理,得到局部最优路径。在本文中,单个 AGV 的路径规划属于全局路径规划范畴,对算法计算性能要求一般,因而在设计时通过对比分析而选择了 Dijkstra 算法。

这种算法是 20 世纪 50 年代由 Edsger 等学者建立的,根据属性分析可知,其属于一种单源单点路径规划算法,可确定出任意不同节点间的最短路径。算法中包含一个有向加权图 $G(V, E)$,其中:V 为图中顶点的集合,E 为图中所有边的集合,并包含了两个顶点。$w(e)$ 则对应于边的权重,$w(u, v)$ 则为这两个顶点的间距。

以下具体论述 Dijkstra 算法的原理:若 $V_1 \rightarrow V_2 \rightarrow V_3 \rightarrow V_4 \rightarrow V_5 \rightarrow V_6 \rightarrow \cdots \rightarrow V_n$ 对应于 V_1 到 V_n 的最短路径,则 $V_1 \rightarrow V_2 \rightarrow V_3 \rightarrow V_4 \rightarrow V_5 \rightarrow V_6 \rightarrow \cdots \rightarrow V_{n-1}$ 必然为 V_1 到 V_{n-1} 的最短路径。在处理过程中,为了方便分

析而将加权图 G 中的点划分为两组,其中点集 S 的最短路径已经全部确定,而点集 U 中点的最短路径都没有确定。然后,对集 U 中的点根据路径长短排序后加入 S 中。在进行规划时,依据的准则可具体表示为,从起点到集 S 中各顶点的最短距离不超过其到 U 中各顶点的距离。将 S_0 和各点的间距描述为 $l(v_i)$,出 $f(v)$ 表示 v 节点的父节点。Dijkstra 算法步骤如下:

(1) 初始状态下 S 顶点集中只有起始点 V_0,$u=V_0$,$l(u)=l(V_0)=0$,集合 U 中包含除 V_0 以外的其他顶点;

(2) 判断顶点集 U 是否为空集,若是,则停止循环;

(3) 对 $v \in U$,若 $l(v) > l(u) + e(v, u)$,则 $l(v) = l(u) + e(v, u)$,$f(v) = u$;

(4) 令从 U 集合中选取 $l(v)$ 最小值 $l(v^*)$ 的 v^*,使得 $S = S \bigcup \{v^*\}$,此时 $u = v^*$;

(5) 重复步骤 2。

算法流程如图 7-15 所示。

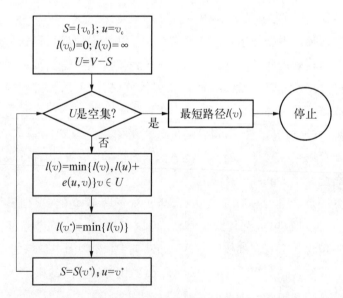

图 7-15 **Dijkstra 算法流程图**

在自动化转运装置中,单个 AGV 工作时,在行驶到拐弯处的情况下,为避免高速引发的偏离轨道问题,应该适当地降低速度并控制姿态。因而在弧线区域运行需要的时间权值大。基于此事实而优化上述算法,也就是在弯道处,在其真实路径长度权值的基础上增加权值作为调整因子,根据 AGV 实际运行情况确定调整因子的大小,最大化 AGV 运行效率。

多 AGV 系统的规划调度需要综合考虑 AGV 在运行过程中遇到的随机障碍物和与其他 AGV 发生冲突的情况。此时,起点到目标点的最优路径还要考虑最短路径,合理避障和解决冲突也是寻找最优或近似最优的无碰路径时的重要部分。

本节在进行这种路径规划时,根据小车的运行情况而选择了两阶段控制调度算法。这种规划模式下,控制系统分为两个模块,分别为交通控制和路径表生成模块。在处理过程中,首先基于路径信息,确定出各节点到其余节点的最优路径集,将其存储为路径表,组成路径库。在运行过程中,当系统接收到命令时,控制模块会首先确定出相应的路径表。同时,它还会参考运行状态和环境状况信息,确定出最优化的无碰路径。在已有的路径不满足要求时,控制模块将会加入一定活动范围限制条件,对路径进行优化,直到获取符合要求的路径。其系统如图 7-16 所示。

路径规划过程中,一般在离线条件下规划出最优路径,而在线控制模块的功能主要是进行资源调度和状态监控,必须在出现突发情况时能够高效地进行应急处理。在这种情况下,如果下位机能够基于普通等待策略解决冲突,则调度模块将仅进行必要的更新操作;然而,当下位机无法处理时,则需要选择当前站点为起点而进行重新规划,以获得满足要求的路径。

多 AGV 系统规划最优化路径过程中,需要综合考虑各方面因素,如自动小车运行时遇到的随机障碍物和其他小车状况。AGV 在运行中出现的常见基本冲突,如图 7-17 所示,下面将对这些冲突问题的处理方法进行详细说明。

为解决冲突问题,引入相应的交通管制模块,并且应用到如下的机制和策略。

停车等待:在自动导航小车运行时出现站点冲突问题时,其可先停车等待,在不存在冲突时继续运行。

调整速度:在出现路口冲突时,可以对两个存在冲突的小车速度进行调节,适当地增加两者速度差以处理冲突问题。

重新规划路径:在以上两种处理策略都无效的情况下,则以当前顶点为起点进行规划,确定出满足要求的无碰撞路径。

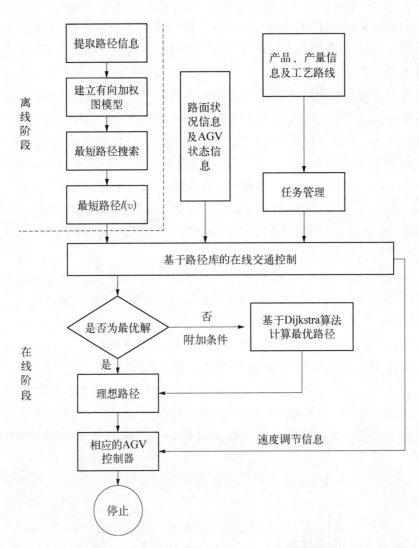

图 7-16 基于两阶段控制策略的 AGV 调度系统

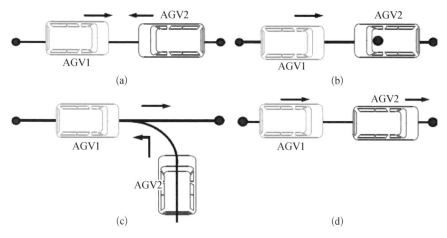

图 7 - 17　AGV 运行冲突示例

(a) 相向冲突；(b) 站点冲突；(c) 路口冲突；(d) 赶超冲突

5）系统导航方式

针对中试生产线产能不稳定的情况，调度系统进行了拓扑地图建模和基于 Dijkstra 算法的路径规划。在调度系统预设路径变更后，系统中 AGV 的导航方式应能迅速调整以适应新的路径，现有车间 AGV 导航方式主要有电磁导航、激光导航、二维码导航、光学导航及视觉导航等。各导航方式对比如表 7 - 1 所示。基于铺设成本和线路二次变更难度考虑，选用二维码导航作为中试车间 AGV 导航方式，同时在 AGV 车身上设置惯导模块，将二维码导航惯性导航相结合，实现 AGV 的准确定位。

表 7 - 1　各导航方式对比

导航方式	定位情况	灵活性	安装成本	维护成本	信息处理速度
电磁导航	不可	无	中等	低	中等
磁条导航	不可	低	低	高	快
激光导航	可以	高	高	低	快
光学导航	不可	低	中等	高	中等
惯性导航	不可	高	高	低	慢
视觉导航	可以	高	低	中等	慢
二维码导航	可以	高	低	低	中等

　　基于二维码识别的导航技术使 AGV 对于复杂路况具有自主判别能力,同时满足精确定位的需求,尤其适用于潜入式重载型 AGV 的应用场合。同时,图像识别具备信息丰富、精度高等特点,适用于车间等室内环境。

　　中试车间在 AGV 的行驶路径上,相隔固定距离粘贴二维码。每一个二维码都预先编码,并与调度管理系统中的地图坐标关联。在 AGV 智能转运车下方高度安装有视觉系统,该系统集成了相机、光源、镜头等关键部件,以实现车体正确导航。由于 AGV 的视觉识别模块安装于车下,它避免了由外界光线造成的干扰,从而提升了系统的定位精度。

　　在 AGV 车导航系统中,惯性导航是二维码视觉导航的重要补充,它主要用于 AGV 车行驶于两个二维码之间时对运动姿态进行纠偏。通过二维码导航和惯性导航的结合,当产线发生变化时,导航系统能够迅速完成重构和调整,从而保证柔性作业车间的稳定运行。

　　通过反应堆相关部件数字化制造平台的落地实施,解决了生产全过程全要素的管理与追踪,提高了生产数据与信息获取的及时性与准确性。以"研制运行过程"为着眼点,围绕"计划、作业、检验、物料、仓储、质量、数据"等核心要素,打通研制管理主路径,实现生产过程工艺数据全在线。

　　围绕计划管理,系统实现了计划及时下达和动态反馈,通过精确化的计划与调度,有效减少了产品制造过程中的浪费,有利地促进了保进度、保节点的目标达成。围绕生产作业管理,系统覆盖了从生产任务派工到最终产品入库的各阶段生产过程控制。各环节的关键信息可实时查询,为管理者提供了一个生产过程管理的实时信息平台。围绕物料管理,系统建立了可追溯、可实时查询、准确的物料管理平台。物料来源可查,去向可追,为生产计划执行提供了准确信息,有效避免了物料积压或者缺料现象。围绕数据管理,系统实现了工艺过程数据、生产过程数据在线管理及实时统计分析。这形成了丰富的数据报表与统计分析报表,为决策者快速做出调整提供了有力的数据支持。

　　反应堆相关部件智能制造平台的应用落地,实现了对生产管理模式的优化,加强了生产人员对生产过程的管理和控制,实现管理人员对生产环节的实时监控,加强了各个部门之间的信息交流,提高了工作效率。该平台的实时数据采集能力可以及时反馈产品的质量问题,定位追踪产品的生产时间,有效提高生产产品的质量管理精度。通过数据治理和分析能力,该平台能够挖掘数据价值,为生产调控过程提供数据支持,支撑科学决策。管理者可从系统反馈的数据,做出合理的调整,实现生产最大化。同时,通过对过程时间的有效把控和缩减,减少了浪费,聚焦核心制造工艺,降低了残次品出现的概率等。此外,该平台的应用落地不仅提高了反应堆相关部件制造过程的信息化管理水平,还助推了精细化管理,夯实了数字化转型的基础。

参考文献

[1] 钟明灯,张颜艳. 浅谈数字化制造技术的发展及应用[J]. 机电技术,2012,35(6):169-171.
[2] 卢继平,何永熹. 虚拟制造技术与数字化工厂[J]. 航天工艺,1999(6):40-44.
[3] 崔鑫,时蕾,夏伯乾. 浅谈虚拟制造技术的应用[J]. 煤矿机械,2011,32(6):10-12.
[4] 陈恩博. 基于 Cadence/Mentor 的 SMT 虚拟制造系统[D]. 成都:西南交通大学,2012.
[5] 唐德合. 虚拟制造技术及其在制造业中的应用[J]. 精密制造与自动化,2003(1):9-11,5-3.
[6] 石竖鲲,马艳玲,张森棠. 数字化制造技术在航空发动机产品中的应用研究[J]. 航空制造技术,2012(增刊1):44-47.
[7] 刘睿,段桂江. MBD 技术发展及在航空制造领域的应用[J]. 航空制造技术,2016(5):93-98,109.
[8] 崔一辉,赵恒,张森堂. 航空发动机制造工艺仿真技术体系探索[J]. 航空制造技术,2019,62(13):40-44,52.
[9] 张棚翔. 基于数字孪生的通飞产品装配工艺规划与仿真技术研究[D]. 石家庄:河北科技大学,2019.
[10] 航天三院 31 所. SYSWELD 焊接技术论证报告[R]. 北京,2013.
[11] 杨继全,朱玉芳. 先进制造技术[M]. 北京:北京化学工业出版社,2005.
[12] 王宏典,张友良,陆春进. 拟实制造技术及其应用[J]. 机电一体化,1997(6):6-8,3.
[13] 李建刚. 聚变工程实验堆装置主机设计[M]. 北京:科学出版社,2016.
[14] 胡梦岩,孔繁丽,余大利,等. 数字孪生在先进核能领域中的关键技术与应用前瞻[J]. 电网技术,2021,45(7):2514-2522.
[15] 方浩宇,李庆,宫兆虎,等. 数字反应堆技术在设计阶段的应用研究[J]. 核动力工程,2018,39(4):187-191.
[16] 李庆,宫兆虎,方浩宇,等. 作为研究设计工具的数字反应堆[J]. 南华大学学报(自然科学版),2018,32(3):8-12.
[17] 郭林. 钢丝绳设计与虚拟制造系统的研究与开发[D]. 沈阳:东北大学,2015.
[18] 伍浩松,王树. 法马通 3D 打印燃料部件在商业机组完成首个辐照循环[J]. 国外核新闻,2020(12):11.
[19] 张莉,蔡莉,赵松. 核领域 3D 打印技术进展与应用[J]. 国外核新闻,2021(4):27-29.
[20] Huang B, Zhai Y T, Liu S J, et al. Microstructureanisotropy and its effect on mechanical properties of reduced activationferritic/martensitic steel fabricated by selective laser melting[J]. Journal ofNuclear Materials,2018,500,33-41.

第 8 章

智能化运行维护

核反应堆智能运维是指在对反应堆运行状态信息进行辨识、获取、处理的基础上,使用数智化手段钊针对其状态性能开展监测、评价、诊断、预测等,并采取相关措施以延缓设备性能衰退、排除故障、优化运行、预测备件需求等的决策和执行过程。本章重点围绕核反应堆智能化运行维护的技术方法和业务场景应用展开讨论。

8.1 智能化运行维护通用技术

智能化运行维护(简称智能运维)的落地应用离不开人工智能、虚拟现实、物联网、边缘计算等新一代信息技术的支持。

8.1.1 智能运维与人工智能

人工智能学科自 1956 年诞生以来,在 60 多年的岁月里获得了很大发展。众多来自不同学科和不同专业背景的学者们纷纷投入人工智能技术研究行列,如今它已成为一门具有日臻完善的理论基础、日益广泛的应用领域和广泛交叉的前沿学科。随着社会和科技发展的步伐,人工智能领域不断取得新的进展[1]。

近年来,全球主要国家都纷纷加大对人工智能的关注、支持和投入,这反映了人工智能的战略重要性已成为普遍共识。2016 年 8 月,国务院发布了《"十三五"国家科技创新规划》[2],明确把人工智能作为体现国家战略意图的重大科技项目。2017 年 3 月,"人工智能"首次被写入全国政府工作报告。同年 7 月,国务院发布了《新一代人工智能发展规划》[3],标志着人工智能全面上升为国家战略。2018 年 1 月,《人工智能标准化白皮书(2018 版)》[4]正式发布,标志着标准化工作进入了全面统筹规划和协调管理阶段。2020 年,人工智能被纳入"新基建"政策,成为新技术基础设施的主要支撑技术之一,预计将成为新一轮产业变革的核心驱动力。2022 年 8 月,科技部等 6 部门联合发布了《关于加快场景创新以人工智能高水平应用促进经济高质量发展的指导意见》[5],旨在着力解决人工智能重大应用和产业化问题,从而全面提升人工智能发展质量和水平,更好支撑高质量发展。

人工智能(artificial intelligence,AI)是计算机科学的一个分支,具有学习、理解、思考和创造新知识的能力。其目标是创建能够执行人类智慧行为的机器或软件,这些行为包括学习、推理、解决问题、感知、语言理解等。目前,人工智能广泛应用的技术主要包括机器学习、深度学习等。

(1) 机器学习[6]。机器学习的核心是让计算机通过相关算法去挖掘已有数据中潜藏的规律和信息,进而形成新的经验知识,使得计算机具有类似人的思考分析能力,在面对同类问题时能够做出"智能"的决策。机器学习广泛应用于解决分类、回归和聚类问题。一般来说,机器学习按照学习的方式可分为监督式学习、无监督学习和半监督学习三大类型。简单来讲,机器学习的输入数据有标签则视为监督学习[7],反之,则为无监督学习。半监督学习则是对督学习和无监督学习的融合,它使用了少量的已标注信息和大量的不标注信息加以训练和分析。常用的机器学习算法有决策树[8]、支持向量机[9]、K 均值[10]、主成分分析[11]、集成算法[12]等。

(2) 深度学习[13]。深度学习是一类通过多层非线性变换对高复杂性数据建模算法的合集。其基本思想是通过多层的网络结构和非线性变换,组合底层特征,形成抽象的、易于区分的高层表示,以发现数据的分布式特征表示。深度神经网络至少具备一个隐藏层,相较于浅层神经网络,深度学习可以为模型提供更高的抽象层次,从而使模型的能力得以提高。深度学习是人工智能技术领域最重要的技术之一,其已在计算机视觉、语音识别、自然语言处理和机器人等领域实现了很好的应用效果。常用的深度学习算法有卷积神经网络[14](convolutional neural network,CNN)、循环神经网络[15](recurrent neural networks,RNNs)、自动编码器[16](autoencoder,AE)等。

长久以来,核反应堆在运维方面的数据处理存在以下痛点:① 反应堆的运行过程中采集了大量系统和设备的运维数据,然而,这些数据可能存在冗余,甚至还有一部分缺失或不正确的数据,从而影响系统或设备的运维决策;② 由于核反应堆系统结构的复杂性,目前仍旧对一些机理缺乏认知,所构建的仿真分析模型不够精确,难以准确预测系统或设备的健康状态;③ 随着反应堆的运行时间逐渐增长,系统或设备的特性将产生如性能下降、故障率增加等变化,传统的运维方式无法很好地对新的状态进行模型的更新,所使用的模型迭代演化也不准确。人工智能技术的迅速发展和应用可以在数据采集、模型构建、模型迭代方面给反应堆运维技术带来巨大的变革。

(1) 在数据采集方面,人工智能可以将传感器间接测量的数据与系统或设备的健康状态建立映射关系。同时,人工智能还可以将摄像机拍摄的设备信息应用图像预处理技术将数据中的噪声和冗余去除,以得到高质量的图像信息。此外,人工智能可以对已获得的运行数据进行预处理,包括识别重复数据、不正确数据等,并可以根据数据潜在的规律计算生成缺失数据。

(2) 在模型构建方面,当输入数据和输出数据足够时,人工智能可以将两者建立准确的数据关系。当某些机理比较明确时,比如构建统计-机理的融合模型时,人工智能可以利用数据分析去发现并弥补机理模型中的不足之处。人工智能也可以通过机器学习技术,对机理模型中的未知参数进行优化和预测,从而更新和校准统计模型,提升模型预测的精确程度。

(3) 在模型迭代方面,基于人工智能优化算法,可以对系统或设备的实时状态进行感知识别,并实现模型的不断迭代,保持模型与实体的一致性,从而实现准确的状态预测。这些模型由统计模型和机理模型组成,人工智能对该两种模型的迭代方法也不尽相同。对于机理模型,人工智能通过检查模型的输出结果并确定可以修正的模型。同时,人工智能基于领域知识和历史信息确定模型中可修正的参数,并选择合适的修正方法。对于统计模型,人工智能首先确定可以修正的目标函数,然后对数据特征和条件展开分析,进而确定合适的修正方法。

8.1.2 智能运维与 VR/AR/MR 技术

反应堆因其自身具有高压、高温、高放射性等特性,运维操作存在较大风险和难度。其复杂的操作环境可能导致操作员在进行维护操作时犯错,增加人因事故风险。在人员培训方面,对于新入职或需要培训的工作人员,模拟实际的操作以掌握相关技能需要大量的时间和成本。另外,运维过程中突发事态的应对通常需要实时判断,但实际训练中很难模拟真实的突发情况。

20 世纪 90 年代,美国政府将虚拟现实作为《国家信息基础设施(NII)计划》的重点支持领域。美国国防部非常重视虚拟现实技术的研究与应用,如系统性能评价、系统操纵训练及大规模军演指挥等方面。2000 年美国能源部制定了《长期核技术研发规划》，明确提出应重点开发、应用和验证虚拟现实技术。2017 年多位美国国会议员宣布联合组建虚拟现实小组，旨在确保从国会层面对虚拟现实产业发展的支持与鼓励；欧盟早在 20 世纪 80 年代开始对虚拟现实提供资助，在其 2014 年公布的《地平线 2020》计划中，涉及虚拟现实的资助金额达到数千万欧元；日本政府在 2007 年和 2014 年先后发布了《创新 25 战略》和《科学技术创新综合战略 2014——为了未来的创新之桥》，上述政策文件均将虚拟现实视为技术创新重点方向；韩国政府于 2016 年设立了相当 2 亿4 000 万人民币的专项资金，将虚拟现实作为自动驾驶、人工智能等本国未来九大新兴科技重点发展领域之一。

总体而言，美国虚拟现实发展以企业为主体，政府搭平台，并重视虚拟现实在各领域的应用示范。欧盟与韩日则重视顶层设计和新技术的研发，在关键领域通过专项资金引导产业发展。在我国，虚拟现实已列入"十三五"信息化规划、中国制造 2025 和互联网＋等多项国家重大文件中。2022 年 11 月，工信部等五部门联合发布了《虚拟现实与行业应用融合发展行动计划（2022—2026 年）》。此外，各省市地方政府也在积极建设产业园区及实验室，以推动本地虚拟现实产业的发展。

1）虚拟现实技术

虚拟现实[17]（virtual reality，VR）指利用计算机生成一种借助特殊的输入输出设备，采用自然的方式，可对参与者直接施加视觉、听觉和触觉感受，实现交互地观察、操作和分析的虚拟世界的技术。VR 集成了计算机图形、计算机仿真、人工智能、传感、显示和网络并行处理等技术最新发展成果，是一种由计算机生成的高技术模拟系统。一般的 VR 系统主要由图形工作站、应用软件系统、输入输出设备和显示系统组成。

2）增强虚拟现实技术

虚拟现实的本质是试图用虚拟的事物替代真实的世界，而增强虚拟现实[18]（augmented reality，AR）却是在实际环境上扩增信息，是 VR 技术的延伸。AR 是一种将虚拟信息与真实世界巧妙融合的技术，广泛运用了多媒体、三维建模、实时跟踪及注册、智能交互、传感等多种技术，将计算机生成的各种虚拟信息叠加到真实世界，虚拟和真实两种信息互为补充，从而实现对真实世界的增强。AR 系统具有虚拟世界与真实世界信息叠加、实时交互性，以及在三维尺度空间增加定位虚拟物体的特性。

3）混合虚拟现实技术

混合虚拟现实[19]（mixed reality，MR），是指通过虚拟环境与现实环境无缝融合，在虚拟世界、现实世界和用户之间形成一个相互作用的信息回路，使用户能更好地感知现实世界和虚拟世界的方法和技术。MR 技术是 AR 技术的升级，其构建的新可视环境虚实交织，物理实体和数字对象共存，增强用户体验的真实感，具有真实性、实时互动性和构想性等特点。

通过 VR 技术，操作人员可以在一个与真实环境相似的虚拟环境中进行培训和练习，无须面对实际的风险，从而提高针对操作人员的培训效果和培训过程的安全性。针对应急演练，可以利用 VR 技术模拟各种突发情况，帮助运维团队进行应急响应演练，提高现实中操作人员应对实际情况的效率和准确性。在进行维修或升级工作前，操作人员可以先在虚拟环境中模拟操作，预测可能出现的问题，进而优化操作流程；利用 AR 技术，可以实现现场信息增强。在操作员的视野中实时提供重要信息和指导，如设备参数、维护指南等，从而减少误操作；利用 MR 技术可以实现远程专家协助，现场操作员和远程的专家可以在同一个混合现实环境中协同工作，专家可以即时为操作员提供指导和帮助；通过利用 VR 和 MR 技术，运维团队可以在模拟环境中复现和诊断设备故障，从而快速找到解决方案，实现智能虚拟故障诊断。

VR/AR/MR 技术在反应堆的智能运维中将起到关键的作用，为反应堆的智能运维提供了新的可能性。它不仅可以提高运维过程的效率和安全性，还为操作人员提供了一个低风险的培训和实践环境。利用上述这些技术，可以在确保反应堆稳定、安全运行的同时，降低运维过程中人因事故的发生风险。

8.1.3　智能运维与物联网

物联网概念（internet of things，IoT）是指通过射频识别（radio frequency identification，RFID）、传感器、无线传感网络、条形码技术、网络通信、智能嵌入、云计算、纳米科技、定位系统等各类技术与装置，采集任意需要互联的物体或过程，并将采集到的光、热量、电流、声音、力学、化学、生物、位置等各种信息通过网络接入，最终实现物与人、物与物的泛在连接。物联网是基于电信网和互联网的信息载体，只要物理对象可以独立寻址，那么物理对象即可通过物联网互联互通。相比于互联网，物联网概念实现了物与人、物与物的融合，使得人类对其生活的客观世界有了更深层的感知能力、更全面的认知能力和更智能的处理能力。

标准的物联网系统可以分为四层：感知识别层、网络构建层、管理服务层和综合应用层。其中，感知识别层负责采集信息，由各种传感器构成，负责信息采集和信号处理，通过感知识别技术，让物品"开口说话"。感知识别层包括信号处理芯片、传感器、控制器、无线模组等；网络构建层负责数据传输。网络是物联网最重要的基础设施之一，它将感知识别层和管理服务层连接起来，负责向上层传输感知信息和向下层传输命令，简而言之就是传输数据；管理服务层负责信息整合与利用。管理服务层主要解决数据如何存储（数据库与海量存储技术）、如何检索（搜索引擎）、如何使用（数据挖掘与机器学习）、如何不被滥用（数据安全与隐私保护）等问题。这包含应用开发平台、设备管理平台、系统及软件开发数据库等。综合应用层是物联网系统的用户接口，通过分析处理后的感知数据，为用户提供丰富的特定服务，主要包括物联网智能终端、系统集成应用服务。

由于缺乏对设备的有效实时的数字化传感与状态监测手段，传统反应堆运维方式在很大程度上依赖人工巡检及目视检查，巡视工作涉及面较广且工作点较多，所以巡检人员的到位率对运维有很大的影响，常有发现及处理缺陷不及时的问题发生。此外，现场运维的质量也往往难以保证，这将会对反应堆安全稳定及健康运行造成很大的威胁。总体而言，当前反应堆运维方式存在的主要问题如下：① 辐射部位的状态靠人工难以监测及记录；② 人工对设备检查的到位率存在不足的情况；③ 人工记录出错情况。

物联网技术的出现赋予了运维系统对反应堆更全面、更及时、更智能的感知能力。通过物联网技术，将数据终端模块接入需要监控的设备，如堆芯、蒸汽发生器、主泵等，实时采集设备的运行状态、温度、功率等数据，并汇聚到云端，实现对系统和设备状态的实时展示和监控。物联网技术的引入将促进反应堆运维的整个业务流程实现数字化、信息化，通过将运维过程标准化、流程化，以极大地提高运维效率。同时，还可以将数据和信息进行沉淀，以实现更深入的数据分析和优化。

8.1.4 智能运维与边缘计算

随着物联网的发展，联网的智能设备数量不断增长的同时，也产生了大规模的数据。这给传统的云计算模型带来了一些问题，如带宽高负载、响应速度慢、安全性低、隐私保护差等，边缘计算技术应运而生。边缘计算是一种新的计算范式，其核心思想是在网络边缘执行计算，强调的是接近用户，接近信息源。边缘计算和云计算并不是对立面，而是云计算向终端和用户侧延伸的解决方案,是协同互补的关系,一个单独存在边缘计算的应用将非常罕见。边缘计算关键技术包括以下内容。

(1) 计算卸载:其作用是减少核心网络的压力,减少因传输而产生的延迟。该技术涉及卸载决策及资源分配,卸载决策决定如何卸载计算任务,包括卸载方法、对象、数量等。资源分配是决策把资源卸载到单节点或多节点,卸载内容如果是低耦合,那么可以放在多个多接入边缘计算(MEC)服务器,如果卸载内容密不可分,就只能放在一个 MEC 服务器里面处理。

(2) 资源管理:边缘计算依赖资源的地理分布来支持应用的移动性,一个边缘计算节点只服务在它周围的用户。因此,用户需要快速地发现周围的资源,并且在移动中快速地选择最合适的资源。当用户移动时,应用程序所使用的计算资源可能在多个设备之间转换。资源迁移会把服务程序的操作站点进行一系列优化和调整,以确保服务的连续性。

(3) 缓存加速:该关键技术能提高用户体验,提高内容分布的效率。当一些内容被缓存到移动网络边缘时,附近的用户就能轻松地使用,而不需要重复传输内容。

边缘计算架构一般分成终端层、边缘层、云计算层,相当于在云和终端设备之间引入边缘节点。终端层由各种类型的设备,包括移动终端和各种物联网设备组成,这些设备都与边缘网络连接;边缘层由边缘节点组成,这些节点广泛分布在终端和云之间;云计算层由一些高性能的服务器和存储设备组成。

一般的智能运维系统会将传感器数据全部上传云主机进行存储、计算、分析,这样的解决方案会遇到三个问题:① 大数据的传输问题。随着越来越多的设备连接到互联网并生成数据,以中心服务器为节点的云计算可能会遇到带宽瓶颈。② 数据处理的即时性。在反应堆系统中,越来越多的传感器,包括 1 MHz 以上采集频率的传感器的接入,对海量数据的即时处理可能会使云计算力不从心。③ 隐私、安全及能耗的问题。云计算将工业制造设备采集的隐私数据传输到数据中心的路径比较长,容易导致数据丢失或者信息泄露等风险。④ 数据中心的高负载将导致高能耗,提高系统运行成本。

边缘计算为上述问题提供了新的解决办法,其能为智能运维带来以下几个方面的优势。

① 提升数据中心处理速度。当设备与边缘数据中心(通常是较小的设施,也位于网络附近)相结合时,边缘计算的处理能力得到进一步增强,因为位于这些数据中心的处理器更接近正在使用和正在处理的实际设备。② 减少

延迟。任何网络的边缘不仅为数据中心提供空间,还为服务器、网关、处理器和存储设施提供空间。这样就减少了数据需要传输的处理距离,从而大大降低了延迟。反之,它可以为需要速度和可伸缩性的应用程序增加显著的价值,处理时间的大幅缩短使实时分析成为可能。③ 大幅降低维护要求。边缘计算的数据中心可以比集中式数据中心小得多,使其在位置上更加便携和灵活。同时,维护服务不需要长途跋涉到数据中心,可以在附近完成。④ 更节能。在处理大型数据集时,冷却也是一个值得关注的问题,尤其是在冷却成本特别高的数据中心。冷却成本和处理成本之间的比率称为电力使用效率(PUE),可用于衡量数据中心的效率。使用较小的数据中心(有些靠近网络边缘)比使用大型数据中心更节能,所需的电力越少,环境效益越大。然而,分散在较大区域的较小数据设施是否比大型集中式设施有更高的电力使用效率还有待观察。但可以肯定的是,在网络边缘的编程和计算越精确和高效,整个操作的浪费就越少。

8.2 系统运行预测与风险识别

系统是由相互作用和相互依赖的若干单元结合而成的具有特定功能的有机整体。核反应堆是由若干设备、管道、控制、保护等要素有机组合而成的复杂系统。本节就核反应堆系统运行预测与风险识别的典型方法进行介绍。

8.2.1 正常运行支持

随着反应堆系统集成化、复杂化和自动化程度的日益增加,其结构、运行环境和任务需求也日益复杂,对其安全性和可靠性提出了越来越高的要求,同时其维护和处置成本也日益提高。目前,对于反应堆系统的运行维护,主要采用故障后维修和定期维护的策略。基于故障的维修方式无法有效处理潜在或突发的异常故障,难以有效保障核反应堆运行的安全性和可靠性;此外,定期维修维护存在维修过剩的情况,这导致维修保障资源的浪费,极大地增加了维修保障的费用,同时也制约了反应堆系统综合性能的提升。因此,有必要发展反应堆系统运行预测技术,通过对核反应堆系统的运行状态进行监测、诊断和预测,及时发现系统及设备存在的问题,预防潜在故障的发生,预测系统的健康退化趋势。基于这些信息,可以制定和执行相应的维修维护策略,以保证系统的安全运行,提高系统运行可靠性及维修保障性能。这种基于运行状态的维修保障方式,应逐步取代传统基于事件的事后维修或基于时间的定期检修。

基于运行状态的核反应堆维修保障的基本思路是,通过在线监测、日常巡检或定期检测等方式获取系统及设备运行状态数据,结合模式识别与人工智能、机械工程、自动化、计算机科学等理论,对系统的异常运行及失效故障进行自主诊断预测。同时对当前核反应堆的整体运行健康状态进行量化评估,对核反应堆的性能退化、剩余寿命、失效概率等健康指标进行有效预测。进一步综合考虑诊断评估结果和性能衰退预测结果等设备状态因素,以及人因可靠性、设备运行方式、重要程度、故障频率、故障后果等非技术状态因素开展维修风险评估。参考风险评估结果并结合系统运行需求、保障资源配置、维修保障策略等多方面因素,对核反应堆的维修计划进行合理优化,对运行任务进行科学决策,最终实现核反应堆的运维支持。

8.2.2　异常运行支持

核安全是核能发展的前提和基础。核电站系统配置复杂,涉及的子系统及设备众多,系统运行中涉及诸如核-热耦的流动传热的复杂物理过程,这对核电站的安全运行提出了诸多挑战,而其中之一就是人因失误。人类在核能应用的历史上一共发生过三次影响重大的核事故,分别为三哩岛事故、切尔诺贝利事故及福岛核事故,对人类社会造成了严重后果;而这其中的三哩岛事故与切尔诺贝利事故均与运行操作人员的人因失误和操作不当有直接的关联。随着计算机技术的发展,研发能够为反应堆操纵员在设备故障、瞬态事故等紧急情况下提供异常与事故智能诊断、事故处置与决策支持、系统风险监视与管理等功能的核电站运行支持系统,成了核能领域研究的热点之一。

8.2.2.1　系统异常与事故智能诊断

由于反应堆系统构成较为复杂且运行方式多样,在各类正常、异常及事故工况下系统运行参数变化迅速且不确定性较高,对应的异常机理及故障模式也极其复杂,常规的方法很难对反应堆系统各类故障问题实现全面有效的诊断,下面对常见的一些异常监测与故障诊断方法进行简要介绍。

1) 基于参数稳定与一致性分析的反应堆系统异常诊断方法

基于核心参数稳定与一致性分析的反应堆系统故障诊断的基本原理:在正常工况下,系统的主要状态参数均处于正常的阈值范围内。一旦系统发生异常,这些主要状态参数将发生相应的改变。这些在异常情况下发生的状态参数改变,可通过稳定性与一致性分析进行评估。其中稳定性是指反应堆系统在正常运行时,其核心监测参数的时域特征应处于一定的范围内,且其波动程度也应在正常边界内;一致性分析是指反应堆系统核心参数在正常运行时期,在相似的工况下或动态过程中,其相同的参数应具有相同曲线形态或者变化趋势。通过对冷却剂系统核心参数进行稳定性与一致性分析,可对其系统整体性能进行监测,并得到故障检测结果。基于参数稳定与一致性分析的反应堆系统故障诊断方案如图 8-1 所示。

2) 基于主成分分析法反应堆系统异常监测方法

主成分分析(principal components analysis,PCA)是一种简化数据集的多元统计分析方法,最早由英国数学家 Karl Pearson 于 1901 年提出。PCA 是将获得的待测对象的高维历史数据组成一个矩阵,进行一系列矩阵运算后确定若干正交向量(向量个数远小于维数),历史数据在这些正交向量上的投影反映数据变化最大的几个方向,舍去数据变化较小的方向,由此可将高维数据降维表示。PCA 用于异常监测的主要思想是对于在正常过程中获得的数据,最大限度地保持原有信息不受损失,将这些数据高度相关的过程变量投影到低维空间中,获得能够表述系统内部关系的几个主要成分,即把多个不同的相关量换成少量几个独立的变量,并对这几个独立变量进行统计检验分析,进而判断系统是否偏离正常工况。用这些数据来判定实际研究对象中 T2 统计量、残差空间的平方预测误差(squared prediction error,SPE)统计量等是否超过已设定的过程监控指标,从而判断系统是否发生异常。

3) 基于机器学习的异常及事故诊断方法

机器学习的目标是通过某种机器学习算法得到输入输出间的关系,并能够利用这种关系对给定的输入尽可能准确地给出系统未知的输出。而异常监测与事故诊断的目标就是利用测试数据(传感器、文字、语音、视频等)来寻求测试数据和故障之间的联系,因此可以认为故障检测与诊断本质上也是一个机器学习问题。随着技术的不断进步,当前工业过程可以获得大量的状态数据,而机器学习正好能通过算法模型对这些数据进行处理,从而实时监测整个过程中设备或系统的状态,并能够基于数据对设备或系统进行事故诊断。异常监测是事故诊断的前提,前者用来确定系统是否发生了事故及发生事故的时间,而后者是在监测出故障之后,确定事故的类型或者位置。事故诊断技术发展至今,已经提出了较多的方法,从开始的基于解析模型方法到现在的基于机器学习方法,在不需要太多的先验知识及系统精确解析模型的情况下完成系统的异常监测与事故诊断,机器学习拥有很广泛的应用空间,其在故障诊断领域的应用主要包括决策树、神经网络和支持向量机等。

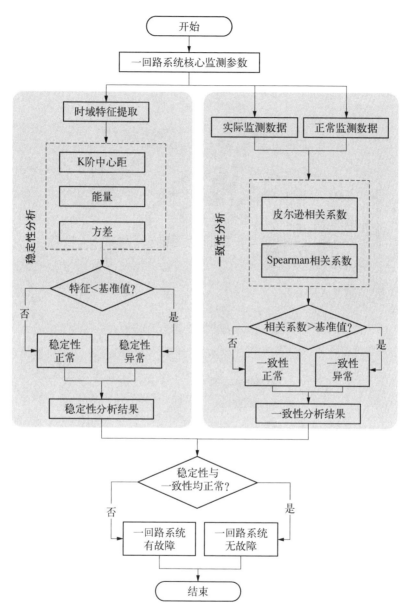

图 8 - 1　基于参数稳定与一致性分析的反应堆系统故障诊断算法流程图

　　中国核动力研究设计院针对大型三代核电站华龙一号开发了基于神经网络技术的失水事故异常诊断程序。针对失水事故工况破口尺寸和破口位置诊断问题,采用自主化系统分析程序 ARSAC 对华龙一号模拟生成失水事故数据库,涵盖大破口到中等尺寸破口,并选取温度、压力、流量和水位等常见参数作为事故诊断输入,采用目前深度学习中应用最广泛的算法之一的卷积神经网络算法开发失水事故诊断程序,可以有效地对破口尺寸和位置进行诊断,诊断速度快且准确率高,后续可以推广至核电站其他种类事故的诊断。程序采用的卷积神经网络架构与诊断结果如图8-2、图8-3所示。在典型事故进程

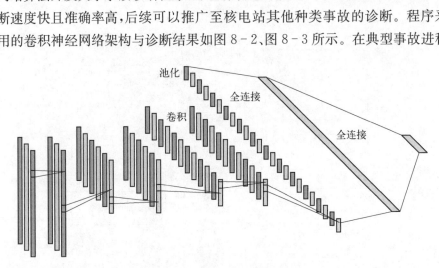

图8-2 卷积神经网络示意图

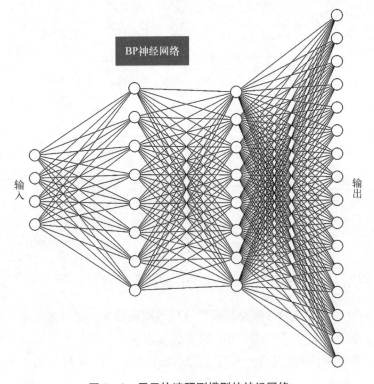

图8-3 用于快速预测模型的神经网络

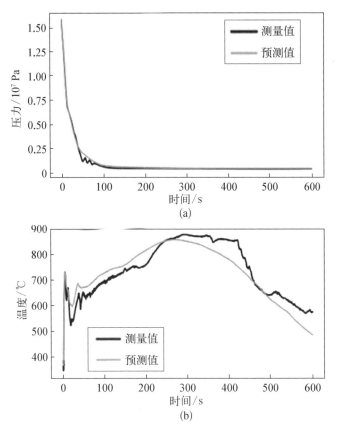

图 8-4 典型事故进程参数预测结果

(a) 系统压力;(b) 包壳峰值温度

快速预测方面,基于 BP 神经网络建立了 LOCA 事故热工参数时序的智能预测方法,能够准确预测系统压力、冷却剂温度、堆芯峰值温度等关键参数的时序变化,实现破口事故关键安全参数的秒级预测,如图 8-4 所示。

8.2.2.2 事故处置与决策支持

当异常瞬态和事故发生时,需要操作员在快速变化的复杂事态和紧张氛围中做出准确判断并执行应急处置操作。这对操作员的自身技能水平、经验积累和心理素质提出了极高的要求。计算机辅助支持技术的发展为缓解操作员事故处置压力,避免人因失误提供了一条切实可行的解决路线。20 世纪 60 年代,英国奥德伯里核电站和威尔法核电站为满足其监管当局的要求,开发了计算机化的警报分析和显示系统,以辅助核电站主控室执行相关的操作,描绘并践行了核电站运行支持系统的最初原型。1979 年美国三哩岛核事故发生后,基于对整个事故过程的剖析和根本原因调查结果,在全球核工业界逐渐提出和发展了系统化的核电站运行支持概念。各核电发达国家投入了大量的人力、物力和财力进行相关领域的技术研发和应用探索。

早期发展的核电站运行支持系统多侧重在实现单一功能的支持。三哩岛核事故后,美国开展了安全参数显示系统(SPDS)的研发工作,并在 SPDS 的基础上耦合了扰动分析功能,研发了扰动分析及监督系统(DASS)。同时,美国亦开发了众多单一功能的支持系统,如 MOAS[20](Maryland operator advisory system),该系统利用一个层次化的目标树与成功树模型表达不同层次的系统知识,辅助操纵员进行给水系统故障诊断。COMPRO(computerized procedure system)[21]专家系统由西屋电力公司开发,其采用了基于规则的专家系统方法,用以支持操作规程的执行过程。1989 年,西屋电力公司发行了用于压水堆堆芯监测和运行支持的软件包(BEACON),截至目前,BEACON 系统已经拥有超过 400 堆年的运行经验。

在单一功能运行支持系统研究的基础上,美国进一步开展了集成化运行支持系统的研究和开发工作。俄亥俄州立大学开发了一套高度集成化的运行支持系统,该系统主要包括智能数据库、电厂状态监测系统、动态规程监测系统及诊断与传感器数据确认系统四个模块,其技术融合程度在核电站运行支持系统发展史上具有重要的代表意义。在美国能源部的支持下,经过多年的研发工作,爱达荷国家实验室于 2013 年发布了核电站计算机化操作员支持系统(COSS)的原型机,并在将此基础之上继续投入后续研发工作,完善信号校准和失效诊断的实时接口及人因评估的工作。

日本于 1980 年启动了核电站计算机化操作员支持系统的研发,研究和开发工作分三期进行。其中:第一阶段为 1980—1984 年,开发了核电站的指示系统,并通过警报信号的事件树分析来诊断异常情况的原因,指导运行人员的操作;第二阶段为 1984—1991 年,在完成主控制室操纵员运行支持功能开发以外,充分考虑了运行人员的认知过程,开发了维修支持功能,并引入了人工智能技术,用于异常情况原因的鉴别和决策;第三阶段为 1992—1999 年,逐步形成了 DIAREX[22]、DISKET[23]专家系统及 IODA[24]集成操纵员支持系统。其中,DIAREX 采用了基于深层知识以及征兆的诊断策略相结合的方法,为沸水堆(BWR)提供故障诊断。DISKET 则是以征兆为基础的专家系统,包含 200 条规则,具备 64 种不同电站瞬态过程的处理能力,其诊断知识既包括真实电厂过程,亦可通过仿真手段获得的模拟知识。IODA 是一个综合性集成操纵员支持系统,由东芝核工程实验室研发,该系统覆盖了从核电站正常运行到停堆的全范围功能工况,包括三个功能子系统:核电站稳态管理系统(SSMS)、电厂扰动分析与故障诊断功能系统(DAS)及停堆后操作指导功能系统(PTOG)。

法国在美国三哩岛事故后,投入了 6 年的时间,研制了 SINDBAD[25] 系统,该系统使用过程模式识别和专家系统,对核电站事故进行诊断和预测。

相较于美国、日本和欧洲,韩国在核电站运行支持系统的研发工作起步较晚,但得益于美国和日本的众多研究成果,集成性成为其运行支持系统的一个重要特点。1995 年,韩国高等科学技术研究院开发了 OASYS[26] (operator aid system)系统,该系统是一个综合电厂运行支持系统,它包括 4 个重要组成部分:信号确认与管理系统(SVMS)、电厂监测系统(PMS)、警报过滤与诊断系统(AFDS)和动态异常操作规程跟踪系统(DEPTS)。

国内关于核电站运行支持系统的基础性研究工作始于 20 世纪 90 年代初,研究内容涉及故障诊断、状态监测、运行数据管理和操作规程等方面。清华大学以西农-哈里斯一号压水堆核电站为依据,开发了基于规则的专家系统(ESPWR)。该系统由异常工况诊断及处理子系统(AOP)和应急工况诊断及处理子系统组成,可实现 31 个压水堆核电站异常运行工况的诊断。随着人工智能技术的发展,清华大学基于神经网络技术开发了 COSSPWR 系统,培训操纵员如何在故障发生后可靠地诊断事故类型,采取有效的措施缓解或排除故障,将核电站引导至安全状态。哈尔滨工程大学利用神经网络和数据融合故障诊断方法相结合的方式设计了一套核电站分布式智能故障诊断系统。东南大学开展了基于故障树和规则推理的核电站决策支持系统的相关研究,以故障树模型和计算机化规程为基础,并辅以运行数据和运行界面监测,为运行人员提供系统故障诊断、事故处置指导及系统运行监测等信息。

相较于国外,当前我国的核电站事故处置与运行支持技术仍然处于持续探索进步的阶段,距离成熟的工程应用仍存距离。中国核动力研究设计院自主研发了基于规程的反应堆事故处置引导平台(见图 8 - 5),能够实现事故的早期诊断及事故发生后根据实测数据的处置引导。此外,为了兼顾无人值守反应堆事故处置需求,中国核动力研究设计院正在积极探索基于目标状态的智能诊断技术,该技术主要基于目前最热门的强化学习算法。从关键技术来

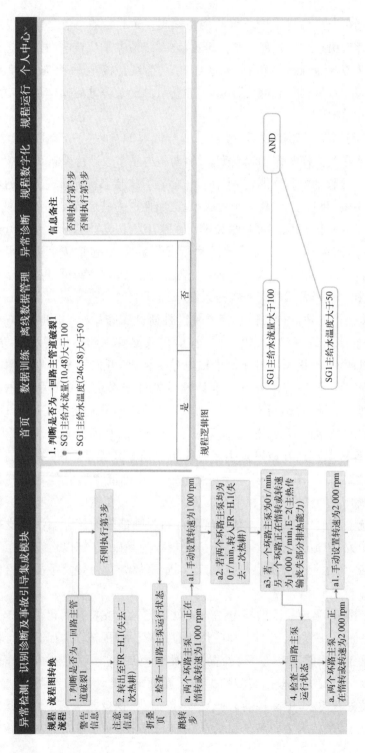

图 8 - 5　基于规程的反应堆事故处置引导平台

说,面向核电站运行支持的先进规程开发、超实时趋势预测、数据同化技术、动态 PSA 技术等仍需进一步的开展研究。与此同时,随着人工智能和机器学习技术的飞速发展,事故诊断、进程预测、处置引导等关键功能的智能化实现逐步成为未来的发展趋势,相关技术的持续探索可为打造更加精准、快速、智能的反应堆运行支持系统提供有力支撑。

8.2.2.3　概率安全分析风险监视及管理

概率安全分析(PSA)风险监视及管理是核电站风险管理的重要组成部分[27]。开展 PSA 风险监视及管理工作,一方面可以帮助电厂工作人员进行日常运行和计划维修活动管理,以更有效地分配人力物力,减少事故和各类瞬态的发生概率,从而提高电厂安全性;另一方面可以支持电厂运行和维修人员进行日常决策,提高电厂人员对 PSA 的认知。

核电站风险监视及管理的主要依托工具是风险监视器。一般而言,风险监视器由实时风险计算模型、风险计算引擎及风险信息处理和显示三部分组成。实时风险计算模型需要能够反映电厂即时状态的变化,能够根据电厂的实时状态,实时或类实时地评价电厂的风险水平。而为了实时评价电厂的风险水平,就必须要求实时风险计算模型能够在较短时间内完成计算。通常地,建立实时风险计算模型是在核电站进行安全分析的基准风险模型上进一步加工或修改得到的,在构建这些模型时,一般使用割集方程法或大故障树法。其中,割集方程法是早期实时风险模型常采用的方法,其主要思想是根据特定核电站的 PSA 的分析结果,将导致堆芯损坏的所有最小割集组合起来,形成一个表示堆芯损坏的布尔方程。在实时进行核电站风险水平的计算时,根据核电站各系统部件的状态情况修改该割集方程中有关基本事件的概率,然后根据此方程式计算出电站对应于该种状态的风险值。割集方程法通过对割集方程的处理,避免了重新求解整个 PSA 模型的过程,因此它的计算速度快,可以很好地满足实时风险计算的要求。但它的一个重要不足是因割集截断而可能会丢失有效割集。而大故障树法则是在基准风险模型的基础上,以大故障树的形式建立起核电站的实时风险模型,其包含 PSA 模型中所有导致堆芯损坏的事故序列。在实时计算中,根据电站的即时状态,修改这个大故障树中有关的数据和结构,然后重新求解这个大故障树,得到电站的即时风险。采用大故障树方法可以有效保证计算结果的准确性,但每次计算均需要重新进行一次定量化计算,计算量大、耗时多,需要在风险计算引擎中采取相应的措施来保证实时目标的实现。

　　风险计算引擎是风险监视器的计算核心,其主要功能是根据实时风险计算模型和核电站实时状态,计算得到核电站的风险水平。如果实时风险计算模型基于割集方程法建立,则对风险计算引擎的要求不多;如果实时风险计算模型基于大故障树法建立,则就需要风险计算引擎选择适当的算法,并适当考虑一些简化假设以提高计算速度。

　　风险信息处理和显示是风险监视器用户直接面对的模块,其界面特性对风险监视器能否完整、充分地发挥作用至关重要。该模块主要分为输入和输出两部分、输入部分主要用于输入电厂运行状态(如满功率、低功率、停堆)、设备状态(因试验、维修等原因部分设备退出、恢复)和系统配置状态(运行和备用设备切换)信息;而输出部分则主要用于反映核电站总体风险水平、风险等级、不可用设备信息、累积风险值、风险指引的后撤时间、风险管理行动时间等关键信息。

　　中国国家核安全局通过借鉴美国等核电大国的良好实践,积极推进 PSA风险监视及管理技术在核安全审评监管中的应用。国家核安全局先后发布了《概率安全分析技术在核安全领域中的应用(试行)》技术政策、《改进核电厂维修有效性的技术政策(试行)》《核电厂配置风险管理的技术政策(试行)》和《核动力厂安全评价与验证》(HAD102/17)等文件,就国家核安全监管部门对PSA风险监视与管理技术在核安全领域中的应用目的、范围、分析方法和局限性进行了阐述,并指导核电厂开展维修活动的安全分析和管理、建立和优化核电厂配置风险管理体系的相关工作。如表8-1和表8-2所示,相关技术政策提出了中国核电厂的配置风险阈值及风险管理措施矩阵。以上工作为国内多个核电站营运单位制订 PSA风险监视与管理技术应用的实施计划、开展相关技术在核电站各领域的应用试点奠定了基础,显著提升了国内核电站的安全性和经济性。

表 8-1　中国核电厂配置风险阈值

运行配置风险阈值	风 险 区 域	维修配置风险阈值
$CDF < 2CDF_{基准}$	正常控制区(绿区)	$ICDP < 10^{-6}$
$2CDF_{基准} \leqslant CDF \leqslant 10^{-3}$ 堆年$^{-1}$	风险管理区(黄区)	$10^{-6} \leqslant ICDP \leqslant 10^{-5}$
$CDF > 10^{-3}$ 堆年$^{-1}$	风险不可接受区(红区)	$ICDP > 10^{-5}$

表 8 - 2　中国核电厂风险管理措施矩阵

运　行	风 险 区 域	维　修
按照现有要求正常开展相关生产活动,无新增风险管理要求	正常控制区(绿区)	按照计划正常开展相关试验维修活动
须控制风险,尽快完成相关维修,必要时实时风险管理措施	风险管理区(黄区)	评价不可定量因素的影响,制定风险管理措施
风险不可接受,需立即采取措施	风险不可接受区(红区)	不允许主动进入该配置

注：① CDF：瞬时堆芯损伤频率(core damage frequency)；② CDF 基准：零维修配置情况下的堆芯损伤频率；③ ICDP：堆芯损伤概率增量(incremental core damage probability)。

基于 PSA 风险监视及管理,国内核电厂在风险指引技术规格书优化、管道在役检查、在线维修与定期试验周期优化等方面开展了大量工作。田湾核电厂将部分安全系统的维修安排在功率运行期间完成,安全系统的定期试验周期由 1 个月调整为 2 个月,并将两列安全系统不可用的后撤时间由 31 小时调增至了 3 天＋31 小时。上述措施每年可节省定期试验柴油成本 99 万元,并减少了因两列安全系统不可用而导致的电厂停堆损失,这部分发电量减少的损失高达 4 418 万元。此外,核电站大修工期可缩短 2～3 天,从而增加了发电量收益 2 300 万元至 3 500 万元。秦山核电厂将海水泵维修时机调整至功率运行工况,这样大大提高了维修的可接受工期。同时提高了核电厂运行自由度;秦山核电厂还对辅助给水泵和喷淋泵同时进行维修的可接受工期进行了评估,这一评估有效地拓展了技术规格书的应用范围。

中国核动力研究设计院在 PSA 风险监视与管理方面开展了大量工作,开发了具有完全自主知识产权的风险监视与管理系统,如图 8 - 6 所示。系统可以实现设计 PSA 模型向运行 PSA 模型的流程化批量处理功能,能够对大数量割集进行快速吸收和处理,还可以从事件、设备和人员动作等多个维度提示核反应堆的安全风险。系统整体总体处于国内先进水平。

在各种新型反应堆层出不穷、计算机技术迅猛发展的今天,展望未来,还需要开展以下工作,以进一步提高 PSA 风险监视及管理的可信度和适用性。

(1)进一步收集 PSA 可靠性数据。PSA 可靠性数据是 PSA 工作的基础,其质量对 PSA 见解的可信度具有极大的影响。因此,需要进一步收集更广泛、全面的 PSA 可靠性数据,以提高相关分析结论的说服力。

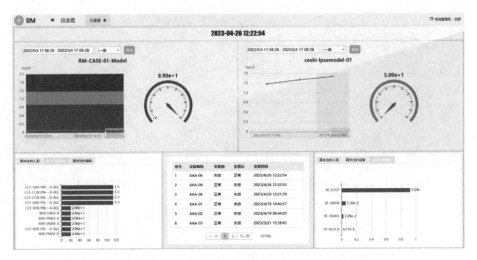

图 8-6　PSA 风险监视与管理系统演示界面

（2）提高实时风险计算模型与设备、系统状态间的交互能力。当前,核电站还主要依赖工作人员根据设备、系统的状态手动修改实时风险计算模型中相应设备、系统的状态。此工作不仅耗时费力,还极大地增加了工作人员的负担,而且较容易出错,导致不能准确反映核电站的风险。在信息传输、故障诊断技术迅猛发展的今天,有必要开展相关研究,使得设备状态发生改变后能够自动将相关信息传输至模型,使得模型能够自动完成相应修改,以更好、更准确地提供相关信息。

（3）开展新型反应堆风险阈值确定方法研究。随着高温气冷堆等新堆技术研发的不断深入,相信在不远的未来,除高温气冷堆外,将会有越来越多的新型反应堆实现工程化应用。新型反应堆安全性大幅提高,如果再使用压水堆相关的阈值,则会出现风险增量水平将比基准水平高 4～5 个数量级,但风险值仍低于阈值的情况,会模糊反应堆的薄弱环节,带来过于宽松的处理结果。因此,针对各型新堆,需要在考虑其设计理念、风险准则特点的基础上,研究如何合理确定相关阈值,以更好地满足反应堆对安全性和经济性的需求。

（4）风险指标研究。现有的风险监视及管理大多以反应堆堆芯损坏频率（CDF）作为风险度量指标。然而,随着风险监视及管理逐步深入到电厂运行、管理和维修等各个环节,仅使用 CDF 作为风险度量,其应用范围相对狭窄。例如,CDF 主要是安全监管当局、设计单位等更加关心的指标,而一线核电站运行人员等相关从业人员可能相对更加关心系统停堆、停机的风险。因此,有必要引入表征停堆、停机风险的指标,从而更好地引导核电站完成相关试验、检修和维修工作。这样做也可以进一步提高 PSA 的作用。

8.3　设备故障诊断与健康管理

核反应堆结构复杂,设备种类繁多,涉及核能、机械、电力、电气、电子等诸多技术领域,主要以机械设备和机电结合设备为主。在核反应堆运行期间,设备会受到各方面的影响,包括压力、温度、辐照、侵蚀、磨损等,并且这些影响皆与设备寿命剖面有关,加上技术性能、结构复杂,给设备的状态感知、评价、诊断、预测带来了极大难度。本节以典型动设备、静设备和仪控设备为例,阐述了相关诊断与健康管理方法。

8.3.1　动设备故障诊断与健康管理

核反应堆动设备主要包括控制棒驱动机构、泵设备、汽轮机和阀门等,其在核反应堆中的应用十分广泛,同时其运行可靠性也对核反应堆的安全运行具有重要影响。由于核反应堆系统工况及运行环境要求,在实际运行中,动设备因机械振动、磨损、腐蚀、电机绝缘下降等原因故障频发,维修保障工作量较大。由此可见,通过对动设备进行在线状态监测、故障识别与诊断、健康状态评估及全生命周期健康管理,尽早发现动设备的潜在故障,并提出故障防治措施,为动设备的运行和维护提供参考,对提高核反应堆的安全性和可靠性具有重要的意义[28]。

以控制棒驱动机构(control rod drive mechanism,CRDM)为例,其作为核反应堆在事故工况下能够紧急停堆的安全设备,是整个核电站中的核心运动机械部件。它安装在反应堆压力容器顶盖上部,长期工作在高温、高压及强辐照的极端条件下。其按照控制系统指令带动控制棒组件在堆芯内上下运动,保持控制棒组件在指定高度,完成反应堆的启动、功率调节、功率保持、正常停堆和事故停堆等功能。其安全性和可靠性直接影响反应堆的安全性及可靠性。因此,控制棒驱动机构的动态性能及其运行稳定性对核反应系统的安全性至关重要。然而,驱动机构或控制装置性能退化到一定程度,可能发生卡棒、滑棒事故,甚至使控制棒失控掉落触发停堆。控制棒驱动线故障可能使控制棒在事故情况下不能完全插入堆芯,严重影响堆芯安全。因此,需要及时对驱动机构及其电气控制装置进行故障诊断,有针对性地解除故障,以保证驱动机构的正常运行。

对于控制棒驱动机构而言,其故障诊断技术的实现可以大大降低控制棒位置故障对堆芯功率分布的影响,降低控制棒驱动机构动作故障造成停堆的概率,加快换料大修关键路径上的试验时间。因此,控制棒驱动机构的故障诊断研究不仅有利于提高核电经济效益,还能显著提高核安全水平,具有重要的社会和经济意义。

8.3.1.1 控制棒驱动机构故障分类

目前,核反应堆系统所用的驱动机构主要有三种类型:磁力提升型、滚珠螺母型和齿轮齿条型。从整体结构和功能上来讲,这些驱动机构均可以视作为一种特殊的电机结构。从总体上看,驱动机构的故障类型主要可分为机械故障与电气故障两种。

1) 机械故障

机械故障包括轴承故障与传动件故障。

(1) 轴承故障。图 8-7 展示了电机中最常用到的轴承。作为电机中重要的组成部分,轴承故障的发生频率是电机所有故障中最频繁的,占了约 50%。故障原因主要包括过载、缺少润滑、安装不良和异物进入等,这些原因会导致轴承磨损、表面削落、点蚀和内外圈破裂等问题。

(a)   (b)   (c)

图 8-7　几种常见的轴承

(a) 深沟球轴承;(b) 圆锥滚子轴承;(c) 推力球轴承

滚动轴承是电机中最常用也最易损坏的零件之一。旋转机械中发生的故障有 7% 是由滚动轴承故障而引发的。滚动轴承的转速高、负荷大、工况恶劣,属于故障多发件。轴承故障是指由于某种原因,零部件的原有性能或精度(尺寸精度或旋转精度)丧失,从而使该零部件无法完成所承担的任务,即该零部件故障失效。轴承故障一般可分为止转故障和丧精故障两种。止转故障是轴承因失去工作能力而终止转动,例如卡死、断裂等。丧精故障是因几何尺寸变化,而失去了原设计要求的回转精度,虽尚能继续转动,但属非正常转动,例如轴承的磨损、锈蚀等。

（2）传动件故障。电机传动件故障是由于轴承磨损、装配不当、转轴弯曲和定子铁心弯曲等原因导致传动件之间存在不均匀的气隙。当该故障发生时,气隙合成磁场会发生畸变,产生大量的高次谐波,从而造成电机损耗增加、效率降低、噪声变大等问题。严重时可能使得传动件之间发生严重的碰撞,甚至毁坏电机。

2）电气故障

电气故障又分绕组短路故障、绕组接地故障、绕组开路故障、芯片故障与传感器失效与失调故障。

（1）绕组短路故障。绕组短路故障又分为绕组匝间短路故障和绕组相间短路故障。其中绕组匝间短路故障是绕组故障中最容易发生的故障,约占全部故障的 21%。当绕组匝间短路故障发生时,电机中的磁场分布会发生畸变,故障位置的短路电流迅速增加,从而使得故障绕组周围的温度急剧升高,故障程度进一步恶化,严重时可造成绕组相间短路故障和绕组接地故障。

（2）绕组接地故障。绕组接地故障是指绕组与铁芯或机壳间绝缘层遭到破坏,从而造成机壳带电、控制线路失控、绕组短路发热,导致电机无法正常运行的一种现象。绕组受潮、电机长期运行在过载的工况下、化学腐蚀等恶劣环境下都有可能造成电机绕组接地故障。

（3）绕组开路故障。绕组开路故障是指由于焊接不良、过大的机械应力和电磁拉力等原因导致电机端部断路,从而使得电机缺相,三相电流不平衡,噪声增大,甚至无法正常运行的一种现象。

（4）芯片故障。在驱动系统中,控制芯片是整个控制系统的核心,它包含了控制器几乎所有的动作指令程序。因此,控制芯片的故障几乎会影响控制系统所有的行为,其主要故障如表 8-3 所示。

表 8-3　控制芯片部分常见故障

故障形式	故障原因
时钟失效	时钟电路损坏导致芯片失去时钟
外设 IO 失效	外设 IO 供电损坏

（续表）

故障形式	故 障 原 因
核心失效	电压质量问题、核心工艺问题导致发热烧损
AD模块失调	AD运算模块损坏、基准电压问题等

芯片获得时钟的方式主要有两种：一种是使用芯片内部的时钟电路，可以使用外部的晶振，也可以使用内部的晶振，这种获得时钟信号方式的电路结构简单，外接的器件较少；另一种是直接采用外部时钟信号输入的方式，这种方式放弃了精度较差的内部时钟，而选用精度更高的外部时钟，通常这种时钟输入方式用在对时钟信号敏感的设计方案上。时钟故障是指芯片因丢失时钟信号而不能工作的故障，在所有时钟设计方案中都需要晶体振荡器，这是一种在振荡环境中易碎的组件，大部分的时钟故障都是由于晶体振荡器损坏造成的。此外，芯片的时钟信号需要锁相环（phase locked loop，PLL）倍频才能供给核心使用，芯片的PLL电容损坏也可能造成时钟丢失故障。

外设和运算核心是控制芯片的核心技术。外设模块通常有多路数字和模拟电源供电，这样的供电模式使芯片的外设IO有更宽电压范围和更精准的基准电压，但是复杂的电源构架会造成外设IO供电失效。

芯片的运算核心通常占用了整个芯片过半的功率，如果供电电源质量、核心制造工艺方面存在缺陷就很容易导致芯片核心内的热积累，造成芯片烧损。AD模块是目前主流电机控制芯片中唯一使用模拟电的模块，内部的电源基准也最为复杂，采样电压中含有尖峰杂波、供电电源质量都会造成转换核心的失调。

（5）传感器失效与失调故障。电机控制器中传感器通常包括母线电流传感器、母线电压传感器、两相（三相）相电流传感器、位置传感器（通常为旋转变压器）、开关器件温度传感器等。传感器常见故障如表8-4所示。

表8-4　传感器常见故障

故障组件	故障名称	故 障 原 因
位置传感器	失效	供电电源部分失效、供电回路烧损、信号回路损坏等原因造成系统无法获得信号
	失调	工况恶劣（电磁干扰等）造成信号间断不可用，位置安装出现偏转误差

（续表）

故障组件	故障名称	故　障　原　因
位置传感器	损坏	工况恶劣（严重振动、撞击等）导致位置传感器物理性损坏
温度传感器	失效	供电电源部分失效、供电回路烧损、信号回路损坏等原因造成系统无法获得信号
	失调	老化等原因造成温感电阻变化

位置传感器故障的类型包含失效、失调和损坏。位置传感器的失效通常是由信号调理电路的故障造成的。失调故障包含信号逻辑错误故障和位置偏转误差故障。信号逻辑错误故障通常是因调理电路受到外部干扰造成的，而位置偏转故障通常是因为传感器本体受到振动而发生安装位置错位造成的。损坏故障通常是位置传感器本体受到振动或撞击导致本体损坏造成的。

温度传感器分布在电机绕组和主要控制板周围，分别采取电机温度和控制板部温度。电机的温度传感器安装在电机内部，受到的机械振动最为剧烈，信号传输路径最长，线路最容易受到挤压和磨损，是最易损坏的温度传感器。

8.3.1.2　控制棒驱动机构故障诊断方法

设备故障诊断包含两方面内容：一是对设备的运行状态进行监测；二是在发现异常情况后对设备的故障进行分析，发现并确定故障的部位和性质。其过程包括状态监测、故障检测、故障诊断、故障分析与预测、故障处理对策与建议等。通过对国内外复杂设备故障诊断发展历史的研究分析，可以总结出故障诊断方法主要有基于信号处理的故障诊断方法、基于解析模型的故障诊断方法和基于智能算法的故障诊断方法。

1）基于信号处理的故障诊断方法

当设备正常运行时，监测其产生的振动信号、电流信号等，应该是平稳的。但设备故障产生的原因往往受到多种因素的影响，其产生的信号往往是非平稳、非线性的信号。于是，可以通过基于信号处理的方法，对设备的故障进行诊断。

2）基于解析模型的故障诊断方法

基于解析模型的诊断方法可以进一步分为状态估计方法、等价空间方法和参数估计方法。

状态估计方法的基本思想是利用系统的定量模型和测量信号重建某一可测变量，将估计值与测量值之差作为残差，以检测和分离系统故障。在能够获得系统的精确数学模型的情况下，状态估计方法是最直接有效的方法。然而在实际中，这一条件往往是很难满足的。因此，目前对于状态估计方法的研究主要集中在提高检测系统对于建模误差、扰动、噪声等未知输入的鲁棒性及其系统对于早期故障的灵敏性方面。

参数估计方法根据模型参数及相应的物理参数的变化来检测和分离故障。它的基本思想是把理论建模与参数辨识结合起来，根据参数变化的统计特性来检测故障信息，根据参数估计值与正常值之间的偏差情况来判断故障的情况。与状态估计的方法相比，参数估计法更利于故障的分离。

等价空间法的基本思想是利用系统的输入/输出的实际测量值来检验系统数学模型的等价性，以检测和分离故障。然而，传统的等价空间方法存在一些缺点：低阶等价向量在线实现相对简单，但其性能不佳。而高阶等价向量虽然能带来比较好的性能，但计算量较大且会产生较高的漏报率。

3）基于数据驱动的故障诊断方法

随着人工智能技术的飞速发展，基于数据驱动的故障诊断方法逐渐成为国内外学者的研究热点，主要包括 K 近邻算法、支持向量机、神经网络、深度学习等方法。

8.3.2　静设备故障诊断与健康管理

随着世界经济形势的快速变化、资源品质的劣化和能源结构的调整，以蒸汽发生器、稳压器、锅炉为典型代表的核电静态设备，正逐渐朝着高温高压、深冷、复杂腐蚀、超大容积、超大壁厚等极端方向发展。核电静态设备往往是重要的承压边界，一旦因失效发生事故，极易危及人员、设备和财产安全，还会引发严重的环境污染事故。为了保障核电静态设备安全运行，常需要对老旧设备进行故障诊断和健康管理，针对老旧设备的定期停机检验，是过去数十年一贯采用的检修方式。然而，面对核电老旧静态设备运行工况多变、失效机理复杂、运行状态非线性发展、设备运行效率较低等方面的特点或需求，传统方式的劣势已愈发明显。为此，针对典型核反应堆老旧静态设备及管线损伤失效（包含腐蚀减薄、环境开裂、材质裂化、机械损伤）及泄漏引发的安全问题，研究在役老旧静设备完整性管理方案，提出典型核反应堆老旧静态设备损伤识别、风险评估、安全评价方法，对设备进行实时故障诊断及健康管理，提出完备管理方案,对于指导核反应堆老旧设备安全高效运行具有重要意义。

核反应堆中最为典型的静设备就是反应堆压力容器与堆内构件。

压力容器是整个核反应堆的压力边界,其装载着核燃料及堆内其他所有构件,屏蔽堆芯辐射、密封高温高压高放射性一回路冷却剂,作为第二道屏障,还能在燃料元件破损后防止裂变产物外溢。

1) 反应堆压力容器老化机理

根据 RPV 的功能要求和运行环境,其老化形式主要包括中子辐照脆化、疲劳、腐蚀、辐照促进开裂、热老化等。由于选材及结构的不同,不同堆型的 RPV 的重要老化机理有所差别。

(1) 辐照脆化。受到中子的照射后,RPV 材料会出现韧性下降、硬度和强度上升、无延性转变温度上升,RPV 发生硬化和脆化,导致其脆性断裂的风险增高,因此辐照脆化是 RPV 最重要的老化机理之一。研究表明,RPV 辐照脆化的程度取决于中子注量、合金成分、辐照温度、中子能谱及合金的组织等。相关的机理、影响因素、评估方法等详见 4.1.4,此处不再赘述。

(2) 疲劳。RPV 在运行过程中将经受启堆、停堆、升温、降温等各种瞬态及运行过程中的振动。在载荷波动或循环载荷作用下,RPV 材料将出现裂纹的萌生和扩展。疲劳是 RPV 老化需要考虑的主要机理之一,特别是高应力部位的低周疲劳问题。

(3) 应力腐蚀开裂。应力腐蚀开裂(SCC)一般是发生在顶盖贯穿件用镍基合金及其焊缝区域。焊接热输入量造成了焊缝热影响区晶粒粗大并存在一定的焊接应力,在冷却剂环境中长期运行时,特别是冷却剂发生浓缩或偏离时在表面产生裂纹后,在冷却剂的作用下快速扩展。早期 CRDM 管座采用 Inconel 600 合金,其 SCC 问题造成多个国家诸多核电厂的顶盖更换。另外,主螺栓由于长期承受拉应力,在环境介质的作用下,特别是海洋气氛作用下也可能出现应力腐蚀开裂。

对于 SCC 裂纹深度,一般通过超声波检查来进行检测,目前正在进行提高检测精度的超声波检测技术的研究。但由于结构限制的原因,该部位的在役超声波方法是一个难题,美国和法国等核技术发达国家已经实现了该部位的役前检查和在役检查。

(4) 均匀腐蚀。均匀腐蚀是指材料在介质作用下均匀减薄的特性。RPV 的均匀腐蚀主要包括内表面不锈钢堆焊层的均匀腐蚀和低合金钢的硼酸腐蚀两种类型。

对于具有较好耐蚀性的内壁堆焊不锈钢,反应堆冷却剂为弱介质,其表面会形成一定厚度的氧化膜,氧化膜表面存在着形成-溶解-沉积的平衡,宏观表现为堆焊层厚度逐步减薄。

RPV上还可能存在着基体低合金钢材料与浓缩硼酸的均匀腐蚀,它主要发生在RPV焊缝出现贯穿型裂纹后,反应堆冷却剂渗透到RPV外表面,由于水分蒸发而使得硼酸产生浓缩,基体低合金钢材料与浓缩硼酸发生较剧烈的化学反应,局部腐蚀深度可达到每年数毫米。美国戴维斯-贝西核电厂曾经由于控制棒驱动机构(CRDM)管座镍基合金贯穿件及其焊缝出现开裂后引起低合金钢的硼酸腐蚀,最终导致了更换顶盖。

(5) 晶间腐蚀、点腐蚀和缝隙腐蚀。不锈钢部件及不锈钢堆焊层在反应堆冷却剂条件下除存在着均匀腐蚀外,还可能发生局部腐蚀,包括晶间腐蚀、点腐蚀和缝隙腐蚀。这些局部腐蚀主要由于在局部水化学条件发生偏离的情况下,以及超标的氯离子及溶解氧的联合作用下,不锈钢表面的薄弱点成为腐蚀优先点,进而根据介质特性及结构特性的不同,发展为点腐蚀、缝隙腐蚀或者晶间腐蚀。

(6) 热老化。RPV本体低合金钢材料的热老化是一种与温度、材料状态(显微组织)及时间相关的劣化机理。固溶体偏析形成的沉淀相使得本体材料发生非常小的显微组织的变化,从而使材料丧失韧性并变脆。当RPV钢含有杂质铜时,一开始RPV钢中的杂质铜以过饱和状态集聚于固溶体中,在RPV正常运行温度下,随着时间的推移,即使没有辐照损伤,在合金向热力学稳定状态发展的同时,铜元素将会被释放出来形成稳定的沉淀相,即富铜沉淀相(也可能出现其他沉淀相),这些沉淀相阻碍了位错运动,因此造成硬化和脆化。RPV本体材料热老化并非普遍存在的,而是取决于材料的热处理、化学成分及在材料温度下的服役时间。

(7) 磨损。磨损是指两个表面之间的运动所引起材料表面层的损失。磨损发生在经历间歇性相对运动的部件中。磨损发生的原因或是流动引起的振动,或是相邻部件的位移。一些核电站中的中子测量管与指套管发生过因流致振动引起的磨损,主螺栓与螺栓孔及螺母由于换料时的拆装也有发生磨损的风险。

(8) 回火脆化。回火脆化是描述主要由晶界磷偏析引起的结构钢的脆化。回火脆化发生在淬火和回火铁素体钢中,特别是在450~500 ℃左右的回火。对于焊材和热影响区,特别是当施加热退火以恢复韧性时,应该关注回火脆化的影响。

2）反应堆压力容器健康管理措施

为了延缓老化有关的性能劣化降低 RPV 运行寿期内的安全性能，对于其中的辐照脆化、腐蚀等老化可采用一定的缓解方法来控制老化速率。

（1）辐照脆化的缓解。通过减少中子注量和退火可以缓解 RPV 辐照脆化现象，主要方法包括：优化燃料管理、设置屏蔽层和在役退火。

——优化燃料管理。可通过执行低泄漏堆芯的燃料管理方案来降低中子注量。低泄漏堆芯是一个把乏燃料或者假燃料元件放在堆芯周围的堆芯，这样可减少中子轰击 RPV 内壁，但同时可能会导致功率降低，增加运行成本。

——设置屏蔽层以降低中子通量。反应堆堆内构件、堆芯吊篮和堆内构件上的热屏蔽提供了 RPV 的基准设计屏蔽。为了进一步减少 RPV 材料的辐照损伤，可提高热屏蔽的厚度，或者在 RPV 内壁处安装屏蔽层，屏蔽层材料可选择钨、不锈钢等多种合金。

——在役退火。一旦 RPV 因辐照脆化而降级（如韧脆转变温度的明显上升或者断裂韧性的降低），在役退火是唯一可以恢复 RPV 材料韧性的方法。

在役退火方法是使用外热源（电加热器、热空气）或内热源（一回路冷却剂）将 RPV 加热到一定温度，保温一定的时间，然后慢慢冷却。RPV 在役退火处理技术主要分为湿法退火与干法退火两种技术路线。目前，国外研究应用比较成熟的方案有免移除堆芯部件的湿法退火、须移走堆芯部件的湿法退火和须移走堆芯部件的干法退火三种方案。美国和俄罗斯均有实施在役退火的先例。

（2）控制棒驱动机构管座应力腐蚀裂纹（PWSCC）的缓解。采用 Inconel 600 合金的控制棒驱动机构管座存在应力腐蚀开裂的风险，其缓解方法包括加入冷却剂添加剂、降低上封头温度、采用维修和更换措施等。

——冷却剂添加剂。比如添加锌（Zn）能降低一回路冷却剂的腐蚀活度，并能提高 Inconel 600 合金材料抗 PWSCC 的能力，锌与 Inconel 600 合金部件氧化膜内的铬相互作用，形成一个有效的保护性能强的氧化层，延迟 PWSCC 的发生。锌的添加既可以缓解新电站中的 PWSCC，也可以降低旧电站中的 PWSCC。然而，锌要溶入老电站中的氧化膜将需要更长的时间，这是因为老电站中的氧化膜很可能更厚、更稳定。

——降低上封头温度。通过对堆内构件采用小的修改来增加旁通流量，可以降低 RPV 上封头的温度。

——表面处理。可以考虑包括专门研磨、镀镍及喷丸硬化的内表面处理方法来缓解 Inconel 600 合金部件裂纹的产生。研磨技术将有可能萌生裂纹但却探测不到的表面层去除，然后在新生成的表面上形成压应力。镀镍可以防止原表面接触冷却剂，阻止现有裂纹的扩展和修补小裂纹。采用喷射或其他方法在 CRDM 管座表面上形成压应力以代替高残余拉应力，可以阻止 PWSCC 的萌生，然而如果裂纹已经存在的话，这种方法是无效的。

——应力改善方法。机械应力改善方法可以使管座部位残余应力重新分布，并在管座内表面上产生一种压应力。这种方法在管座可接触的一端施加一个轴向压载荷。该方法的应用分析表明，施加的轴向压应力和管座内表面的残余拉应力发生组合，产生的塑性流变将接管内表面靠近部分焊透焊缝部位的残余拉应力消除。

——顶盖贯穿件修复。顶盖贯穿件修复有两种选择：① 打磨掉应力腐蚀裂纹，并在修补焊接过程中要使残余应力减小到最低程度。焊接完成以后，对贯穿件焊接修补的表面要再进行磨光、磨平。② 在劣化的封头贯穿件中插入由经热处理的 Inconel 690 或奥氏体不锈钢制作的薄衬管，然后通过内部受压将衬管胀到封头贯穿件上，将裂纹封闭。

——顶盖贯穿件更换。顶盖贯穿件的更换可以通过更换一个新的顶盖或只更换贯穿件来实现；新贯穿件必须是由 Inconel 600 以外的材料制作的。在一些已经更换了 RPV 顶盖的电站中，代替 Inconel 600 贯穿件的制造材料为经热处理后的 Inconel 690。暴露在压水堆一回路冷却剂中的其他 Inconel 690 部件的试验结果和有限的现场经验表明，Inconel 690 对 PWSCC 损伤不敏感。除此之外，新的焊接材料合金 52 和合金 152 代替了合金 82 和合金 182。新的焊材具有更好的抗 PWSCC 性。

（3）内表面和法兰的腐蚀和点蚀的缓解。部分无奥氏体不锈钢堆焊层的 RPV 在目视检测时发现了均匀腐蚀及点蚀，一般只需采用轻微的机械研磨就可以消除这种损伤。在 RPV 密封面上发现的轻微点蚀，也可通过研磨来处理。

3）国内反应堆压力容器健康管理标准规范

国外关于核电厂老化管理的相关法规规范研究始于 20 世纪 80 年代中期，经过 30 多年的发展，国外核电发达国家已形成了较成熟的核电厂老化管理标准体系，建立了较完整的老化管理导则。依据所建立的法规规范和导则对核电站推行了系统化的老化管理，极大地缓解了核电站的老化。其中，最具有代表性的老化管理法规规范体系主要是国际原子能机构（IAEA）和美国核管会(NRC)所建立的老化管理法规规范。

(1) IAEA 相关标准规范。IAEA 的系统化老化管理标准规范主要涉及核电厂老化管理的实施和老化管理的组织模式;老化管理数据和信息的收集、保存;老化管理设备的选择、老化研究;老化管理评审;运行电站的设备鉴定和改进等内容。编制发布了各类安全导则、纲领性导则、寿命管理类文件及核电厂安全重要设备老化管理技术报告等。此外,IAEA 老化管理标准规范还给出一些监管要求,立足于帮助核电厂业主加深对老化及老化引起的安全问题的认识,从方法论上对识别主要老化退化机理、建立老化管理大纲,以及对老化管理的审查等给予指导。迄今为止,IAEA 建立的与 RPV 老化有关的主要标准规范包括:核电厂定期安全审查、核电厂老化管理数据收集和记录保存、核电厂安全重要设备老化管理方法等 14 项。

(2) 美国 NCR 相关标准规范。美国 NRC 经过 20 多年的研究,现已建立起一套相对完善的核电厂老化管理及延寿审查体系。制定出了以 10CFR54、NUREG 1800 报告和 NUREG 1801 报告(GALL)为核心的核电厂老化管理及延寿法规和规范。NRC 制定的与老化有关的相关主要标准规范包括核电厂执照更新的要求、承压热冲击事件的断裂韧性要求、反应堆压力容器辐照脆化等要求 10 项。

(3) 国内相关老化管理流程。核动力厂老化管理用于确保整个运行寿期内核动力厂所需安全功能的可用性,并考虑其随时间和使用过程的变化,这要求既要考虑构筑物、系统和部件实物老化引起的性能劣化,也要考虑构筑物、系统和部件的过时(相比于当前知识、法规和标准、技术)带来的影响。构筑物、系统和部件老化的有效管理是核动力厂安全、可靠运行的一个重要因素。核动力厂寿期内的设计、建造、调试、运行(包括延寿运行和长期停堆)和退役各阶段都应考虑老化管理。国内指导核动力厂安全重要构筑物、系统和部件的老化管理的是核安全导则《核动力厂老化管理》(HAD103/12—2012)。

在构筑物、系统和部件整个使用寿期内进行有效的老化管理,要求采用系统化的老化管理方法协调所有相关的大纲和活动,包括认知、控制、监测以及缓解核动力厂部件或构筑物的老化效应。采用该方法的 RPV 老化管理一般流程如图 8-8 所示,这是戴明循环"计划—实施—检查—行动"的具体应用。

堆内构件也是反应堆结构的重要设备之一,其位于压力容器内部,主要功能包括为堆芯提供支承,为控制棒组件提供导向和为冷却剂提供流道。堆内构件服役环境恶劣,受到高温、高压、强辐照及流致振动的影响,对其开展持续

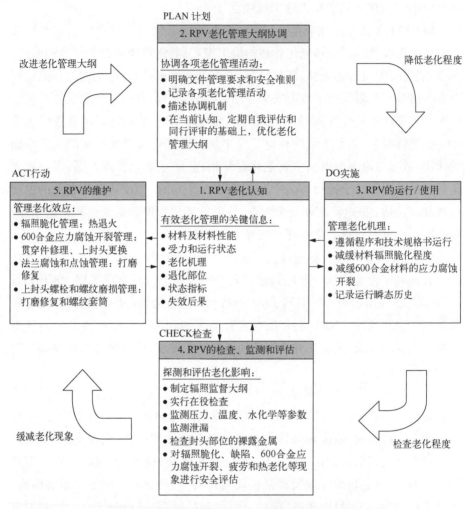

图 8‑8　核电厂反应堆压力容器老化管理流程图

的状态监测评价及健康管理,对保障反应堆的安全性至关重要。

对于堆内构件的状态评价及健康管理,国内外研究人员均主要是从堆内构件老化管理的角度出发,针对不同的老化机理,开展相关的评价及健康管理工作。

4) 堆内构件老化机理

堆内构件的老化机理主要包括应力腐蚀、辐照松弛、辐照肿胀、磨损/磨蚀、辐照脆化等。

(1) 应力腐蚀。应力腐蚀开裂(SCC)是指在拉应力和"腐蚀"环境下,敏感合金发生的起裂和亚临界裂纹扩展,是力学、电化学和冶金学多方面因素共同作用而产生的复杂现象。

应力腐蚀开裂包括晶间应力腐蚀开裂(IGSCC)、穿晶应力腐蚀开裂(TGSCC)和辐照促进应力腐蚀开裂(IASCC),其中 IASCC 是堆内构件老化的主要机理。发生 IASCC 的根本原因是奥氏体不锈钢受到快中子辐照后,晶界上发生 Cr 贫化及 He 泡生成。许多影响 IGSCC 的因素同样影响 IASCC,如:拉应力、pH 值、导电率、缝隙等。无须热敏化且不论是稳定处理还是非稳定处理的不锈钢,都会对 IASCC 表现出相同的敏感性。当结构的拉应力值和辐照注量值超过阈值范围后,就存在发生 IASCC 的风险。

(2)辐照松弛。如果结构应力水平较高,辐照产生的材料微观裂隙将朝垂直于应力的位置迁移,从而导致了预应力零件的辐照蠕变及辐照松弛。预应力零件的辐照松弛程度由服役温度、结构应力水平及辐照注量决定。

堆内构件需要进行辐照松弛评价的零件为高辐照注量的预紧零件,包括螺栓连接件和弹簧件。当零件所受到的辐照注量高于 1.3×10^{20} n/cm^2(即 0.2 dpa)($E > 1.0$ MeV),结构就必须考虑辐照松弛的影响。压水堆堆内构件曾经有过围板-成型板连接螺栓辐照松弛的案例。

(3)辐照肿胀。快中子与材料晶格原子碰撞会产生大量的空位和间隙原子。这些空位和间隙原子大部分会通过复合或者被位错、晶界和缺陷所吸收而消失。剩余的点缺陷因位错俘获原子的半径大于对空位的俘获半径(因为较之空位,间隙原子迁移能小且晶格畸变比空位大,位错对间隙原子的引力较大,即俘获半径大),空位的浓度比间隙原子的浓度大,过剩的空位在三维空间聚集,形成空洞,引起肿胀。在压水堆内,空洞的产生量受到结构材料内氦的产生量影响,氦产生量越大,空洞越多。氦产生量由快中子注量决定,注量越大,氦产生量越多。

(4)磨损/磨蚀。磨损/磨蚀主要发生在相互接触的表面有相对运动的部位,老化的结果为接触面上金属由于磨损而消失,老化的主要原因为堆内构件流致振动。另外,换料操作也会对部分零部件造成一定的磨损,如上、下堆芯板上燃料组件定位销及吊篮筒内壁。

(5)辐照脆化。辐照脆化的机理是快中子轰击原子核产生反冲原子,通过原子链式碰撞,使得结构材料的大量原子脱离其稳定的晶格位置,产生大量 Frenkel 缺陷对及离位峰,部分合金由有序合金转变为无序合金或非晶态,结构材料强度、硬度提高,以及延展性、韧性降低。若结构所受快中子注量大,由于快中子对镍的(n，α)反应较明显，结构还可能出现氢脆问题。大剂量快中子辐照的结果是材料的强度、硬度提高，而其延展性、塑性性能下降，以及抗裂纹扩展能力降低。

5）堆内构件故障诊断及健康管理方法

由于堆内构件辐照注量高、材料辐照后试验环境苛刻、辐照及后续试验资源稀缺，目前国内开展的相关堆内构件所用材料中子辐照及辐照后试验研究非常少，上述老化机理的数据不足，堆内构件实际状态评估主要基于美国电力研究院（EPRI）的研究成果开展。此外，对于堆内构件老化状态的实时监测手段也极为有限，仅能提供反应堆运行期间堆内构件部分有用的行为信息，这些手段监测技术主要包括松动部件监测、中子噪声监测、直接振动监测、即时主水化学监测。

假如松动部件、中子噪声或振动监测系统显示，反应堆容器内有一个部件松动或者燃料或堆内构件在振动，就会对这个信息/数据进行诊断。假如有一个部件松动，部件的大小或重量及在主冷却剂系统内的位置能够得到确认，并会出于安全和/或经济考虑决定是否需要停堆。在中子噪声或直接振动监测情况下，假如出现燃料或者一个堆内构件正在振动的指示，将会依照可用的法规（像 ASME 运行和维护分卷）对该信息/数据进行诊断。根据振动监测信息/数据做出的诊断，到下一次停堆才能做出停堆或继续运行的决定。

如果即时化学监测系统探测到主冷却剂超标，需要确定杂质进入的源头并采取改正的措施以符合化学规格。如果探测到卤素超标，在下次停堆期间要求采取清洗或冲洗作业。

而在检修、换料期间，堆内构件主要通过目视检查等对焊缝、紧固件的关键部位进行检查。

8.3.3 仪控设备故障诊断与健康管理

仪控设备为核反应堆的"感官系统"和"神经中枢"，用于实现核反应堆相关信号传感、参数测量、逻辑控制、安全保护、状态显示、工艺设备电气驱动等功能，为核反应堆提供全面、及时、准确的信息和安全、稳定、高效的控制保护，确保其安全可靠运行，对核反应堆安全稳定高效运行至关重要。

1）主要的设备类别及其故障模式

核反应堆仪控设备主要包括传感测量、控制保护、电气驱动等各大类设备。按类型和功能划分,主要可以分为传感测量设备、控制保护设备、数据处理与人机接口设备、电气控制与驱动设备等。

传感测量设备主要包括过程测量、核测量和棒位测量等设备。这类设备一般由探测传感设备、测量变送设备构成。由于其长期在线测量、数据丰富、精度敏感、多种信号和通道关联耦合的特点,其故障模式一般有绝缘异常、精度劣化、传感失效、测量失效等。

控制保护设备主要包括过程控制、逻辑控制、安全保护等设备。这类设备一般由通用平台类设备根据功能性能需求进行合理配置而成,其故障模式与通用平台设备类似,一般有精度劣化、通信异常、部件功能失效、逻辑失效等。

数据处理与人机接口设备主要包括主机平台、数据采集存储、操作显示等设备。这类设备一般由通用计算机、工作站及通用操作显示设备构成,其故障模式与通用计算存储和操作显示类设备类似,一般有通信异常、卡顿死机、存储失效、操作失效、显示黑屏等。

电气控制与驱动设备主要包括泵阀驱动、电加热器控制、驱动机构控制等设备。这类设备一般由变压整流设备、电力电子器件和相应的控制和驱动部件组成,具有较为典型的电力电子类设备属性,其故障模式一般包括绝缘异常、输出电能异常、电力电子器件损坏、设备过热异常等。

2) 相关设备进行故障诊断和健康管理方法

按照国际著名故障诊断学者 P. M. Frank[29] 对故障诊断方法的分类,故障诊断技术可以分为三种,即基于知识的技术、基于解析模型的技术和基于信号处理的技术,如图 8-9 所示。

由于仪控设备类型较多,其故障模式与老化机理各不相同,其故障诊断和健康管理的目标、技术手段均存在明显的差异。总体上可以分为两大类。

(1) 存在主导性老化机理的仪控设备。故障模式为绝缘异常、精度劣化、传感失效等的传感测量设备、控制保护设备及电气控制与驱动设备,由于存在机械老化(振动老化、力学疲劳等)、热老化(有机材料老化)、辐照老化(累积剂量、中子燃耗等)、氧化腐蚀等主要老化降级因素,其退化降级存在明显的渐进性、累积性、可探测性的特点,存在较明显的健康度指标。这类设备一般采用知识与解析模型结合的故障诊断技术。根据专家知识建立知识库和规则库,结合研发设计数据、制造建造的履历数据和其他相似设备的历史运行数据建立机理模型和数据模型,从而构建较为完善的健康度量化模型;通过在线监测

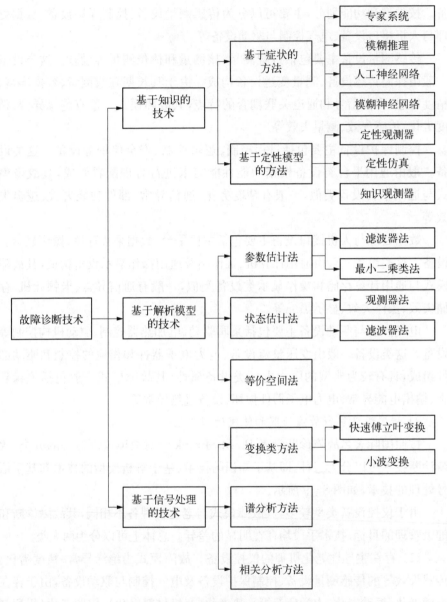

图 8 - 9 故障诊断方法分类

和定期试验,获取运行过程的实时及阶段性数据,并利用健康度量化模型进行故障诊断和健康管理,实现全生命周期健康管理。

(2) 老化机理复杂的仪控设备。其主要以单个或多个集成电路、电子元器件或软件程序为初始故障源,导致以主要功能异常为典型故障模式。由于潜在故障源分布广泛,这类设备不具备内建全范围诊断和测试手段的条件。同时,故障发生时间随机性强、过程非线性特征显著;从根因来看,涉及材料、结构、环境和运行机制等多个方面,故障和老化机理复杂多样,相互作用耦合反馈,难以进行准确的预测。针对这类设备,一般采用知识、解析模型和信号处理相结合的方法。首先,通过设计数据建立机理模型;其次,通过注入故障的方式获得实际故障前和故障后的特征信号数据;然后,通过信号处理手段,获取故障在特征信号中对应的症状表征;最后,在实际运行中基于特征信号的症状表征对故障情况进行诊断。这类设备一般难以实现有效的健康预测,因此工程上主要依据统计学和鉴定试验给出的可靠性指标,结合实际运行的履历数据预估后续运行的健康状态。

3) 应用举例

在数字反应堆技术研究和相关工程实践中,正在开展仪控设备故障诊断与健康管理相关的技术研究。为此,建立了适用于故障诊断与健康管理应用研发的专家系统平台。典型的应用包括传感器故障诊断技术研究和驱动机构控制电源柜故障诊断技术研究。

传感器是核反应堆的感知部件,承担着各类反应堆关键参数的获取任务。然而,核反应堆中的过程仪表长期运行于复杂、恶劣的环境条件下,其性能受高温、高压、高湿度或者高辐射等因素的影响,会出现一定退化。严重时甚至出现故障,从而影响核反应堆的安全运行。针对该问题开展了如下研究。

(1) 基于非冗余传感器历史数据,利用自联想神经网络等方法构建非冗余传感器的参数预测或估计模型,通过正常数据对估计模型进行训练,并将训练后的模型估计值与传感器实际测量值进行偏差统计等来评估仪表通道性能,进而评估传感器故障状态。

(2) 利用多个传感器测量数据的关联性、冗余性和互补性,对关键传感器进行故障判定后,实施故障隔离,进行传感器信号重构,提高其测量准确性、稳定性和可靠性。

驱动机构控制电源柜是控制棒驱动机构的电力来源,对于核反应堆执行启堆、反应性调节、停堆等至关重要。而驱动机构控制电源柜故障具有强瞬态性和强非线性特征,难以进行有效的预测,针对该问题,开展了如下研究。

(1) 对于部件级故障诊断,选取了驱动机构控制电源柜的核心部件三相逆变单元,基于机理模型和实际数据,研究形成了基于电压法和电流法的逆变单元故障诊断技术,并通过模拟实际故障状态,验证了该技术方法的有效性,实现了核心部件的故障诊断。

（2）对于设备级故障诊断,结合驱动机构控制电源柜设计数据和故障前后的症状表征,建立了典型故障的故障树模型和基于实时数据的故障规则,形成了设备级故障诊断模型,通过故障注入,验证了故障诊断模型的有效性,实现了设备级故障诊断。

8.4　数智化换料与维修应用

核反应堆的可靠性最终是通过使用过程体现的,其水平的高低不仅取决于设计,还与使用过程中采取的维修保养等工作密切相关。本节就数字化技术和智能化技术如何应用于反应堆换料、维修、巡检等场景进行介绍。

8.4.1　换料支持

反应堆换料是一项系统性工程。反应堆换料涉及物理、热工、燃料等多学科知识,同时具有现场操作工程周期长、工序多、管理复杂、人员密集且安全风险高等特点。在反应堆换料工艺方面,加强工艺数据管理、工艺规划与管理、工艺虚拟验证、工艺现场管理与支持研究,对反应堆换料工程的数字化、信息化水平及能力提升具有显著效益。在换料专用设备设计方面,由于换料专用设备具有多样性、复杂性、使用环境恶劣等特点,通常需要大量操作人员在反应堆附近的放射性场所中长时间工作。通过数字化手段提高专用设备的自动化、可靠性水平,对优化换料保障工作具有重要的意义。

1）换料工艺数字化平台

换料工艺数字化平台采用 B/S 架构,服务端负责业务处理、数据库读写、高性能计算和相关分析工作,终端用户通过浏览器访问系统。换料工艺数字化平台架构如图 8-10 所示。其中:应用层提供计算项目管理、用户登录管理、设备/工艺管理、综合管理、插件管理、工艺流程规划、工艺路径优化、工程现场支持、综合数据库及可视化人机界面交互等功能。服务层为应用层提供服务和对计算资源进行调度;服务层为应用层提供接口、认证与权限管理服务、计算服务、数据管理服务和平台运行审计服务;资源层通过数据接口与服务层通信,资源层采用数据库对系统数据统一管理,存储的数据类型包括专用设备数据和换料工艺数据。

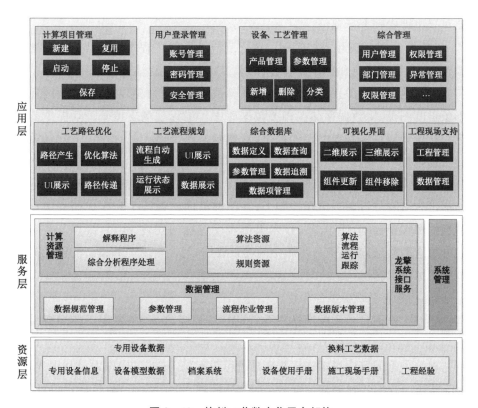

图 8‑10　换料工艺数字化平台架构

（1）换料工艺规划。在工艺流程规划和关键路径求解中，基于工序间相互约束关系，以邻接矩阵作为存储结构，顺拓扑排序取大值求出 V_e 数组，逆拓扑序列取小值求出 V_l 数组，最后找出 $V_e[i]=V_l[i]$ 的顶点，将这些顶点连接起来的路径称为关键路径，生成可达工序组合流程。在此基础上，结合工况、停堆时间、人力限制、剂量限制情况，对已有组合进行筛选、匹配优化。

（2）换料工艺路径优化。工艺路径优化分为环境建模和路径算法优化两大部分。环境建模需要将厂区地形栅格化、移动目标定义、出入口定义、源项定义、剂量场计算。路径优化算法包括优化目标选择、算法选择、启发函数定义（考虑剂量）、算法优化等因素。具体实施步骤如下：进行初始化过程，读取环境地图生成存在障碍物的环境；对环境地图进行预处理，包括灰度处理、尺度变换、膨胀处理等；通过算法识别出各个节点，判断是否是可行点，如果是，则将其添加到开放列表中。首先生成一条路径，并达到目标点，再将开放列表中的点逆顺遍历，最后判断是否最佳路径，如果是，将路径显示出来，若不是，将显示未搜索到合适路径。

（3）换料工程现场支持管理。结合反应堆换料工程本身的特点和工期的要求，编制工程节点和指导控制性计划，其中对换料总体进度进行分解，定义各工作之前的逻辑关系、持续时间并计算数据之前的关系，自动生成甘特图、形象进度图等，将数据存储在相关数据库中。工程现场支持管理功能主要包括深化设计换料维修数据库的提供，对现场换料维修人员、设备、工器具等进行管理，对换料维修进度进行把控与矫正等。

（4）换料工艺虚拟验证。结合反应堆换料工艺虚拟验证的需要，构建对换料工艺流程进行虚拟仿真的能力，并能够借助该系统平台生成相关仿真可视数据和场景数据，便于专业技术人员对反应堆的安装、换料、维修等关键步骤开展虚拟验证，并获取各步骤中的场景数据，为换料工艺和设备的优化提供充分的数据资料。

2）换料专用设备智能化改进

燃料定位平台是反应堆换料系统的核心设备之一，主要用于在卸料时对堆内目标物进行可视化、自动化精准定位。传统的燃料定位平台工作方式主要是根据预置的堆内目标物相对坐标进行粗定位，并通过操作人员利用肉眼，根据水下电视回传目标物位置的实时视频图像，再手动调整定位平台位置，以达到精定位的目的。该方式定位精度无法保证，导致换料现场进度拖延，甚至存在碰伤堆内目标物的风险。

燃料定位平台智能化改进主要是采用先进的机器视觉智能算法，对堆内水下目标物进行位置识别，通过解析后反馈精确坐标给运动控制系统，实现燃料定位平台的精准定位。

8.4.2　维修支持

反应堆中的设备都需要进行定期检测和维修，如何提高检测准确度并缩短检测和维修的时间具有重要价值。反应堆中需要检测和维修的设备主要包括压力容器密封面及紧固件、堆内构件等，通过研究压力容器密封面及紧固件智能缺陷检测技术和堆内构件水下智能检测技术，可以快速、精确地检测出压力容器密封面及紧固件、堆内构件的缺陷，并且给出维修建议和意见，减少维修时间，提升反应堆设备检维修质量和效率。

1）压力容器密封面及紧固件智能缺陷检测

反应堆压力容器密封面及紧固件是反应堆换料检修时的重要检查物项，

当前采用人工检查或使用设备进行图像采集后人工进行识别分析的方式,存在效率不高等问题。压力容器密封面及紧固件智能缺陷检测技术使用快速检测装置,采集相关图像,形成检测对象表面图像数据库;采用机器视觉识别方法进行疑似缺陷的快速筛查,以实现压力容器密封面及紧固件的高效、精确检查;进一步基于快速、精确的识别需求,通过瑕疵捕捉与分类智能算法,实现对压力容器密封面及紧固件缺陷的快速精准检测。

2) 堆内构件水下智能检测

堆内构件在反应堆中起着支撑、保护等重要作用。堆内构件种类多、结构复杂,其表面的缺陷形式多种多样,而且由于堆内构件储存在水下,表面存在较高的辐射剂量率,其缺陷难以检测。堆内构件水下智能检测技术采用智能机械手,通过基于机器视觉的智能导航和机械手控制算法,控制机械手的姿态和行动路径,获得完整的堆内构件表面数据,并进一步通过多目标多种类表面缺陷检测算法,检测和定位堆内构件的表面缺陷。堆内构件水下智能检测技术为堆内构件的维护和使用提供基础数据支撑,可以提高堆内构件表面缺陷检测的质量和效率,提升堆内构件检测的智能化水平。

8.4.3 巡检支持

传统的核反应堆设施设备安全状态监测手段主要通过固定仪器监测和人员进入检查,存在覆盖范围小、异常目标定位误差大、灵活性差和人员伤害高等缺点,容易导致一些隐患未能被及时发现,或者较严重工况下由于人员无法进入而不能及时获取关键信息以做出正确判断,最终导致无法及时采取补救措施,甚至导致发生严重的核安全事故。不管是发生核安全事故还是人身安全问题,都严重违背了国家提出的安全发展理念,因此,引入先进的智能系统技术以实现核反应堆设施设备的智能化、无人化、常态化巡检具有重要意义。

核反应堆设施设备所处环境具有一定的放射性,而核辐射对智能化设备的关键元器件如半导体芯片、光敏元件等有较强的损伤影响,为增强放射环境下的智能设备可靠性,主要通过屏蔽封装的方式对辐射敏感元器件进行保护。以日本福岛核事故现场的巡检机器人为例,在采取屏蔽保护设计后,机器人可以在福岛核电机组反应堆附近的高放射性环境中持续工作数小时,获取了事故现场图像、温度、剂量等关键数据。

核环境巡检技术应用的核心在于核辐射环境下智能化设备的技术发展,其中关键技术有巡检路径自主规划技术和异常目标精确定位技术。

1）巡检路径自主规划技术

核反应堆设施设备的所处结构环境具有狭窄、复杂的特性,尤其是在反应堆所在的核心区域,更是管道纵横交错,为巡检设备的运动带来了极大的阻碍。为了能顺畅地通过各类曲折的狭窄通道,避开结构障碍,需要巡检设备自身具有极强的巡检路径规划能力。巡检路径的规划前提在于巡检设备对所处区域的结构环境进行识别,主要通过超声波测距、红外/激光测距和双目视觉测距等方式对结构障碍物进行距离测量,从而对结构环境进行三维模型建立,然后将其转化为随着设备移动实时更新的立体地图,再通过算法计算得到最佳运动路径。若巡检环境为固定环境,还可预置电子地图,电子地图能极大地提高巡检设备对结构环境识别与巡检路径规划的效率和精确度。

2）异常目标精确定位技术

针对辐射探测传感器的"单方向"效应,仅靠固定在单一位置的辐射剂量探测器往往很难确定异常目标的精确坐标,因此,需基于多点探测来对辐射异常目标进行精确定位。首先,通过巡检设备获取异常目标位置附近多点的辐射剂量探测数据,然后利用马尔可夫链蒙特卡罗(MCMC)等方法对异常目标的位置进行估计,通过迭代计算确定异常目标的位置信息后,再结合环境参数,分析异常目标周边的辐射场分布规律,并利用三维体素分割、点源投影等方法构建三维辐射场可视化模型,快速准确地计算并形象地显示异常目标周边三维空间辐射剂量的分布情况。在此基础上,通过构建针对辐射场重建精度的误差模型,有效提升针对异常目标点辐射场三维模型仿真的精确度。

8.5 数字孪生技术发展与应用

近年来,针对核反应堆运行的可靠性与经济性等问题,面向在线运行的状态监测、异常检测、故障诊断、退化和寿命预测、系统健康管理等技术正成为当下的研究热点方向和领域。然而由于核反应堆装置性能的变化、运行环境的动态变化、人力资源调度异常等都会直接影响其正常运行,当前健康管理和运行支持相关体系及关键技术研究主要由设备在已知理想运行状态下的监测数据所驱动,难以满足复杂系统在动态多变运行环境下实时状态评估与预测的精度及适应性需求,更难以实现根据当前情况动态改变运行策略以提高运行效率和质量。

数字孪生技术的出现及迅速发展为解决上述问题提供了新的思路。数字孪生是基于数字模型,充分利用传感器实时采集和历史运行积累等数据,结合多学科、多物理量、多尺度、多概率的仿真过程,在虚拟空间中完成映射,形成与物理实体全生命周期过程相对应的动态数字模型表达,能够用于描述物理对象的多维属性、刻画物理对象的实际行为和实时状态、分析物理对象的未来发展趋势,从而实现对物理实体的仿真、监控、评价、诊断、预测、优化等实际功能服务和应用需求。在空间上,孪生模型不仅要求能够准确地反映物理实体真实客观的外在行为与特征,同时还可以揭示其内在的本质与属性。在时间上,该映射不仅可用于物理实体的实时在线监测,还包括实现过往时刻的追溯与复现,以及对未来状态的超前预测。数字孪生概念的起源最早可追溯至美国密歇根大学的 Michael Grieves 教授 2002 年在其产品生命周期管理课程上提出的"与物理产品等价的虚拟数字表达"的概念[30]。随着物联网、大数据、人工智能等技术的不断演进,数字孪生技术目前已经在航空航天、船舶航运、轨道交通、油气、电力、医疗等多个领域得到广泛应用。

在核能领域方面,中国核动力研究设计院数字反应堆团队编制了相关标准《核反应堆数字孪生通用技术要求》,其中对核反应堆数字孪生体构建原则、构建要求、构建流程、应用场景和成熟度评估进行了规范定义,其成熟度划分标准如图 8-11 所示,将核反应堆数字孪生体成熟度通过技术手段和能力范

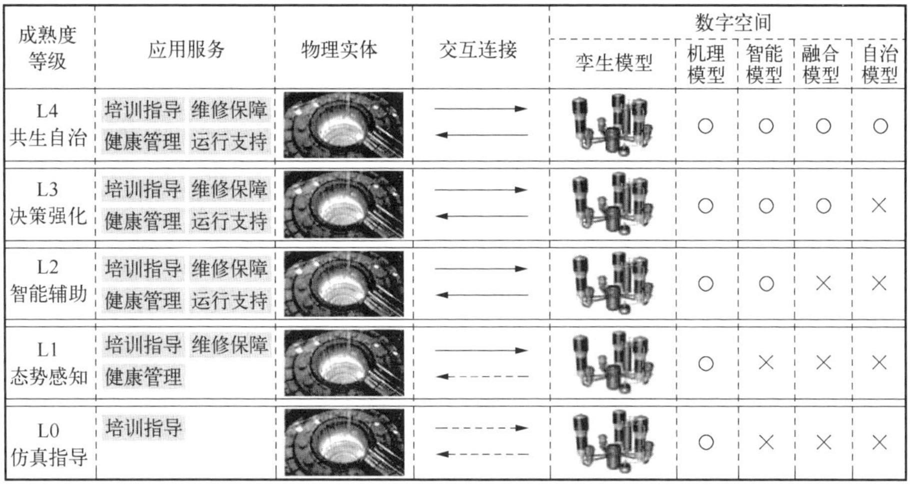

成熟度等级	应用服务	物理实体	交互连接	数字空间				
				孪生模型	机理模型	智能模型	融合模型	自治模型
L4 共生自治	培训指导 维修保障 健康管理 运行支持				○	○	○	○
L3 决策强化	培训指导 维修保障 健康管理 运行支持				○	○	○	×
L2 智能辅助	培训指导 维修保障 健康管理 运行支持				○	○	×	×
L1 态势感知	培训指导 维修保障 健康管理				○	×	×	×
L0 仿真指导	培训指导				○	×	×	×

图 8-11 核反应堆数字孪生成熟度分级

围等维度划分为仿真指导级、态势感知级、智能辅助级、决策强化级和共生自治级。目前,正在持续推进基于数字孪生的核反应堆智能运维体系建设、数字孪生平台方案设计与工程落地应用等工作。

参考文献

［1］ Winston P H. Artificial intelligence［M］. Addison-Wesley Longman Publishing Co., Inc.，1984.

［2］ 国务院. 国务院关于印发"十三五"国家科技创新规划的通知［J］. 国发［2016］,2016（43）.

［3］ 国务院关于印发新一代人工智能发展规划的通知［J］. 中华人民共和国国务院公报,2017(22)：7－21.

［4］ 中国电子技术标准化研究院. 人工智能标准化白皮书(2018 版)［R/OL］.（2018－01－24）［2023－10－18］. http://www. cesi. cn/images/editor/20180124/20180124135528742. pdf.

［5］ 科技部,教育部,工业和信息化部,等. 科技部等六部门关于印发《关于加快场景创新以人工智能高水平应用促进经济高质量发展的指导意见》的通知：国科发规〔2022〕199 号［A/OL］.（2022－7－29）［2023－10－18］. https://www. gov. cn/zhengce/zhengceku/2022－08/12/content_5705154. htm.

［6］ Jordan M I, Mitchell T M. Machine learning：Trends，perspectives，and prospects［J］. Science，2015，349(6245)：255－260.

［7］ Cunningham P，Cord M，Delany S J. Supervised learning［M］//Machine learning techniques for multimedia：case studies on organization and retrieval. Berlin，Heidelberg：Springer Berlin Heidelberg，2008：21－49.

［8］ Kingsford C，Salzberg S L. What are decision trees? ［J］. Nature Biotechnology，2008，26(9)：1011－1013.

［9］ Cortes C，Vapnik V. Support-vector networks［J］. Machine Learning，1995，20：273－297.

［10］ Guo G，Wang H，Bell D，et al. KNN model-based approach in classification［C］// On The Move to Meaningful Internet Systems 2003：CoopIS，DOA，and ODBASE：OTM Confederated International Conferences，CoopIS，DOA，and ODBASE 2003，Catania，Sicily，Italy，November 3－7，2003. Proceedings. Springer Berlin Heidelberg，2003：986－996.

［11］ Jolliffe I T，Cadima J. Principal component analysis：A review and recent developments［J］. Philosophical Transactions of the Royal Society A：Mathematical，Physical and Engineering Sciences，2016，374(2065)：20150202.

［12］ Dong X，Yu Z，Cao W，et al. A survey on ensemble learning［J］. Frontiers of Computer Science，2020，14：241－258.

［13］ Le Cun Y，Bengio Y，Hinton G. Deep learning［J］. Nature，2015，521(7553)：436－444.

[14]　Li Z, Liu F, Yang W, et al. A survey of convolutional neural networks: analysis, applications, and prospects [J]. IEEE Transactions on Neural Networks and Learning Systems, 2021.

[15]　Schuster M, Paliwal K K. Bidirectional recurrent neural networks [J]. IEEE Transactions on Signal Processing, 1997, 45(11): 2673 - 2681.

[16]　Bank D, Koenigstein N, Giryes R. Autoencoders[J]. Machine Learning for Data Science Handbook: Data Mining and Knowledge Discovery Handbook, 2023: 353 - 374.

[17]　Burdea G C, Coiffet P. Virtual reality technology[M]. New Jersey: John Wiley & Sons, 2003.

[18]　Azuma R T. A survey of augmented reality[J]. Presence: Teleoperators & Virtual Environments, 1997, 6(4): 355 - 385.

[19]　Speicher M, Hall B D, Nebeling M. What is mixed reality? [C]//Proceedings of the 2019 CHI Conference on Human Factors in Computing Systems. 2019: 1 - 15.

[20]　Kim I S, Modarres M. MOAS: A real-time operator advisory system [M]// Artificial Intelligence and Other Innovative Computer Applications in the Nuclear Industry. Boston, MA: Springer US, 1988: 297 - 303.

[21]　Hong J H, Lee M S, Hwang D H. Computerized procedure system for the APR1400 simulator[J]. Nuclear Engineering and Design, 2009, 239(12): 3092 - 3104.

[22]　Naito N, Sakuma A, Shigeno K, et al. A real-time expert system for nuclear power plant failure diagnosis and operational guide[J]. Nuclear Technology, 1987, 79(3): 284 - 296.

[23]　Yokobayashi M, Yoshida K, Kohsaka A, et al. Development of reactor accident diagnostic system DISKET using knowledge engineering technique[J]. journal of Nuclear Science and Technology, 1986, 23(4): 300 - 314.

[24]　Fukutomi S, Naito N, Takizawa Y. An integrated operator decision aid system for boiling water reactor power plants [J]. Nuclear Technology, 1992, 99 (1): 120 - 132.

[25]　Guerin L, Verger L Ï, Rebuffel V É, et al. A new architecture for pixellated solid state gamma camera used in nuclear medicine[J]. IEEE Transactions on Nuclear Science, 2008, 55(3): 1573 - 1580.

[26]　Chang S H, Kang K S, Choi S S, et al. Development of the on-line operator aid system OASYS using a rule-based expert system and fuzzy logic for nuclear power plants[J]. Nuclear Technology, 1995, 112(2): 266 - 294.

[27]　Wall I B, Haugh J J, Worlege D H. Recent applications of PSA for managing nuclear power plant safety[J]. Progress in Nuclear Energy, 2001, 39(3 - 4): 367 - 425.

[28]　Ma J, Jiang J. Applications of fault detection and diagnosis methods in nuclear power plants: A review[J]. Progress in Nuclear Energy, 2011, 53(3): 255 - 266.

[29] Frank P M. Fault diagnosis in dynamic systems using analytical and knowledge-based redundancy: A survey and some new results[J]. Automatica, 1990, 26(3): 459 – 474.

[30] Grieves M, Vickers J. Digital twin: Mitigating unpredictable, undesirable emergent behavior in complex systems [J]. Transdisciplinary Perspectives on Complex Systems: New Findings and Approaches, 2017: 85 – 113.

第 9 章
数字化退役

反应堆退役工程是一项长周期、高投资的复杂系统工程,退役作业及操作过程复杂,现场工作环境恶劣,同时存在放射性风险,通过三维仿真技术、可视化技术、虚拟现实技术和数据库技术实现退役项目管理、工程设计、人力资源管理、演示汇报、培训等退役过程的数字化等,对制定最优退役方案、规避实施作业风险,提高作业人员作业水平,提升退役效率具有重要意义。

数字化退役技术是将虚拟现实技术、三维仿真技术、通信技术、传感与控制技术相融合,为核设施全流程退役提供管理及技术验证的可视化、数字化、虚拟化的技术总和。数字化退役包括退役数据采集及处理、退役工艺过程仿真、退役数字化工程管理等内容。

9.1 退役数据采集及处理

核设施退役前须进行数据采集工作,以确定核设施结构、运行史等状态信息,为退役计划和方案制定提供依据。退役数据采集包括摄影测量、辐射环境与辐射源测量两部分。

摄影测量数据主要通过三维激光点云扫描与 3D 视觉技术来实现。主要获取退役核设施的二维图形、位置坐标、物项图像、三维模型、物项表面纹理等数据。辐射环境与辐射源数据主要通过伽马相机与成像技术实现。

9.1.1 三维激光扫描技术

三维激光扫描是一种非接触式的无损检测技术,通过激光扫描得到待检测物体的空间坐标信息,再基于其坐标信息进行三维重建。三维激光扫描技术采集数据速度快、实时性强、数据量大、测量精度高、全数字特征的信息传输,能够直接将外界的场景和模型高效地转换成数字化模型,实现核设施场景的还原和重建,并且获得的数据能够轻松地在不同计算机中转移和加工,后期处理方便。因而,三维激光扫描技术可通过搭载三维激光扫描仪对核设施进行激光扫描,来进行核设施的三维模型重建,获得核设施的三维模型。为后续的退役可视化过程中虚拟仿真技术的运用提供准确可靠的三维原始数据,在反应堆退役领域具有广泛的应用前景。

1) 基于激光三维扫描的退役场景感知技术

三维激光扫描技术原理如图 9-1 所示[1]。激光扫描设备对物体空间外形和结构的扫描,扫描结果由一系列离散点组成,每个点本质上是非结构化的,以空间坐标 x、y、z 和颜色 RGB 值记录,无数的点在视觉上形成了一个"云",构成了虚拟三维模型。被测点云的三维坐标在三维激光扫描仪确定的坐标系中定义,xOy 平面为扫描仪横向扫描面,z 轴与横向扫描面垂直,L 为扫描点到三维坐标原点的距离,P 为被扫描点。测得 P 点的三维坐标后,就获得了 P 点的位置信息。

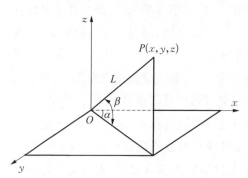

图 9-1　三维激光扫描坐标系与扫描点原理图

激光三维扫描技术存在的主要问题是三维点云数据模型重构时,需要人工逐面进行重构和拼接,准确率不高,效率较低。因此,需要进一步开展三维点云数据处理、退役典型设备的智能识别、三维点云数据模型重构、扫描及模型重构软硬件开发等工作。

在激光三维退役场景感知中,对整体结构使用大空间扫描仪快速获取厂房空间全局三维点云,再使用局部扫描仪对阀门结构件进行精细扫描,保证结构复杂件的扫描数据精度,将数据进行高精度拼接和处理。采用拉普拉斯滤波算法进行激光点云去噪,通过将高频几何噪声能量扩散到局部邻域中的其他点上来实现,然后采用下采样(under-sampling)技术对数据进行精简,通过卷积神经网络算法对退役处理后的数据进行智能识别[2]。

为了提高神经网络对单个零件的识别效果,依次输入单个零件的点云数据到神经网络中进行训练;同时,为了提高神经网络对于除零件以外的噪声点的识别能力,在输入的单个零件的训练点云中加入随机噪声。另外,为了增加训练数据集的数量,对零件的点云进行旋转、平移的操作后,再添加随机噪声,以产生新的训练数据集,这样每组训练数据集之间的位姿与噪声都各不相同。三维点云数据识别效果如图 9-2 所示。设备识别也可以在模型重构后进行,建立标准组件库,通过点云骨骼特征提取与匹配算法,与标准组件库进行匹配,实现标准组件的提取与识别。

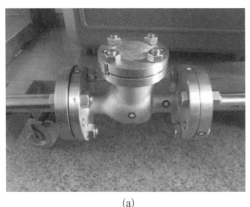 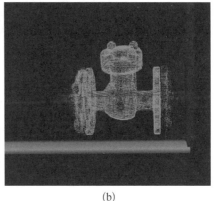

(a) (b)

图 9-2　典型设备的智能识别效果

(a) 阀门 1;(b) 阀门 1 的识别数据

在对激光点云数据智能识别后,采用基于子块区域生长法将点云分割为平面区域与非平面区域,再采用不同的算法对平面区域和非平面区域分别进行模型重构。重构过程分为两步:一是识别出典型设备上的所有基本形面;二是对识别出的形面单独进行造型。

对于典型设备上的形面识别,采用基于一种高效 RANSAC(random sample consensus)的算法。首先,通过局部采样获取最小点集;接着,根据最小点集与需要识别的形面类型,确定所有候选形面;然后,根据特定的评分方程,对所有候选形面进行打分,并取分数最高的候选形面作为最优形面;之后,计算最优形面的置信率;若最优形面的置信率大于预定值,则认为此最优形面为正确形面,并同时从总点云中将属于此形面的点云删除。采用上述步骤,找出所有的形面。

识别所有面片并重构完成后,最终可得到设备的三维模型。对模型进行特征参数提取、表面材质处理等,可以应用于数字反应堆系统的不同功能模块中。图 9-3 为某一零件单个面片识别、全部面片识别、面片的自动重构、三维模型最终构建的示意图。

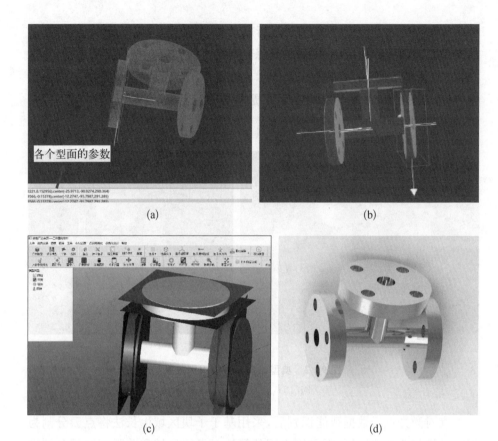

各个型面的参数

(a)

(b)

(c)

(d)

图 9-3　某零件的点云三维模型重构过程

(a) 零件单个面片识别;(b) 零件全部面片识别;(c) 零件面片的自动重构;(d) 零件最终重构的三维模型

2) 三维激光扫描技术应用

中国核动力研究设计院研制了移动式激光三维扫描模型重构原理样机。该样机由激光三维扫描重构程序和激光三维扫描硬件系统组成。其中:激光三维扫描重构程序主要用于对激光三维扫描装置系统获取的点云数据进行处理和模型重构,以及模型的自动检测识别;激光三维扫描系统主要用于对反应堆作业场所、核动力系统设备的三维位置数据进行扫描获取。

激光三维扫描重构程序主要包括三大功能模块:数据库模块、三维模型重构模块和人机交互模块。数据库模块包括退役场所和系统设备的设计模型、大空间扫描仪的三维点云数据、手持式扫描仪的三维点云数据、拼接数据等;三维模型重构模块主要功能则是在数据库的基础上实现多点扫描点云数据的去噪、精简、拼接、三维实体模型的重建、关键设备智能化识别及特征参数提取、实体模型分离、重建模型与设计模型的对比等内部操作;人机交互界面的功能主要有三维原始模型显示、点云模型显示、三维重建实体模型显示、实体模型分离显示、实体模型尺寸显示及厂房状态评估。移动式激光三维扫描装置包括移动式大范围快速激光三维扫描设备、移动式扫描控制系统、激光三维扫描重构程序和手持式激光精确扫描仪组成,如图 9-4 所示。

图 9-4　激光三维扫描模型重构原理样机

9.1.2　基于 3D 视觉技术的退役场景感知技术

三维激光扫描具有精度高、数据全面的特点,但生成的点云数据量十分庞大,处理难度较大,对软硬件性能要求高。对于以平面运动为主的退役作业,比如金属壁面的去污(如机械打磨、激光清洗)、板材的切割(如激光切割、射流切割)、设备的自动定位,只需获取对象的作业范围、内部的凹凸结构及区域等信息,不需要特别精确的三维立体形面信息,但对于扫描和识别、作业路径生成等效率要求较高。此场景使用 3D 视觉扫描、特征提取等技术更为合适。由于 3D 视觉扫描主要使用机械臂携带 3D 相机实施,其在反应堆退役领域应用的关键是确定扫描数据(3D 相机)与基准数据(一般为机械臂基座或全局坐标系)的变换关系,扫描后的点云数据处理、模型识别等技术与激光三维扫描相关技术类似。

1) 基于机械臂扫描的点云数据坐标变换

对于 3D 相机安装到机器人手臂末端的系统,空间三维坐标的变换可以用方程 $AX = XB$ 求解,其中:A 表示相邻两次运动时机器人末端关节的变换关系;B 表示相邻两次运动时摄像机坐标的相对运动;X 是机械臂末端与摄像头之间的坐标转换关系。

中国核动力研究设计院设计的基于机械臂的 3D 视觉系统如图 9-5(a)所示，而该系统的坐标变换关系则如图 9-5(b)所示。

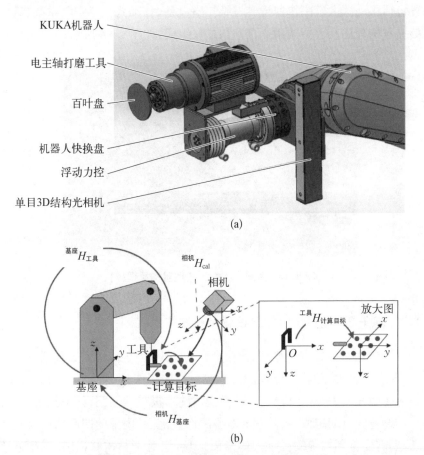

(a)

(b)

图 9-5 基于机械臂的 3D 视觉系统坐标变换

(a) 基于机械臂的 3D 视觉系统；(b) 3D 视觉系统坐标变换关系

2) 3D 视觉感知技术应用

机械打磨去污会产生大量粉尘，自动化打磨去污装置对于降低人员劳动强度、减少人员受照剂量、提高去污效率等具有重要作用。自动化打磨去污装置的重要技术之一是自动识别作业对象，并根据识别结果进行去污路径的规划，路径规划完成后软件直接驱动装置进行去污作业，全过程不需要人员操作干预。使用 3D 视觉系统实现的机械打磨应用的部分照片如图 9-6 所示。

图 9 - 6　基于 3D 视觉的机械打磨应用

（a）基于 3D 视觉的机械打磨装置；（b）3D 视觉三维路径规划；（c）机器人运动轨迹设置；（d）机械臂自动打磨

9.1.3　伽马相机与成像技术

伽马相机利用光学成像和射线探测的原理,获得放射源在光学图像上的分布。该相机具备灵敏度高、探测时间短、体积小、质量轻等特点。伽马相机可快速监测出放射性污染区域,将热点位置与实际环境图像结合显示,生成热点的分布图像,并初步进行核素识别。它为放射性物质的定位、搜寻及后续处置提供依据,在核废物处理,交通口岸货物放射性检测,环境辐射污染监测,核电站及反应堆检测等领域有广泛的应用。

1）伽马相机技术

伽马相机根据探测射线来源方向的方法主要有两种：小孔或狭缝的机械准直法和康普顿散射反推法。小孔伽马相机结构如图 9 - 7 所示[3]。

机械瞄准法为了重建源的强度分布,必须设置小孔或狭缝,挡掉很大一部

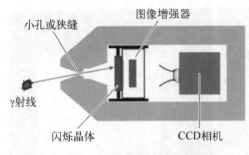

小孔或狭缝　图像增强器

γ射线

闪烁晶体　CCD相机

图 9-7　小孔伽马相机结构示意图

分来自射线源的射线,只让射线源的一部分射线穿过小孔或狭缝,成像到探测器上。如果射线的量子能量很高,可以穿透小孔或狭缝的基材,信噪比就会变差。常用的机械准直伽马相机一般由准直器、闪烁晶体、光导介质、位置灵敏探测器、读出电路、后端电子学系统(前置放大器、数据采集卡等)和成像软件等部分组成。机械准直伽马相机的性能主要受两个方面的影响:一是硬件模块部分,包括准直器、闪烁晶体、光电转换器件、读出电路及后端电子学系统等模块;二是定位算法,常用重心法、最大似然法、最小平方估计法。

表 9-1 以测量原理分类,分别列出各类伽马相机主要优势与劣势。

表 9-1　伽马相机类型及优缺点

类　型	优　势	劣　势
针孔成像	角分辨率适宜,能量范围较宽剂量线性显示良好,信噪比较高	质量(≥15 kg)大,灵敏度低,视野窄(30°或50°)
编码孔成像	角分辨率适宜,灵敏度高结构紧凑,小型,质量小(<300 g)能量范围宽,剂量线性显示良好	视野窄(45°~50°),能量分辨率一般
康普顿成像	中小型,质量小(3~5 kg)视野高达360°,能量分辨率高	灵敏度低,角分辨率一般,250 keV以下几乎不适用

在伽马相机成像重建算法方面,主要可以分为解析算法和迭代算法两大类。解析重建算法中,最常用的是直接反投影算法和滤波反投影算法。直接反投影算法为通过遍历整个像素空间,判断每个像素点是否在事件所反算的圆锥面上,如果在,则按权重在该点处叠加一个值,当所有事件均完成反投影,即可重建出放射源所在的空间位置。而此种算法存在一些问题:没有放射源的位置也难以避免被赋值,因此即使在理想条件下,图像依然会有伪影存在。基于 Radon 变换的滤波反投影算法可解决简单反投影算法噪声严重、成像分辨率差的问题。对比解析算法,迭代算法将重建问题建模成数学问题,通过解

方程组 $g = Hf$ 来得到重建图像,其中:g 为探测器响应,H 为系统矩阵,f 为重建图像。迭代算法可以获得真实图像的无偏估计[4]。目前,对迭代算法中的最大似然期望最大化(maximize likelihood estimate maximization,MLEM)改进的 LM-MLEM(list-mode,LM)算法被提出,该算法基于列表模式的权重法,带来了更精确的结果[5]。此外,由于 MLEM 及其衍生算法均基于像素驱动,在高分辨率、大视野任务中,计算复杂度高、速度慢,基于事件驱动的随机起源算法(stochastic origin ensemble,SOE)被提出,该算法复杂度更低,运行更快。

2)康普顿伽马相机技术

康普顿散射法采用康普顿散射原理反推入射光子的方向,从而获得源的强度分布。这种探测方式需要用多个探测器获取散射光子的方向和能量,从而计算出入射光子的方向。这种探测方式主要用于高能射线成像或低强度射线源的成像,在天文学、核医学与环境辐射监测领域都有广泛的应用前景。

康普顿相机是一种非机械准直的新型成像模式,有着独特的成像模式和成像优势。它借由康普顿散射的物理效应追踪入射光子来向,即进行"电子准直"。在环境辐射监测领域,康普顿相机与传统的编码板对比,前者的成像视野更宽广,而后者还有着成像能区的限制,当射线能量过高时可能穿透编码板带来图像噪声。因而,康普顿相机在大视野、宽视场、高分辨、高探测效率的成像任务中有着很大的发展潜力。典型康普顿相机成像原理是基于伽马光子与两层或两层以上的伽马射线探测器相互作用来获得伽马光子的入射信息,成像原理如图 9-8 所示[6]。

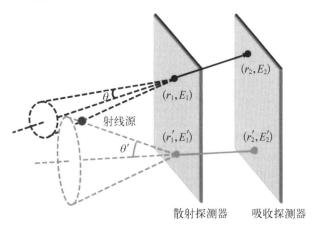

图 9-8 典型康普顿相机成像原理示意图

随着康普顿相机技术的发展,其开放式视野成像技术在环境辐射监测与三维辐射场研究领域等也得到了研究与应用。2012 年,Takahashi 等[7]基于 Si/CdTe 康普顿相机的技术,制造了一种超广角康普顿相机,成功应用于可视化福岛地区放射性物质的分布。2014 年,Kishimoto 等[8]提出了一种将三维位置敏感闪烁体耦合到多像素光子计数器阵列上的手持康普顿相机,并引入了一种相互作用深度(DOI)方法来进一步提高角度分辨率,不仅可以测量方向,还可以测量到放射性热点的近似距离,其灵敏度比同类用于福岛检测的相机高几倍。

9.2 退役工艺过程仿真

退役数据采集及处理后,数字化退役便具备了退役工艺过程仿真的数据基础。退役工艺过程仿真是数字化退役的核心内容,是辅助退役方案设计、验证退役新工艺、新设备、提高人员培训效率的重要手段。退役工艺过程仿真包括三维辐射场与工艺动态耦合、人体受照剂量评估、人员行走路径规划、三维虚拟工艺过程仿真、退役方案评估评价、沉浸式人员培训等内容。

9.2.1 三维辐射场与工艺动态耦合

核设施退役过程中,辐射场伴随整个退役施工过程,精确计算三维辐射场,实现与退役工艺的动态耦合,并进行可视化显示,是提高核设施退役真实度仿真模拟过程的关键。三维辐射场与工艺动态耦合包括三维辐射场快速精确化计算方法、三维辐射场计算程序开发和程序集成及辐射场可视化显示。

1)三维辐射场快速精确化计算方法

退役物项设备根据对辐射场的作用效果可分为源项设备和屏蔽设备。源项设备发射的光子经过自身材料屏蔽和周围屏蔽设备的减弱在空间形成辐射场分布。辐射场的计算需要分解每个源项设备对空间每一点剂量率的贡献,利用辐射屏蔽减弱公式对每一个源项设备在该点剂量率进行求解,最后对所有的贡献进行累加求和。剂量率 D(空气吸收剂量率)的计算公式[9]为

$$D = KB\phi_0 e^{-\mu R} \tag{9-1}$$

式中：K 为光子注量率与剂量率之间的转换系数为常数；B 为积累因子（无量纲），是考虑光子在屏蔽层中发生康普顿散射后穿过屏蔽层的修正系数；ϕ_0 为初始的光子注量率；R 为屏蔽层的厚度；μ 为屏蔽层线减弱系数，μ 和 R 之乘积即为光学距离。

利用点核积分算法，可以得到面源的剂量率和体源的剂量率计算公式分别如下：

$$D_{\mathrm{F}}(r_p) = \iint_{S} \int_{0}^{E_{\max}} F(E) S_{\mathrm{F}}(E, r) K_{\mathrm{F}}(E, r \to r_p) \mathrm{d}E \mathrm{d}r \qquad (9-2)$$

$$D_{\mathrm{V}}(r_p) = \iint_{V} \int_{0}^{E_{\max}} F(E) S_{\mathrm{V}}(E, r) K_{\mathrm{V}}(E, r \to r_p) \mathrm{d}E \mathrm{d}r \qquad (9-3)$$

式中：D_{F} 为面源的强度；r_p 为 p 点距面源原点的距离；D_{V} 为体源的强度；E 为射线能量；$F(E)$ 为注量率-剂量率转换系数拟合公式；$S_{\mathrm{F}}(E, r)$ 为面源的源强分布函数；$S_{\mathrm{V}}(E, r)$ 为体源的源强分布函数；r 为 r 点距面源原点的距离；$K_{\mathrm{F}}(E, r \to r_p)$ 为面源点核函数；$K_{\mathrm{V}}(E, r \to r_p)$ 为体源的点核函数。拟合公式 $F(E)$ 的计算见式（9-4）和式（9-5）。

$$F(E) = \frac{10}{E} \exp[-(A + BX + CX^2 + DX^3)] \qquad (9-4)$$

$$X = \ln E \qquad (9-5)$$

式中：A、B、C 和 D 均为拟合系数，是常数。

基于各个光子能量的实验的注量率-剂量率转换系数拟合，得到了能量的对数与转换系数的多项式拟合公式。依据美国的 ANS-6.4.3 工作群建立的积累因子数据库及 GP 拟合公式作为剂量率计算公式的积累因子函数。多层介质下的积累因子计算公式如下：

$$B\left(\sum_{i=1}^{N} \mu_i X_i\right) = \sum_{n=1}^{N} B_n\left(\sum_{i=1}^{n} \mu_i X_i\right) - \sum_{n=2}^{N} B_n\left(\sum_{i=1}^{n-1} \mu_i X_i\right) \qquad (9-6)$$

式中：i 为介质层数。

在计算仿真环境中某点的辐射水平时，需要考虑从辐射源到计算点之间的屏蔽情况[10]。计算光子的光学距离时，若计算点和等活度源点之间的直线方程与设备表面方程相交，则屏蔽层的厚度即为自吸收的屏蔽厚度与其他设备的屏蔽厚度之和。在考虑自吸收时,先建立计算点与离散后的等活度源点的直线方程,再与自身设备的表面方程联立,解得直线与表面的交点(x_m, y_m, z_m)。由于反应堆中主要形状为圆柱形结构,采用标准圆柱体对设备进行离散,圆柱体采用极坐标进行表征,圆柱体等活度源点的离散方式如下:高度方向等分为 I 等份,径向方向等分为 J 等份,角度方向等分为 K 等份。设定: $i=0, 1, \cdots, I; j=0, 1, \cdots, J; k=0, 1, \cdots, K$。则在直角坐标系下圆柱体等活度源点离散后的空间坐标可表征为(x_{jk}, y_{jk}, z_{ik}),则自吸收屏蔽厚度 ΔR_m(计算点与离散后的等活度源点的距离)计算公式如下:

$$\Delta R_m = \sqrt{(x_m - x_{jk})^2 + (y_m - y_{jk})^2 + (z_m - z_{ik})^2} \tag{9-7}$$

式中:(x_m, y_m, z_m)为计算点 m 的空间坐标,$m=0, 1, \cdots, M$,M 为总的计算点。

考虑外部体设备的屏蔽时,先建立计算点与离散后的等活度源点的直线方程,与周围各个设备的表面方程联立,判断直线与屏蔽设备是否相交,若相交,求解直线与表面的两个交点(x_1, y_1, z_1)和(x_2, y_2, z_2),屏蔽厚度 ΔR_n 计算公式如下:

$$\Delta R_n = \sqrt{(x_2 - x_1)^2 + (y_2 - y_1)^2 + (z_2 - z_1)^2} \tag{9-8}$$

式中:n 为外部体设备编号,$n=0, 1, \cdots, N$,N 为总的外部体设备数量。

2) 三维辐射场计算程序开发

三维辐射场计算程序的主要功能包括源项数据更新和辐射场计算。源项数据更新包括源项数据输入、修改和查看等,辐射场计算包括计算信息输入、辐射场初始化、单源项剂量率和多源项剂量率计算、计算结果存储及输出等。计算程序总体结构如图 9-9 所示。首先由用户输入设备的形状、尺寸、位置和源项等信息,以及耦合面、退役场址边界和空间网格划分等信息,建立起退役场景模型,然后依次进行蒙特卡罗计算和点核积分计算,最后将计算出的各网格点处的剂量率输出到文件中进行保存,即得到了退役场址空间的三维辐射场。退役过程中,设备的特性发生变化,由用户对输入信息进行修改,重新计算即可得到更新后的辐射场。

为了充分利用工作站计算能力和节省计算时间,本程序采用并行计算方法,使用队列机制和采取多线程手段,同时对多个源项设备进行辐射场计算。

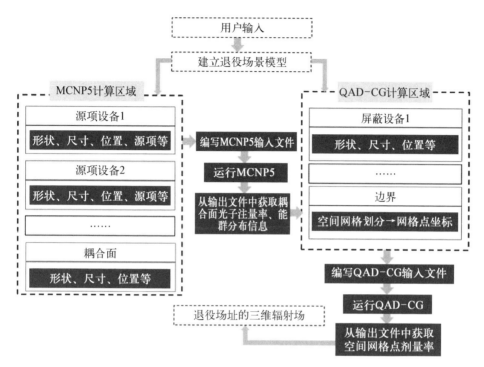

图 9-9　辐射场耦合计算软件总体结构示意图

3）程序集成及辐射场可视化显示

将辐射场计算软件与三维仿真系统进行集成,退役工艺仿真前,辐射场程序进行初始化计算,计算所有源项设备在所有空间中的剂量率,此过程耗时较长。在退役仿真过程中主要对变化后的场景进行辐射场的更新,也可以根据需要对变化较大的场景进行辐射场的初始化计算。辐射场与工艺耦合计算程序的流程如下:计算程序接收仿真系统的指令后进行判断,若为初始化,则获取设备源项信息并进行分析,选取计算方法后传递给计算函数进行计算,结果存入数据库中,判断计算是否结束,若没有结束则继续计算,结束后则进行界面显示。计算指令若为仿真过程中的计算,则首先判断场景中发生变化的源项,计算变化的源项对空间剂量率的贡献,然后与当前数据库中的剂量率进行比对,获得最新空间剂量率结果后存入数据库,判断计算过程是否需要继续或停止。辐射场的动态计算流程如图 9-10 所示。

当仿真场景发生变化后,最新的场景状态保存在数据库中,仿真环境根据交互命令可以调用三维辐射场计算程序,得到的结果保存在结果数据库中,辐

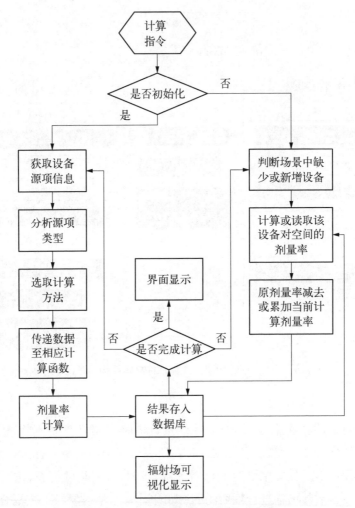

图 9-10 三维辐射场的动态计算流程图

射场显示程序调用最新的辐射场结果进行显示,实现了三维辐射场的动态计算。

在三维场景中,选定区域辐射水平的最大值设定为纯红色,中间值设定为绿色,最小值为蓝色,中间值按线性关系映射为颜色的对应值,得出辐射场与颜色的映射公式后,可以采用计算机绘图的方式进行可视化显示。仿真系统读取保存在数据库中的辐射场计算结果后,通过映射公式可以可视化显示退役场景中的三维辐射场分布状态。退役场景中三维辐射场可视化如图 9-11所示[11]。

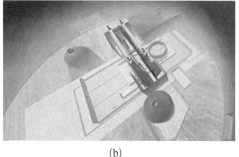

(a)　　　　　　　　　　　　　　(b)

图 9 - 11　退役场景中的三维辐射场

（a）反应堆退役三维辐射场；（b）秦山核电厂退役三维辐射场

9.2.2　人体受照剂量评估

涉核操作由各个具体的工艺组成，每个工艺包含不同的人体运动过程，以及每个人体运动时一系列人体动作的集合，通过人体动作的自然过渡和衔接形成人体运动过程。因此，人体受照辐射剂量是完成每个人体动作所受辐射剂量的总和，即独立的工艺是人员受照剂量计算的基本单位。

定义数据结构 $R(T, P, d_D)$，其中：T 为时间（初始时间为 T_0），P 为工作人员的位置坐标 (X, Y, Z)，d_D 为所处位置的辐射剂量率。

根据工程实践可知，工作人员的受照剂量主要来自固定在某一位置操作所产生的剂量。因此，当记录时间间隔较小时，工作人员完成该操作工艺所产生的受照剂量可以近似计算如下：

$$D = \sum d_D (T_i - T_{i-1}) \tag{9-9}$$

式中：下标 i 为某一时间点。

将某一具体工艺的人员受照剂量定义为 D_i，则退役工程全部或某一阶段的人员受照剂量为

$$D = \sum d_{D_i} \tag{9-10}$$

提取人体运动过程中每个人体的"位置属性"和"持续时间"信息。然后，通过"位置属性"信息获得人体模型在当前位置的辐射剂量率。在复杂辐射场环境中，人体模型的各个部位所受到的辐射剂量率是不同的，考虑人体不同器

官、部位(如眼睛、心脏、肢体等)的受照情况,将它们的剂量进行按权重叠加。最终估算出人员受照剂量,并实现复杂场景内三维辐射场下人员受照剂量值的实时输出。

在反应堆退役的虚拟场景中,辐射剂量率是以空间坐标点的形式存在的,将提取到人体模型重心的位置坐标信息与剂量率坐标信息进行匹配:当一致时,即提取改点的辐射剂量率作为人体模型在当前位置的辐射剂量率;当不一致时,提取距离该点最近一个点的辐射剂量率作为人体模型在当前位置的辐射剂量率。然后,将提取到的辐射剂量率乘以"持续时间",即得到完成单个动作人体模型所受到的辐射剂量,最后将完成所有人体动作所受到的辐射剂量进行累加即得到检修人员在检修过程中所受到的总辐射剂量。

在人员操作中,通过获取人员位置信息和位置处的辐射场数据,结合人员在某一位置停留的时间,可以累积计算出其在某一工艺或某一时间段的受照剂量,并通过三维可视化形式进行显示。某反应堆压力容器顶盖顶升和秦山核电堆内构件解体工艺仿真过程中人员受照剂量可视化显示如图 9 - 12 所示。

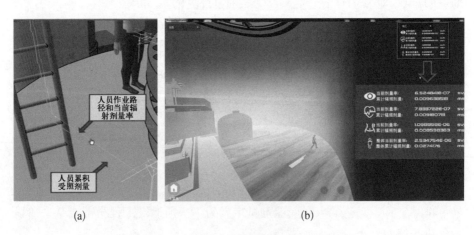

(a)   (b)

图 9 - 12　退役人员受照剂量计算及可视化

(a) 人员受照剂量计算及可视化;(b) 秦山核电厂退役堆内构件解体人员受照剂量计算及可视化

9.2.3　人员行走路径规划

实现人员辐射防护最优化,是退役辐射防护的主要目的,因退役场景中空间剂量水平不均,有必要对人员行走路径进行规划,实现人员受照剂量最小[12]。

1) 人员行走路径规划算法

旅行商问题(TSP)讲的是假定在途经任何一座城市都有一个固定花费的情况下,如何让一位旅行商走遍所有城市回到出发点的总花费最少。

这个问题非常类似于核设施的退役问题,它们之间有着许多的共同之处和少许不同。当一名拆除人员在拆除退役核设施的时候,会受到核设施放射性对其造成的辐照影响,也就是说当拆除人员在拆除核设施的时候会受到设施带来的剂量的影响,可类比于旅行商途经城市时所产生的"花费"。不同点在于拆除人员除了会受到当前拆除对象的剂量影响以外,还会受到周围所有放射源所带来的剂量的影响,而旅行商不会受到周围城市的影响。与旅行商问题相同,核设施拆除人员也需要遍历每一个核设施,而且每个地方只访问一次,但并不需要返回起始点。

在核设施退役模型中,设施内有 N 个设备,则拆除所有设备的路径有 $N!$ 条,路径数目随 N 的增加而急剧上升,最优路径的求解难度增加。为得到最优设备退役路径,将核设施设备退役路径问题假设成类似 TSP 问题,特点在于拆除路径起点可不同、可不为闭合回路,具体如下:

(1) 退役过程中需拆除的设备作为 TSP 问题中的城市;

(2) 退役过程中的优化目标为工作人员所受总剂量,作为 TSP 问题中的总路程。由于在设施中行走所需的时间远小于拆除过程所需的时间,忽略工作人员行走中所受剂量。

假设有 N 个需拆除的设备,拆除路径为 k_1, k_2, $\cdots$, k_i, $\cdots$, k_N,其中 k_i 是第 i 个被拆除的设备的编号。利用式(3-2)、式(3-3)建立剂量率矩阵 $\boldsymbol{D}_R$:

$$\boldsymbol{D}_R = \begin{bmatrix} \dot{D}_{k_1, k_1} & \dot{D}_{k_1, k_2} & \cdots & \dot{D}_{k_1, k_N} \\ \dot{D}_{k_2, k_1} & \dot{D}_{k_2, k_2} & \cdots & \dot{D}_{k_2, k_N} \\ \vdots & \vdots & & \vdots \\ \dot{D}_{k_N, k_1} & \dot{D}_{k_N, k_2} & \cdots & \dot{D}_{k_N, k_N} \end{bmatrix} \qquad (9-11)$$

式中:$\dot{D}_{k_i, k_j}$ 表示未开始拆除核设施情况下,k_j 号设备在 k_i 号设备处产生的剂量率。

建立时间矩阵

$$T = \begin{bmatrix} t_{k_1} & t_{k_1} & \cdots & t_{k_1} \\ 0 & t_{k_2} & \cdots & t_{k_2} \\ \vdots & \vdots & & \vdots \\ 0 & 0 & \cdots & t_{k_N} \end{bmatrix} \quad (9-12)$$

式中：t_{k_i} 为拆除 k_i 号设备所需的时间；矩阵元素 $T_{i,j}$ 表示拆除第 k_i 号设备时，k_j 号设备照射拆除人员的时间。

将剂量率矩阵和时间矩阵相乘，得剂量矩阵 D，D 矩阵各元素之和即为拆除人员受到的总剂量 $f(x)$。

$$f(x) = \sum_{i=1}^{N} \sum_{j=1}^{N} D_{i,j} = \sum_{i=1}^{N} \sum_{j=1}^{N} (D_{i,j} \cdot T_{i,j}) \quad (9-13)$$

实际操作中，一个设备可能分多次拆除。该情况下，设定设备单元数 M，即一个设备平均分为 M 个单元，各单元的活度和产生的剂量率为设备的 $1/M$，拆除各单元所需的时间为拆除设备总时间的 $1/M$。设同一设备中各单元位置相同，则同一设备不同单元辐射效果相同。单元总数为 $(M \cdot N)$ 个，拆除人员需遍历所有单元。

假设拆除路径为 u_1，u_2，u_3，$\cdots$，u_{NM} 其中 u_p 是第 p 个被拆除单元的编号。建立剂量率矩阵

$$D_R = \begin{bmatrix} \dot{D}_{u_1,u_1} & \dot{D}_{u_1,u_2} & \cdots & \dot{D}_{u_1,u_{NM}} \\ \dot{D}_{u_2,u_1} & \dot{D}_{u_2,u_2} & \cdots & \dot{D}_{u_2,u_{NM}} \\ \vdots & \vdots & & \vdots \\ \dot{D}_{u_{NM},u_1} & \dot{D}_{u_{NM},u_2} & \cdots & \dot{D}_{u_{NM},u_{NM}} \end{bmatrix} \quad (9-14)$$

式中：$\dot{D}_{up,uq}$ 表示未开始拆除核设施情况下，单元 u_p 在单元 u_q 处产生的剂量率。

$$\dot{D}_{u_p,u_q} = \frac{\dot{D}_{u_i,u_j}}{M} \quad (9-15)$$

式中：k_i 为单元 u_p 所在设备的编号；k_j 为单元 u_q 所在设备的编号。拆除每个单元所需的时间 $t_{u_q} = \dfrac{t_{k_j}}{M}$。构建时间矩阵及计算总剂量同上，实现设备的单元化。

2) 人员行走路径规划

在反应堆退役人员行走路径规划中,需要根据工程实际需求对场景模式和行走轨迹进行定义和约束。人员在三维空间的路径规划不是从任一点到任意其他点的规划,而是在规定的可行走的通道上进行规划,并且还要考虑避开障碍物。在三维空间中,人员实际是在某一楼层 2D 平面内行走和在楼梯中行走。楼层 2D 平面内路径可用 A* 算法计算,楼层与楼层之间通过楼梯进行连接,楼梯面也可以用 A* 算法计算[13]。在三维场景建模时,需标记模型类型(楼板、楼梯),其中楼梯模型中需附加楼梯点坐标信息。反应堆退役人员路径规划实现流程如图 9-13 所示,实现仿真场景如图 9-14 所示。

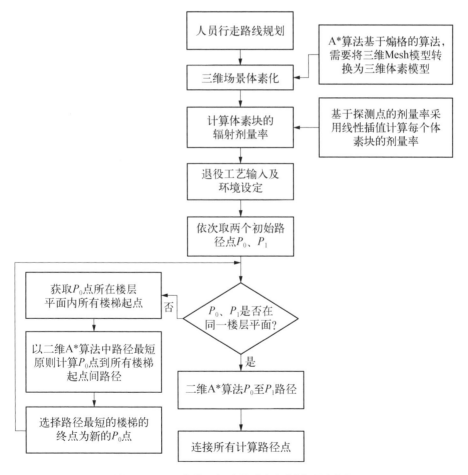

图 9-13　反应堆退役人员路径规划实现流程图

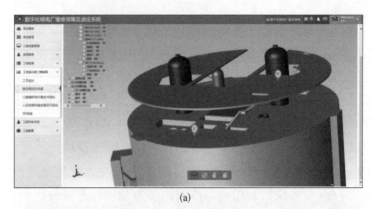

(a)

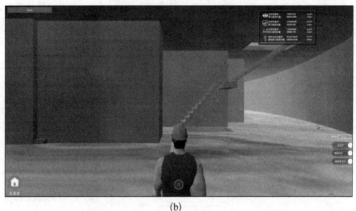

(b)

图 9‑14 三维路径规划仿真场景

(a) 三维路径规划设置;(b) 三维路径规划仿真

9.2.4 三维虚拟工艺过程仿真

三维虚拟工艺过程仿真主要是指在三维虚拟环境中开展退役工艺过程的模拟验证。在三维工艺模拟过程中主要涉及拆除过程中的干涉检测及预警、拆除过程模拟。

1) 干涉检测及预警

拆除过程仿真需要对可能出现的干涉情况进行检测及预警。反应堆退役仿真中干涉检测选用包围盒法。由于反应堆的大型结构件和管道的共同结构特点是类似圆柱体,因此蒸发器、稳压器和主泵等大型结构件的模型包围盒拟采用圆柱体;又由于退役仿真系统注重交互性,对干涉检测精度要求不高,在系统发出干涉警告后,用户可以通过交互操作查看发生干涉的位置,进行干涉的核实与确认,这实际上更符合人机交互的操作习惯,同时提高干涉检测的速度,满足仿真系统人机交互的需求。而对于弯管,如果也采用一个包围盒,则干涉检测的结果误差就非常大,有时可能系统给出的结果与实际情况严重不符[14]。为了解决这个问题,拟采用分段包围盒代替单一包围盒,将弯管分解为多个直管,向每段直管施加一个圆柱体包围盒,这样就大大提高了干涉检测的精度。在反应堆退役的实践中,对于重要结构不能发生干涉,而有些结构则允许轻微的干涉,因此在干涉检测时仿真系统应能根据目前结构件的运动速度和方向提前预测可能发生干涉的部位,并用颜色或其他方式对其进行标记。

最小距离法可计算产品拆除过程中实体之间的距离,将仿真过程的最小距离结果输出至 Excel 表格中进行详细查看,分析监视器及三维视图区中显示了产品间的最小间距数值,实现最小间距的预警。区域分析法中采用设定区域的方式将可能触碰的范围以红色区域表示,安全区域以绿色区域表示,实现分颜色显示实体间干涉出现的可能性大小。

以大型容器设备拆吊为典型工艺对干涉检测和预警功能进行了模拟验证,图9‑15为容器拆吊过程中与墙壁可能发生干涉的预警示意图。

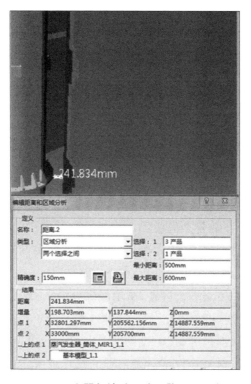

图9‑15　容器与墙壁干涉预警显示示意图

2）设备拆除仿真

设备拆除包括虚拟切割及虚拟拆除等。在反应堆退役中虚拟切割主要用于管道类结构件的切割模拟，因此退役虚拟切割研究对象选为圆柱体。在三维模拟软件中提取三维模型和切割刀具平面的参数并进行重组，计算获得切割后两段圆柱的结构参数，包括重心点坐标、长度、外径、壁厚、方向向量等。通过三维模拟软件的三维模型化得出两个独立的模型。生成的个体继承原零件的基本编号和流水号。切割后的模型数据会同步保存至统一的数据库中，为后续放射性废物的估算和管理提供了基础。由于切割后一个实体变为了多个实体，对切割后的模型进行的拆除模拟即变为了一般性的过程模拟。

虚拟拆除是实际拆除过程在虚拟环境中的映射，即通过操作虚拟环境中的三维设备来模拟拆除操作的全过程。实际的反应堆设备结构复杂，且大多具有一定的放射性，因此用户不能实地进行学习。通过使用虚拟拆除技术，用户可以安全、直观地了解反应堆设备的组成，这不仅节约了培训成本，而且具有较高的现实意义。

中国核动力研究设计院通过开发的核设施退役工程支持系统实现对退役工艺过程的仿真验证。主要用于工艺实施过程进行设计和三维仿真验证，包括退役工艺设计、退役工艺过程仿真（如虚拟切割及拆除、设备虚拟安装）、三维辐射场计算及可视化、人员受照剂量估算及可视化、路径规划与优化等。该模块部分应用界面如图 9-16 所示。

9.2.5 退役方案评估评价

反应堆退役方案评价为多指标综合评价和多目标决策值的问题。退役方案的选择受到各种因素和评价指标的影响，而且这些因素和指标相互制约、相互影响，形成了一个非常复杂的决策系统。决策系统中很多因素之间的比较往往无法用定量的方式描述，需要将半定性、半定量的问题进行综合，予以全局的评价。

针对核设施退役方案评价问题，采用层次分析法，构建核设施退役量化评价模型。模型包含 6 项准则及 20 项评价指标，实现了对退役方案的整体，以及安全因素、废物量、退役经费、退役周期、技术因素、公众认可度等方面的系统性量化评价。通过对某核设施退役工程的量化评价实践，验证了该评价方法的有效性，并为后续退役工程提供了一些建议。

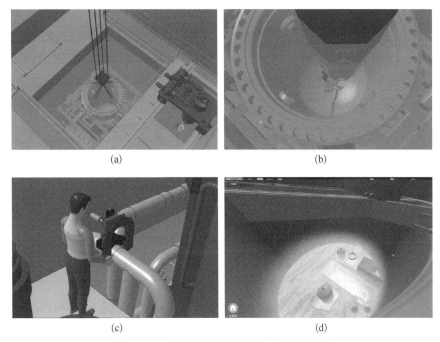

图 9 - 16　某反应堆退役拆解工艺过程仿真

(a) 反应堆压力容器吊运仿真；(b) 压力容器水下切割仿真；(c) 主管道切割仿真[15]；
(d) 压力容器解体块吊运(辐射场显示)

9.2.5.1　退役方案量化评价模型建立

中国核动力研究设计院通过研究总结我国核设施退役工程,剖析退役技术路线形成过程,分析影响退役方案制定的诸多因素,结合核设施退役相关各领域专家的意见,建立了退役方案量化评价的层级结构模型[16]。核设施退役方案量化评价的流程如图 9 - 17 所示。

在建立好退役方案的量化评价模型后:一方面,通过对模型各指标进行排序,得到指标在评价模型中的相对权重;另一方面,通过对定性和定量指标建立统计计算模型实现指标的量化,通过无量纲化处理后得到各指标在相同标度下的量化结果。最后,将指标权重和量化结果结合,得出退役方案的总量化评价结果。

1) 层次结构模型构建

根据影响核设施退役工程方案制定的诸多因素,结合该领域专家意见,梳理出 20 项影响核设施退役方案的评价指标,并通过反向归纳形成 6 项评价准则,从而构建其核设施退役方案量化评价模型。该模型包含 4 个层次,即目标层、准则层、指标层和方案层,分别以 G、C、I、A 层标注。核设施退役量化评价层次结构模型如图 9 - 18 所示。

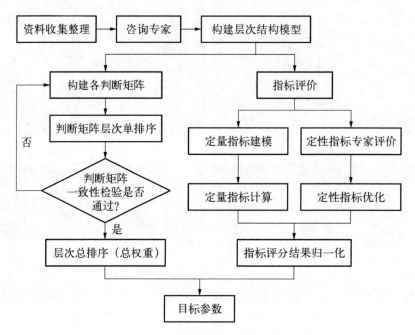

图 9-17　核设施退役量化评价流程

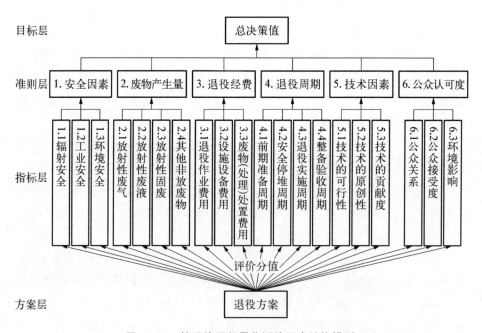

图 9-18　核设施退役量化评价层次结构模型

2）层次结构模型权值计算

通过对层次结构模型中单一因素下各子因素重要程度进行排序,求得各因素的权值,得到评价模型中各参数相对于退役工程的重要程度。

该排序问题是将因素下各个元素之间通过两两比较,得到重要性测度组成的判断矩阵。计算矩阵最大特征值对应的特征向量,并将其归一化,则其相应的分量即为该层的排序权重值。

以 G 到 C 层的判断矩阵 W 为例,其层次单排序数学模型如下:

$$W = \begin{pmatrix} c_{11} & \cdots & c_{1n} \\ \vdots & \ddots & \vdots \\ c_{n1} & \cdots & c_{nn} \end{pmatrix} \tag{9-16}$$

设:

$$W_{\_ci} = \frac{\overline{W}_i}{\sum\limits_{j=1}^{n} \overline{W}_j}, \quad i = 1, 2, 3, \cdots, n; \, j = 1, 2, 3, \cdots, n \tag{9-17}$$

则各指标权重系数值为

$$W_{\_c} = [W_{\_c1}, W_{\_c2}, \cdots, W_{\_cn}]^{\mathrm{T}} \tag{9-18}$$

式中:$\overline{W}_i$ 为矩阵 W 每行的元素积;$\overline{W}_j$ 为矩阵 W 每列的元素积。

考虑到专家评估过程中的主观性和不确定性,需要对计算结果进行一致性检验。当一致性比值不大于 0.1 时,方可接受。

9.2.5.2　评价指标的量化和无量纲化

根据核设施退役评价影响因素的类型和特点,确定的 20 个评价指标可分为了定性指标和定量指标两类,如图 9-19 所示。

1）定性指标的量化和无量纲化

采用专家判断的方法对各定性指标进行量化。考虑到专家评估过程中的主观性,对专家的评估结果进行处理。

假设 m 个专家对指标在 1~100 分值内分别给出区间评分,这样可以得到集值统计序列:

$$(a_1, b_1), (a_2, b_2), \cdots, (a_k, b_k), \cdots, (a_m, b_m) \tag{9-19}$$

式中:(a_k, b_k) 为第 k 个专家对该指标的评价区间。则

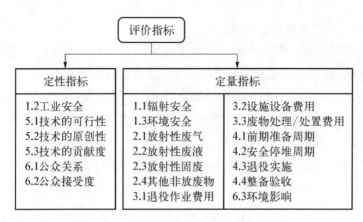

图 9-19　核设施退役量化评价指标分类

$$p = \frac{1}{2} \frac{\displaystyle\sum_{i=1}^{m}(b_k^2 - a_k^2)}{\displaystyle\sum_{i=1}^{m}(b_k - a_k)} \qquad (9-20)$$

式中：p 为定性指标的评估值，其可信度可用 b_c 来表征，b_c 值越大，可信度越高。

$$b_c = \frac{1}{1+g} \times 100\%, \quad 0 \leqslant b_c \leqslant 1 \qquad (9-21)$$

$$g = \frac{1}{3} \frac{\displaystyle\sum_{i=1}^{m}\left[(b_k - p)^3 - (a_k - p)^3\right]}{\displaystyle\sum_{i=1}^{m}(b_k - a_k)}$$

2）定量指标的无量纲化

定量指标经建模求解后得到具体数据后，采用式（9-22）将各项指标的实际值分别变换成为可以度量的无量纲分数：

$$p_i = \frac{x_i - x_i^{(u)}}{x_i^h - x_i^{(u)}} \times 100, \quad i = 1, 2, 3, \cdots, n \qquad (9-22)$$

式中：p_i 为第 i 个指标的无量纲分数；n 为定量指标的个数；x_i 为第 i 个指标的实际值；$x_i^{(u)}$ 为第 i 项指标的不容许值；x_i^h 为第 i 项指标的最满意值。

无论是对越大越好的指标，还是对越小越好的指标，这个转换公式都可以很好地实现量化指标的无量纲化，而且能够比较好地反映出该方案的优劣性。当 $p_i < 0$ 时，说明该指标不满足限定标准，该方案不可以采用；当 $p_i > 100$

时,说明该方案可以很好地满足该指标要求,此时 p_i 均取值为 100。

9.2.5.3 量化评价总决策值计算

根据对层次结构模型中各判断矩阵计算所得的权值($w_{11} \sim w_{63}$),以及各指标的无量纲化结果,核设施退役方案量化评价结果为

$$G_{ij} = s_{ij}P_{\mathrm{ND}, ij} \tag{9-23}$$

式中: G_{ij} 为各指标量化评价的最终结果参数,即总决策值; s_{ij} 为各指标经层次总排序后的权值; $P_{\mathrm{ND}, ij}$ 为指标的无量纲化结果。

9.2.5.4 某核设施退役量化评价

以某核设施退役工程为实例,进行了基于层次分析法的量化评价。通过邀请 20 位核设施退役相关领域的专家和工程人员(包括工程实施、核物理、辐射防护、三废治理、退役工程管理等专业),采用 9 级标度法对同层次各元素进行两两比较打分。为避免个别专家的主观偏好,去掉每组比较结果的最大值和最小值,通过几何平均法处理后构建判断矩阵。经排序计算,得到核设施退役方案量化评价层次结构模型权值如图 9-20 所示。层次结构模型权值代表了该评价指标在退役评价过程中的相对重要程度。

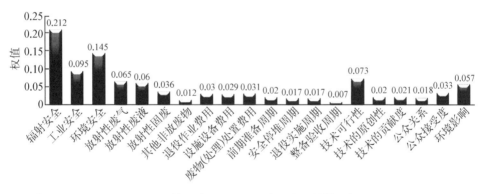

图 9-20 核设施退役量化评价层次结构模型权值

邀请了参与某核设施退役工程设计、施工、评审的 15 名专家、技术人员和工程人员针对 6 项定性指标进行评分,后采用集值统计法进行无量纲化计算。

基于层次分析法、退役评价模型、退役量化评价方法,开发量化程序并集成到数字化退役仿真系统中,在进行评价前,可以在系统工程配置模块中,设置量化评价的相关参数及指标,如图 9-21 所示。通过"新增"按钮,可以有针对性地选择相应的评价指标进行参与评价,如图 9-22 所示。

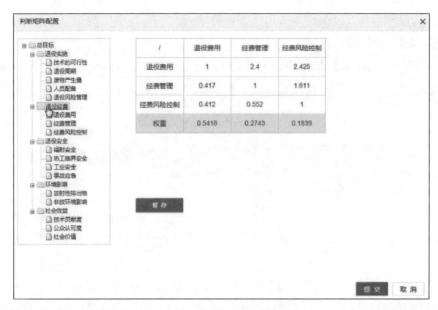

图 9‑21　指标层参数设置

图 9‑22　评价模型配置

对某核设施的14项定量指标,经数据统计总结、无量纲化计算后,输入核设施退役量化评价模型,评价结果如表9-2所示,最终评价结果为80.5分。评价结果显示安全性指标及技术的可行性最为重要,而退役周期、技术贡献等重要性相对较低;该退役方案在环境安全、技术成熟度、周期控制等方面表现较好,在技术的贡献上相对较差。

该量化评价方法不仅可以应用于核电站、核动力装置、热室等核设施,而且也可应用于铀尾矿等大型场所的退役治理工程,对于提高退役方案的科学性,保护人员和环境安全具有重要作用。

表9-2 某核设施退役量化评价结果

指　　标	权　值	分　值	准　则	权　值	分　值
辐射安全	0.469	80.9	安全因素	0.452	84.3
工业安全	0.210	68.0			
环境安全	0.321	100.0			
放射性废气	0.377	72.4	废物产生量	0.173	69.3
放射性废液	0.349	76.5			
放射性固废	0.206	74.4			
作业费用	0.335	81.9	退役经费	0.090	76.1
设施设备费用	0.318	74.3			
废物处置费用	0.347	72.2			
前期准备周期	0.318	97.1	退役周期	0.061	94.0
退役实施周期	0.276	89.2			
整备验收周期	0.121	83.3			
技术的可行性	0.638	80.0	技术因素	0.115	73.8
技术的原创性	0.179	68.0			
技术的贡献度	0.183	58.0			

（续表）

指　标	权　值	分　值	准　则	权　值	分　值
公众关系	0.167	72	公众认可度	0.108	86.6
公众接受度	0.309	72			
环境影响	0.524	99.9			

9.2.6　沉浸式人员培训

通过 VR 人机交互技术实现核设施退役沉浸式人员培训，可以提供交互式的方案规划、优化、模拟、验证等，用户能够动态调整相关参数、工具、材料、人员、工艺等内容，系统能对调整后的方案进行反馈，显示调整后的效果。根据退役部门、业务范围等内容在系统完成获得不同的交互页面。提供漫游模块，支持人员手势、行走、跑动、抬头、旋转视角等动作识别，以及语音识别，并做出响应，实现人机交互；同时，可以根据指令执行系统内操作，如查看系统内数据。通过 VR 技术实现多人协作，以及对人员物项吊装过程的培训。培训人员可以通过交互设备实现对虚拟场景内的虚拟角色动作的控制，做出各种动作姿态、演练、模拟吊装过程，加快退役施工作业效率，帮助工作人员熟悉退役作业流程。

9.3　退役数字化工程管理

退役工程数字化管理主要包括对人、机、料、法、环、测等工程要素信息的管理和对工程计划和工程进度的管控，提高退役工程管理的效率。

9.3.1　工程信息管理

工程信息管理模块可以对退役工程各要素信息进行管理，主要包括人员、设备及工装具、计量器具、材料、工艺、场地等要素的设计与管理。例如对文件管理时，可以对文件进行分类添加编辑设计，如技术类文件、管理类文件、过程性文件、培训类文件、记录类文件、总结性文件等，每个文件都具备编校审批等文件的流程管理功能。所有工程要素信息都具备单个或批量导入、导出、在线阅览、修改的管理。工程信息管理模块某一界面如图 9-23 所示。

图 9‑23　退役工程信息管理界面之一

9.3.2　工程实施管理

工程实施管理主要是对工程计划和进度进行智能计算和管控。在工程计划定义过程中,用户可在模型结构树上选择叶子节点或则父节点拖动到画布上,如果用户选择的是叶子节点,则直接会把叶子节点拖动到画布上并显示,如果用户选择的是父节点,则会获取父节点下的叶子节点一并拖动到画布上显示。通过监听节点树的拖动事件,当进入鼠标抬起事件的监听状态时,若鼠标抬起时的坐标在画布内,那么将监听获取到的抬起坐标减去画布左上角的坐标,从而得到鼠标抬起点相对于画布的位置,再对需要拖动的节点宽度和高度进行遍历累加,得出的数据与当前画布的宽度进行对比,若累加结果比画布大,则重置画布尺寸以适应内容,若累加结果比画布小,则不做改变,直接将内容展示在画布上即可。

参考文献

[1]　张凯,赵立宏,邓骞.三维激光扫描技术在核设施退役中的应用研究[J].机械工程

师,2016(3):66-68.

[2] 曹航.核设施扫描点云的处理与三维重构技术研究[D].成都:电子科技大学,2022.

[3] Khalil A, Margarita H. State-of-the-art and challenges of non-destructive techniques for in-situ radiological characterization of nuclear facilities to be dismantled[J]. Nuclear Engineering and Technology, 2021, 53(11): 3491-3504.

[4] 宋张勇,于得洋,蔡晓红.康普顿相机的成像分辨分析与模拟[J].物理学报,2019,68(11):269-277.

[5] 武传鹏,李亮.康普顿相机成像技术进展[J].核技术,2021,44(5):45-56.

[6] Takahashi T, Takeda S, Tajima H, et al. Visualization of radioactive substances with a Si/CdTe Compton Camera[C]//IEEE Nuclear Science Symposium & Medical Imaging Conference. IEEE, 2012. DOI: 10.1109/NSSMIC.2012.6551958.

[7] 李星洪.辐射防护基础[M].北京:原子能出版社,1985.

[8] Mol A C A, Jorge C A F, Couto P M, et al. Virtual environments simulation for dose assessment in nuclear plants[J]. Progress in Nuclear Energy, 2009, 51(2): 382-387.

[9] 张永领,胡一非,刘猛,等.反应堆退役三维辐射场实时计算及可视化[J].辐射防护,2018,38(1):19-25.

[10] Adibeli J O, Liu Y K, Ayodeji A, et al. Path planning in nuclear facility decommissioning: research status, challenges, and opportunities [J]. Nuclear Engineering and Technology, 2021(2). DOI: 10.1016/j.net.2021.05.038.

[11] 古强,寇骄子,李文涛.核设施退役数字仿真中人员行走最优路径研究[J].科技创新与应用,2023,13(1):21-25.

[12] 赵伟,谭睿璞,李勇.复杂虚拟环境下的实时碰撞检测算法[J].系统仿真学报,2010,22(1):125-129.

[13] 刘中坤,彭敏俊,朱海山,等.核设施退役虚拟仿真系统框架研究[J].原子能科学技术,2011,45(9):1080-1086.

[14] 张永领,赵菀,章航洲,等.基于层次分析法的核设施退役方案量化评价方法研究[J].核动力工程,2018,39(3):143-146.

第 10 章

综合集成平台

核反应堆研发设计作为一项复杂的系统级工程,其具有设计阶段多、协同专业多、应用模块多、组成层次多、涉及组织体多、设计接口复杂等特点。然而,传统的设计模式中存在一些问题,如各方独立设计、设计工具不统一、设计资源分散、数据流转不畅、设计管理繁杂等。为了解决这些问题,亟须利用数字化、信息化的方法手段来构建统一的数字化综合集成平台。该平台将零散、异构的研发设计资源按照核反应堆研发设计的业务逻辑进行平台化整合,打通跨组织、跨系统的业务流程接口,实现业务全链条的统一管控和治理。通过利用基于模型的系统工程方法手段,可以改进传统的设计模式,从而大幅提升核反应堆研发设计的效率和能力。

传统核反应堆研发设计手段的局限性主要体现为如下两个方面:

一是核反应堆设计主要基于单机系统,软件分布零散,数据与信息孤岛问题突出,系统与系统之间的数据基于电子化表单传递,但数据链路未完全贯通,使其传递的数据可用性较差、数据流转速度较慢,影响多专业协同研发设计工作效率。

二是核反应堆专用研发设计系统集成度不高。应用系统均未能提供面向工程化的计算设计过程的集成环境,研发和设计过程未能有效整合,再加上核行业应用软件复杂、数量众多,软件的集成性、接口等的定制化要求较高,软件操作的友好性普遍不佳,同时,设计与计算分析优化相关的复杂流程的反馈机制未建立,造成设计优化迭代反馈流程不畅,并且研发转工程设计的过程较为缓慢,系统性研发设计的效果达不到预期。

随着信息技术的不断发展,信息技术逐步支撑各领域从数据非结构化、业务离散化等断点式应用模式发展为业务集成化、协同化的一体化应用模式,以软件定义核反应堆研发设计、制造建造、运维维护、退役处置等全生命周期的业务模式变革,体系化地提升核反应堆领域发展的质量和水平,为促进全领域业务流程的整合、业务的快速迭代发展提供有力支撑。

为此,综合集成平台的研发以核反应堆业务应用需求为牵引,通过对反应堆全周期工程化协同设计研发业务的梳理,建立研发设计规范化管理流程体系,集成核反应堆研发、设计等全周期过程的软件,打通基于异构软硬件环境的专业内外的协同研发设计流程接口,形成研发设计数据的流转链路,实现可整合异构软硬件资源系统之间的数据、流程、软件及服务的统一集成平台。在此基础上,将不断沉淀的工程数据进行提炼,形成高价值的智力知识资源,并可通过平台持续进行再次利用和深化迭代。

构建"以数据为驱动,研发活动规范化、研发工具统一化、管理决策精细化"的反应堆多学科在线协同设计研发管理一体化平台(磐龙平台),可有效解决核反应堆研发设计等业务领域过程的痛点和问题,并逐步形成面向核反应堆研发设计的可持续发展的软件生态系统环境,加速向先进的核反应堆研发设计体系迈进,通过平台的研发有效降低核反应堆研发设计的成本,显著提升核反应堆的设计效率和研发能力。

10.1　平台总体架构设计

磐龙平台具有如下特点。

(1) 可有效集成核反应堆研发设计的相关资源,以软件集成、信息交换、信息共享和工作流贯通为核心进行平台建设规划,不断积累沉淀核反应堆设计研发相关工程经验数据,建立各工程数据谱系,为核反应堆在线协同设计的模式构建提供基础支撑。

(2) 具有满足核反应堆研发设计等业务上下游工具/软件链路间的数据流转、数据自动提取、知识经验高效获取等特点,可有效实现项目进度在线实时监控、研发设计任务数据在线高效处理、数据信息变更全面关联、知识经验信息有序推送等应用目标,大幅提升创新研发能力,以及工程化设计效率和质量,有效缩短研制周期。

(3) 已建立平台标准化的接口集成规范,有效集成研发设计所需的软件及系统资源,形成研发设计流程的自动化流转和业务数据的规范化纳管,并具备高效横向扩展的能力,以适应研发设计业务快速变化的需求。

(4) 已集成核反应堆设计研发所需的相关资源,基于定制的超算硬件集群开发跨异构操作系统的基础集成环境框架,抽象拆分共性功能及业务模块为标准化的服务组件,供上层业务应用层多用户并发调用,并可基于业务需求快速在线进行扩展[1]。

磐龙平台为核反应堆研发设计、综合验证及预测、实验、制造及运维等应用提供统一集成的软件环境和应用手段,平台以围绕反应堆研发设计为核心,以项目管理维度为牵引,集成包括数值计算协同设计、工艺系统协同设计、三维结构协同设计等子系统,并搭建各类基础性应用服务。其总体架构如图 10-1 所示。

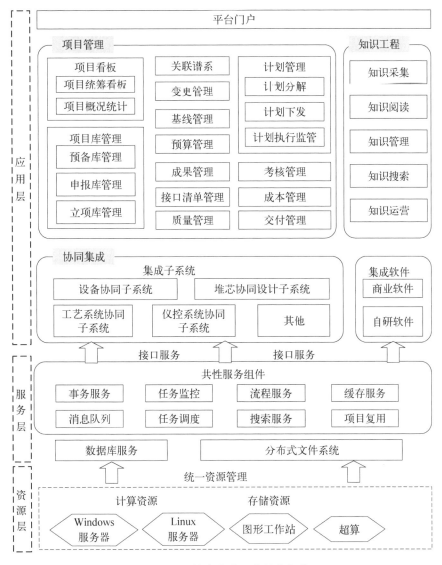

图 10-1　综合集成平台总体架构

中国核动力研究设计院自主研发了数字反应堆综合集成平台——磐龙平台,在架构设计上主要考虑了三层:应用层、服务层、资源层。

"应用层"面向用户,提供业务功能应用服务。平台以微服务架构模式进行设计开发,将系统中各类复杂的应用按功能和业务需求进行切分,每一个微服务专注于单一功能,并通过定义良好的接口清晰表述服务边界,实现服务独立部署,支持后续服务可以根据实际需求独立进行扩展,提升系统稳定性。重点应用包括深度融合质量并围绕项目全生命周期管理多个领域的项目管理应用,以项目数据为依托通过知识挖掘、分析形成的知识管理应用,以项目任务为核心驱动子系统设计/计算的多专业协同集成应用,实现任务 WBS 分解、下发及进度、质量实时监督预警、知识复用、数据结构化跨系统快速交互等,是平台的业务逻辑处理模块。

"服务层"面向上层应用,提供应用服务的运行环境。在数据持久化方面,对结构化数据进行分布式集群化部署,提升系统数据的处理能力,确保系统的可用性;在文件存储方面,采用 HDFS 分布式文件存储系统进行分片、分块存储管理,确保高容错率并采用并行读写方式提升数据的吞吐量;在消息服务方面,采用分布式的消息中间件,解决应用耦合、异步消息、流量削锋等问题;在缓存服务方面,采用 Redis 作为缓存数据库为应用提供服务等。在上述重要基础性技术服务的基础上,同时提供包括事务服务、任务监控、搜索服务、流程服务等多种基础性事务及应用服务,为整个业务系统应用功能提供共性基础服务能力。

"资源层"面向应用系统和服务组件,通过统一接口提供软硬件资源服务。通过统一的资源集群的管理模式,对计算资源、图形资源、应用服务器资源等硬件资源统一监管,在异构硬件资源上部署各类计算软件和设计软件,通过统一用户认证和门户代理等技术手段实现数据互通和接口统一,从而实现异构软硬件资源统一动态调度、监控和管理,解决了软硬件统筹统建、集约化管理、动态扩展和按需分配等问题。基于统一接口向上层综合集成平台及各类子系统提供软硬件资源调度服务。

10.2 项目管理系统

磐龙平台针对全生命周期的项目管理需求,从项目立项、项目策划、项目执行、项目验收四大阶段，整合质量、资源、采购、范围等管理领域，以提高项目执行力和交付质量为目标，关注数据、事务流程、任务、输入输出、研发工具或子系统、知识、质量等项目管理全过程内容。平台开发涵盖项目立项论证、项目任务计划管理、接口管理、任务关联分析、项目质量管理等子模块，并将研发工具、结构化的数据、质量体系等融入项目策划和任务执行过程中，以保证输入输出关系明确且质量受控、研发工具标准高效、数据接口合理自动流转。同时，基于项目的全生命周期管理过程数据建立管理驾驶舱，全程监控项目和任务的执行情况，预防质量问题并及时反馈处理，确保过程及成果数据受控有序，管理决策直观高效且有据可依。

10.2.1　多层级任务分解与项目监督管理

有效的项目管理包括对项目组织架构的层级分解，同时需要各层级之间职责分工明确、边界清晰、各司其职。因此，在项目管理中，平台应建立支持项目组织架构及项目人力资源管理的应用模块。基于项目组织架构，不同层级之间应进行任务的协同编制、审批及下发，以确保任务的有效性、一致性。根据平台中用户的权限和角色，在计划编制、任务分解过程中实现跨部门多用户的协同编制能力，并赋予用户在协同编制过程中的互动能力。有权限的协同用户应能够实时协助、修改其他用户制定的计划或任务。任务分解完成后，平台应支持任务逐级下发并向任务责任人员推送消息，以便任务及时执行，同时根据项目运行实际情况，相关角色人员在通过审核后，应对已完成的编制计划进行调整。

为了提升协同设计工作效率及平台用户体验，用户在做任务时，平台支持根据预设推送规则，推送在权限管控范围内的相关资料给具有相关查看权限的人，以支撑任务活动执行。同时，平台还支持具有相关权限的人上传通过审批的资料，为任务执行用户提供在权限范围内的任务相关各类支撑文件、设计输入文件、标准规范及过往项目的参考性信息等多个维度的数据，使得任务能够在较为完备的支撑信息及较为丰富的研发手段条件下高质量、高效率地开展。

在设计人员基于任务进行设计时，从管理维度出发，平台支持多种任务类型和不同的业务场景需求，制定出适用于不同项目、不同场景的消息提示机制。对于将要临近任务执行结束时间节点、流程审批时间节点等过程管控节点的工作,平台会给出相应预警提示;对于已延期的任务平台会做出明显的警示提示,这些功能都有效促进了任务按期实施推进。

在此基础上,通过建立统一的管理信息可视化分析与展示模块,针对各层级建立多维度、精细化的数据指标体系,以项目总体进度、项目风险统计、项目资源占用等几个方向进行呈现,实现项目不同层级、不同维度的总体监控,以支撑合理、有效的管理决策,更好地促进项目总体的执行效果。

10.2.2　基于接口的上下游任务关联管理

核反应堆设计具有上下游接口关系复杂、关系层次多的特点,为确保任务间关系清晰明了、任务执行有序推进,在任务创建时,清楚定义并搭建任务间的输入输出关系也是平台建设的一个重要部分。

为确保平台中接口管理功能的有效性,在建设之前需对已有信息交换渠道、专业间接口进行详细梳理和科学策划。针对不同学科研发工作中数据交换、信息获取的需求特点,应形成反应堆研发过程中的标准化接口数据交换规范体系,以支撑建立标准化的接口管理模式。这具体包括根据项目执行的目标要求,从项目、阶段、专业等不同维度进行参数的统一管理维护。同时,通过构建参数池和业务流程的流转,有效地实现参数实例化,并通过流程逐级受控的过程来确保接口管理的有效性。

在明确的接口应用模式下,基于接口进行上下游任务之间的关联手段,可在接口与项目任务流转之间建立相应的映射关系。通过接口拓扑关联,实现在协同设计工程中进行数据交换的关系网。当接口信息发生变化时,对应接口、任务、交付物之间可快速进行影响分析,并通知到变化接口的下游相关方,提醒其是否需要做出设计更改,这样,业务整体流程就得以可控可溯。其具体的关联方式如图 10-2 所示。

在具体应用实现上,通过构建动态的接口管理清单或按需建立的接口与设计任务进行设计输入/输出的关联,形成接口关联谱系;在设计变更影响分析的应用方面,在上游任务发生变更时,通过接口可逐层查询与其关联的下游任务,并由下游任务执行人进行任务影响评估,确认任务是否受上游输入变更的影响,逐级确认形成任务关联影响谱系,也是保障项目全过程技术状态管控的重要手段。同时,在进行任务监督过程中,方便追踪查询任务执行所在的责任方,加强任务的精细化管理。

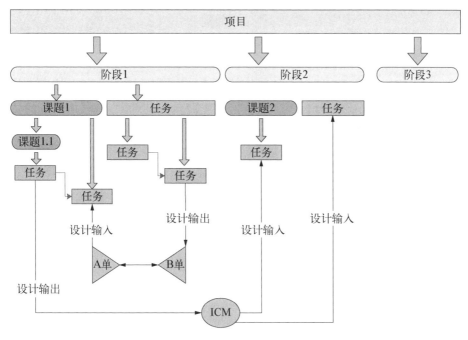

图 10‑2　基于接口的上下游关联关系

10.2.3　质量深入融合项目管理

由于核反应堆的设计指标要求严苛,因此对核反应堆的研发设计质量提出了高要求,须通过严格控制研发设计的各流程环节,以确保高质量的设计交付。为此,磐龙平台构建了完善健全的质量校审流程。

平台以主流的流程引擎为基础,搭建形成可满足业务质量与管理相融合的动态可配置流程模板,以实现匹配不同业务场景的流程实例,具体包括提供可视化流程模板配置功能,进行流程节点、流程方向、流程条件等定义,支持拖动等可视化操作方式;提供工作流程创建配置标准接口,以方便第三方系统通过该接口创建新的工作流程。同时,流程引擎与平台内业务版块和异构系统进行集成,构建形成基于统一协同平台的工作流程管理规范,使得业务流程流转规范高效,流程流转全程可控可溯。

在相关数字化技术的支持下,质量管理与设计业务才能深入融合,质量管控也能贯穿项目全过程,包括设计评审管理、设计变更管理、设计资格管理、校审意见管理等。基于平台的质量管理可全方位、多维度确保核反应堆设计过程的质量并具备持续提升的能力。

10.3 数值计算协同设计系统

为更好地开展反应堆多学科数值计算的协同设计,在充分了解核反应堆设计中物理、热工、燃料分析等个多学科专业需求的基础上,需利用先进的信息化、数字化技术手段,构建一套通用数值计算协同设计系统。该系统将通过建立基于超算、工作站等异构计算资源系统的统一管理调度能力,以及建立高扩展性、高稳定性的计算作业管理服务,以解决各专业计算程序运行环境各异、数据传递接口不统一等复杂应用需求,进而有效提升反应堆堆芯多学科计算的协同能力。

10.3.1 数值计算协同系统建设目标

反应堆数值计算协同设计系统可用于反应堆物理、热工、燃料、屏蔽源项等设计过程中,对大量计算程序进行数值模拟分析。通过对多学科数值计算的数据类型、数据管理需求进行分析,系统从数据采集、数据存储、数据管理、数据服务、数据应用等方面建立一套数据标准规范体系。这一体系不仅奠定了将 AI、大数据等新一代信息技术引入研发设计的数据基础,还实现了"数据驱动,计算协同"的目标。在对超算、工作站等异构计算资源进行统一管理调度的基础上,建立一套高扩展性、高稳定性的计算作业管理服务及相应的设计研发工具,实现物理、热工、燃料分析等专业计算程序从部署、流程设计、调试、运行跟踪到输出的全生命周期管理,为数值计算协同设计提供自研发、自定义、自执行、自优化的集成研发环境,在数值计算深度耦合的基础上实现多学科专业协同设计,有效降低各个设计环节的不确定性,大幅提高核反应堆系统设计计算精度,有效提升核反应堆设计效率及质量,数值计算协同系统概览如图 10-3 所示。

10.3.2 数值计算协同系统技术架构

1) 总体技术
数值计算协同系统建设总体技术包括以下各项。
(1) 平台系统架构采用 C/S(客户端/服务器)模式。
(2) 客户端主要分为 UI、数据、接口三个部分。
(3) 服务端分为接口服务、流程服务、数据服务三个部分,接口服务包括

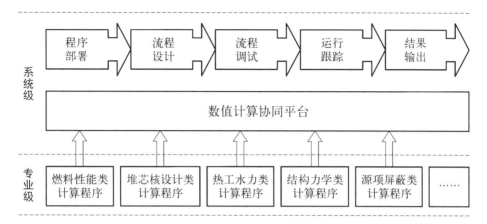

图 10 - 3　数值计算协同系统概览

对外部的接口,以及对传输数据的处理。流程服务包括流程驱动引擎及任务调度策略,包括 FCFS、FirstFit、SJF、BackFilling 等。数据服务为系统提供数据存储支持,包括 MySQL、Redis、文件管理系统。

（4）数据存储层根据数值计算协同系统的数据管理规范、运行环境及相关要求,对系统中涉及的非结构化数据、结构化数据采取有针对性的存储策略。具体而言,采用 MySQL 对多源、多类、多维的结构化数据管理;采用 Redis 对高频使用、高速读写的数据存储,以提升常用参数访问速度,并具备升级为集群化的能力;同时,采用文件管理系统对多源、多类、异构的非结构化文件进行管理与统一调度。

（5）数据库备份策略为每天进行一次增量备份,每周进行一次全量备份,以确保数据的完整性和安全性。同时,按照管理规范对备份数据包进行异地存储管理。

（6）支持国产化适配,支持在 Linux、Windows 操作系统上正常运行。

2）架构设计

数值计算协同系统基于软件系统分层设计思想,遵循"高内聚、低耦合"的原则,其总体逻辑架构可分为资源层、服务层与应用层三层。各层之间的关系如图 10 - 4 所示。应用层是反应堆设计科学计算的集成研发环境,提供计算流程研发管理、计算模块管理、计算任务管理、计算数据管理、报表管理、系统管理等通用功能。服务层作为核反应堆设计科学计算容器,为应用层提供服务和对异构计算资源进行调度。服务层为应用层提供接口、认证与权限管理服务、计算服务、异构资源管理服务和平台运行审计服务。资源层负责对异构计算资源(工作站、小型机、超算等)的统一调度,并根据计算任务管理模块提交的计算任务,调用相应的计算程序和计算资源进行数值计算。

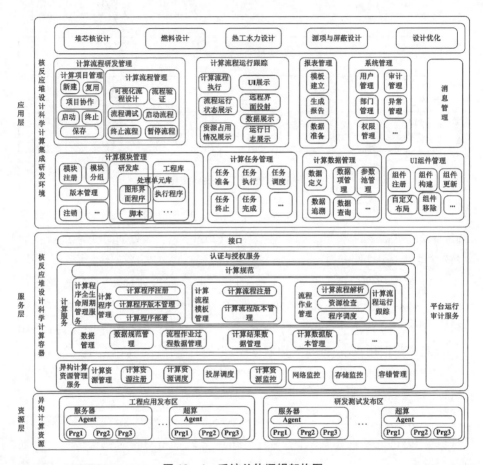

图 10-4 系统总体逻辑架构图

3) 系统功能

系统根据用户应用需求,为用户提供研发测试工作模式和工程应用工作模式,提供涵盖计算项目管理、计算模块管理、计算任务管理、计算流程管理、计算数据管理、UI组件库管理、报表管理、领域视图管理、系统管理等数值计算协同设计全生命周期功能。

计算项目管理实现对计算项目和模块等平台资源信息进行新建、复用、删除、配置用户组、启动、终止;计算模块管理实现对整个计算协同中管理程序的最小处理单元模块的注册封装、分组、卸载等功能;计算任务管理实现对计算模块实例准备、创建、运行、调度、停止和结果查询等，并提供对应的状态显示；计算流程管理实现基于多专业程序协同设计的需要，搭建专业程序的计算流程的功能；UI 组件库管理提供配置化图形界面组件库，支持低代码条件下，进行组件方式的图形化界面配置，并提供组件数据展示、编辑、存储等功能；报表管理将计算结果数据自动生成文档类报告子模块和数据图表可视化展示子模块；领域视图管理实现研发测试工作模式和工程应用工作模式视图管理；系统管理根据系统用户的角色特征和系统的运行特点，系统管理模块提供部门、用户、用户组、权限等基础信息管理，同时提供流程运行跟踪、硬件资源监控、审计管理；计算数据管理将计算协同过程中所需要的数据按照完整生命周期进行管理，通过统一的数据规范建立数据项，依据核反应堆设计领域模型对数据进行不同维度的划分，从而形成各类参数池。同时，对参数池的分类信息和操作进行有效的管理，以便于用户在使用过程中能够快速、精准地识别和便捷地操作、使用数据。根据常量配置化数据与动态更新的变量数据进行划分，主要将参数池划分为以下几种类型。

（1）偏向于常量配置化参数池包括但不限于以下内容。

专业参数池：包含物理、燃料、热工等各专业内部使用的通用参数集合。

（2）偏向于动态更新变量参数池包括但不限于以下内容。

计算作业参数池：包括计算作业相关各层级参数的集合，各层级参数包括项目参数、方案参数、流程参数、模块参数和任意组合参数。

接口参数池：跨专业协同设计所需相关数据的集合，包括上下游流程业务人员信息、接口参数信息、时限信息和有效性确认信息。接口参数池数据用于不同计算任务之间的数据传递，计算模块可从接口参数池通过与接口模块读取参数池数据，用于计算任务执行。

自定义参数池：用户自定义的数据划分集合。

10.3.3　数值计算协同系统应用

1）软件集成

各学科开展反应堆数值计算分析的业务场景复杂，所使用的软件各异，其中包括自研软件和商用软件（如 ANSYS、FLUENT 等）。因此，以协同计算为主要应用场景的业务子系统应首先集成反应堆设计所需的各类自研或商用软件，以及其他常用的分析工具，同时需建立统一的集成规范，确保数值计算协同子系统具备较好的软件集成扩展性，具体实现的场景包括：① 已集成封装计算软件统一使用入口;② 用户自主配置化封装集成计算软件能力;③ 计算软件集中统一管理的能力。

2) 系统应用

通过打造"项目""流程""数据"三驱动的协同计算系统,具备计算资源聚合、异构资源调度、异构数据统一管理、计算程序全生命周期管理、系统应用规范、任务智能调度、配置化 UI 构建、专业软件集成、设计优化、协同设计等多项能力,能够实现:

(1) 设计人员通过"搭积木"的方式即可快速完成建模、仿真、分析等各种不同的设计工作。

(2) 对设计人员搭建的流程进行流程作业创建、提交、自动化执行。

(3) 对研发设计过程数据产生、处理、传递、存储全生命周期管理。

(4) 对研发设计过程中所涉及的知识、经验、方法、工具等进行统一封装和描述。

(5) 设计优化空间探索,自动寻找最优化设计。

(6) 对数值计算所需的超算等软硬件资源统一管理与调度。

(7) 可广泛应用于反应堆、飞行器等复杂系统工程的设计。

10.4　三维结构协同设计系统

研发三维结构协同设计系统可实现包含反应堆结构总体设计、反应堆压力容器设计、控制棒驱动机构设计、堆内构件设计、堆顶结构设计、反应堆压力容器支承及一次屏蔽结构设计、蒸汽发生器设计、堆芯部件设计(燃料组件、控制棒组件、中子源部件、可燃毒物组件)等反应堆设备、部件、零件的三维结构设计,通过基于统一模型驱动的模式开展自顶向下的三维反应堆结构协同设计可有效提升反应堆研发设计的质量和效率,并可基于研发设计过程中所形成的设计成果,持续推动反应堆结构设计的优化迭代演进。

10.4.1　反应堆三维结构协同设计系统建设目标

1) 目标图像

基于统一模型驱动的反应堆结构协同设计系统的建设目标包括以下内容。

(1) 实现与磐龙平台的深度集成:基于三维协同的信息化技术,建立反应堆结构三维协同设计子系统,该子系统与磐龙平台深度集成,并进行磐龙平台功能定制,打通反应堆结构设计数据流、业务流,实现平台融合的基于骨架特征模型的自顶向下协同设计的反应堆结构设计工程化应用。

(2)实现参数化的零组件模板库:建立零件级的反应堆结构参数模板,在工程化中得到落实和检验,并通过对现有反应堆关键设备的设计流程进行梳理,形成反应堆关键设备结构参数化设计方法,初步探索组件级的反应堆结构参数化设计模式。

(3)实现量化的和可检查的三维结构协同设计规范:开展反应堆设备结构协同设计规范适用性分析,对反应堆三维结构协同设计规范进行平台适用性量化,实现规范的平台集成。

(4)初步实现模型-文档数据动态关联:初步建立较为完备的以三维模型为中心的反应堆结构设计单一数据源模式,提供扩展配置方法,以便于今后对相关功能进行调整。

三维结构设计整体上是由三个体系和一个系统进行全面保障的。其中,三个体系包括设计规范体系、质量保证体系、项目管理体系。系统则指根据核动力院实际需求建设的"基于统一模型驱动的反应堆结构协同设计子系统"。该系统保障了用户三维协同设计、设计规范自动检查、模型数据及编译资格管理等功能需求。此外,通过与磐龙平台的集成,该系统还满足了单点登录、项目管理、任务管理、三维审批、变更管理、模型-文档关联等功能需求。

整体系统架构设计分为五个层级,各组成部分概要描述如下。

(1)基础层建设是系统搭建的基础保障,具体内容包含了网络系统的建设、服务器安装、数据库安装、存储设备建设、PLM 软件和设计工具软件的安装等,通过全面基础设施的建设,为整体系统的构建奠定良好的基础。

(2)支撑层通过面向应用的共性服务体系为系统应用层提供强大的支持。系统支撑层包含 BOM 管理、设计文件管理、可视化、权限管理、NX 高级装配模块、NX 参数化建模功能、NX Check-mate 检查工具等功能模块,以及与磐龙平台的 Portal 集成、项目管理、材料管理等模块的集成。支撑层的建设是本系统整体架构设计的核心部分,关系到系统今后的持续使用和扩展。

(3)应用层通过对支撑层各项功能的整合和合理运用,满足用户项目管理、协同设计、质量管理等各方面的需求。应用层是系统实际应用的建设层,在应用层的建设过程中,充分考虑了反应堆结构设计的特点,同时也将设计管理体系、质量保证体系和项目管理体系融入其中,保障用户利用本系统开展高效合规的反应堆协同设计工作。

(4) 展现层以 Web 页面为用户提供便捷的交互式操作界面。

(5) 接入层具备单点登录功能,用户通过上游权限管理系统完成身份认证后进入系统界面,系统根据用户的所属部门和角色提供相应的权限和功能。

本系统的项目管理、流程管理和数据管理与磐龙平台互相承接。用户信息、权限管理承接自权限中台,材料信息承接自材料管理模块。

在系统各层次构建的过程中,设计管理体系、质量保证体系和项目管理体系贯彻始终,保障整体系统的合规性。

2) 数据全生命周期管理模式

数据全生命周期管理是覆盖了从产品开发到售后服务的产品生命周期的全方位管理。反应堆三维结构协同设计子系统与磐龙平台的数据管理模块进行深度集成,实现对三维结构协同设计数据的统一管理。通过与磐龙平台之间的接口开发,实现对反应堆结构协同设计子系统的状态控制及数据的全过程管理。

10.4.2　反应堆三维结构协同设计系统功能体系

1) NX 三维设计软件功能支撑

本节说明实现三维结构协同设计中的功能开发,包括规范检查、模板定制、定制参数提取等,需要 NX 三维设计软件内部的功能支撑。

(1) 基于特征的参数化建模。NX 支持标准设计特征(如孔、槽和腔)的创建和相关编辑。支持全面范围的参数化建模操作,能够根据任何其他特征或者对象定位特征,并援引该特征以建立相关的特征组。通过基于特征的建模,还可以使用倒圆、拔模、角和掏空等高级建模工具,以创建薄壁零件。

用户能够以公式和表达式的形式动态地添加设计意图或者知识。比如,一个设计师可能需要使用公式或者数学表达式来驱动一个设计特征的大小。

利用设计逻辑,设计师能够在创建时及未来的编辑过程中,对设计参数进行多变的控制。通过一套功能强大的相关测量工具,设计师不仅能够在设计中对一个新特征进行造型和定位时,把测量结果作为一个控制规则,而且还能够监控整个设计中的关键尺寸。此外,用户还能够轻易地把验证检查添加到任何设计参数或者相关测量中。这些验证检查能够动态地创建,或者与设计需求的外部来源(如 Excel 电子数据表)相连接。通过这些验证检查,系统能够通知设计师一个模型表示的值是否在适当界限之内。因此,利用设计逻辑,设计师能够创建满足设计要求的更加敏捷的系统自我验证的设计。

(2) NX 自顶向下设计方法。NX 支持协同的、自上而下的工程和系统层面的设计技术,将产品设计与制造团队有机地整合到一起,实现跨部门的并行工程作业模式。

NX 把复杂的装配设计项目变成物理上和功能上自成一体的子系统或模块结构。这些子系统具有适当定义的接口,可以与其他的各种各样子系统实现"即插即用"。基于系统的建模为开发复杂产品提供绝佳的控制,允许设计师管理复杂的产品结构,定义高层次产品标准和零部件模块化结构,快速评价设计选项并最大限度地重复使用子系统设计。

NX 中独特的 WAVE 技术使用高层次结构化和参数化产品布局,可以完全由关键工程标准来驱动和控制。这些标准用来控制产品装配模型及其零部件的位置和几何形状。WAVE 远远超出了传统 CAD 系统中的关联部件间建模,它提供一套产品定义模板来获取系统层面的设计参数并建立系统间的接口,支持产品的模块化定义,可以使用许许多多的工具,毫不费力地管理配置中的更改项,以确保每个步骤都清晰明显。在零部件层面,它确保相互作用的部件仍然可以适当地相互匹配并共同发挥作用。导入 NX 的并行工程技术,能实现设计师与工艺师之间三维设计与工艺模型之间的关联,提升产品研发效率。

NX 是优秀的装配设计工具,为汽车、航空航天、机械和其他行业设计大型装配的功能已经得到证明,NX 装配建模支持协同、自上而下的工程和系统级设计方法,提供并行的自顶而下和自下而上的产品开发方法,其生成的装配模型中零件数据是对零件本身的链接映像,保证装配模型和零件设计完全双向相关,并改进了软件操作性能,减少了对存储空间的需求。零件设计修改后装配模型中的零件会自动更新,同时可在装配环境下直接修改零件设计。在装配环境中,可以快速地发现静态零件间的干涉,也可以通过运动零件的拖动,来模拟运动过程中的干涉分析。

(3) 工程制图。NX 工程制图模块使任何设计师、工程师或绘图员都可从 NX 三维实体模型得到完全双向相关的二维工程图。可生成与实体模型相关的尺寸标注,也可直接在三维模型上标注,基于三维标注的 PMI 尺寸,直接控制后续产品的装配分析和加工工艺参数的选定。

利用工程制图模块,工程师或绘图员可以快速地根据 NX 三维实体模型创建与三维模型完全双向相关的二维工程图。

基于 NX 复合建模技术,工程制图模块可生成与实体模型相关的尺寸标注,保证工程图纸随着实体模型的改变而同步更新,减少了因模型改变二维图更新所需的时间,包括消隐和全相关的剖视图在内的二维视图在模型修改时也会自动更新。直接修改对应于三维建模参数的设计尺寸,可反向同步更新三维设计模型和二维工程图纸。

自动视图布置功能可快速布置二维图的多个视图,包括正视图、轴测图、各种剖视图(半剖、旋转剖、阶梯剖、定向剖、轴测剖、半轴测剖、展开剖、局部剖等)、自定义方向视图、投影视图和局部放大图、断开视图等。

NX 制图模块提供了各种视图管理功能,如添加视图、移除视图、移动和复制视图、对齐视图和编辑视图等操作。利用这些功能,用户可以方便地管理工程图中所包含的各类视图,并可修改各视图的缩放比例、角度和状态等参数。

自动标注三维建模中已设定的草图特征尺寸,以及方便的形位公差、粗糙度符号等标注功能,能够重复利用建模中的数据,从而节省工程制图时间。

此外,NX 还提供了新一代绘图工具来简化工程绘图的创建和维护。绘图模板可以拖放到实体模型上,通过自动创建标准的布局和绘图元素及配置合乎标准的设置,加快了开发流程。来自 3D 产品模型的视图、尺寸、标注和其他信息可以自动添加到绘图上,因而不需要重新创建此数据。完整的"模型-绘图"关联关系有助于管理和实施变更。此外,NX 允许用户快速配置所有的绘图、细节处理和尺寸工具,以符合公司或行业的绘图标准。

NX 的工程图尺寸和文本等标注支持选择系统字体库中的字体,保证设计人员创建的图纸符合制图规范。

NX 制图模块支持 ANSI、ISO、DIN、JIS 和 GB 等主要的工业制图标准,并提供一套完整的基于图标菜单的绘图及标注工具,提供坐标捕捉、动态导航、热键、动态拉动、主题相关自动联机帮助等辅助功能,还可方便输入简体汉字标注。通过 NX 装配建模模块产生的装配模型,可以方便地绘制装配图,并能快速生成装配爆炸图、剖视图。特别是剖视图中,NX 能自动区分不同零件的剖面线方向和角度。此外,NX 还能根据装配结构信息自动生成零件明细表,明细表内容支持简体汉字,可随装配结构变化而自动更新。不论绘制单页还是多页的详细装配图和零件图,NX 工程制图模块都能减少绘图的时间和降低成本。

针对在制图中的应用,NX 软件系统提供了多种符号,以帮助用户快速进行二维工程制图的表达。NX 软件提供的符号之一是用户定制符号,包括各种基准符号、模具用符号、紧固件符号等。

(4)产品模板。NX 产品模板创建简称"PTS 模板创建"。NX PTS 原理如图 10-5 所示。PTS 模板创建模块允许用户添加任何用户定制的用户界面到任何参数化模型中,该定制的用户界面将参数化的模型直观地描述和打包,以便于今后设计重用。模板可以用来进行模块化设计,也可以将一个复杂的装配分成可管理的多个模块,然后这些模块又能按照需要被重新组合成复杂的产品。PTS 采用 KF(知识熔接)技术去创建和存储用户界面,但用户并不要求具有 KF 的知识背景,因为整个创建模板的过程都是无代码编写的过程。

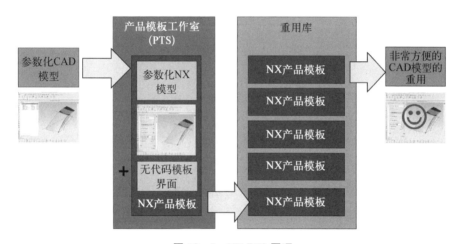

图 10-5　NX PTS 原理

NX 产品模板主要用于在 NX 重用库中创建典型零部件的产品模板,可用于向任何参数化的 NX 模型添加一个用户定义的对话框界面。通过该对话框界面,可以直观地描述和封装参数化模型,供日后重用。利用 NX 产品模板创建模块,可以使设计实现模块化,把一个复杂的装配拆分为可管理的模块,然后在需要时对其进行重新组合,配置成复杂的产品。尽管 NX 产品模板创建工具用"知识融接"技术来创建和存储这些用户界面,但是用户不需要具备"知识融接"背景,因为整个过程都不需要编写任何代码。NX PTS 技术特点如图 10-6 所示。

NX 产品模板创建模块允许交互式地创建特征、零件、二维工程图和装配模板。这些模板中包含各模型的参数和公式驱动关系、图纸与模型的参考关系。无须通过编程开发,设计人员就能够将普通的参数化设计模型转化成模

NX的PTS对客户有什么帮助?

■ 产品模板界面简化了复杂设计的交互操作

■ 将参数化设计模块化应用到易于重用的模板之中,而无须写代码

■ 设计验证和仿真可植入模板

■ 多个模板可整合在一起形成更大系统级模板

■ PTS创建者反应在创建时间上减少了90+%的时间

■ PTS使用者反应在产品设计效率上提高了80+%

图 10-6　NX PTS 技术特点

板,并添加对话框用于参数输入,形成自身独特的调用界面。此外,设计人员可以将设计好的模板添加到知识重用库中,实现产品开发过程的知识积累,从而增强数据重用能力,并提升设计效率。

NX 产品模板运行模块允许 NX 的用户去显示和使用由 PTS 模板创建模块创建的用户对话框。该模块也允许在 NX Reuse Library 中调用由 PTS 模板创建模块创建的用户定制对话框。以下是定义好的产品模板的应用实例。

该模块能够保证设计人员直接调用创建好的产品零部件模板(见图 10-7),基于直观易用的 UI 用户界面,快速修改或选择参数,实现知识重用。此模

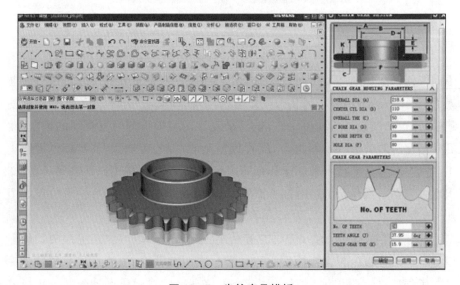

图 10-7　齿轮产品模板

块主要用于调用 PTS 产品零部件模板库的可重用零部件。通过使用产品模板运行模块，设计人员可以显示用户自定义产品模板界面，还能够对其进行交互操作。用户自定义产品模板界面是通过产品模板创建模块建立的。

（5）三维设计重用库。NX 提供了方便的重用库创建及管理功能，可将数据置于用户需要的分类中，并在资源条提供一个简单的界面以方便用户调用。如图 10‐8 所示，NX 提供了轴承、螺栓、螺母、螺钉、销钉、垫片、结构件等 280 多类国标件，并在后续根据用户需求继续扩充。用户也可自行创建需要的标准件并添加到库中进行管理。

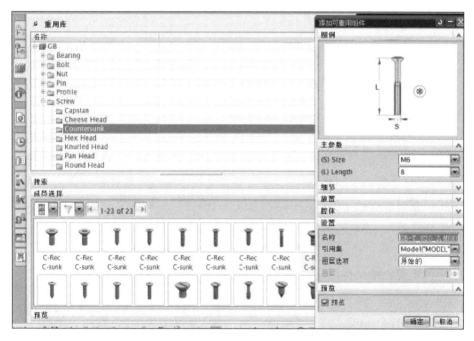

图 10‐8　NX 三维重用库

（6）规范化检查工具定制。NX 规范化检查工具定制模块界面如图 10‐9 所示。定制模块能够对设计的规范性及设计质量进行自动化的验证，提供检查规则来检查建模、制图、装配、产品制造信息、管路、几何尺寸等，同时能根据需要进行定制，验证结果可直观地反馈给用户。

NX 规范化检查工具定制模块提供了访问 Check-Mate 创建界面的权限。借助知识融接 KF 的强大功能，可以用该界面来创建自定义的检查规则。该模块还提供了创建自定义的规则检查表（Profile）（一组特定的规则检查项）的

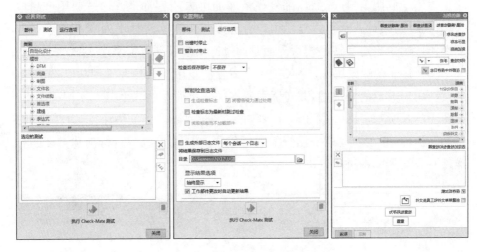

图 10-9　规范性检查工具定制界面

功能,规则检查项可以针对特定的小组或用户进行定制并运行。

NX 标准规范是三维化研发的基础,因此必须要确保 NX 数据的规范创建,以及所创建的 NX 数据能在下游有效使用。根据 NPIC 的产品特点、设计要求,以及根据 NX 软件的特点,还需要建立统一的 NX 软件标准规范。所有工程师在设计过程中必须遵守这些规范,从而使产生的庞大数据易于管理,同时保证数据的条理性,方便技术人员之间的交流。

2) 反应堆三维结构协同设计子系统协同环境功能支撑

为实现三维结构协同设计子系统的各项功能和接口开发,子系统提供一系列基础功能的支持。

组织结构:能够基于外部传入的组织结构和用户信息,创建子系统平台内部的组织结构和用户,组织结构和用户信息可以用于子系统平台内部的数据访问权限管控中。

图号编码唯一性检查:子系统平台可以对接收到的零部件设计图号进行唯一性检查,自动提示重复图号并拒绝创建新图号。

零部件属性表单:可以根据设计数据管理需要和接口程序的需要,定义零部件上的属性字段和输入值的类型,例如必填项、自由输入或可选值输入。

零部件版本修订:基于已有的设计数据版本,修订为新的版本,版本号依据设定的规则升序或手工输入。

零部件数据状态：经过设计审批流程的设计数据被赋予特定的状态，以控制其有效性。可以通过来自磐龙平台的审批结果赋予子系统中的设计数据相应的状态。

零部件数据检索：可以根据零部件属性条件进行搜索，属性条件可以是多个属性的组合。

设计物料清单（BOM）构建：设计 BOM 可以由总体设计创建，也可以从三维设计中的装配结构同步得到。结构化的 BOM 形式有利于反映零部件之间的关系，有利于分析零部件修改对其他结构部分的影响。

轻量化模型的创建：在三维软件建模后，将模型保存到三维结构设计协同子系统中时，系统会自动为零件创建轻量化模型。部件本身无模型，但是可以通过设计 BOM 中带有的零件关系，加载相应的零件模型，组合显示为部件的整体模型。

轻量模型的可视化：子系统协同环境提供了对轻量化模型的可视化操作能力，这些操作包括缩放、平移、旋转、视图等。用户可以在模型上进行圈阅和批注，并保存批注信息为数据对象，记录每次批注的详细信息。

数据关系构建：子系统协同环境允许在不同的数据之间建立不同类型的关系。例如，用户可以建立来自磐龙平台的任务与设计数据之间的关系，接口数据与模型之间的关系等，以实现数据关系查询、设计变更影响分析等。

业务建模器：子系统协同环境提供一个可视化的、基于 Eclipse 的业务建模器，可以创建与设计相关的数据类型、属性、数据关系类型、可选值、复制规则、命名规则、条件、扩展程序等与数据管理相关的业务模型。

集成开发工具包：子系统平台提供开发工具包，包括集成工具包（ITK）、客户端编程工具、面向服务的架构（SOA）等。通过这些开发工具，实现子系统平台内部的功能开发，以及与磐龙平台进行数据和流程交互的深度集成功能开发、与三维设计软件之间数据接口的开发、与设计制造协同子系统之间的数据接口开发。

10.4.3　反应堆三维结构协同设计系统应用

基于典型设备结构（包括反应堆压力容器、堆内构件、燃料组件及驱动机构）开展反应堆三维结构协同设计子系统应用。骨架模型和子系统模型库分别如图 10-10 和图 10-11 所示。

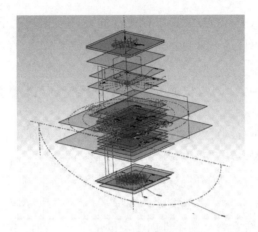

图 10‑10　骨架模型

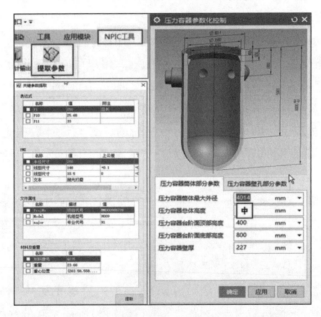

图 10‑11　反应堆三维结构协同设计子系统模型库

通过工程化应用实践，全面验证以上研究和建设内容，大幅度提升反应堆数字化设计的能力。

10.5　工艺协同设计系统

工艺协同设计系统(龙擎平台)是面向反应堆及一回路系统的系统工艺设

计、系统仿真计算及三维布置的协同设计系统,通过梳理各个工艺系统设计流程,以及各个专业之间设计上下游关系和各个专业之间传递的数据接口,结合三维图形可视化平台实现工艺系统从设计输入到设计输出的完整流程协同。

10.5.1 反应堆工艺系统协同设计系统建设目标

基于龙擎平台的核反应堆多专业协同设计流程定制开发用于满足工艺系统协同设计需要,在现有龙擎三维平台的基础上,扩展工艺协同设计相关的三维展示功能与模块。基于三维模型的展示手段,可使设计人员更直观地理解相关专业数据,实现龙擎三维平台在协同设计过程的深度融合与应用,促进设计创新、提升设计的可控性,保障设计效率与质量。其研发主要包含两个功能集合共计六个功能模块与软件数据接口的开发,其中协同设计功能集合包括平台系统模块、设计导航模块、数据管理模块、软件工具模块、权限管理模块;三维图形功能集合包括龙擎三维平台及基于龙擎平台的扩展功能开发,两个功能集合之间应实现统一的数据读取,满足工艺系统协同设计功能要求。

通过协同设计系统的搭建,以设计过程为主线,将其工程项目作为对象,系统地解决项目管理、协同工作、资源共享等方面的问题。协同设计过程是一个知识密集型的流程,需要大量跨学科、多类型、多渠道的知识及知识交流,它主要由信息推送系统、协同设计系统、数据管理、安全控制和工具软件包等功能组成。

在协同设计系统中建立各个专业、专业内部数据交互接口,该系统与磐龙平台、计算协同系统与结构协同设计系统进行数据交互,与磐龙平台进行数据交互接口开发,打通工艺系统设计数据流、业务流,实现工艺系统的协同设计工作。

通过梳理工艺系统设计流程,建立各个专业间、专业内部数据交互接口,制定工艺系统协同设计规范,实现工艺系统设计过程的规范化和标准化,管理工艺设计数据、流程、软件资源和任务传递,形成协同设计环境。同时,对工艺设计任务关联的输入、输出和必要的过程数据进行统一保存和关联,对工艺系统设计过程和数据进行有效管控,提升工艺系统设计的核心能力。

10.5.2 反应堆工艺系统协同设计系统技术架构

反应堆工艺系统协同设计系统采用 B/S 前后端分离模式进行开发,前端采用 Vue.js 和 Ant Design 框架进行开发,后端主要采用.NET 5 跨平台框架作为后端服务并提供 WEB API 供前端调用。

前后端分离已成为互联网项目开发的业界标准使用方式,通过 nginx 前端发布,后端服务提供 API 的方式有效地进行解耦,并且前后端分离会为以后的大型分布式架构、弹性计算架构、微服务架构、多端化服务打下坚实的基础。

工艺协同系统的技术架构主要数据传输方案是前端 HTML 页面通过 AJAX 调用后端的 RESTFUL API 接口并使用 JSON 数据进行交互。

协同设计系统功能架构与模块关系如图 10-12 所示。

图 10-12 功能架构图

10.5.3　反应堆工艺系统协同设计系统应用

反应堆工艺系统协同设计系统研发,通过整合不同专业组的设计计算分析工具,制定全面的协同研究设计流程,以软件形式规范技术人员的工作内容,实现研究设计过程的流水线作业,缩短研发周期提高工作效率,利用三维可视化和数据库技术形成反应堆冷却剂系统数字孪生体,实现对反应堆关键设备、系统、布置的综合协同设计审查、决策的能力,可快速对设计结果进行验证、改进和优化,缩短研发周期,降低研发成本,减小研发风险。

10.6　仪控协同设计系统

反应堆仪控协同设计系统用于实现反应堆仪控主要系统设备的数字化建模,以及主要系统的数字化设计、测试和功能验证。依据反应堆全生命周期产品管理体系架构特点,反应堆仪控协同设计系统可通过对仪控系统及设备的设计研发过程的流程、数据的集成,有效实现仪控系统及设备全过程的协同管理,提升反应堆仪控设计研发过程效率、质量和能力。

10.6.1　仪控系统协同设计系统建设目标

反应堆仪控系统协同设计子系统面向仪控系统和设备的数字化设计、仿真及优化设计等研发过程的作业级流程,建立一个集研发流程模板、设计仿真工具流程模板、设计仿真工具软件于一体的数字化平台,用于仪控架构设计、板级硬件、结构、热、电磁兼容等设计仿真工作的协同开展,提升仪控专业研发的效率和质量[2]。

10.6.2　仪控系统协同设计系统技术架构

反应堆仪控系统协同设计子系统的核心业务如下:

面向研发管理人员,支持将作业级设计流程(任务活动、活动顺序、活动输入/输出要素)沉淀为成熟的研发流程模板,并在设计过程中基于研发流程模板将磐龙平台下发的任务分解为作业级流程,并向不同设计人员进行任务分派。

面向具体设计人员,提供不同类型任务包以支持在对应的任务活动中查看和使用活动的文档、模型、外部工具、工具流程等要素,支撑仪控专业的设计仿真,并支持交付物的反馈与任务的完工审批。

首先,根据研发任务,调用平台内成熟的研发流程体系模板对任务进行分解并定义各活动节点的任务包要素,形成有前后置关系的作业级任务并下发到不同的任务负责人。

其次,针对流程分解出的不同类型任务(如需求管理类、架构设计类、设计仿真类等),任务负责人基于任务包中预定义的要素来执行任务,包括查看任务详情、使用输入文件或模型、查看任务输出要求,并可调用任务中关联的软件工具或工具流程以开展对应的任务活动。

为实现作业级设计流程在平台中的落地要求,平台需支持总体业务架构中作业级研发流程体系模板、多类型任务包(任务详情/输入/输出)、任务关联工具流程/外部工具的管理与应用能力。

立足于系统的功能特点,将系统的总体功能架构划分为3个层级。

其中,门户功能层、基础功能层是系统面向不同类型产品研发过程提供的通用标准功能,在此不再赘述。面向仪控研发的核心功能层共包括下述几大功能。

(1)作业级设计流程构建与任务执行。承载作业级研发流程要素的模板化沉淀和管理,并在顶层任务分解时进行裁剪和复用;不同类型任务包的任务详情/输入/输出要素的定义与任务的执行。同时,在前后置任务之间建立文档和模型的数据传递关系。

(2)设计仿真协同工具流程。面向作业级流程任务中调用工具流程开展基于模型的协同设计仿真活动的需求,将多专业工具、模型、文件封装为工具流程模板,实现在任务中开展基于工具协同、工具间模型协同的设计仿真活动,并对设计仿真过程数据进行管理。

(3)多专业设计工具开发。通过工具本身的协同过程梳理,形成工具定制开发项。包括工具的驱动脚本和辅助插件的开发,硬件工程出图功能的定制,便于在工具的调用或在工具流程中进行集成,达到工具间的高效协同的目的。

10.6.3 仪控系统协同设计系统应用

基于典型仪控系统和设备开展仪控系统协同设计系统应用。仪控流程设计系统、设备设计示意如图 10-13~图 10-16 所示。

通过工程化应用实践,全面验证以上研究和建设内容,大幅度提升仪控数字化设计的能力。

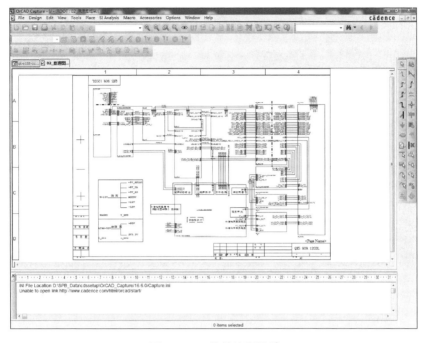

图 10‑13　仪控流程设计

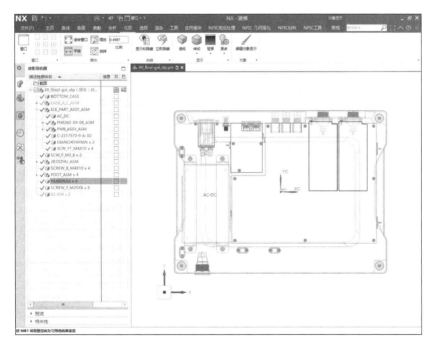

图 10‑14　仪控设备设计

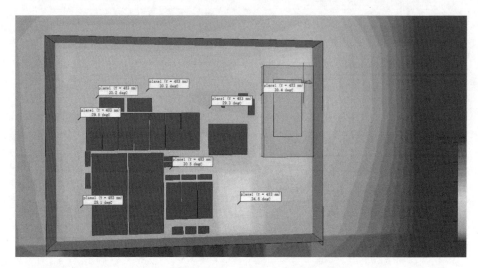

图 10 - 15　仪控设备分析

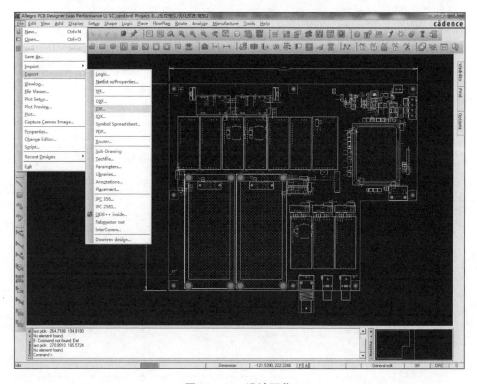

图 10 - 16　设计固化

10.7 知识工程系统

对于研发企业而言,企业长期积累的核心知识(尤其是研发知识)是企业生产和发展的关键要素,是重要的战略资源,是企业核心竞争力的重要标志,知识工程解决的就是知识的积累、重用和创新问题。在数字反应堆理论体系中,知识工程将知识与反应堆研发设计过程相融合,通过人工智能等计算机技术展现知识的原理和方法,促进知识在研发设计中发挥价值、提质增效,实现知识增值及与研发设计的共生效应。为此,强大的知识储备和对基于知识的高效组织利用是践行"创新驱动战略"的有效方法和必要途径,其具体的实现举措就是赋能数字研发的知识工程系统。知识工程系统是数字反应堆研发设计的重要组成部分,不仅需要解决知识的获取、组织、检索等问题,而且需要解决知识的工程利用的问题,向上实现与研发流程的紧密结合,向下实现研发知识的管理,继承并发展了传统的知识管理理念并面向数字化研发进行场景化赋能。数字反应堆研发设计过程中的知识工程一般需要解决 3 个方面的问题。

(1) 研发设计过程中,面临知识有效积累沉淀和知识显性化的问题。客观上,一般的研发系统及专业设计工具缺乏有效的知识伴随手段,导致基于研发流程的伴随知识及设计经验无法得到有效管理。主观上,设计人员往往缺乏知识积累的意识,除了工程档案等硬性输出内容外,研发周期内的过程数据、参考资料、经验总结等往往缺乏显性化及公开共享。

(2) 研发知识与业务活动需要深度融入与耦合。在产品研制过程中,需要利用大量的模型仿真、计算卡、标准规范、工程档案、经验总结等知识。然而,这些知识往往离散地管理在各个孤岛信息系统中,造成已有知识和现有研发场景脱节。同时,异构系统之间的知识缺乏有效关联,知识应用出口也缺乏与设计工具、环境的深度融入与耦合。

(3) 研发数据向知识的转化和知识的工程化、体系化的设计梳理面临以下问题。研发过程产生的模型仿真、技术文档等大多仍停留在数据层次,缺乏标准化、工程化、知识化的转换,尚未达到知识层次,这不利于研发设计过程中的伴随检索与利用。同时,以数字反应堆为系统工程对象的知识分类体系尚未建立,导致知识关联关系尚未链接完备和有效揭示,进一步影响了研发数据的系统性组织、挖掘和利用。

本章节将从反应堆知识工程体系构成出发,详细描述知识工程系统的要点及运行逻辑。

10.7.1　反应堆研发知识工程体系

研发知识工程体系是企业进行日常研发、运营、服务等活动所遵循的统一标准和依据。数字反应堆研发采用知识工程建设方法论,从资源、技术、流程、人员 4 个维度梳理了知识工程体系的要点,制定了知识资源、工具方法、多维赋能、制度组织组成的"四位一体"的知识工程顶层设计,通过知识工程系统平台统一管理要素,紧密融合研发环境,解决研发过程知识的采、存、管、用问题,如图 10 - 17 所示[3]。

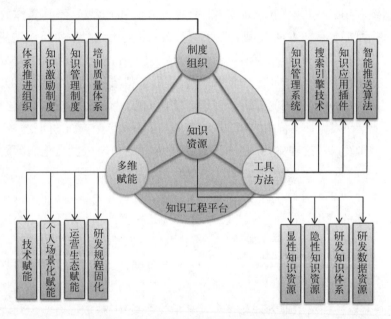

图 10 - 17　知识工程"四位一体"顶层规划

知识资源方面要求聚集内部显、隐性知识,通过数字化、标准化、结构化、范式化等手段形成体系化的研发知识支撑;工具方法方面要求建立基础的 IT 平台,如知识管理系统、知识工程集成平台等,封装流程管理、设计工具,并采用搜索、推送等知识应用技术;规程标准方面要求梳理典型研制任务的研发规程,并从个人或流程中获取有价值的数据与信息并进行知识化加工;制度组织方面要明确管理体系的推进主体,建立考核与激励制度、培训与质量体系,使知识工程运营常态化、业务化。

反应堆研发知识工程体系应遵循知识源于研发,服务于研发的原则,融入数字堆研发环境。因此,知识工程体系关注的重点为以下几点。

(1) 以构建利于反应堆研发的知识库为目标,实现外部知识内部化、内部知识体系化、个体知识组织化。

(2) 建设符合研发设计流程的、实用的知识管理模式,实现隐性知识显性化、组织知识资产化。

(3) 实现研发知识与研发活动的紧密融合,探索知识的智能应用模式,在业务流程中实现知识的循环增值。

通过构建反应堆研发知识"采集、管理、加工、应用"循环,使反应堆研发知识工程体系为研发设计活动提供有力的知识支撑,提高研发设计效率,并成为知识创新的重要驱动引擎。反应堆研发知识"采、存、管、用"循环如图 10-18 所示。

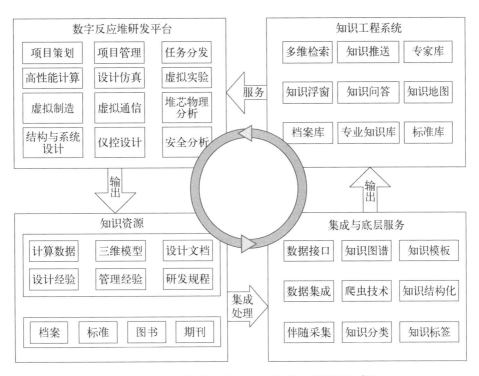

图 10-18　反应堆研发知识"采、存、管、用"循环示意图

10.7.2　知识工程系统架构

知识工程系统一般不独立存在,而是与数字化研发环境紧密融合,作为其子系统共享数据、权限等底层框架,一般包含知识库、基础配置、知识应用、知识地图、专家黄页、知识社区、知识中心等功能模块。其中：知识库用于显、隐性知识的管理，是知识工程系统的核心功能；知识地图、专家黄页、知识社区定位于隐性知识的挖掘与管理；知识中心用于聚合个人常用功能；知识应用提供知识搜索、推送，其应用前台嵌入到数字化研发环境的多个场景页面。

其中，核心内容功能如下。

知识库：知识库是知识存储的载体，按分类分别存储在所属的各知识库中进行集中管理，呈现形式上可分为文档知识、维基知识（词条）、知识专辑（逻辑聚类）。知识智能利用的知识资源全部存储于知识库中，知识库将普通的信息资源知识化，进行合理的分类梳理，添加知识属性，增加知识之间的关联，为相关推荐、搜索等智能服务打下基础。提供属性管理、分类管理、创建发布、模板管理、流程配置、知识阅览、清理恢复、权限设置、附件管理等功能。

知识地图：知识地图是一种知识的流程化、可视化展示的导航系统，能够显示知识存储之间的动态联系。知识地图是知识库内容的存储形式之一，知识地图的创建与普通的文档知识的创建类似，都需要先通过新建分类、配置审批流程、配置模板操作，然后在具体的分类下创建知识地图。

专家黄页：提供领域专家信息和员工信息双重管理功能，支持专家信息及相关知识的查阅。用户可以对专家进行提问，并可以对专家的专业领域进行配置。此外，该系统还支持自定义企业内专家的相关信息，并通过专家领域、专家姓名等条件快速查找专家。

知识社区：知识社区可实现日常工作中、小组成员间的协作交流；拥有共同兴趣的、小伙伴间的沟通互动。可以实现圈子内部的话题讨论、图片共享、投票及活动发起等应用。

知识中心：知识中心是用户访问知识工程系统的主要界面，包含门户配置管理、功能导航、快捷菜单，常用知识库，可以基于知识门户模板进行门户展示功能组件、布局模板等进行个性化配置。

知识应用：知识应用是提供知识服务的重要出口，主要包含通过搜索引擎提供知识库及集成的异构资源库的全文检索、属性检索的搜索应用，基于关联算法与预定义规则相结合的知识推送应用，以及嵌入到数字化研发平台的多个业务场景的知识创建、检索、推送的知识伴随应用。

基础配置：提供系统初始化及运营阶段的基础配置服务，如热词库管理、权限管理、功能组件管理、属性管理、知识模板管理等。

数据加工：数据加工作为上层应用的数据服务底层，主要提供 AI 领域的知识图谱和自然语言处理(NLP)服务。这些服务涵盖了知识的关系构建、实体抽取、语义理解与识别等功能。同时,数据加工还提供了数据视图、分类管理、索引构建、标签管理等加工服务。

数字化研发平台:通过数据中台、微服务等技术构建的基于 MBSE 思想、覆盖论证立项、组织建立、任务实施、流程管控的产品全生命周期管理的综合性研发平台,包含一整套常规 PLM 具备的项目管理、接口管理、文档管理、产品管理等功能,同时集成了多专业的协同设计研发子系统及商软产品,满足结构、仪控、物理、热工、力学等多专业的协同研发设计,是知识工程系统的研发知识产生系统,也是知识检索、知识推送服务的主要对象系统。

资源系统:存储研发所需的信息资源,如档案系统、标准系统,是知识工程系统进行知识加工的基础数据库。

10.7.3　知识采集与管理

反应堆研发知识的采集与管理是知识工程系统的首要任务,其目标为整合各类知识源,统一知识采集流程,规范知识管理方式,构建涵盖研发基础及工程成果的知识库,使研发知识能够在研发设计活动中不断积累创新。

反应堆研发设计活动主要有三类知识源可作为知识采集的对象。

个人隐性知识:科研人员在研发活动中积累的设计经验、操作指引、应用技巧、学习心得、最佳实践等,此类知识存在于个人的头脑中,是知识创新的雏形,但显性化与共享化不足。

资源系统:研发活动中涉及的档案系统、标准系统、文献系统、图书系统等,此类知识内容丰富,知识价值高,但各类信息资源系统呈孤岛式管理,与知识工程系统缺少关联。

业务系统:在项目管理、高性能计算、设计仿真、结构设计、仪控设计等研发活动中,业务系统里会积累各类研发数据,包含文档、图纸、模型、参数等,此类数据是企业的重要数字资产,数量庞大,但大多尚未达到知识层次,需进一步加工与管理。

对于不同类型的知识源,可以采取不同的知识采集方式,以达到效率最大化。

知识模板采集及知识社区采集:借助知识工程系统的知识模板采集功能,可以完成对个人隐性知识的结构化梳理,从而实现隐性知识的显性化录入。同时,通过知识工程系统的知识社区功能,可以采集科研人员的隐性知识问答对,实现知识共享。

异构系统集成采集：将信息资源系统中的知识以集成方式接入知识工程系统中，增加异构系统与知识工程系统之间的关联，实现资源系统知识在知识工程系统中的快速查询。

业务系统伴随采集：在业务系统中增设知识伴随采集功能，完成研发知识相关信息在知识采集时的缺省填充，助力科研人员在业务活动中快速积累研发知识。提高业务系统与知识工程系统间的耦合，解决研发设计活动与知识管理脱节问题。

图 10‑19 知识管理内容

反应堆研发知识管理以组织知识资源、构建知识库为目标，实现对各类知识源的统一管理。如图 10‑19 所示。知识管理包含知识分类管理、知识属性管理、知识标签管理、知识流程管理、知识权限管理及知识模板管理。

知识分类：知识分类是组织知识的体系结构，是知识管理的核心内容。反应堆研发知识伴随完整的研发流程，是多维度的知识资源，应从专业维度、产品维度、部门维度、类型维度等多角度分析知识结构，构建结构化、易操作、易利用的知识分类体系。知识工程系统以专业维度为主，形成涵盖反应堆物理、反应堆本体结构、反应堆系统和主设备、反应堆仪表与控制、反应堆燃料组件、热工水力与安全分析、辐射防护与环境评价、反应堆结构力学、反应堆系统软件九大类的三级知识结构体系，系统性地勾画出反应堆研发和设计的整体知识结构，如图 10‑20 所示。

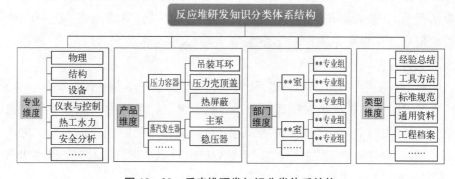

图 10‑20 反应堆研发知识分类体系结构

　　知识属性：知识属性用于描述知识的元信息,分为基本属性与扩展属性。各个知识分类中知识的基本属性相同,包括标题、摘要、作者、附件等;扩展属性可根据知识分类自定义,支持文本、数字、单选框、复选框、时间等类型。

　　知识标签：用于补充知识的分类信息,分为系统标签与自定义标签。系统标签供所有用户使用,可在首页组成词云,方便用户快速访问标签下的知识。自定义标签可供用户灵活使用,高频自定义标签可升级为系统标签。同时,系统可通过知识标签优化搜索、推荐功能。

　　知识流程：指发布知识时的审核流程。用户可在知识工程系统中自定义审核流程的节点、流向、审核人员等,从而满足各种业务需求。

　　知识权限：用于限制知识的使用范围。设置知识权限的维度包括知识分类的可使用性、可维护性,知识附件的可查看性、可下载性等。

　　文档模板：是知识在线编辑的格式模板。用户可在新建知识时使用文档模板快速编写知识内容,提高工作效率。

　　知识模板：由知识属性、知识标签、知识流程、知识权限与文档模板组成,是快速建立知识分类的重要工具。一个知识分类对应一个知识模板,而一个知识模板可应用于多个分类。

10.7.4　知识加工与应用

　　知识工程系统对知识的定点采集和管理之后,最为重要的是对知识进行有效的加工和应用。知识的加工与应用是对人工智能技术在核反应堆领域得到实现和落地的新形式,其中最典型的基于知识图谱与搜索推送应用,大大减少了科研人员搜索所需知识的时间,广泛扩展了知识接收获取的渠道,极大提高了科研设计工作的效率。

　　在知识加工方面,总体目标是对知识工程系统中的知识进行加工处理,以提升知识显性化、共享化和智慧化的程度,从而实现知识资产增值。加工的对象是描述数字反应堆生产研发全生命周期的海量数据,这些数据在日常的产品研发和制造生产中大量存在,并通过知识工程系统进行了高效采集。知识加工伴随着反应堆研发过程,如图 10 - 21 所示,其主要方法有以下 5 种[3]。

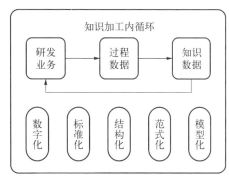

图 10 - 21　知识加工主要方法

数字化：通过光学字符识别（optical character recognition，OCR）等数字化技术，将非结构化的文本数据转换为利于计算机处理的结构化数据。

标准化：整理具有特定规则的数据集，并形成标准化知识集。

结构化：依托自然语言处理语义技术，通过本体库的构建，利用词汇处理技术对文档类知识进行标引，并应用统计分析等算法，最终实现文档类知识的自动分类和聚类等。

范式化：梳理研发设计流程中涉及的标准规范、设计经验、常见问题等知识，形成研发设计流程的伴随知识包，实现业务场景赋能。

模型化：归纳总结研发设计方案中的各类知识，形成模型化的知识方案，驱动产品创新。

在实现技术方面，目前对数字反应堆数据进行有效的加工方法是利用知识图谱、自然语言处理等技术。知识图谱是基于反应堆数据构建的网状知识型图谱，它能展现出各知识实体属性及相关关系。知识图谱基于本体数据存储层，首先进行知识建模，然后对半结构化、非结构化数据进行数据抽取，统一成结构化数据，最终构建接入形成可视化知识图谱应用，从而为各个服务提供基本的知识本体模式能力[4]。构建知识图谱的流程包括数据准备、图谱建模、图谱构建生成三个步骤。

（1）数据准备。主要包括图谱数据处理和接入，对于非结构化的数据利用 OCR 等技术转化为结构化数据，并保证结构化数据文件等的正常配置、上传和管理。

（2）图谱建模。主要包含模式设计与模式调整两个部分，针对反应堆领域的应用系统、技术要点、试验装置、知识理论、材料工艺等各类活动、事件、知识点为核心要素，构建知识图谱模式。模式设计会根据反应堆研发设计领域特点对图谱的模式 Schema 进行顶层设计，包含对实体类型、关系类型和对应属性的定义。主要涉及模式视图、模式引入与发布、概念定义、属性定义、关系定义、属性分组、模式可视化编辑、导入导出等功能点。模式调整主要是根据实际业务再次迭代调整本体建模。如图 10-22 所示为一种以控制棒驱动机构为代表的顶层设计图，包含了对于驱动机构、接口、设计规范、部件等概念，以及驱动接口、组件、所属项目等关系的定义。

（3）图谱构建生成。需要对半结构化、结构化的数据进行数据抽取，统一成结构化数据，并接入形成知识图谱。这一步主要包含了知识标注、知识抽取与训练、图谱更新和图数据库存储。知识标注需要基于 NLP 对数据源

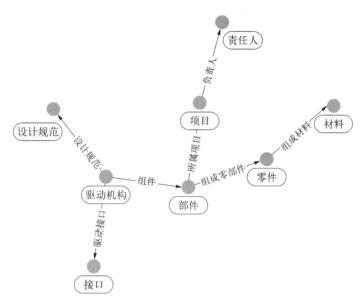

图 10-22　驱动机构顶层设计

进行预处理,抽取出实体、关系、属性等数据,通过标注的方式,将数据源中需用于构建图谱的字段标注出来,既可以将标注的数据作为机器抽取模型的训练样本,也可以直接将其用于构建图谱。知识抽取与训练需要基于NLP 对数据源中抽取出构建图谱所需的实体、关系、属性等数据要素。图谱更新是图谱在具体的应用过程中,能根据新语料或应用反馈实现自动推理更新。图数据库存储能提供多种标准图查询语言对图谱知识进行查询,并支持查询结果下载。如图 10-23 所示为一种以控制棒驱动结构中棒位探测器组件为代表的知识图谱演示,重点展示了该组件所属的项目和下属的组成零部件。

自然语言处理(NLP)技术旨在从文本数据中提取信息,它同样大大支撑了知识的加工和处理。NLP 能有助于从反应堆的各类文本中提炼出适用于计算机算法的信息,其常见的能够完成的任务有词干提取、词形还原、词向量化、词性标注、命名实体消歧、命名实体识别、情感分析、文本语义相似分析、语种辨识、文本总结等。在数字反应堆中,语义搜索是它能展现的关键技术之一,目的是让用户能够以自然语言的形式提出问题,深入进行语义分析,以更好地理解用户意图,快速准确地获取知识库中的信息。在用户界面上,语义搜索即表现为搜索引擎的形式。除了语义搜索以外,对于每篇知识,基于 NLP

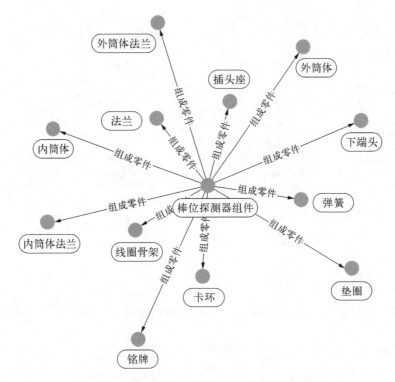

图 10‑23 棒位探测器组件知识图谱展示

的文字语义理解技术可以自动抓取关键词和摘要,并根据系统已定义好的系统级标签进行自动对应标注。此外,它还可以对大批量的知识自动构建文本索引,进一步方便用户的查阅和检索。知识图谱与 NLP 相结合的知识加工技术,能够在计算机上更为准确、凝练地表达数字反应堆各类知识内容以及它们之间的相互关系,从而促进科研人员深入挖掘隐性知识价值,达到为科研生产工作提质增效的目的。

在业务融合方面,具体到在反应堆的生产与研发过程中,知识应用能够以搜索和推送的方式更紧密地与具体业务相融合。知识伴随是体现在业务层上的一种重要的知识应用出口,它可以为科研人员在进行科研生产任务的全生命周期提供知识的检索、创建和内容推荐,具体表现为知识工程系统首页上的知识浮窗。借助知识应用浮窗插件,研发设计人员可在业务系统中直接访问知识工程系统的应用入口,从而快速完成知识的伴随采集、伴随检索、伴随关联、伴随推送及伴随问答。对于项目管理人员来说,知识插件能以知识推荐的形式推荐历史相关策划,辅助其快速完成策划;对于研发设计人员来说,知识插件根据流程分解的工作包提供流程节点相关的知识资源，帮助其快速进入设计工作，提高工作效率。如图 10－24、图 10－25 展示了知识浮窗的搜索、采集和推荐功能。

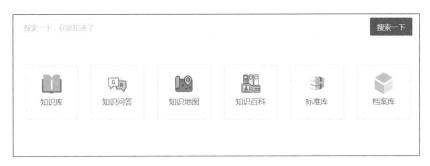

搜索一下，你就知道了
搜索一下
知识库
知识问答
知识地图
知识百科
标准库
档案库

图 10－24　知识浮窗搜索功能展示

推送知识
档案库
标准库
知识图谱
相关知识
质量专区
输入知识标题搜索
查 询
序号 名称 知识密级 时间
1 【经验案例】棒控棒位系统设计说明书 非密 2023-08-03 10:51:19
2 【经验案例】低频电源柜设计说明书 非密 2023-08-03 10:51:19
3 【法规标准】核电厂装置设计安全规... 非密 2023-08-03 10:51:19
4 【经验案例】棒控棒位逻辑处理柜设... 非密 2023-08-03 10:51:19
5 【经验案例】棒控棒位设备设计说明书 非密 2023-08-03 10:51:19
6 【流程规程】棒位测量柜设计规程 非密 2023-08-03 10:51:19
7 【经验案例】直流棒电源柜设计说明书 非密 2023-08-03 10:51:19

图 10－25　知识浮窗推荐功能展示

在知识应用方面，主要通过知识搜索功能实现，它包括两种搜索方式。一方面，基于知识图谱的搜索可对图谱的实体和关系进行知识挖掘、对各个实体进行时序探索、路径发现等。同时，它还能够利用反应堆知识图谱快速查询各实体的知识点，并进一步实现对搜索结果的智能排序能力、对用户需求的智能问答能力及相关信息的精准推送能力。另一方面，基于语义的全文智能搜索

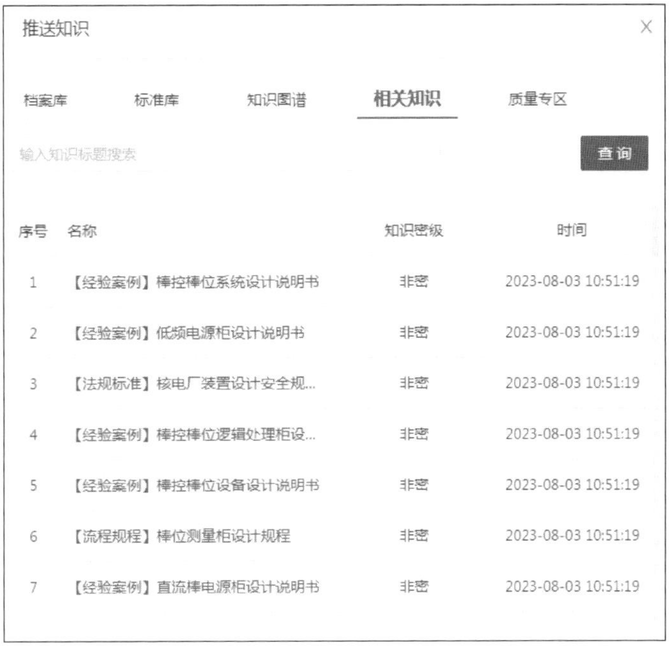

能支持对问题的语义理解及跨库网页数据、Word、Excel 等文档的全文搜索，实现结果的精准匹配与智能排序。结合知识图谱、NLP 语义理解等技术，知识搜索可提供实体展示、搜索联想推荐、属性对比计算等综合知识应用，实现知识直达。

实体搜索：如图 10-26 所示，科研人员可以对某一实体进行搜索，在搜索结果首位将详细展示实体的属性列表及可视化图谱。

图 10-26　搜索实体功能演示

搜索推荐：科研人员进行搜索时，能自动对搜索内容进行关联推荐，如图 10-27 所示。

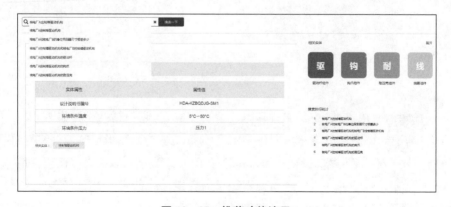

图 10-27　推荐功能演示

属性对比：当科研人员搜索拥有某一具体属性值的实体时，搜索列表能够将拥有该值的所有实体进行对比展示，比如将棒位探测器组件和钩爪组件进行对比，如图 10 - 28 所示。

图 10 - 28　对比功能演示

属性计算：可以对两种不同实体的相同属性值进行计算，如搜索耐压壳和拆卸杆的尺寸差是多少，在搜索列表中可以直接返回计算结果，如图 10 - 29 所示。

图 10 - 29　计算功能演示

10.8　资源管理系统

数字反应堆的设计和计算等相关过程是基于各类异构软硬件资源所构建的统一环境进行运行支撑,其中硬件资源包括以超算系统为主的计算资源、以图形工作站为主的图形资源和以机架式服务器为主的应用服务器资源等,软件资源包括各类设计软件、计算软件和办公软件等。各类异构硬件资源连通技术壁垒高,各类同类型软件种类多且版本多,软硬件资源统一管理难度大。同时,软硬件资源缺乏统筹建设,缺乏集约化管理,因此建设一套基于异构软硬件资源管理系统可满足数字反应堆涉及的各类软硬件资源进行统一调度和管理的需求。

10.8.1　异构软硬件资源统一监管

通过建设资源管理系统可有效实现对底层软硬件资源统一监管并向上提供应用服务调用接口,底层资源包括计算资源、图形资源、应用服务器资源、网络资源及存储资源,上层应用包括综合集成研发平台和综合管理平台两大部分。同时,基于云的层次化结构思想,实现资源动态调度和按需扩展。

基础设施层包括计算集群、图形集群、应用服务器集群、网络资源及存储系统资源池,提供数字反应堆工程计算和科研设计中数值计算、三维前后处理、应用系统部署、软件开发测试等应用所需的硬件设备资源及数据存储资源,提供数字反应堆工程计算和科研设计中设计软件和计算软件等软件资源。

平台层主要以软硬件资源管理系统建设为主,资源管理系统包括数值计算应用、图形交互式应用、软硬件配置管理、软硬件监控管理和用户角色管理等功能模块。资源管理系统采用层次式管理架构管理系统中的各类资源,包括计算集群、图形集群、应用服务器集群等,实现资源管理、状态监控、资源动态灵活调配及作业调度与加载,为用户使用系统中大量计算资源和应用资源及管理员高效管理复杂系统提供支持,可实现多分区、分级分层次的管理模式,实现对集群软硬件进行统一监控和管理。资源管理系统向下提供硬件设备管理接口来监管各类硬件设备,向上提供应用管理接口来供应用系统调用。

应用层分为数字反应堆综合集成研发平台和数字反应堆综合管理平台两大部分,包括数值计算应用、三维设计、综合演示等多类应用服务,实现资源的按需动态分配及回收。基于超算的数值计算应用可以通过门户或直连提交计算作业,按需分配计算节点并在计算完成后及时回收。综合集成研发平台中各子系统图形应用服务可以通过调用软硬件资源管理系统应用接口,启动各类图形应用服务,按需动态分配图形资源,并在应用结束后回收。

10.8.2　基于研发设计一体化应用的资源调度

在数字反应堆以往的设计研发过程中,设计、仿真业务离散,数据孤岛现象严重,输入输出数据传递通常采用邮件、文件拷贝、上传下载的方式完成,任务不能自动流转,导致协同困难,效率低下,难以形成闭环迭代的过程管控机制。传统的超算系统平台也只提供高性能的计算服务能力,仅重点支撑不同规模的仿真计算这类单一场景,而无法进一步满足三维图形处理相关 CAD 建模、仿真计算模型前后处理、装配模型的综合集成展示等业务需求,进而造成三维设计和仿真计算这两大业务割裂,导致整个数字化研发设计业务流程不畅通,在较大程度上影响反应堆研发设计效率。而基于数字反应堆软硬件资源管理系统可实现设计建模、前处理、仿真求解、后处理、综合演示验证等全过程的有效流转和数据传递,实现交互式应用与数值计算一体化。

数字反应堆设计研发过程涉及多专业协同计算,如堆芯计算、热工水力、结构、力学等,从系统工程角度出发,基于统一集中管理的资源系统使用仿真分析工具可实现仿真分析工具共享并提高利用率。同时,通过统一管理图形资源,并提供远程三维图像设计能力可最大化地为设计研发人员提供高性能图形设计的资源支持能力,充分满足研发设计业务需要,又实现资源的灵活调配和充分利用,以及数据统一管理和数据安全的需求。

在数字反应堆设计研发过程中,基于异构资源集群的统一调度管理可实现三维设计和数值仿真一体化应用,其流程如图 10-30 所示。

用户在使用过程中,可以随时从设计模式进入仿真模式,也可从仿真模式进入设计模式。在业务流程流转过程中,融入“以数据为中心”的业务流程应用,以通过数据文件直接启动业务软件,大幅度减少用户的操作路径和数据传输的要求,显著提高用户的工作效率。

10.8.3　协同设计应用与验证

资源管理系统作为底层服务平台可有效支撑上层数字反应堆综合集成研发平台和管理平台的应用,为综合集成研发平台中计算协同系统和结构协同系统等提供数值仿真和图形交互式应用,具体的资源管理运行逻辑如图 10-31 所示。

用户接收到设计任务后,通过资源管理从工具箱列表中选择并启动图形交互式应用,实现交互式应用的操作、可视化显示、数据传输、会话管理等,并将结果数据写入平台进行存储,具体运行逻辑可分为以下三部分。

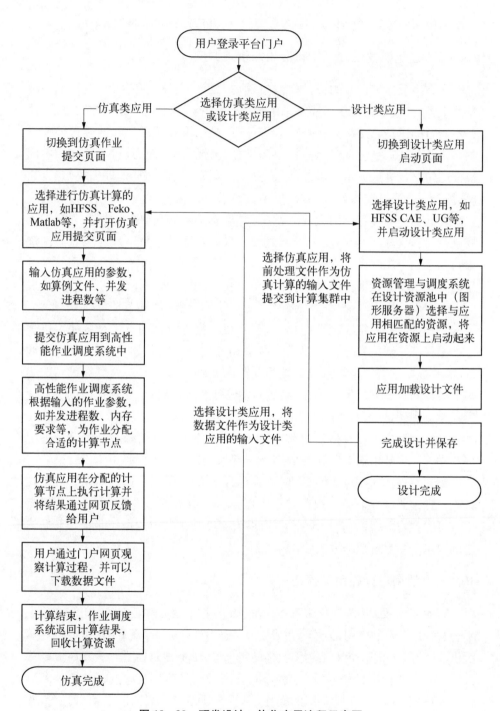

图 10-30 研发设计一体化应用流程示意图

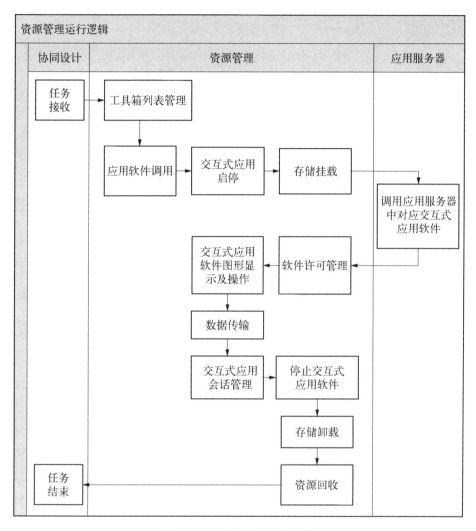

图 10 - 31　资源管理运行逻辑

（1）工具箱：用户接收任务后打开工具箱列表，选择并调用完成对应任务所需的设计软件。

（2）交互式应用：启动交互式应用会话并挂载存储，调用应用服务器中交互式应用软件，核实软件许可情况，如有可用许可返回显示软件图形界面并可进行界面操作，界面操作完成后结束交互式应用会话并回收软硬件资源。

（3）数据管理：用户在启动交互式应用会话时挂载平台存储的个人目录，交互式应用软件图形界面操作过程数据及结果数据写入挂载的存储系统个人目录中，停止交互式应用会话时卸载存储挂盘。

10.9　大数据系统

随着核反应堆工程的快速发展,对设计研发工作的要求日益提高,一些前沿、热点技术的应用需求进一步增强。近年来,以云计算、大数据、人工智能等为代表的新一代信息技术已成为各行各业开展创新发展的重要工具与手段,其中以数据价值挖掘为基础的大数据技术特别受到传统工业领域的重视和青睐。将大数据技术与传统核能工程结合,是提升技术水平及推进行业发展的有效途径。核反应堆工程在科研设计、制造建造、运行使用、维修保障、退役处置等过程中会产生大量计算数据、试验数据、设计图纸、工艺文件、检验报告、运维记录等不同来源、不同形式的多源异构数据。为有效对这些数据进行分析、管理,充分发挥数据集聚效益,需要结合系统工程科学理论和方法以及核反应堆工程实际,推进大数据、人工智能等技术在核反应堆工程领域的创新应用,开展大数据系统建设,为科研设计单位的数字化转型创造基础条件。

10.9.1　大数据系统技术架构

大数据技术在数字反应堆应用,依托于大数据系统。中国核动力研究设计院自主研发了核反应堆大数据系统——睿龙系统。睿龙系统作为以多源异构数据管理和应用为目标的系统,面向设计研发需求,将大数据分析过程以具体系统形式标准化、模型化、逻辑化,支撑核反应堆设计研发能力和运维保障水平提升,推动科研设计单位业务与数据的融合。形成以业务产生数据、以数据服务业务的闭环,构建数据驱动的创新型科研生产模式,提高研发质量和效率[7]。

睿龙系统业务价值体现在以下三个方面:

(1)通过数据融合共享,支撑业务协同与过程监管,提高科研生产整体效率;

(2)通过丰富的数据可视化工具,提供更加丰富直观的业务报表和数据视图,提升科研设计人员对数据的理解,更全面地掌握数据资产和更快捷地发现数据价值等;

(3)利用智能分析技术,开展数据深度价值挖掘,优化设计、智能诊断、预测感知等,提供更科学和准确的技术感知和决策支持。

鉴于数据的多源异构特点,根据业务定位分析,考虑到核反应堆基础数据获取及应用的现实可行性,睿龙系统应具备海量异构数据的采集、存储、管理、治理、重构等功能,并面向专业应用需求开发算法模型并形成主题数据库,构建适用于核领域的专用数据利用与挖掘工具,支持大数据、人工智能等技术和方法在核领域的应用。睿龙系统需实现如下功能。

(1)数据采集与装载:在线采集在用核反应堆设计管理平台数据,离线采集批量导入或专门录入的有价值分析数据、资料,实时采集核反应堆运行数据。

(2)数据清洗与预处理:能够实现有效数据提取、解析和结构化处理,对错误数据、冗余数据、缺失数据等进行定位、识别、清洗、甄别,并进行数据标签标注。

(3)数据存储与管理:实现原始数据、基础数据、定制化专业主题数据等数据库管理,建立数据目录,具备数据标准管理、元数据管理、数据血缘分析、数据标签管理等功能。

(4)数据利用与挖掘:实现数据搜索、计算引擎、智能问答、可视化探索、机器学习、设备画像、数据服务等数据利用与价值挖掘功能。

(5)大数据应用展示:实现数据可视化探索、基于大数据技术的各类应用集成。

(6)系统管理:系统运行管理、安全管理、审计管理等功能。

睿龙系统的目标是能够支撑多个层级的业务活动。传统面向单一任务类型的数据处理平台和框架无法有效应对核反应堆研发多源异构数据处理需求。基于系统需求分析,按照"分层设计"的系统架构设计思想,将大数据存储结构与传统关系型数据库结合,按照"数据→信息→知识→应用"的路线建立睿龙系统技术架构,实现全生命周期多源异构数据的采集、存储、分析与应用。

睿龙系统技术架构分为数据采集层、数据处理层、数据分析层和数据应用层[6]。

(1)数据采集层:包括数据源、数据湖(原始数据库)及其形成过程。数据源主要包括核反应堆在全生命周期各个阶段产生的多平台、多专业数据。各类外部系统数据通过第三方工具、在线采集设备、离线数据导入等采集进入睿龙系统指定的服务端中进行存储,形成数据湖,完成数据采集和初步存储工作。

(2)数据处理层:对数据湖中的数据进行处理、传输、存储,包括内容识别、信息自动解析、缺失数据自动补全、假数据自动甄别、数据标签的自动标注与分类、流式数据的实时处理等过程,以实现数据的标准化、模型化、逻辑化。通过数据处理过程,将原始数据进行分类与管理,使用 Hadoop 分布式文件系统的关系数据库、非关系型数据库等形式归类存储[5]。

（3）数据分析层：基于 Hadoop 和 Spark 等技术框架，集成分布式计算引擎和智能算法，建立分析计算模型，提供计算、分析、管理等基础数据服务。该层级利用 GPU 和 CPU 进行加速计算提高运行计算效率，实现机器学习、数据挖掘、智能分析、知识图谱等面向核反应堆研发和保障需求的数据基础分析功能。

（4）数据应用层：主要面向核反应堆大数据的应用需求，实行分模块开发，提供一系列数据服务或应用，技术手段包括数据应用开发技术和数据可视化技术，具体应用方向为运行支持、故障诊断、技术分析与评估、智能问答、基于增强现实的三维漫游等。该层级主要目的是向用户明确展示如何进行数据分析与计算，针对用户需求采取何种形式提供技术支持。

10.9.2　数据资产

睿龙系统数据来源于核反应堆在科研设计、制造建造、运行使用、维修保障、退役处置等全生命周期的技术数据。各阶段数据内容及类型见表 10‑1。

表 10‑1　数据内容及类型

阶　段	数 据 内 容	数 据 类 型
科研设计	设计图册、设计文件、数据收集报告、研究报告、安审问题及处理单、计算程序输入/输出文件、科研试验数据等	图纸、文件、三维模型、纸质文件或手写记录扫描件等非结构化数据，计算程序输入/输出等半结构化、结构化数据
制造建造	相关制造建造参数、材料生产、制造、装配、检验和验收记录、经验反馈、总结报告、不符合项处理情况等	图纸、文件、图片、视频等非结构化数据
运行使用	设备运行数据、系统运行参数、运行使用情况反馈、日常运行记录、试验数据、异常运行事件及处置操作记录等	时序数据等半结构化数据、文件、记录、手写日志扫描件、图片等非结构化数据
维修保障	相关设备在役检查、定期检修及运行期间损伤和故障情况、原因分析、处理过程、验证结果等记录，设备的保养手册、保养记录等，设备破损时的取样测量数据等	文件、图片等非结构化数据
退役处置	退役检查和处置数据等	文件、图片、视频等非结构化数据

根据睿龙系统中数据从采集、处理、分析、应用整个生命周期数据演变过程,将其按源数据库、基础数据库及主题数据库进行组织与管理。

(1)源数据库:即原始库或数据湖,存储从数据源中采集的所有原始数据。原始数据在装载时需同时存储数据基本信息(如数据来源、数据大小等),尽可能保留数据的原有特征和真实信息。数据的格式包括各种纸质扫描文件、电子文档、图像、视频、音频、二进制数据文件等原始电子文件,也包括在线数据和来自其他关系型的结构化数据。源数据库对应通过数据采集层的数据形式。

(2)基础数据库:即分析库,支撑不同分析需求的数据库,主要存储经清洗与预处理后形成的结构化数据,包括元数据、数据标签,以及经识别、清洗、甄别后的数据。针对源数据库中可编辑的文档、图纸、三维模型、运行数据等,可采用正则表达式、Python 函数、Jacob、API、Webharvest 等技术进行结构化处理;针对图片、扫描文档等不可编辑数据,则需先通过光学字符识别(OCR)技术进行文本识别,再采用 NLP 技术进行关键信息提取。基础数据库对应通过数据处理层的数据形式。

(3)主题数据库:即产品库,根据不同业务应用需求构建。它面向业务主题进行数据的组织存储,以实现信息共享。通过对业务需求进行梳理,确定好业务主题范围和分类,并围绕其开展数据集成。通过面向业务主题的数据聚合、分类,形成各个主题数据库。这些主题数据库可以将一些相对静态的、能够跨业务领域的数据实现共享,从而打破各业务部门壁垒,提升数据应用效率。主题数据库对应于通过数据分析层处理后的数据形式。

10.9.3　数据采集

睿龙系统采集数据来源方式包括以下几类:研发设计数据主要来源于组织内业务信息系统等(包括设计文件、图纸、三维结构模型等);其余各阶段数据主要来源于外部制造建造、运行使用单位产生的文件、图纸、运行数据等,主要通过光盘、磁盘等介质传递;此外,针对工控装置运行数据,可直接进行现场数据采集。

针对以上不同的数据来源方式,数据采集方式应包括数据在线采集、数据离线采集及数据实时采集三种方式。

1)数据在线采集

为实现从现有设计管理系统方便快捷地采集数据到睿龙系统中,并解决不同系统间数据一致性等问题,需要建立设计研发数据集成总线,实现现有设计管理系统、数字反应堆,以及后续设计管理系统的数据在线采集与同步,本模块技术方案如图 10-32 所示。

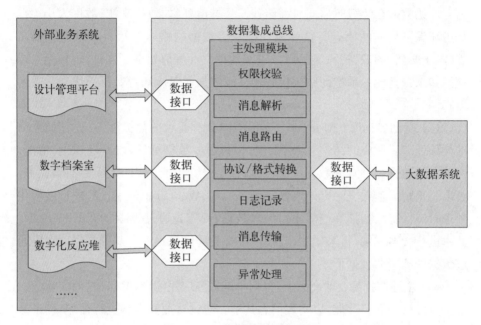

图 10-32　数据在线采集架构

　　数据集成总线的核心为主处理模块,主处理模块包括权限校验、消息解析、消息路由、协议/格式转换、日志记录、消息传输及异常处理等。其中:权限校验业务系统判断系统是否有权限发起服务;消息解析针对输入的服务消息进行解析、检索;消息路由读取路由关系并进行传输,实现基于消息内容的路由;协议/格式转换根据睿龙系统的数据格式要求将从业务系统中调用的数据进行格式/协议的转换;日志记录服务的运行日志,并记录处理异常日志;异常处理针对从接收到服务请求到服务结束期间发生的一切异常进行统一处理。

　　数据在线采集流程如图 10-33 所示。

　　(1)业务系统进行服务注册;

　　(2)睿龙系统发起请求时,数据集成总线对业务系统进行安全认证,包括鉴权管理、服务器级认证、企业服务总线(ESB)安全认证;

　　(3)认证通过后在服务注册订阅库进行服务查找和服务认证并记录

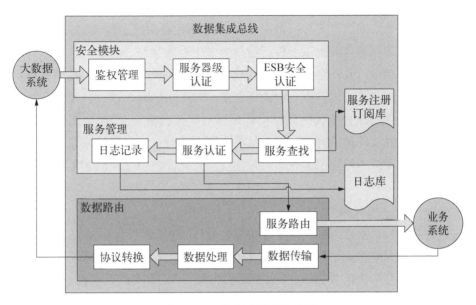

图 10‐33　数据在线采集流程

日志；

（4）睿龙系统上传要求的数据格式、大小等信息到数据集成总线中；

（5）数据集成总线调用业务系统的数据接口，经过服务路由，进行数据传输并按照睿龙系统要求的数据格式、大小等将数据进行处理和协议转换后把结果返回给睿龙系统。

开发设计管理系统（包括核反应堆设计管理平台、数字档案室等）、数字反应堆的数据接口，实现数据集成总线对业务系统数据的调用，接口开发流程如图 10‐34 所示。

（1）按照数据集成总线数据接口开发规范，根据实际的业务需求，不同业务系统开发各自的数据导出接口。

（2）数据接口开发完成以后，在数据集成总线进行服务注册和服务发布。注册信息包括服务所在主机 IP 和提供服务的端口，暴露服务自身状态及访问协议等信息。服务发布实现服务定义、服务接口发布，需要确认服务的基本信息、开发协议、接入协议、访问权限等信息。

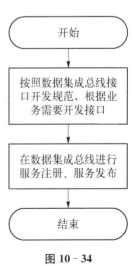

图 10‐34
业务系统数据接口

2）数据离线采集

针对以光盘或磁盘等介质收集的组织外部大量离线数据，通过离线数据采集模块实现数据的大批量上传。数据类型主要为文档、图纸、三维模型等非结构化数据和运行时序数据等半结构化数据（主要格式为 CSV），这部分数据通过定期扫描目录方式读取各种文件系统（本地文件系统、NFS、FTP）中的数据文件，按照配置的规则进行解析，写入分布式数据队列中，数据离线采集系统采用相应的文件传输协议实现非结构化数据装载。数据离线采集模块采用成熟通用的文件传输协议实现非结构化数据装载，例如 FTP、FTPS、FTP over HDFS 等。

3）数据实时采集

针对工控装置，需通过实时消息系统完成试验、运行数据的高效采集传输。实时数据的特点是需要持续采集和传输，实时消息系统能够对实时数据进行队列缓存和传输，同时具备数据备份机制，保证数据的可靠性，实时数据采集模块可采用成熟且通用的实时消息队列系统，例如 Kafka。

Kafka 是一个分布式的、可分区的、可复制的消息系统。它提供普通消息系统的功能，但具有自己独特的设计，Kafka 通过副本来实现消息的可靠存储，并且消息间通过 Ack 来确认消息的落地，避免单机故障造成服务中断。Kafka 多应用在前端和后端之前，完成架构解耦、一次发布多次订阅和消息的可靠存储。目前，该系统应用广泛，可完成海量信息的输出，给系统架构带来多个好处，比如：

（1）前后端架构解耦，避免架构上耦合，方便扩展；

（2）消息一次发布、多次订阅，避免多个订阅者同时向前端订阅；

（3）高吞吐，单机可达 70 MB 的吞吐量；

（4）低延迟，延迟可低至数百毫秒；

（5）可存储短期数据；

（6）集群具备线性扩展能力；

（7）集群具备动态扩展能力；

（8）同时，为离线和实时计算技术输入消息。

针对持续不断的流式数据源，采用 Kafka 采集工具，通过调用 Kafka 提供的 API，将数据生产者数据汇聚到 Kafka 集群，再由数据消费者 Stream 流式数据处理平台进行计算处理或者 Hyperbase 实时数据分析平台进行存储处理[10-11]。

10.9.4　数据存储

针对结构化、半结构化及非结构化数据,开发自适应的存储模块,根据不同的数据结构、数据大小及应用场景选择相应的存储方式,包括分布式文件系统、分布式数据库、时序数据库、图数据库、关系型数据库,并开发统一的数据管理与监控工具,将所有的存储方式进行集中管控。

1) 分布式文件系统

分布式文件系统作为数据存储的底层支撑,用于存储所有的源数据。分布式文件系统采用成熟且通用的技术实现,如 HDFS。分布式文件系统支持各类结构化、半结构化、非结构化海量数据的低成本存储,为超长时间的海量历史数据存储和使用提供基础支撑。由于分布式文件系统适合大文件的存储(10 MB 以上为大文件),对于小于 10 MB 的小文件应将数据文件封装为 ObjectStore 对象进行存储,ObjectStore 对象存储技术具有支持高效率读写的特点。

分布式文件系统使用副本策略以确保数据的可靠性和安全性,针对热数据,可采用 SSD 等快速存储技术提高数据的访问效率。但随着时间的推移,很少被使用到的归档历史数据会越来越大,占据大量的文件系统存储空间,因此针对这部分冷数据,采用压缩技术或降低数据存储副本将历史冷数据在保证数据安全可靠的基础上降低其存储开销。

2) 分布式数据库

分布式数据库为本项目中的高并发检索及事务支持提供支撑,同时为上层应用提供丰富的 SQL 和事务支持能力。分布式数据库支持分布式事务特性,能够保证数据的 ACID 特性,同时支持多种 SQL 查询优化策略,包括基于代价的执行计划优化、基于规则的执行计划优化、基于物化视图的执行计划优化、SQL 过程间优化,可以基于对 SQL 执行的优化策略大大提升 SQL 执行性能,分布式数据库支持用户 SLA 控制的调度,支持多层次的任务调度和资源借用,从而实现对分布式数据库资源的全局调度和优化。分布式数据库应基于 Hadoop 技术成熟且通用的数据库软件,例如 Hive、Hbase、ElasticSearch 等,实现数据的优化存储和查询,提供海量半结构化数据(JSON/BSON 文档)与非结构化数据的高压缩比存储,降低存储成本,通过精细内存管理模型,提升海量数据的检索稳定性和单机数据存储能力。

分布式数据库支持海量数据多维度的检索查询,包括全局索引、全文索引、组合索引等,同时支持按指定字段创建局部索引和全局索引,并支持智能索引技术,大大提升数据查询效率。分布式数据库采用4层的结构模式,分为全局外层、全局概念层、局部概念层和局部内层,在各层间有相应的层间映射,分布式数据库结构模式如图10-35所示。

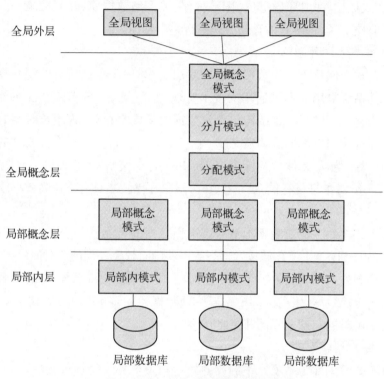

图10-35 分布式数据库结构模式

3) 时序数据库

针对系统或设备在运行使用过程中产生的大规模时序数据,由于关系型数据库无法对时序数据进行高效的存储、查询及处理,因此采用时序数据库进行高效存储和快速处理海量时序数据,为时序数据的数据探索、统计等提供支撑。时序数据库主要包括度量、标签、域、度量值、时间戳、数据点及时间序列。度量用于检测数据的指标,包括设备的压力、温度、流量等;标签指定度量下的数据子类别,如指定度量是温度,压力容器是标签,则检测的是压力容器的温度;域用于存放随着时间戳的变化而变化的数据;度量值即存放具体的数值,如压力、温度等;时间戳存放度量值产生的时间点;数据点是指按特定时间间隔采集的每个度量值;序列值针对某个检测对象的某项指标(如反应堆入口温度)的描述。

4）图数据库

针对智能化应用需求等需建立知识图谱。图数据库用于存储知识图谱的本体层,支持图计算,为智能问答提供底层支撑。图数据库以图形结构对数据进行存储,以图形的"节点"象征实体,节点间的"边"代表实体间的关系,支撑知识查询和价值挖掘。图数据库支持成熟且通用的 OpenCypher 图数据库查询语言和 OpenCypher 语法扩展,如主键函数、集合函数、图信息函数、图算法函数等,提升图数据查询效率。图数据库的图计算能力支持 PageRank、FastUnfolding、Shortest Path 等常用的图算法,通过图算法计算的结果能够直接写回图数据库。

5）关系数据库

传统关系数据库主要存储 5 类数据:支撑平台运行的系统配置和基础数据;大数据平台上所有归档业务数据集的元数据,包括分类信息、概要信息、来源信息等;分析结果输出信息;部分小规模结构化归档业务数据集;数据仓库的元数据信息。

10.9.5　数据治理

为有效提高数据质量,需对原始采集的数据进行治理并存入睿龙系统相应数据库,提高数据挖掘利用的效率。数据治理包括如下模块:OCR 文字识别模块、数据解析与结构化处理模块、数据清洗模块、数据甄别模块和数据标签标注模块。

1）OCR 文字识别模块

针对手写文件和打印文件的扫描件,通过 OCR 技术进行文件信息识别和主体、关系提取。OCR 识别包括传统光学字符识别和自然场景字符识别,其通过对输入的扫描文档或图像进行分析处理,识别出图像中的文字信息。传统的光学字符识别主要面向高质量的文档图像,此类技术假设输入图像背景干净、字体简单且文字排布整齐,在符合要求的情况下能够达到比较高的识别水平。自然场景中的文字识别,由于自然场景图像的背景极其多样,并且字符可能具有不同的大小、字体、颜色、亮度、对比度等特征,文字区域还可能包含变形(透视、仿射变换)、残缺、模糊等干扰,导致文本检测和识别的难度大大增加。对于图像成像问题,可通过图像预处理进行图像校正,来提升 OCR 识别的水平。针对不同场景下文本识别的需要,必须选择与实际场景相匹配的模型,并制订相应方案。为了提高 OCR 识别效率,可以通过迁移学习来训练不同场景下的模型。迁移学习利用不同任务间的相关性,用冗余对抗复杂,使得模型训练更加方便快捷。迁移学习使用一个预先训练好的通用模型,在不同的应用场景中,作为训练模型的预模型,固定一些层的参数,重新训练已有模型的靠近输出的几层,或者对网络进行逐层微调。

2)数据解析与结构化处理模块

针对 OCR 技术处理后的数据,利用自然语言处理等技术对文件内容进行语义分析、信息提取;针对数据收集报告、不符合项、图纸和三维模型等,将文件中的表格参数或散落在文中的重要参数进行提取和数据解析,形成结构化数据;针对时序等半结构化数据,通过结构化处理模块对其进行结构化处理。

(1)非结构化数据提取。首先,针对数据收集报告等文件中的结构多样的表格形式,利用人工或基于机器学习的方法对相似的表格形式进行分类并建立模型,并利用基于规则或机器学习模型对表格中的中键值对的对应关系(如物理参数-数值)进行修正,防止对应关系错乱和不匹配情况的发生,提高实体和参数的对应关系的真实有效程度。针对各专业、各阶段的数据收集报告、图纸、三维模型等非结构化文档文件[包括 Word 文档(. docx)、PDF 文件、Excel 文件(. xlsx)等格式]中的关键参数和基本信息,通过采取正则匹配、Python 内置函数、VBA、Jacob、Java Excel API、Webharvest、htmlparser 等数据提取工具技术进行基于模式匹配的信息提取和整合,或通过自然语言处理技术中的句法依存树等手段进行信息抽取并进行结构和语义映射,使其成为结构化数据;针对 OCR 处理后的安审单、不符合项、设计图纸,以及数据收集报告中的数据或重要信息,利用 NLP 中基于规则与词典的方法、基于统计机器学习的方法、基于深度学习模型的方法或向业务专家咨询的方法对实体、属性、关系和事件进行信息抽取,形成面向智能问答系统的实体关系知识库。

(2)时序运行数据结构化。通过数据格式转换工具中的隐式转换、强制转换等方法针对 dat、csv、tsv 等格式的时序运行数据进行整理、转换和结构映射、语义映射等结构化处理,形成统一标准格式的数据,再对其进行结构化处理,使其具备在时序数据库中进行探索和分析的逻辑结构和条件[13]。

3)数据清洗模块

针对数据解析和结构化处理后的数据中可能存在的错误、冗余、空缺及数据不一致情况,需通过数据清洗模块进行数据清洗,从而保证数据的完整性和一致性。数据清洗模块的实现方案如下。

（1）不完整数据的清洗。针对不完整的数据，即数据缺失，大多数情况下，必须采用手工方式填入（即手工清理）。当然，某些缺失值可以从本数据源或其他数据源推导出来，通常采用平均值、最大值、最小值或更为复杂的概率估计代替缺失的值，从而达到清洗的目的。

（2）错误数据、含噪声数据的清洗和异常值/离群点检测。

错误数据或含噪声数据的出现经常是由传感器或数据传输过程等因素导致的，指数据具有不正确的属性值或包含存在偏离期望的离群值。针对带有明显错误的数据元组，结合数据所反映的业务问题，进行分析、更改或忽略。对于错误数据可以采用统计分析的方法识别可能的错误值或异常值，如偏差分析、识别不遵守分布或回归方程的值，也可以用简单规则库（常识性规则、业务特定规则等）检查数据值，或使用不同属性间的约束、外部的数据来检测和清理数据。

异常值、离群点是由系统误差、人为误差或某些固有数据的变化引起数据的特征发生变化。异常值检测方法包括基于分布的异常检测、基于距离的异常检测、基于聚类的异常检测、基于偏离的异常检测、基于密度的异常检测、基于分类的异常检测、局部离群因子（LOF）算法、孤立森林算法、随机切割森林（RCF）算法等一系列方式。

（3）冗余数据的清洗。由于原始数据是从各个应用系统中获取的，并且各应用系统的数据存储缺乏统一标准的定义，通常认为数据库中属性值相同的记录是冗余（重复）数据，通过判断数据间的属性值是否相等来检测数据是否相等，将相等的数据合并为一条数据（即合并/清除），合并/清除是消重的基本方法。

（4）不一致数据的清洗。由于数据来源不同使得数据缺乏正确有效的完整性约束，可能存在某些不一致数据，破坏了数据间的关联关系，进而误导数据挖掘分析。对于不一致性的数据，从多数据源集成的数据可能有语义冲突，可定义完整性约束用于检测不一致性，也可通过分析数据发现联系，从而使得数据保持一致。

4）数据甄别模块

针对 OCR 技术尚存在不准确的问题，以及通过深度学习提取非结构化文件中参数等方法尚处于研究阶段，设置数据甄别与校对模块，针对被 OCR 识别后的文件及形式复杂难以提取信息的文档文件等，通过人工方法进行数据甄别和校对，保证数据识别和提取的准确性，提高数据质量。

针对数据清洗后被标注为"错误""冗余""缺失"及"不一致"的异常数据，通过数据甄别模块，对异常数据的真实性和有效性进行分辨和复核，区分异常的真实性和有效性，从而剔出错误数据，并保留真实的数据信息，利用半监督学习的方法对从少量数据中提取特征，针对全样本数据进行异常数据清洗，提高数据质量。

5）数据标签标注模块

对文本数据、图纸数据和时序数据等不同数据形式，需要建立数据实体的关联关系，对数据的特征进行描述、标注，并结合需求构建标签体系模型，使原本无法描述、搜索和定位的数据可被快速检索。对数据的标签标注方式分为人工标注和半监督标注两种形式[6]。

10.9.6　数据分析

睿龙系统面向数据利用与挖掘，需实现相关数据分析功能。数据分析包括数据搜索、计算引擎、数据探索、机器学习平台等功能模块。

1）数据搜索

数据搜索针对睿龙系统源数据库、基础数据库、主题数据库、元数据库、标签库等进行数据检索。主要包括基本检索、全文检索、基于自然语言处理（NLP）的智能搜索等功能。

各类搜索功能均通过客户端搜索应用界面与服务端的调用流程实现，主要步骤如下。① 获取配置：配置信息包括检索字段的设置及检索界面的显示效果。② 生成检索界面：根据上一步获取的配置信息来生成对应的检索界面。③ 生成检索式：当用户在检索界面输入检索词，并提交检索请求后，按规则来生成检索式。④ 发送检索请求：通过 Ajax 方式将检索式提交至服务器的指定检索入口。⑤ 执行检索：服务端通过各类检索引擎执行相应检索命令，并以 JSON 格式返回检索结果。⑥ 显示检索结果：解析服务端返回的 JSON 数据，并动态生成检索结果。其中，基本检索、全文检索、基于自然语言处理的智能搜索的实现主要体现在采用的检索引擎技术的不同。

2）计算引擎

根据业务需求，大数据计算框架主要包括批处理计算、流计算、图计算。

（1）批处理计算。针对分布式文件系统、分布式数据库中存放的数据，需对存储的大规模静态数据进行清洗与预处理计算。大数据批量计算技术应用于静态数据的离线计算和处理，框架设计初衷是为了解决大规模、非实时数据计算,关注整个计算框架的吞吐量。主流计算框架包括 Mapreduce、Spark、Dryad 等。

（2）流计算。针对从实时采集的数据,采用流计算引擎进行计算,经过实时分析得出有价值的结果,目前主流的流计算框架及技术有 Storm、Spark Streaming、Flink 等。

（3）图计算。针对知识图谱构建、智能问答等应用,需对大规模图结构数据进行计算,现主流图计算框架及技术有 GraphX、Pregel 等。

针对以上计算需求构建混合式计算框架,并通过 Yarn、Zookeeper 等技术实现集群资源管理[8]。

3）数据探索

数据探索的主要功能是通过作图、制表、拟合、计算特征量等手段对原始数据进行基本的数据特征分析功能,探索数据的结构和规律,提供灵活易用的可视化工具,满足多样的数据展现形式、多样的图形渲染形式、丰富的人机交互需求,支持通用分析手段做数据动态分析（如数据总览、数据统计等）,并支持核反应堆专业化分析算法（如稳态、瞬态等运行状态识别、异常点分析等）。根据功能结构,数据探索主要包括数据接入、可视化组件、可视化分析引擎模块。

4）机器学习平台

机器学习平台的主要功能是提供整套的数据挖掘组件,包括数据源导入、特征处理、算法选择与设计、模型训练、预测和评估,支持以拖动的方式借助组件灵活地建立分析挖掘流程,生成挖掘模型,并对模型结果进行评估及利用,以及支持挖掘流程的发布及结合业务的调用。机器学习平台支持高效的训练方式,构建的模型训练任务可以实时启动、监控和停止,也可以监控对应的训练日志;同时,多任务之间可用图形化构建依赖关系,支持构成比较复杂的模型训练任务及数据分析任务,支持多任务排队、多任务并发,可以根据任务的状态对资源进行动态调度;机器学习平台需要提供完整的多用户能力支持,提供针对计算资源、数据资源等资源的细粒度隔离与共享;结合容器技术对大型集群进行高效的管理和调度。另外,机器学习平台需要提供包括网络结构图形化拖动、深度学习框架整合、分布式 GPU 优化、深广结合与经典网络结构支持[12]。

机器学习平台总体架构如图 10 - 36 所示。最底层为计算资源,包括 CPU 服务器、GPU 服务器、FPGA 服务器等,建立在大数据底层框架服务或者容器基础上,融合一系列机器学习、数据挖掘算法包如 Python 语言机器学习包、SparkML 等,以及深度学习框架如 TensorFlow、Caffe 框架,以实现数据导入、数据特征处理、数据集划分、整体算法设计、模型训练、模型发布等功能。最上层为机器学习模型层,提供具体模型供业务人员使用。

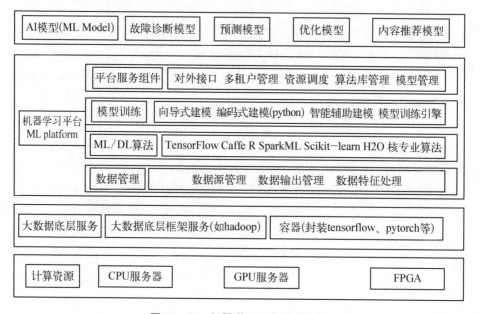

图 10 - 36 机器学习平台技术架构

5）知识图谱构建

知识图谱构建为智能问答、设备画像、基于 NLP 的智能检索提供实体关系服务支持,按照知识图谱构建流程,构建引擎包括数据获取、信息抽取、实体对齐、构建本体库、图谱构建与存储等。

6）主题数据库构建

根据核反应堆数据的特点和对主题数据的分析,通过主题数据库构建引擎为主题数据库提供服务支持,主题数据库构建引擎主要包含以下模块:

（1）数据获取。收集相关业务主题集成所需的源数据,制定统一的数据标准规范,根据数据标准规范进行数据清洗加工,完成数据标准化规范化后进行基础数据存储,基础数据存储可采用关系型数据库、分布式数据库/数据仓库等,因此从大数据存储系统中获取数据主要是从预处理后形成的基础数据库中获取数据,根据实际需求对数据再次进行预处理加工,形成主题视图、专业视图、标签体系等。

（2）数据集市。主题数据库的建设过程可借鉴数据仓库的建设理论进行分层建设。首先，面向业务主题进行分层建模，基于数据公共特性进行公共数据层建模，实现公共特性数据抽取，形成公共特性数据库；然后，面向业务主题进行主题建模，以主题的方式进行数据模型设计，可采用机器学习聚类分析方法，以及基于标签、文本内容的主题分类方法等按数据相关性智能聚集主题数据，形成主题视图、专业视图、标签体系的具体数据内容，实现面向业务主题的数据聚合、分类，形成各个主题数据库。

（3）数据应用。为数据检索、数据探索、机器学习平台、数据智能应用提供数据接口。提供自动提取主题数据库功能，以主题数据条件配置为引导，实现从治理过的大数据（基础数据库）中按需自动提取生成主题数据库；支持人工按需选取数据源，手动配置主题数据库功能；提供主题数据模板。

10.9.7　数据保障

针对睿龙系统的数据保障，需实现核反应堆研发域数据的结构化和标准化。数据结构化和标准化是以业务流程为牵引，以数据交互共享为基础，数据治理和应用为核心，以工具、手段和方法为支撑，以基础软硬件设施为保障，通过组织内各类研发平台、数据管理系统，打通研发域业务流程、接口和工具等数据流通"最后一公里"，通过统一基础设施及标准化体系建设为研发业务发展及全领域互通共享提供保障。

数据的结构化是指通过有关手段和方法让数据之间产生联系、发生关系，形成强关系的集合，它依赖于建立好的数据标准规范，如需要多少个属性，每个属性什么类型，每个属性的取值范围等。不管从业务角度还是技术角度，进行数据价值的挖掘，首先就是要将数据结构化，数据有了结构逻辑才能被进一步认识，并引入自动化、信息化和数字化手段加以处理，实现数据价值最大化。为了在既定范围内获得最佳的逻辑关系，促进共同效益，对数据的处理和使用确立共同和统一的准则，则需要开展标准化工作。

数据标准化是指研究、制定和推广应用统一的数据分类分级、记录格式及转换、编码等技术标准的过程，是对数据表达、格式及定义的一致约定，包括数据业务属性、技术属性和管理属性的统一定义。它的主要目的是为了保障数据的内外部使用和交换的一致性和准确性的规范性约束。

数据的结构化和标准化主要由各研发平台和数据系统实现，以标准化的接口和规范化的形式在睿龙系统中汇聚，同时系统为各类研发域数据的结构化提供工具和服务。睿龙系统是数据汇聚集合及其结构化处理工具的载体，有关标准规范要求是数据和系统功能共享共用的支撑[9]。

睿龙系统作为数字反应堆的一个有机组成部分，是数字反应堆技术架构中大数据内核的载体。睿龙系统针对核反应堆研发设计、制造建造、运行使用、运维保障、退役处置等全生命周期数据进行采集与治理，形成内涵统一、表达规范的可信数据和主题库，并提供各类算法工具挖掘数据相关性，分析提炼核反应堆研发实践经验和规律特点，为运行保障及数字反应堆建设、新型核反应堆研发提供数据和技术支持。

10.10　多专业设计系统集成

为保证多专业设计系统集成的可行性，结合反应堆业务工作模式的特点，通过对需集成子系统的架构多样性、接口开放程度不一致等情况进行分析，考虑单一数据源、数据的安全性及数据知悉范围可控性等因素，提出通用性的系统集成原则和规范等，以保障系统集成的规范性、安全性。

10.10.1　集成总体原则

反应堆多学科在线协同设计研发管理一体化平台（磐龙平台）的总体集成原则如下。

1）整体性

磐龙平台整体设计需要实现后台一体化管理，前端满足用户个性化需求，系统标准化程度高。对磐龙平台进行统筹规划和统一设计系统结构，尤其是应用系统建设结构、数据模型结构、数据存储结构及系统扩展规划等内容，均从全局出发、从长远的角度考虑。

2）可靠性

在设计过程中充分依照国际上的规范、标准，借鉴国内外目前成熟的主流网络和综合信息系统的体系结构，以保证系统具有较长的生命力。保证磐龙平台稳定、可靠运行，在系统故障及不可抗拒因素情况下仍能确保数据的安全。

3）先进性

采用符合软件业发展趋势的主流技术进行设计开发，并采用成熟先进且符合发展趋势的技术和中间件产品集成到磐龙平台。

4）高效性

具备高效处理各类事务能力，能快速响应应用户查询和更新等操作，减少延迟，为用户带来良好体验。

5）安全性

提供有效的安全机制，通过口令验证、加密、权限控制等安全措施，进一步保证平台的安全使用。

6）扩展性

基础资源及基础服务可以横向扩展，平台支持二次开发，能够灵活应对应用环境、系统硬件及系统软件的发展。考虑到业务未来发展的需要，降低各功能模块耦合度，并充分考虑兼容性，能够支持对多种格式数据的存储。

7）数据一致性

工具软件及子系统集成后的数据管理采用单一数据源模式，保证业务数据的一致性。

8）规范性

磐龙平台通过对各业务子系统的集成需求进行分析，降低系统集成过程中磐龙平台与各子系统之间的耦合性，推动系统集成工作顺利进行，建立通用集成模型，实现系统集成的规范化。

10.10.2　集成架构定义

平台集成包括数据集成、工具软件集成及子系统集成三部分内容。其中：数据集成实现工具软件产生的数据、子系统产生的数据、用户从本地上传到磐龙平台的数据进行统一管理；工具软件集成实现各类工具软件在磐龙平台的打开及数据存储；子系统集成实现子系统与磐龙平台的数据传递、数据索引等。集成业务框架如图 10 - 37 所示。

数据交互是基于统一平台各业务系统之间"对话"的主要手段，磐龙平台数据主要是从各研发设计异构系统中获得，因为异构系统提供的接口各有不同，所以为了能准确高效地对数据进行流转交换，磐龙平台需提供标准化的数据交换接口。同时，针对数据类型多、数据量大、数据分散、关系复杂等特点，磐龙平台具备不同数据的存储能力，内容包括：① 对于不具备数据管理的研发设计工具，提供实体数据的存储能力；② 对于已有数据管理的研发设计系统，提供数据映射链路存储能力，确保单一数据源；③ 支持结构化数据和大文件类型的数据分布式存储的能力。

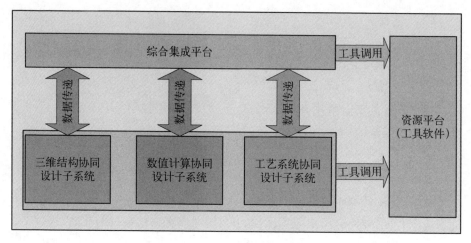

图 10-37　集成业务框架

对于数据管理,主要从两个方面考虑:一是数据的分类分级与关系方面的管理,主要目的是让研发数据有序组织关联,易于管理及在研发过程中获取使用;二是数据安全的管理,覆盖数据的使用全过程,包括使用前的数据管理、使用中的数据权限管控及预警、使用后的数据操作日志追溯。

针对文件类型的非结构化数据的管理和交互,磐龙平台在分布式文件存储系统基础上,建立基于核反应堆研发设计的数据权限可控管理业务模型,管理和调度非结构化业务数据,通过对文件系统的执行与调度实现文件数据在各异构系统之间的交互和管理。数据交换如图 10-38 所示。

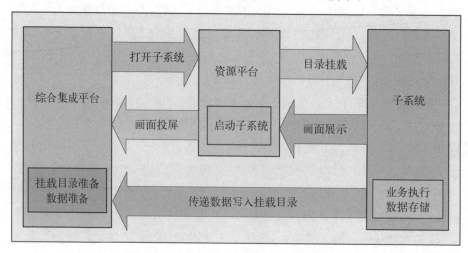

图 10-38　磐龙平台与子系统数据交换

（1）当用户从磐龙平台打开子系统时,磐龙平台根据对应的业务场景生成挂载目录,由资源管理系统完成目录挂载。

（2）子系统在启动前从挂载目录中获取并解析对应的参数文件、快速启动文件来完成启动。

（3）资源管理系统将子系统画面投屏到磐龙平台。

10.10.3　多学科协同设计系统应用集成

协同设计是当下设计行业技术更新的一个重要方向,也是设计技术发展的必然趋势,各类设计中与设计间存在上下游专业间的数据交互,为更好地进行全过程协同,通过平台与各协同设计子系统进行集成,以作为统一数据交互通道实现各专业间的协同;同时,在具体细分设计领域中用到的工具软件存在差异,通过平台进行集成,确保用户可在平台进行统一调用,保证设计数据的统一存储与上下游交互数据的一致性,建立一个多专业的协同研发环境,实现研发工具、数据、事务流程的一体化。协同设计典型流程如图 10－39 所示。

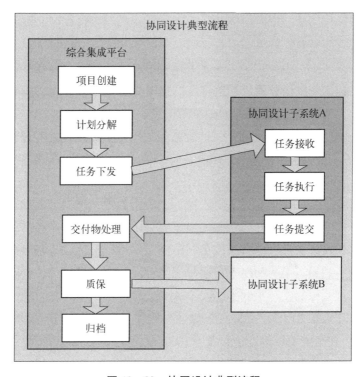

图 10－39　协同设计典型流程

421

通过磐龙平台与各协同设计子系统进行集成,作为统一数据的交互通道,实现多专业协同设计应用场景,包括以下内容。

(1) 门户集成:实现子系统与磐龙平台门户的集成,能在门户中直接进入子系统。

(2) 用户信息对接:在子系统有统一的用户信息管理机制情况下,将用户信息提供给或主动传输至子系统,实现平台与子系统用户身份同步。

(3) 权限管理:实现磐龙平台与子系统用户权限集成,子系统通过集成接口获取用户权限信息,然后结合子系统自身的权限体系进行权限管理,实现单点登录及可控数据交换。

(4) 项目管理集成应用:实现将用户的基本信息、权限信息等基础信息,以及项目信息、任务信息、流程信息等业务信息传输至子系统。

(5) 数据集成应用:在子系统根据业务实际需求与平台进行数据集成,支持协同平台与子系统进行双向数据交换,集成数据包含子系统所产生的结构化数据及非结构化数据。

(6) 接口集成应用:磐龙平台通过接口参数池提取接口数据,并传输至子系统;子系统传递反馈数据给磐龙平台,平台根据需要将这些数据存入接口参数池,为后续业务提供数据支撑。

(7) 流程集成应用:根据业务流程实际需求实现磐龙平台直接分发任务至相关应用,在完成任务后可直接将交付物提交至平台任务下,并同步更新任务状态。

磐龙平台主要负责项目创建、计划分解、质保及数据传递等管理业务,各协同设计子系统负责具体业务的执行,如结构设计、数值计算等,协同设计职责如下。

① 三维结构协同设计:以三维模型为核心,打通专业内部的数据流、业务流,建立与力学、热工水力、物理等专业的外部协同,实现单一数据源、过程数据监控、数据复用及设计仿真一体化,并将标准体系与三维协同设计子系统进行深度集成,利用子系统功能自动运用规范对设计数据进行校核,减少校审难度,提高设计规范程度及正确率。

② 数值计算协同设计:针对先进计算程序数值模拟分析,专业内部和专业之间计算程序的数据传递接口复杂的业务需求,基于高性能计算机和先进计算技术,建立了数值计算协同设计子系统,实现计算流程搭建、多计算任务的并行执行调度管理等功能,进行多个计算软件和大规模计算集群集成,同时

与共性支撑平台进行集成,结合平台的上下游数据流转能力,支撑各计算程序协同运行和结果可视化分析。

③ 工艺系统协同设计:工艺系统的研究设计具有对象繁多、流程复杂、接口多样、多专业交叉等特点,尤其在工艺系统设计中,系统配置、设备设计及布置设计受空间狭小、运行工况复杂等众多不利因素制约,通过平台实现多专业研发设计环节资源、数据及文件的集成管理,打破信息孤岛,促进专业间信息及时共享和高效传递,减少设计复查、接口清理及设计反馈等工作的难度,具体包括数据管理、设计流程管理等模块,并基于磐龙平台实现各专业设计软件的集成部署管理及主要设计软件的数据转换。

参考文献

[1] 方浩宇,李庆,宫兆虎,等. 数字反应堆技术在设计阶段的应用研究[J]. 核动力工程,2018,39(4):187-191.

[2] 余学军. 基于 MBD 的电力电子产品 TOP-DOWN 协同设计平台[J]. 现代工业经济和信息化,2019,9(6):63-66.

[3] 田锋. 知识工程 2.0[M]. 北京:机械工业出版社,2017.

[4] 王昊奋,漆桂林,陈华钧. 知识图谱方法、实践与应用[M]. 北京:中国工信出版传媒集团,2019.

[5] 张黎平,段淑萍,俞占仓. 基于 Hadoop 的大数据处理平台设计与实现[J]. 电子测试,2022,36(20):74-75.

[6] 陈氢,张治. 融合多源异构数据治理的数据湖架构研究[J]. 情报杂志,2022,41(5):139-145.

[7] 吴华芹,柳静,谢妞妞. 基于 Hadoop 平台的电力行业大数据分析技术应用[J]. 信息与电脑(理论版),2021,33(4):1-3.

[8] 刘昕林,邓巍,黄萍,等. 基于 Hadoop 和 Spark 的可扩展性大数据分析系统设计[J]. 自动化与仪器仪表,2020(3):132-136.

[9] 林旺群,高晨旭,陶克,等. 面向特定领域大数据平台架构及标准化研究[J]. 大数据,2017(4):46-59.

[10] 徐郡明. Apache Kafka 源码剖析[M]. 北京:电子工业出版社,2017.

[11] 牟大恩. Kafka 入门与实践[M]. 北京:人民邮电出版社,2017.

[12] 张良均. Hadoop 与大数据挖掘[M]. 北京:机械工业出版社,2017.

[13] 王栋. 人工智能 OCR 技术的应用研究[J]. 电子技术与软件工程,2022(1):122-125.

第 11 章

数字反应堆发展展望

数字反应堆技术方兴未艾。一方面,计算机、计算方法、软件、大数据等数字化相关技术不断发展进步;另一方面,反应堆领域需要从更深层次、更广维度利用数字化技术。因此,数字反应堆将从多个方向持续发展演进,全方位持续赋能反应堆技术发展。

11.1 先进建模与仿真

随着数字化变革大趋势的深入发展,先进建模与仿真技术也将持续发展演进,以不断满足核反应堆数字工程未来更高的要求。

一是持续提高模拟精度和普适性。一般来说,专业模型越趋近机理层面,针对一定对象范围引入的近似或简化处理越少,则模型更有可能获得高精度,模型的普适性也越强。同时,物理模型转换为数学模型,针对数学模型的计算求解也需采用更先进的方法,包括在偏微分方程建立过程中和在离散为代数方程组和数值求解过程中使用更高阶的算法等,以减少该环节带来的模型和计算误差。

二是持续提高大规模计算效率。一方面,采用更机理性的模型和更高阶的算法后,往往导致计算量激增几个量级甚至十几个量级;另一方面,超级计算机技术不断进步。因此,需结合新型超级计算机特点,研究效率更高的并行算法、加速算法等与新型计算机更好地结合,更充分地利用计算机潜力,缩短计算时间。

三是持续提高模拟计算的耦合性和整体性。受限于计算时间,现阶段的模拟计算中仍不得不把整个系统拆解成不同层级进行耦合计算,如元件级耦合、堆芯级耦合、系统级耦合,局部尺度的边界条件来自上一级尺度,大尺度地局部利用简化模型,不可避免地引入了误差。随着计算效率的提高,未来可直接对整体进行精细耦合模拟或联合模拟,并持续提高使用性能和操作性能。

四是加深数据同化技术的应用。持续提高建模精细度和仿真精准度面临一定瓶颈,并且代价较高。为继续降低计算不确定度,针对一定范围的对象利用实测数据进行同化,可取得良好效果。这样既可进一步改善计算精准度,又可降低对建模与仿真的要求(如使用降阶模型),减少计算量,满足不同场景的使用需求。

包括反应堆在内的新产品开发目标是一次研发设计成功。通过大量数值仿真和典型特征点实物试验相结合的方法,助推敏捷研发。探索并识别关键问题,提早发现研制风险,支撑评估鉴定左移。实现核反应堆研发从实物迭代逐渐向虚拟迭代转变,持续减少实物验证性试验,进一步降低研发成本,缩短研发周期。

11.2 统一模型的反应堆全生命周期平台

反应堆全生命周期涵盖研发设计、试验验证、制造建造、运行保障、退役治理等多个阶段,涉及多专业、多系统、多组织。目前,数字反应堆平台重点关注研发设计阶段的高效迭代,主要聚焦多专业协同设计,打通数据链路。随着数字化变革的深入,基于统一模型和数据打通整个反应堆全生命周期数字链路,承接总体需求,补齐基于模型的总体设计、指标分解,以及制造过程、数字交付、运维保障,健全基于模型的反应堆正向敏捷研发设计、试验验证、制造建造、运行保障、退役治理等全生命周期数字化体系,实现统一模型的反应堆全生命周期平台建设,同时依托压水堆研发基础,全面梳理集成打通各新质堆设计流程、软件、数据,拓展提升新质堆数字化协同设计水平,是数字反应堆未来发展趋势。

一是深化数字反应堆平台体系架构。通过平台体系架构研究,支持平台建立以模型为核心的权威管理及一致传递,研发模块化共性服务组件,开展标准化集成技术研究,实现反应堆全生命周期数据管理研发支撑设计闭环,完成反应堆全生命周期、多堆型业务贯通,形成数字反应堆应用标准规范体系。最终通过数字反应堆平台,实现基于统一模型的协同研发设计、综合验证预测、设计制造迭代等,输出各阶段数字样机,构建完整数字模型,支撑各堆型应用和孪生反馈。

二是聚焦敏捷正向设计技术研究。基于 MBSE 方法论,聚焦反应堆研发总体设计过程,打通需求管理、指标分解、多专业联合总体优化等软件链路,实现结构化数据解析、基于物料清单的产品数据管理,构建反应堆总体设计体系,支撑实现系统方案快速设计及迭代寻优,实现需求指标向反应堆研发的方案设计、技术设计、施工设计各阶段权威一致连续传递,实现反应堆研发需求快速响应和敏捷交付能力。同时,进一步补齐研发环节、扩展协同范围、强化模型互通、闭环迭代反馈,实现基于三维模型的反应堆结构全周期完整数字化定义,深化基于模型设计(MBD)的全面应用,完成设计到制造的全三维模型贯通与数据闭环。

三是实现单一数据源产品数据管理。建成分层解耦的适宜于反应堆全生命周期的数据管理模块,建立统一标准规范的数据标准模板,在此基础上灵活地创建数据对象实例用于保存这些数据对象的不同阶段的版本数据,标准化集成各类研发设计工具链,按统一的集成规范打通全生命周期应用软件/系统之间的接口,有效实现反应堆全生命周期业务跨学科、跨组织、跨阶段的交互应用,贯通核动力研发方案设计、技术设计、施工设计不同阶段异构模型链路,通过平台全生命周期的业务分解关系及产品结构层级关系建立数据的关联性,实现产品数据模型的单一数据源、技术状态管理及关联追溯,牢筑底层数据根基,最终形成反应堆全生命周期的数据谱系,满足数字样机、数字交付要求,支撑核反应堆高质量、高效益、低成本、可持续发展。

11.3　基于数据驱动的智能化生态体系

伴随着数字反应堆技术体系的不断发展,对数据在其中承担的关键作用的认知也不断加深。数据的产生伴随着反应堆研发、设计、制造、建造、安装、调试、运维、退役等全生命周期,其体量大、类型繁多、产生频率高、冗余信息杂。随着大数据与人工智能技术的不断发展,以及数据需求和数据量的爆发式增长,可以认为人类的科学研究范式已经进入了数据密集型的"第四范式"阶段。因此,如何充分挖掘数据中潜在的知识和关联,并用来赋能反应堆全过程、全业务,是当前对数字反应堆未来发展提出的重大问题。

一是持续深化"机理＋数据"双轮驱动范式研发体系建设。当前,以机器学习模型为代表数据密集型计算范式主要依赖算法学习有限数据集的潜在规律并用于分类或预测,面临着诸多挑战:需要大量数据用以监督学习的模型构建;分布外泛化能力有限且可解释性差;模型难以应对样本攻击导致鲁棒性差。为解决此类关键问题,并在各个领域中面向具体业务问题,当前广泛推进和深化了以在数据驱动体系中引入先验假设、逻辑规则和方程规律的"机理＋数据"融合驱动范式。机理知识的引入用于减少模型构建数据需求量,并大幅度通过约束方向以增强模型的可信度,是未来"人工智能在科学中的应用(AI for science)"研究体系中的重要方向,也是数字反应堆未来赋能的关键之一。

二是加强基于数字孪生体的核反应堆智能运维模式。数字反应堆实质是在虚拟空间中构建了与实体反应堆结构、物理、行为一致或高度相似的高保真模型。未来随着"机理＋数据"双驱动模型的不断深化,通过与实体反应堆实时交互反馈信息的方式打造核反应堆数字孪生体,用于仿真、监控、评估、诊断、预测和优化等功能,实现核反应堆运维体系的转型和升级,赋能强化反应堆运行维护的安全性与经济性提升。

三是生成式人工智能(AIGC)赋能核反应堆与第四范式科研深度融合。AIGC 正引领着当前人工智能技术升级的浪潮,随着基础模型算法不断创新(GAN、Transformer 等)及多模态技术的蓬勃发展,以及以 ChatGPT 为代表的预训练大模型的爆发式增长,正将人工智能技术的通用化能力推向下一个制高点,并引领着各行各业的产生生态转型。大模型在核能领域有非常宽广的潜在应用点,例如:可以利用大模型代码生成能力,帮助研究者和工程师更快速、更准确地完成代码的编写,提高工作效率和准确性;可以利用大模型对历史数据的整合能力,辅助工程师快速地诊断核能设备的故障,从而及时采取措施,减少事故的发生;也可以利用大模型对语言的理解能力,将任务快速转化为计算机指令,从而帮助研究者更精准地控制反应堆的运行,实现反应堆的自动化控制和优化管理,提高反应堆的效率和安全性。

"模型即服务"的未来正在不断靠近。在时代浪潮中,如何将 AIGC 打造成数字反应堆价值生产链上的基础设施和生产工具,以塑造数字化生产与交互新范式,是第四次工业革命时代对数字反应堆领域提出的重要挑战。

索　引